Üben: Der Abschnitt Üben unterstützt nachhaltiges Lernen. Es werden dreifach-differenzierte Aufgaben zur Wiederholung und Anwendung des erworbenen Wissens angeboten. Die Aufgaben können in unterschiedlichen Sozialformen bearbeitet werden und ermöglichen selbstständiges Lernen (z. B. in Lernstudios). Die Lösungen aller Aufgaben der Üben-Seiten werden im Anhang dargestellt.

Vertiefen: Vertiefen bietet herausfordernde, komplexere Aufgaben einerseits zur Vertiefung eines Themas, andererseits zur Beschäftigung mit zusätzlichen Inhalten.

Ausgangstest: Mithilfe der Ausgangstests zu einem Kapitel können die Schülerinnen und Schüler überprüfen, ob sie alle nötigen Kompetenzen erworben haben. Die Lösungen sind zur Selbstkontrolle am Ende des Buches angegeben. Auch in diesem Abschnitt bietet eine Tabelle die Möglichkeit zur Selbsteinschätzung:

Ich kann ...	Aufgabe	Hilfen und Aufgaben	
Brüche und Dezimalzahlen in Prozent angeben.	1	Seite 64, 65, 79	I
bei einer Sachaufgabe Prozentwert, Grundwert und Prozentsatz erkennen und die Lösung berechnen.	2, 3, 4	Seite 67 – 70, 72, 73, 81	
Angaben zu Anteilen in Texten in Prozent ausdrücken.	5	Seite 65	
Prozentangaben durch einen Überschlag prüfen.	6	Seite 80	II
Sachaufgaben zur prozentualen Zu- und Abnahme lösen.	7, 8, 9, 10	Seite 74 – 76, 80, 82	
Sachaufgaben mit mehrfacher prozentualer Veränderung lösen.	11	Seite 77	III
Aussagen mit Prozentangaben beurteilen.	12	Seite 77, 88, 89	

Zuordnung der Aufgaben zu den Anforderungsbereichen der Bildungsstandards
I: Reproduzieren
II: Zusammenhänge herstellen
III: Verallgemeinern und Reflektieren

Hinweise auf weiterführende Aufgaben zum Wiederholen und Üben

Wiederholung
Der Wiederholungsteil enthält Grundwissen und Übungsaufgaben zu Inhalten vorhergehender Schuljahre.

Pfeile in der Kopfleiste dienen zur schnellen Orientierung im Kapitel.

Projekt Berlin 201

Kapitel

Berlin-Marathon 2019

Digital+

WES-152458-001

Digitale Ergänzungen zu deinem Buch erkennst du an dem Symbol **Digital+**. Gehe auf *www.westermann.de/webcode* und gib den gewünschten Webcode ein. Du kannst auch den QR-Code scannen. Mit dem Webcode oder dem QR-Code können zusätzliche digitale Inhalte wie Erklärvideos oder Dateien zur dynamischen Geometriesoftware (DGS) aufgerufen werden.

Medienbildung
Die Bearbeitung dieser Aufgaben ermöglicht es Schülerinnen und Schülern, Medienkompetenzen zu erwerben.

1 Während ihres Aufenthalts in Berlin schauen Leonie und Luca beim Berlin-Marathon zu.
Informiere dich über den geschichtlichen Hintergrund des Marathonlaufs.

2 Vergleiche die Zeiten, in denen der schnellste Läufer und der schnellste Skater (die schnellste Läuferin und die schnellste Skaterin) die Marathonstrecke zurückgelegt haben.

3 Im Beispiel wird die Durchschnittsgeschwindigkeit des schnellsten Läufers berechnet.

2 h 01 min 41 s = 2 h + 101 s
$2\,h + \frac{101}{3600}\,h \approx 2{,}028\,h$
$42{,}195\,km : 2{,}028\,h \approx 20{,}8\,\frac{km}{h}$

a) Berechne die Durchschnittsgeschwindigkeit der schnellsten Läuferin (des schnellsten Inlineskaters, der schnellsten Handbikerin).
b) Kenensia Bekele gewann auch 2016 den Berlin-Marathon in einer Zeit von 2:03:03 h.
Um wie viel Prozent hat er 2019 seine Durchschnittsgeschwindigkeit erhöht?

4 Der beste Deutsche Jens Nerkamp belegte Platz 37 mit einer Zeit von 2:14:54 h. Überlege, wie viel Meter er noch bis zum Ziel zurücklegen musste, als der Sieger die Ziellinie erreichte.

5 Nimm an, alle Zuschauer stehen gleichmäßig auf die gesamte Marathondistanz verteilt rechts und links der Laufstrecke. Wie viele Reihen von Zuschauern stehen hintereinander?

6 Informiert euch im Internet über Marathonläufe in anderen Städten.
Überlegt euch weitere Aufgaben zu diesem Thema und löst sie in eurer Tischgruppe.

Mathematisch modellieren **Sachtexte**

1. Stelle fest, welche Angaben und Informationen du brauchst, um die Aufgabenstellung zu bearbeiten.
2. Suche die benötigten Angaben und Informationen in den Texten.
3. Überlege, welche Rechnungen oder Schätzungen du durchführen musst.
4. Führe die notwendigen Rechnungen und Schätzungen durch und formuliere ein Ergebnis.
5. Prüfe, ob dein Ergebnis sinnvoll ist.

Mathematisch modellieren **Sachtexte**

Methodenkästen unterstützen die Lernenden beim Erwerb prozessbezogener Kompetenzen.

Mathematik + 9

Herausgeber:

Uwe Scheele

Autorinnen und Autoren:

Doreen Groth
Jochen Herling
Karl-Heinz Kuhlmann
Bernd Liebau
Sylvia Markhoff
Uwe Scheele
Lea Schlüter
Sebastian Wöstefeld

Mathematik 9

Herausgeber: Uwe Scheele

Autorinnen und Autoren: Doreen Groth, Jochen Herling, Karl-Heinz Kuhlmann, Bernd Liebau, Sylvia Markhoff, Uwe Scheele, Lea Schlüter, Sebastian Wöstefeld

Bearbeiter: Bernd Liebau, Sylvia Markhoff, Uwe Scheele

Das Werk ist eine Bearbeitung von 978-3-14-124904-0

Autorinnen und Autoren:
Doreen Groth, Jochen Herling, Karl-Heinz Kuhlmann, Uwe Scheele, Lea Schlüter, Sebastian Wöstefeld

Druck A[1] / Jahr 2025
Alle Drucke der Serie A sind im Unterricht parallel verwendbar.

Redaktion: Udo Kettmann
Grafiken: Technisch-Grafische Abteilung Westermann, Braunschweig; Susanne Rosier, Braunschweig
Illustrationen: Andrea Naumann, Aachen; Carla Miller, Dortmund
Umschlaggestaltung: Janssen Kahlert Design & Kommunikation GmbH, Hannover
Layout: Janssen Kahlert Design & Kommunikation GmbH, Hannover
Druck und Bindung: Westermann Druck GmbH, Georg-Westermann-Allee 66, 38104 Braunschweig

ISBN 978-3-14-**152460**-4

INHALT

1 Vergrößern und Verkleinern

2 Lineare Gleichungssysteme

3 Reelle Zahlen

INHALT

4 Quadratische Funktionen und Gleichungen

5 Statistische Erhebungen

6 Pyramiden, Kegel, Kugeln

INHALT

7 Sachaufgaben aus der Berufsausbildung

Wiederholung

1 Vergrößern und Verkleinern

Golden Retriever (Rüde)
Schulterhöhe: 60 cm

Kopflaus
Länge: 3 mm

Die angegebenen Maße beziehen sich jeweils auf die Originalgröße der abgebildeten Tiere.

Bist du fit für dieses Kapitel?
Eingangstest auf Seite 172

In diesem Kapitel …

- *verkleinerst und vergrößerst du Figuren im vorgegebenen Maßstab.*
- *lernst du Eigenschaften von ähnlichen Figuren kennen.*
- *löst du Sachaufgaben mithilfe der Eigenschaften ähnlicher Figuren.*

Vergrößern und Verkleinern

Honigbiene
Länge: 15 mm

Hundefloh
Länge: 2 mm

Maikäfer
Länge: 30 mm

Afrikanischer Elefant
Schulterhöhe: 3,30 m

Hausmaus
Kopf-Rumpf-Länge: 7,5 cm

- Welche Tiere werden verkleinert, welche vergrößert dargestellt?
- Welche Tiere sind in Originalgröße abgebildet?

- Bestimme jeweils den Maßstab.

Maßstäbliches Verkleinern

1 In den Abbildungen wurden ein Schraubendreher und ein Inbusschlüssel jeweils verkleinert wiedergegeben.

Original

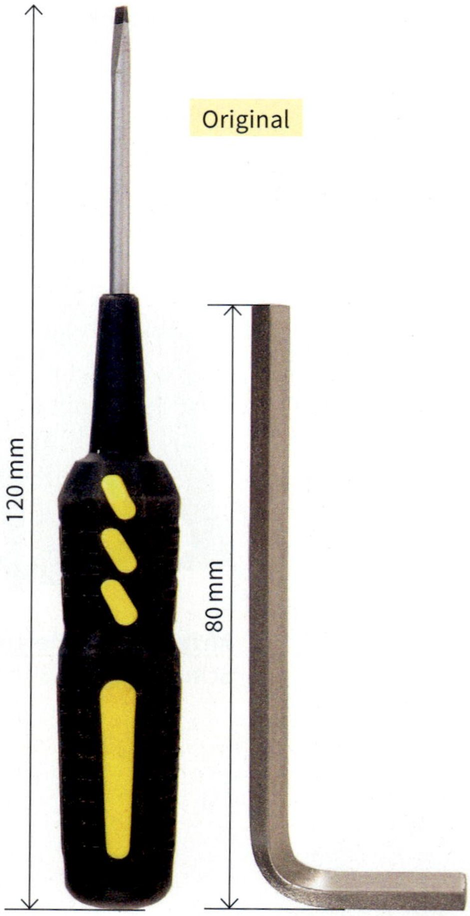

Bild

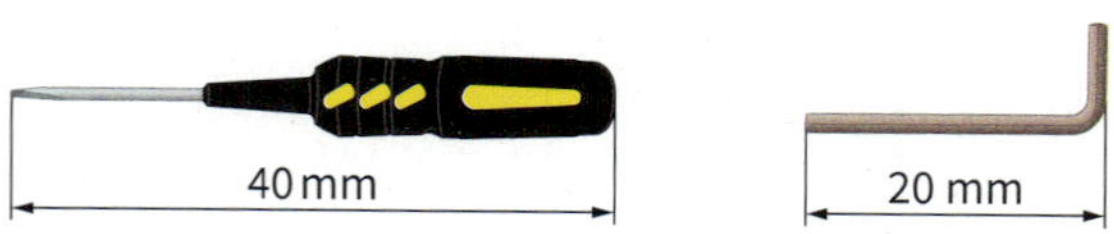

Der Schraubendreher wurde in der Abbildung im Verhältnis 1 : 3 verkleinert.
In welchem Verhältnis wurde der Inbusschlüssel verkleinert? Ergänze die Tabelle:

	Länge in mm		Verhältnis (Bild : Original)
	Bild	Original	
Schraubendreher	40	120	40 : 120 = 1 : 3
Inbusschlüssel	■	■	■

Der **Maßstab** gibt das Verhältnis einander entsprechender Streckenlängen in Bild und Original an.

Verkleinerung
Maßstab 1 : 100

1 cm im Bild entsprechen 100 cm im Original
1 cm ≙ 100 cm

2 In welchem Maßstab ist die Originalfigur verkleinert worden? Notiere den Maßstab.

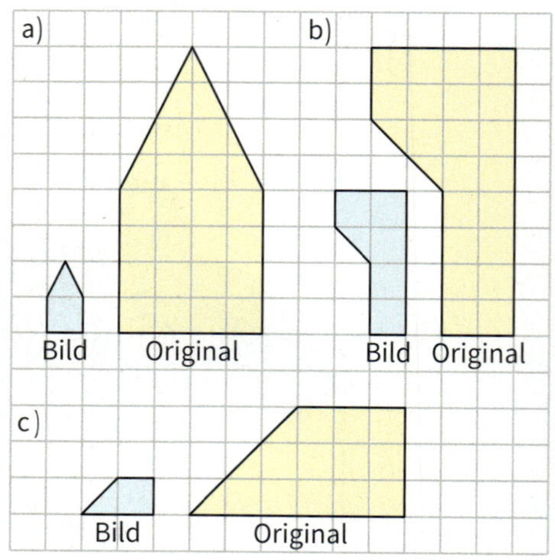

3 Verkleinere die abgebildete Figur in deinem Heft im angegebenen Maßstab.

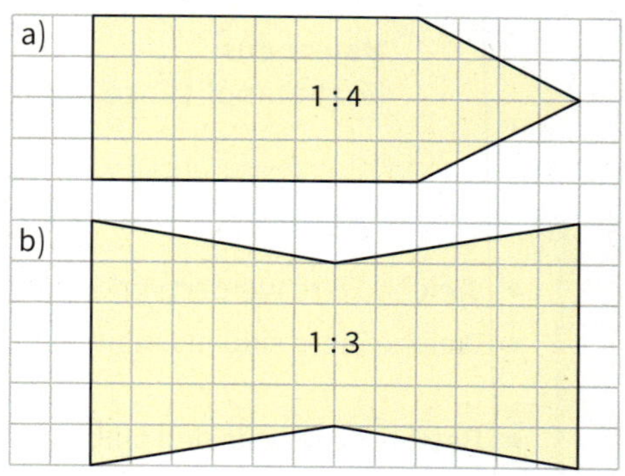

Maßstabliches Vergrößern

1 In den Abbildungen ist jeweils eine Schraube, ein Käfer und ein beschriebener Zettel vergrößert dargestellt.

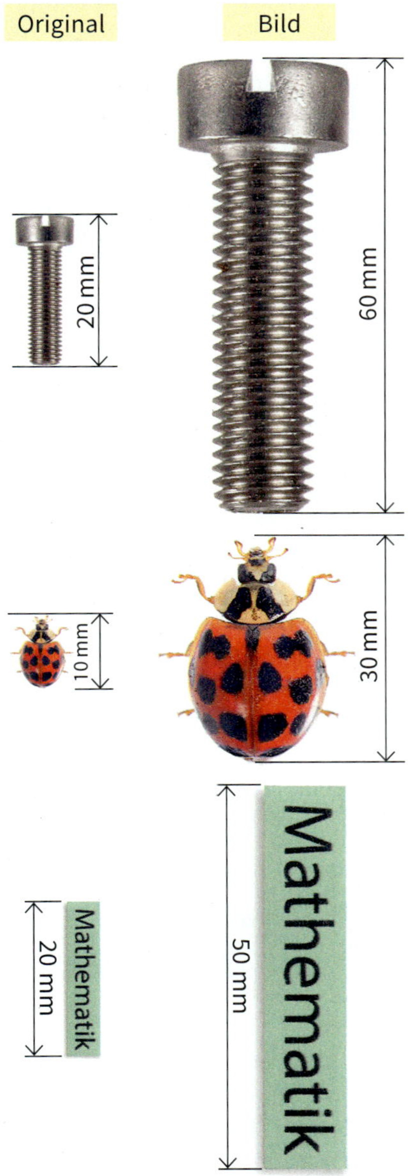

Die Schraube wurde in der Abbildung im Verhältnis 3 : 1 vergrößert. In welchem Verhältnis wurde der Käfer (der Zettel) vergrößert? Ergänze die Tabelle.

	Länge in mm		Verhältnis
	Bild	Original	(Bild : Original)
Schraube	60	20	60 : 20 = 3 : 1
Käfer	■	■	■
Zettel	■	■	■

Vergrößerung
Maßstab 5 : 1
5 cm im Bild entsprechen 1 cm im Original
5 cm ≙ 1 cm

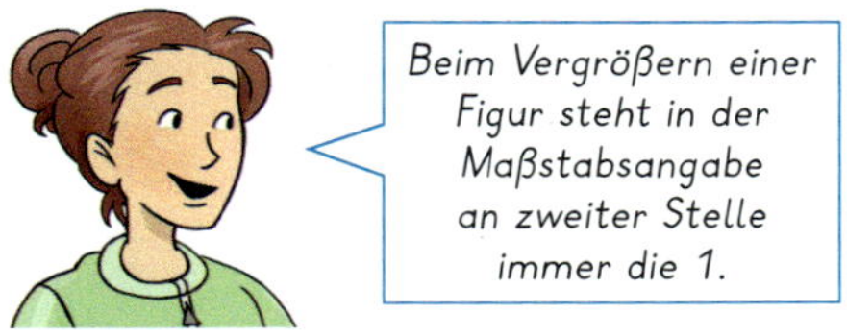

2 In welchem Maßstab ist die Originalfigur vergrößert worden? Notiere den Maßstab.

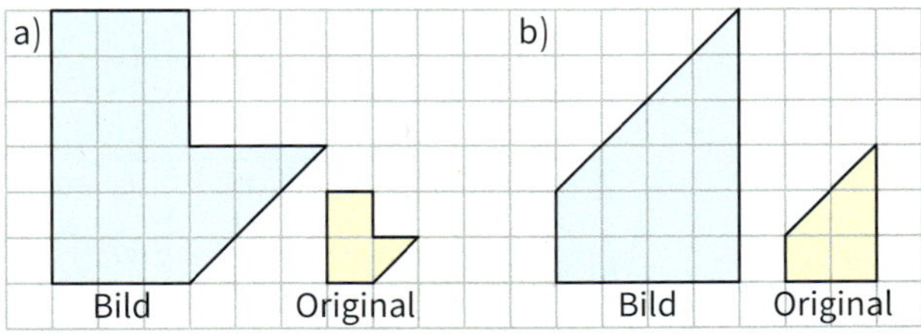

3 Vergrößere die abgebildete Figur in deinem Heft in dem angegebenen Maßstab.

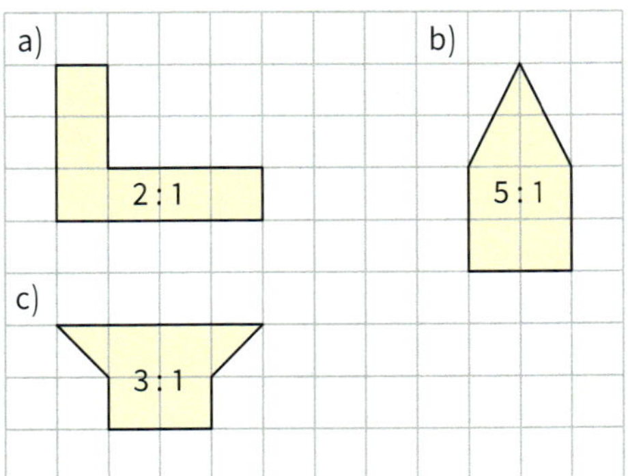

4 a) In welchem Maßstab ist das abgebildete Rechteck vergrößert worden?

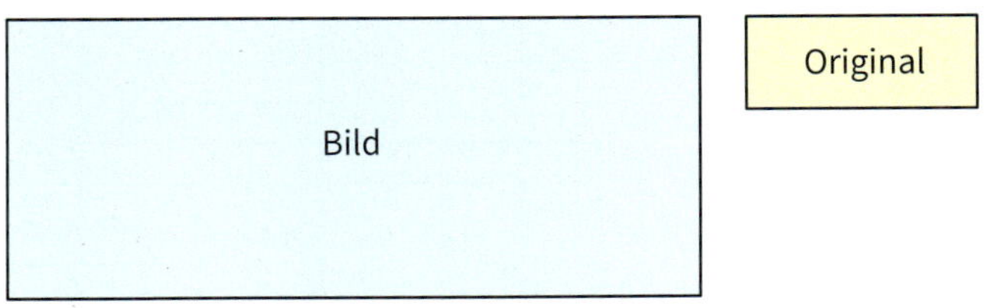

b) Berechne auch jeweils den Flächeninhalt der Rechtecke. Was stellst du fest?

Maßstäbliches Vergrößern und Verkleinern

1 In welchem Maßstab ist das Bild angefertigt worden?

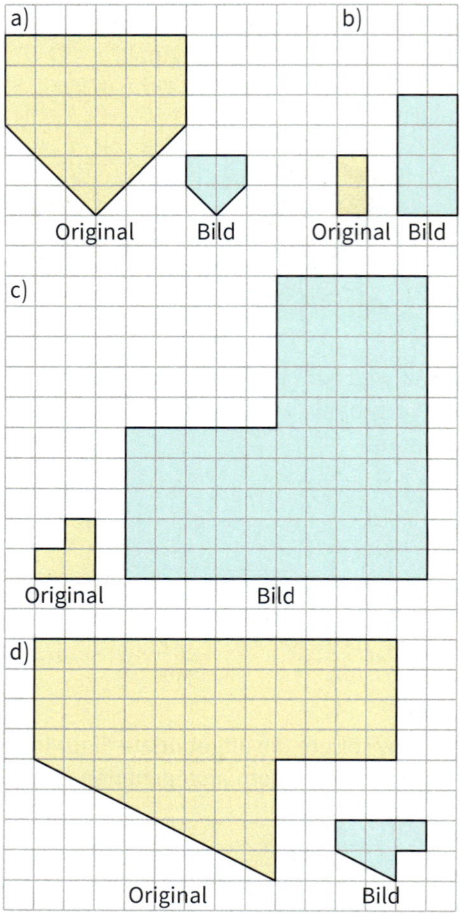

2 Übertrage die Figur in dein Heft und fertige eine zweite Zeichnung im angegebenen Maßstab an.

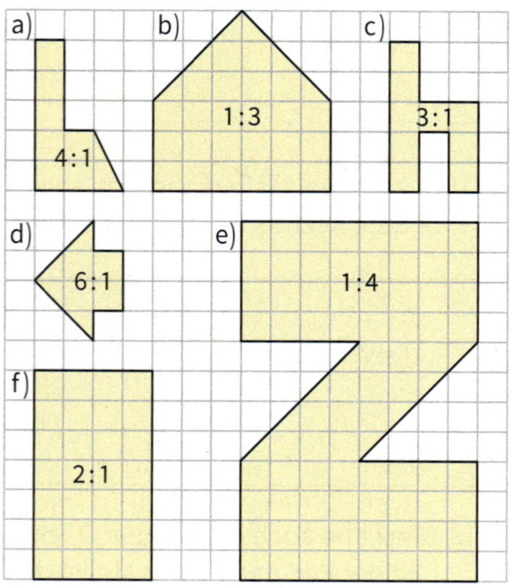

3 Der Marienkäfer ist in Wirklichkeit 5 mm lang. Gib den Maßstab der Abbildung an.

4 Die Länge der Lok Baureihe 152 ist mit 19 575 mm angegeben.

Wie lang ist ein Modell, das im Maßstab 1 : 87 angefertigt wurde?

5 Die Nachbildung eines E-Autos im Maßstab 1 : 24 hat eine Länge von 207 mm. Berechne die Originallänge.

6 In einer technischen Zeichnung wurde ein 24 mm breiter Stahlwürfel im Maßstab 3 : 1 dargestellt. Berechne die Breite des Würfels in der Zeichnung.

7 In einer Bauzeichnung ist eine Tischplatte 6 cm lang und 4 cm breit. In Wirklichkeit ist die Platte 1,50 m lang. Berechne den Maßstab der Bauzeichnung und die Breite der Platte.

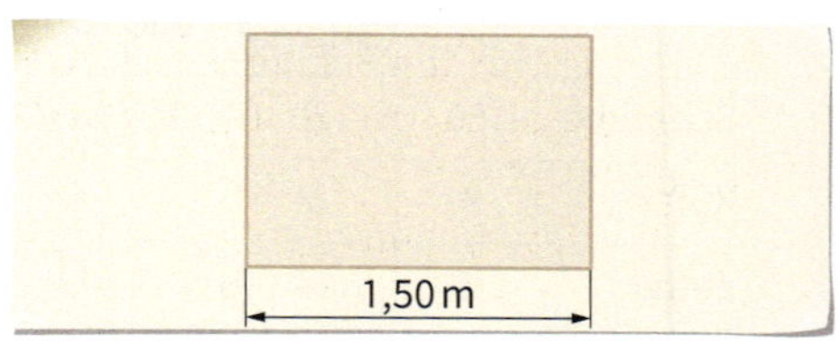

Maßstäbliches Vergrößern und Verkleinern

8 Evelyn hat das abgebildete Quadrat zuerst im Maßstab 2 : 1 und dann im Maßstab 3 : 1 vergrößert.
Vergleiche die Flächeninhalte der Bildfiguren jeweils mit dem Flächeninhalt A der Originalfigur. Was fällt dir auf?

Original

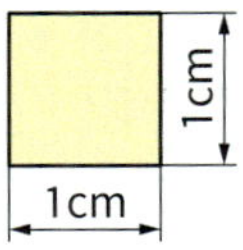

$A = 1\,cm^2$

Bild 1

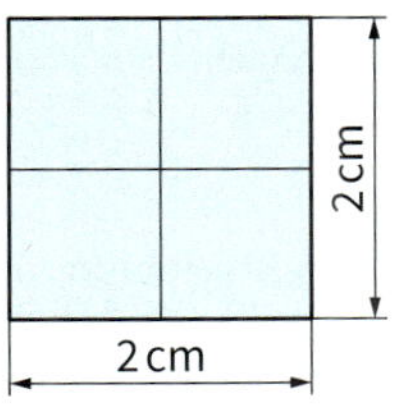

M 2 : 1

$A' = 4\,cm^2$

Bild 2

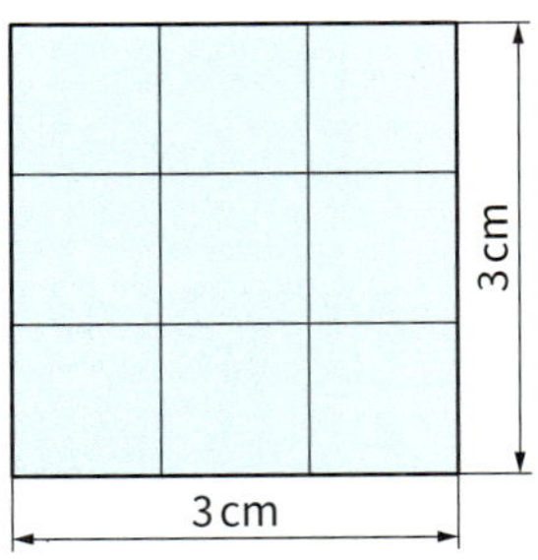

M 3 : 1

$A' = 9\,cm^2$

9 a) Zeichne das abgebildete Rechteck zunächst in dein Heft.

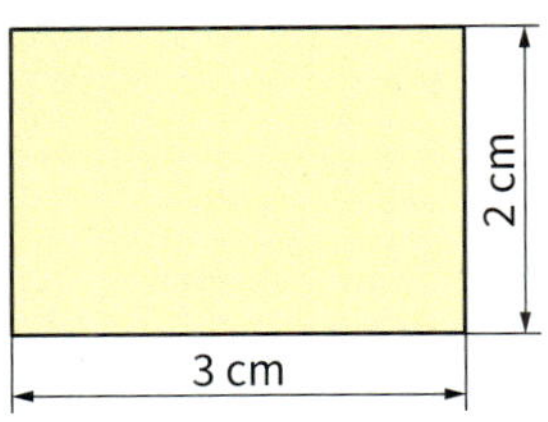

b) Vergrößere das Rechteck anschließend im Maßstab 2 : 1 (3 : 1, 4 : 1, 5 : 1).
c) Bestimme den Flächeninhalt A der Originalfigur und den Flächeninhalt A′ der Bildfigur.
d) Dividiere A′ durch A. Wie verändert sich der Flächeninhalt?

10

Wie verändert sich der Flächeninhalt eines Rechtecks, wenn ich es im angegebenen Maßstab zeichne?
a) 6 : 1 b) 10 : 1

11 Vergrößere das Rechteck im angegebenen Maßstab und bestimme den Flächeninhalt A′ der Bildfigur.
Vergleiche A′ mit dem Flächeninhalt A der Originalfigur.

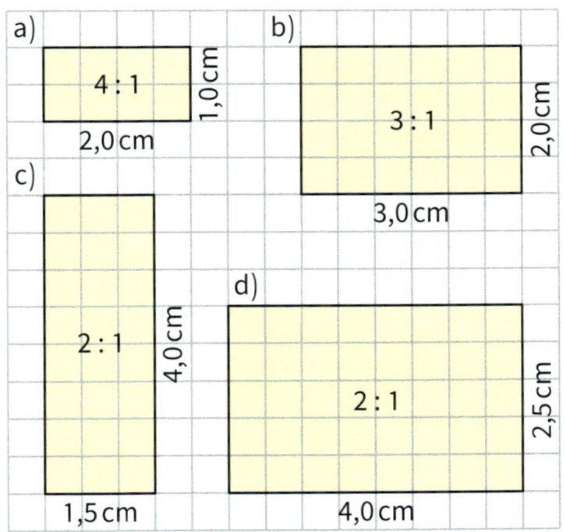

12 Ein 20 cm langes und 15 cm breites Rechteck wird im Maßstab 2 : 1 (3 : 1) vergrößert. Bestimme den Flächeninhalt der Bildfigur.

13 a) Vergleiche die Seitenlängen einer DIN-A5-Seite und einer DIN-A3-Seite. Wie verhalten sich die Flächeninhalte zueinander?
b) Eine DIN-A4-Seite hat einen Flächeninhalt von $623{,}7\,cm^2$. Berechne den Flächeninhalt einer DIN-A6-Seite.
c) Eine DIN-A4-Seite ist 21 cm breit und 29,7 cm lang. Berechne die Maße einer DIN-A6-Seite.

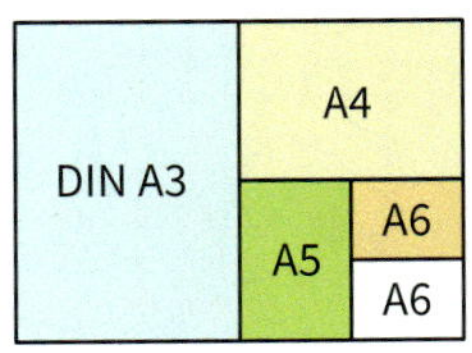

Landkarten

1 Zwei Orte haben auf einer Landkarte im Maßstab 1 : 1 000 000 eine Entfernung von 3,5 cm.
In der Tabelle wird gezeigt, wie diese Streckenlänge in die wirkliche Entfernung der beiden Orte umgerechnet wird.

In Wirklichkeit ist die Strecke 1 000 000-mal so lang wie auf der Karte.

Länge auf der Karte	Länge in Wirklichkeit
1 cm	1 000 000 cm
3,5 cm	3,5 · 1 000 000 cm = 3 500 000 cm = 35 000 m = 35 km

3,5 cm ≙ 35 km

Bestimme jeweils die wirkliche Streckenlänge.

Länge auf der Karte	Maßstab	Länge in Wirklichkeit
9 cm	1 : 10 000	■
83 mm	1 : 25 000	■
12,5 cm	1 : 200 000	■
36 mm	1 : 500	■
2 cm	1 : 1,5 Mio.	■

2 Die abgebildete Landkarte ist in einem Maßstab von 1 : 500 000 gezeichnet worden. Bestimme die Entfernung zwischen Brandenburg und Potsdam (Luftlinie).

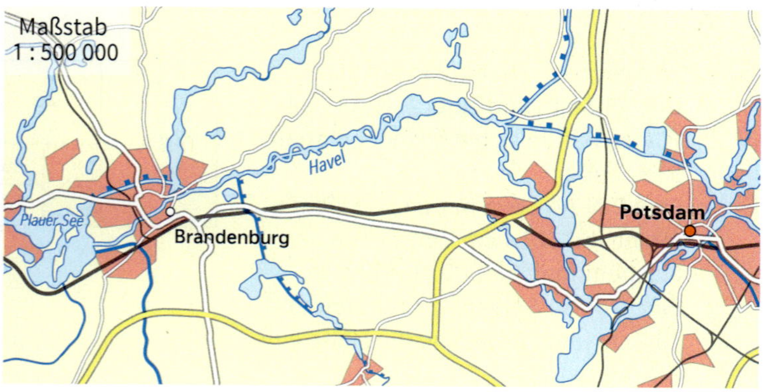

3 Gib die Entfernung der beiden Städte (Luftlinie) in Kilometer an.
a) Neuruppin – Rheinsberg
b) Templin – Oranienburg
c) Neuruppin - Templin

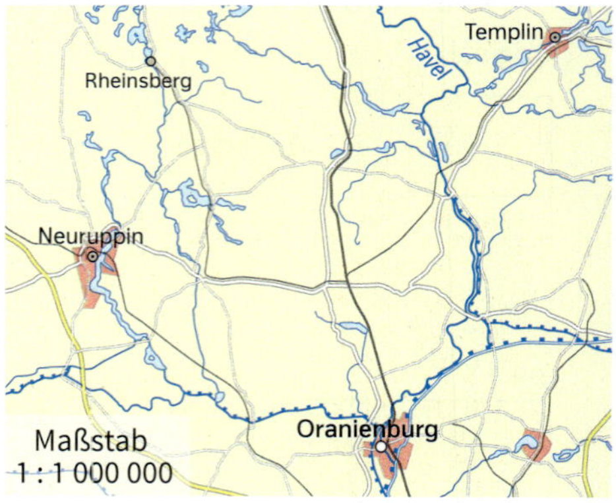

4 Mia möchte wie auf dem Stadtplan abgebildet von Punkt A nach Punkt B gehen.
a) Welche Strecke legt sie dabei zurück?
b) Sie geht davon aus, dass sie etwa 70 m pro Minute schafft. Welche Zeit muss sie für die Strecke einplanen?

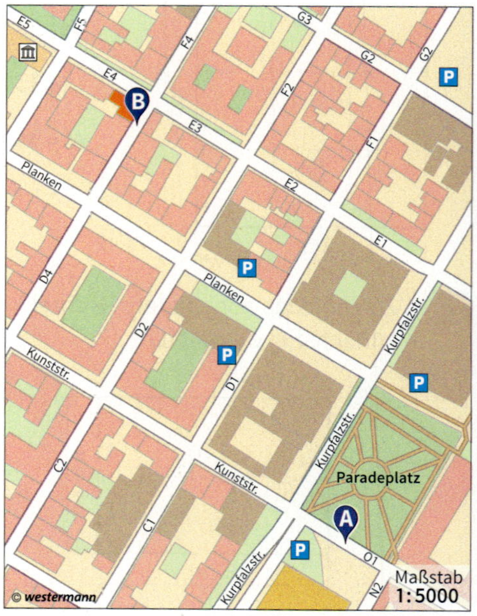

5 Bei einem Stadtplan fehlt die Maßstabsangabe. Max weiß aus Erfahrung, dass sein Schulweg in etwa 2 000 m lang ist. Auf dem Plan misst Max für seinen Schulweg eine Streckenlänge von 10 cm. Berechne den Maßstab des Stadtplans.

Grundrisse

1 Familie Hermann möchte ein Haus bauen. Sie muss sich für eins von zwei Grundstücken entscheiden.

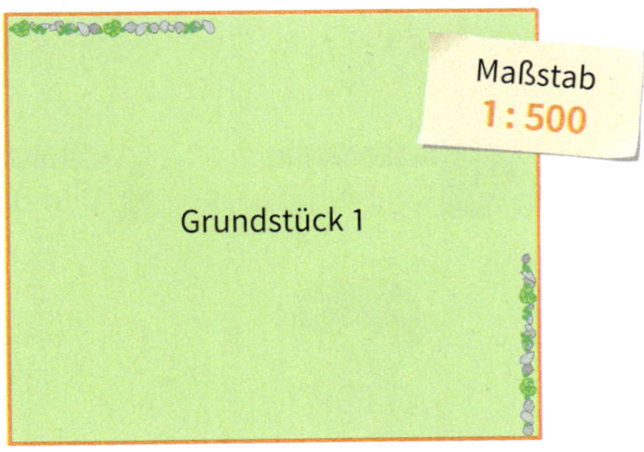

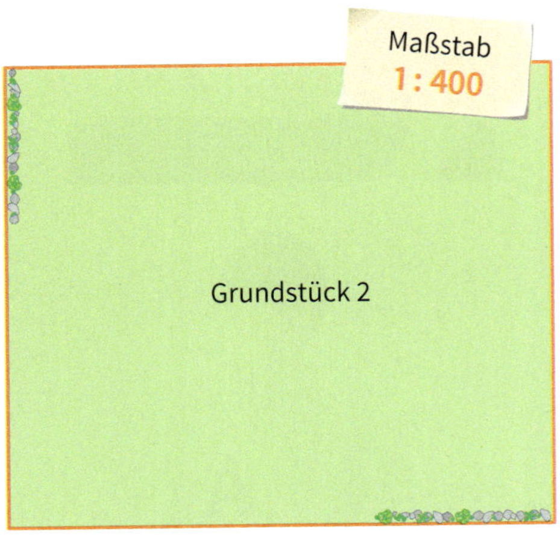

a) Bestimme die Seitenlängen der beiden Grundstücke durch Messen und maßstäbliches Umrechnen.
b) Welches Grundstück ist größer?

2 Pia plant ihr Zimmer. Das Bett ist 2 m lang und 90 cm breit.
a) In welchem Maßstab hat Pia die Zeichnung angefertigt?

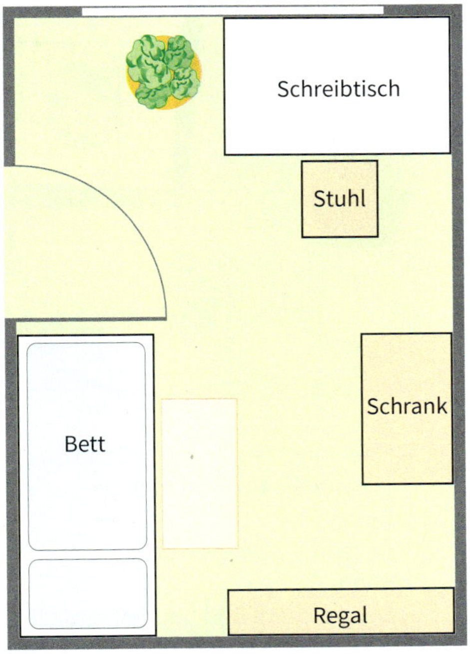

b) Bestimme die wirklichen Maße der anderen Möbelstücke.

3 Der Grundriss des Erdgeschosses ist im Maßstab 1 : 150 abgebildet.

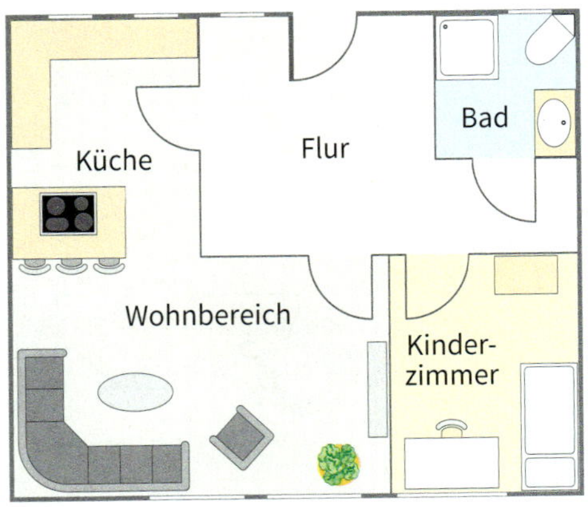

a) Berechne den Inhalt der Wohnfläche im Erdgeschoss.
b) Bestimme den Flächeninhalt der einzelnen Räume.
c) Fertige in deinem Heft eine Zeichnung des Grundrisses im Maßstab 1 : 100 an.

Ähnlichkeit

1 a) Nael möchte mit einem Grafikprogramm die Größe von Bildern verändern.
Beschreibe, wie sie dabei vorgehen kann.

b) Bei welchem Bild handelt es sich um eine maßstäbliche Vergrößerung (Verkleinerung)?

Original B

Bild B1

Bild A1

Bild B2

Bild A2
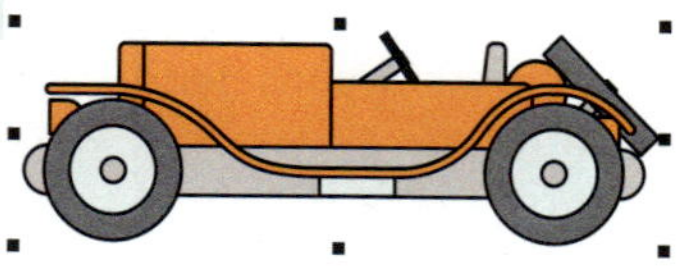

Bild A3
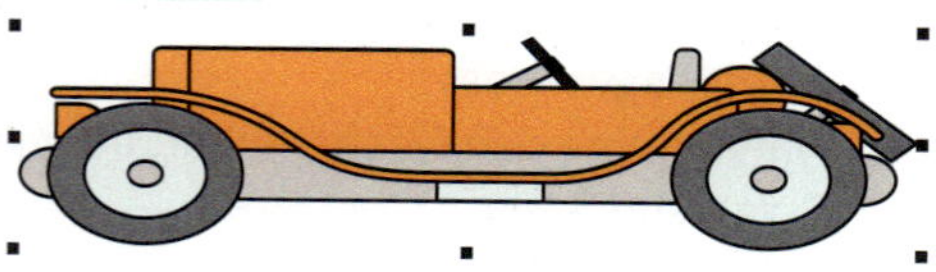

Bild B3

Ähnlichkeit

2 Das Dreieck II ist durch maßstäbliches Vergrößern aus dem Dreieck I hervorgegangen.

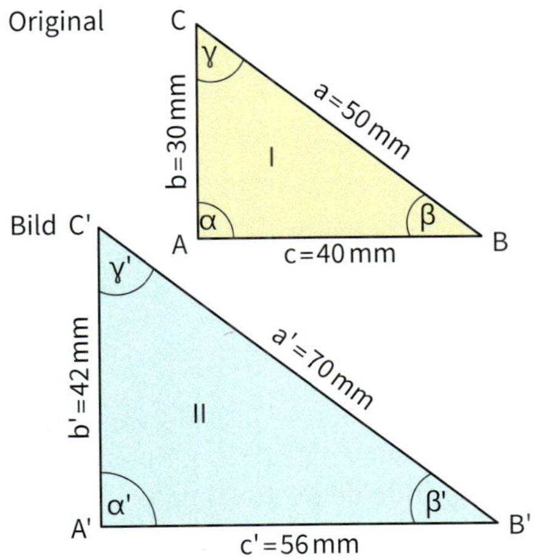

a) Im Beispiel sind die Längenverhältnisse entsprechender Seiten in den Dreiecken II und I berechnet worden.

$\frac{a'}{a} = \frac{70}{50} = \frac{7}{5} = 1{,}4$

$\frac{b'}{b} = \frac{42}{30} = \frac{7}{5} = 1{,}4$

Berechne auch das Verhältnis $\frac{c'}{c}$. Was stellst du fest?

b) Vergleiche in beiden Dreiecken die Winkelgrößen miteinander.

3 Das abgebildete Dreieck II ist durch maßstäbliches Verkleinern aus Dreieck I hervorgegangen.

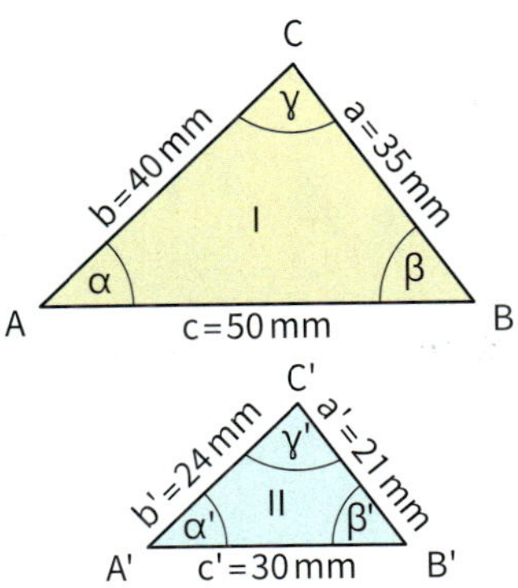

Berechne die Verhältnisse $\frac{a'}{a}$, $\frac{b'}{b}$ und $\frac{c'}{c}$. Vergleiche auch in beiden Dreiecken die zugehörigen Winkelgrößen. Beschreibe deine Ergebnisse.

Figuren, die durch maßstäbliches Vergrößern oder Verkleinern entstanden sind, heißen **ähnlich**.
In zueinander ähnlichen Figuren sind entsprechende Winkel gleich groß.
Die Längenverhältnisse entsprechender Seiten in Bild- und Originalfigur sind gleich.

$$\frac{a'}{a} = \frac{b'}{b} = \frac{c'}{c} = k$$

$a' = k \cdot a \qquad b' = k \cdot b \qquad c' = k \cdot c$

Ist der Faktor k größer als 1, wird die Figur vergrößert. Ist k kleiner als 1, wird die Figur verkleinert.

Video
WES-152460-001

4 Untersuche, welche Rechtecke dem Rechteck R ähnlich sind.

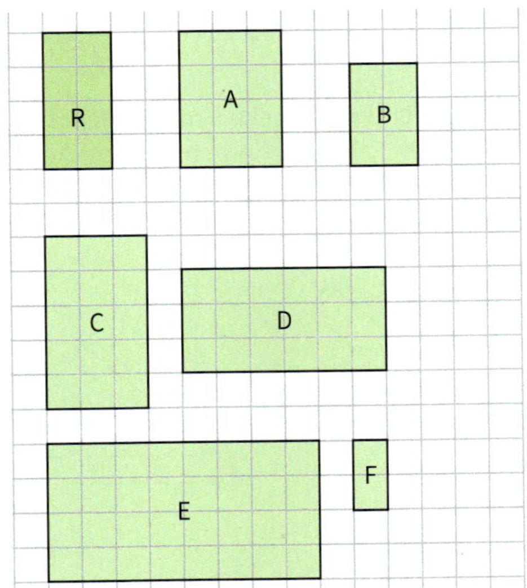

5 Untersuche die Parallelogramme auf Ähnlichkeit.

a)

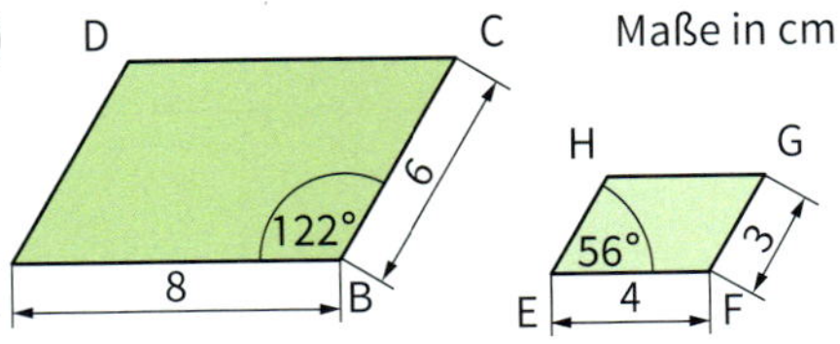

b)

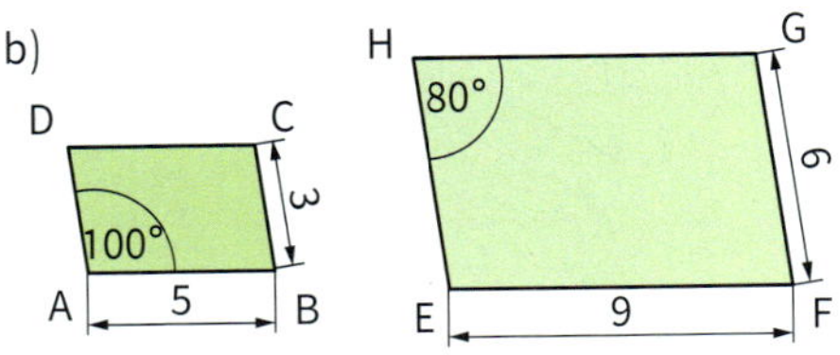

Ähnlichkeit

6 Die beiden Rechtecke sind ähnlich. Bestimme den Faktor k.

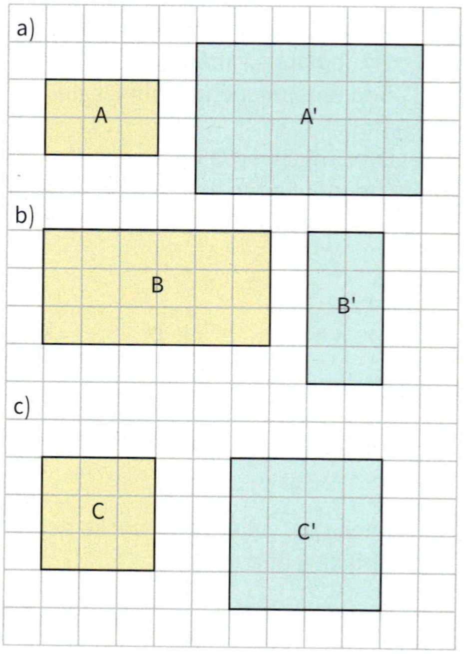

7 Die beiden Dreiecke sind ähnlich. Berechne den Faktor k. Berechne anschließend die fehlenden Seitenlängen des Bilddreiecks mithilfe von k.

a)

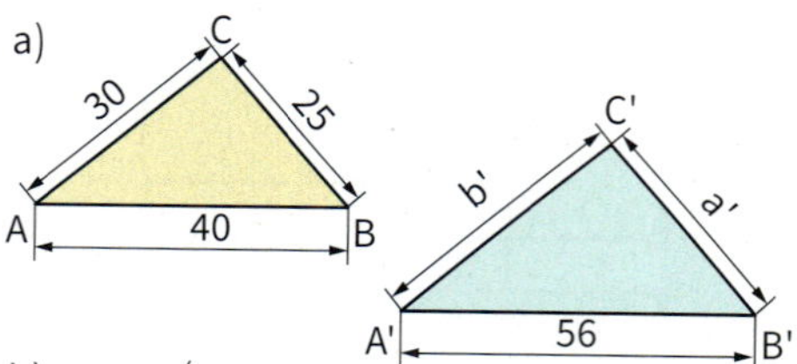

b)

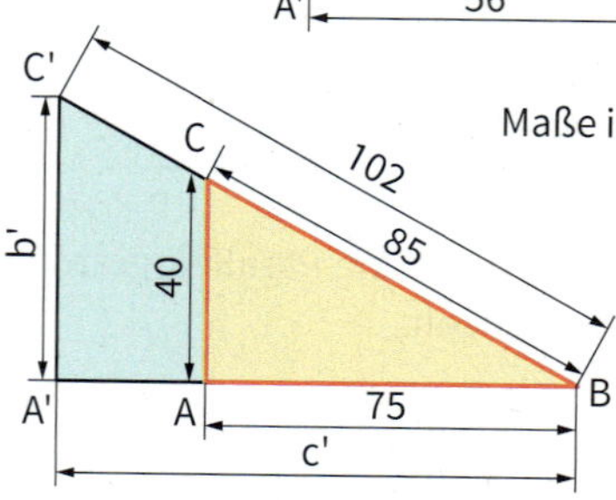

Maße in cm

c)

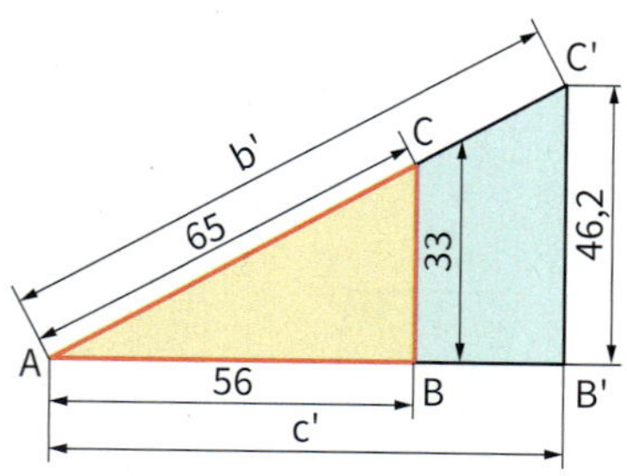

8 Gib mehrere Gründe dafür an, dass die beiden Figuren nicht ähnlich sind.

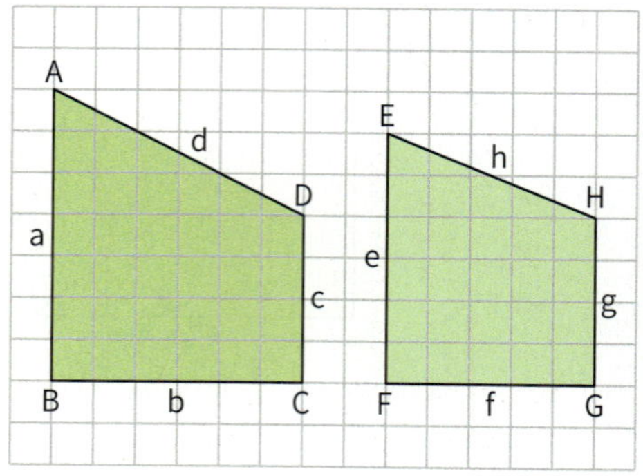

9 Tilda behauptet, dass die abgebildeten Rechtecke ähnlich sind. Hat sie recht? Begründe deine Meinung.

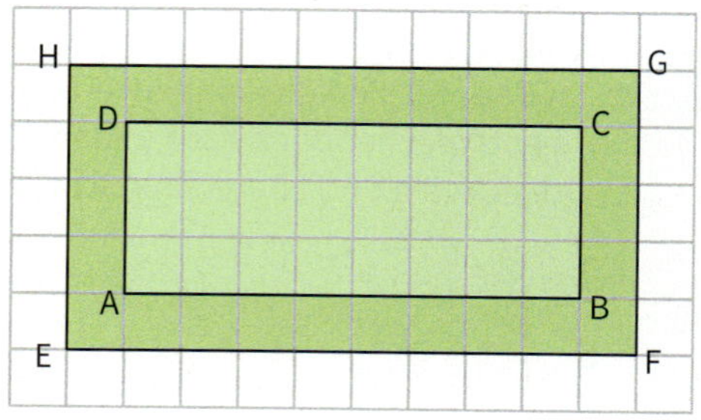

10 Das Wort „ähnlich“ wird umgangssprachlich benutzt, wenn sich zwei Gegenstände oder Personen nur wenig unterscheiden.
Sind die abgebildeten Personen auch mathematisch ähnlich? Begründe deine Antwort.

a)

b)

Ähnlichkeitssätze für Dreiecke

1 a) Nele hat die Aufgabe, Dreiecke auf Ähnlichkeit zu überprüfen.

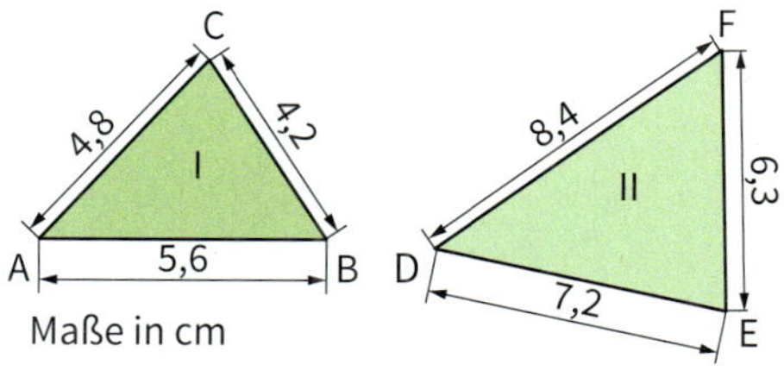

Maße in cm

Sie weiß, dass Figuren ähnlich sind, wenn die Längenverhältnisse entsprechender Seiten in beiden Figuren gleich sind.
Zuerst sucht sie in jedem Dreieck jeweils die längste Seite, dann die zweitlängste Seite und schließlich die kürzeste Seite.
Verfahre wie Nele und berechne die Verhältnisse. Sind die Dreiecke ähnlich?

b) Franz möchte überprüfen, ob die abgebildeten Dreiecke ähnlich sind.

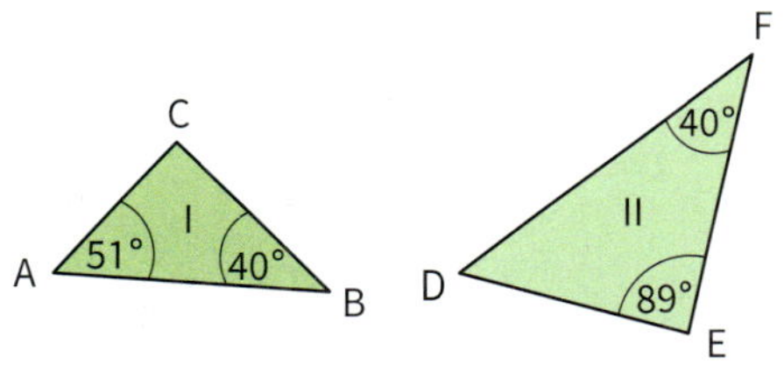

Er weiß, dass zwei Figuren ähnlich sind, wenn sie in allen Winkeln übereinstimmen und berechnet in beiden Dreiecken den dritten Winkel. Verfahre wie Franz.
Sind die Dreiecke ähnlich?
Sind die Dreiecke ähnlich, wenn nur zwei Winkel übereinstimmen?

2 Überprüfe die Dreiecke auf Ähnlichkeit.

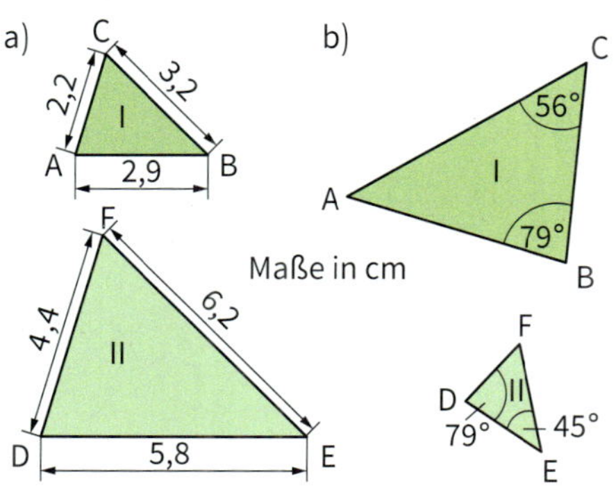

Ähnlichkeitssätze

Stimmen zwei Dreiecke in zwei ihrer Winkelgrößen überein, dann sind sie zueinander ähnlich (Hauptähnlichkeitssatz).

Stimmen zwei Dreiecke in den Verhältnissen der entsprechenden Seitenlängen überein, so sind sie zueinander ähnlich.

3 Überprüfe die beiden Dreiecke I und II auf Ähnlichkeit (Maße in cm).

a)

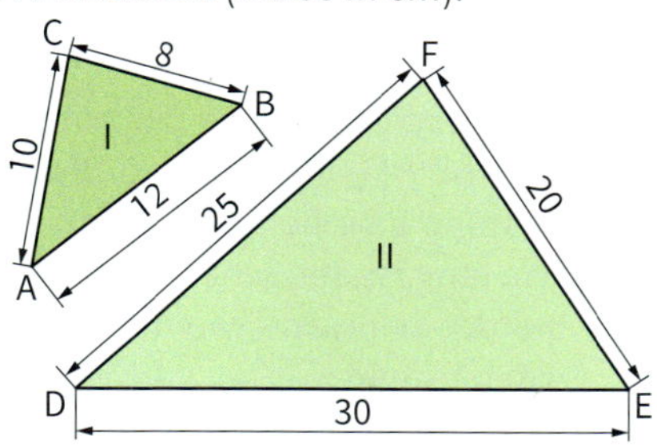

b)

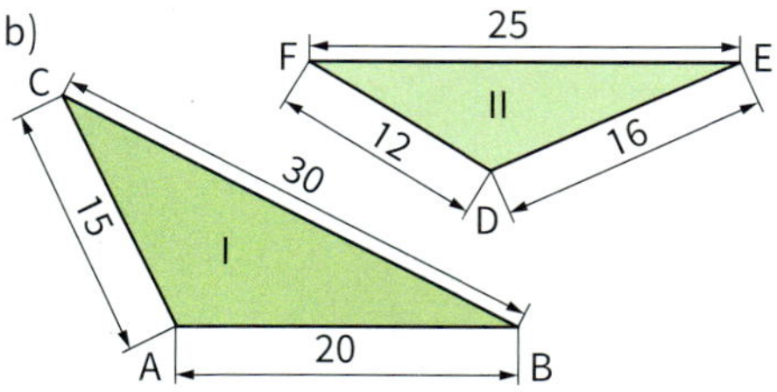

4 Sind die beiden Dreiecke ähnlich? Begründe deine Antwort.

a)

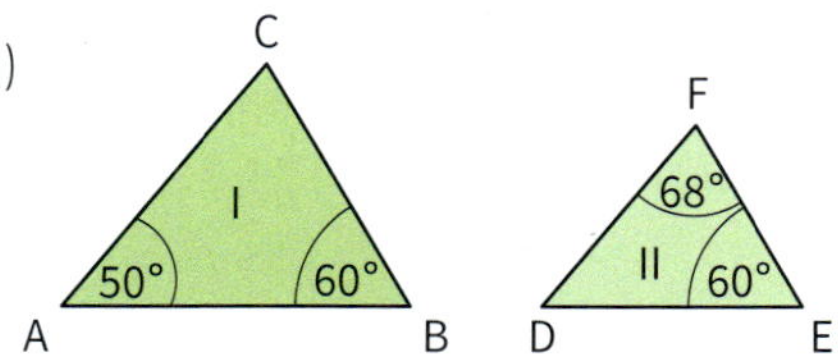

b)

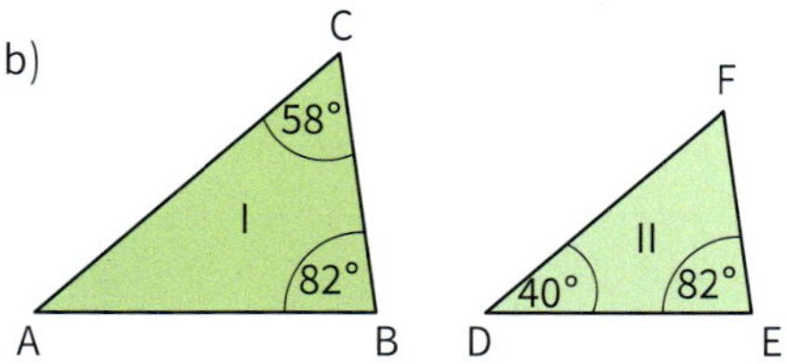

5 Suche ähnliche Dreiecke.

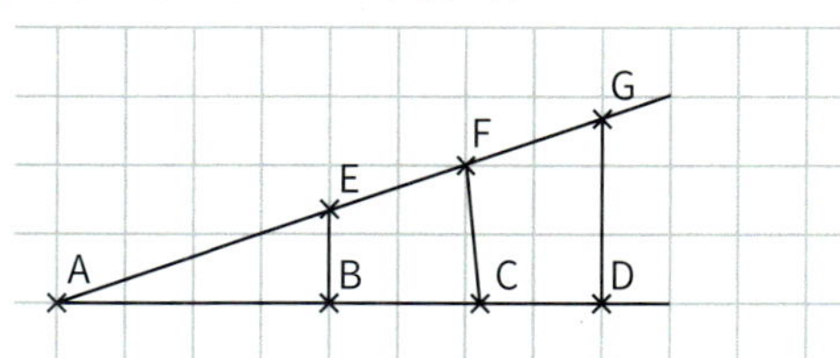

Zentrische Streckung

1 Der Stab wirft auf die Leinwand einen Schatten, der größer ist als der Stab.

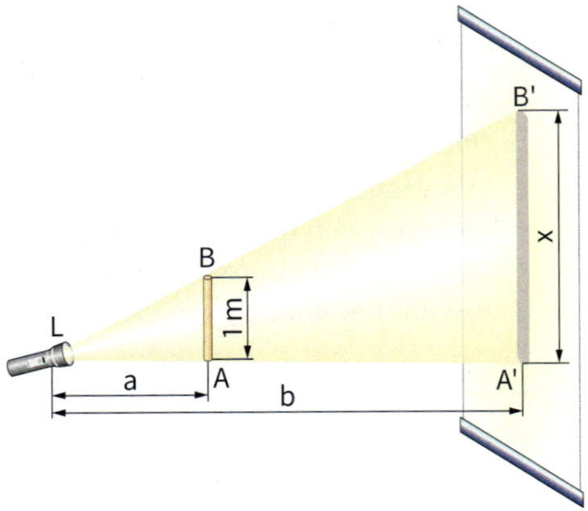

a) Was geschieht, wenn der Abstand b vergrößert (verkleinert) und der Abstand a beibehalten wird?

b) Wie lang ist der Schatten des Stabes auf der Leinwand, wenn der Abstand b 4 m beträgt?

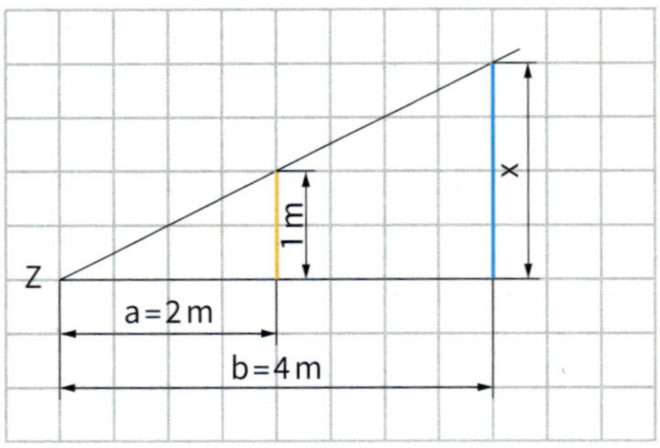

c) Wie lang ist der Schatten des Stabes auf der Leinwand, wenn b auf 6 m vergrößert wird?

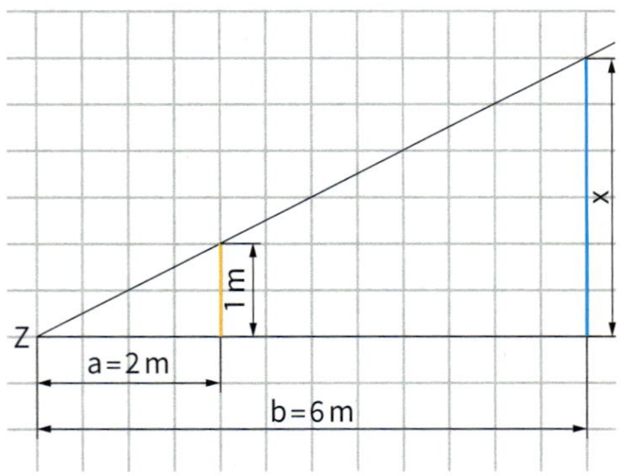

Schattenbilder lassen sich auch mathematisch konstruieren. Eine solche Konstruktion wird **zentrische Streckung** genannt.

Der Streckungsfaktor wird auch Ähnlichkeitsfaktor genannt.

Zentrische Streckung

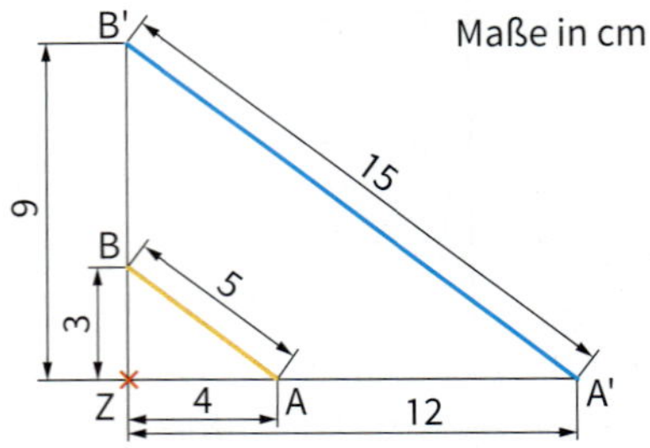

$\frac{\overline{ZA'}}{\overline{ZA}} = \frac{12}{4} = 3$ $\quad \overline{ZA'} = 3 \cdot \overline{ZA}$

$\frac{\overline{ZB'}}{\overline{ZB}} = \frac{9}{3} = 3$ $\quad \overline{ZB'} = 3 \cdot \overline{ZB}$

$\frac{\overline{A'B'}}{\overline{AB}} = \frac{15}{5} = 3$ $\quad \overline{A'B'} = 3 \cdot \overline{AB}$

Streckungsfaktor: k = 3

Bei einer zentrischen Streckung liegen Originalpunkt und Bildpunkt auf einer Geraden durch das Streckungszentrum Z. Der Streckungsfaktor wird k genannt.
Bei einer zentrischen Streckung sind Originalfigur und Bildfigur **ähnlich** zueinander.

2 Die Strecke $\overline{A'B'}$ ist durch eine zentrische Streckung aus $\overline{AB}$ hervorgegangen. Bestimme den Streckungsfaktor k. Berechne dann die fehlenden Längen.

a)

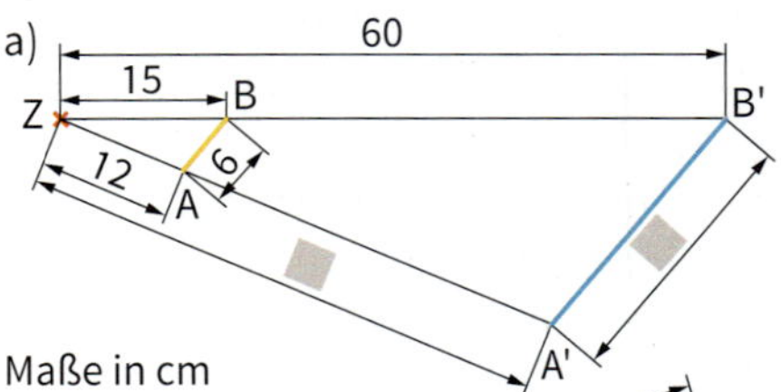

Maße in cm

b)

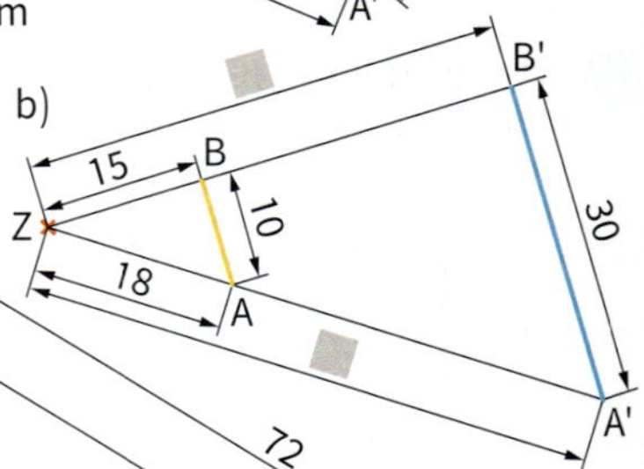

c)

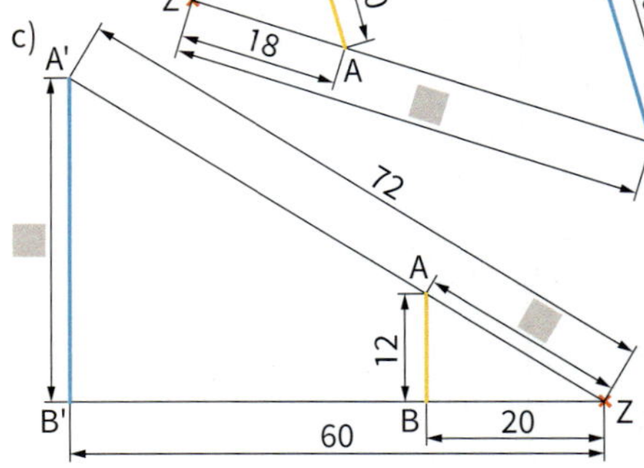

Zentrische Streckung ebener Figuren

1 a) Beschreibe anhand der drei Abbildungen, wie das Dreieck ABC von Z aus mit k = 2 gestreckt wird.

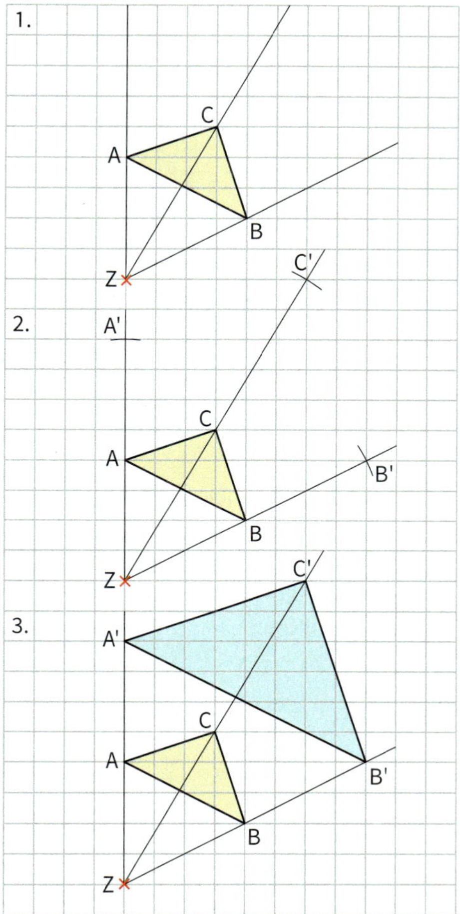

b) Vergleiche jeweils die Größe der Innenwinkel von Original- und Bildfigur miteinander. Was stellst du fest? Wie liegen entsprechende Seiten zueinander?

2 Übertrage die Figur in dein Heft und strecke sie anschließend von Z aus mit dem angegebenen Faktor.

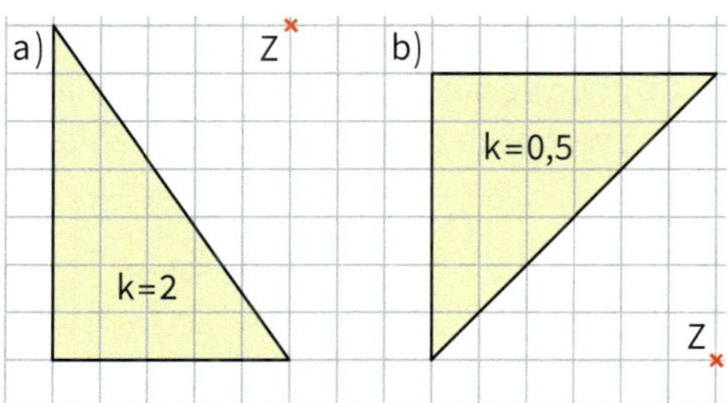

Bei einer zentrischen Streckung sind die entsprechenden Winkel in Original- und Bildfigur gleich groß. Original- und Bildstrecke liegen parallel zueinander.

Video
WES-152460-002

3 a) Elli streckt das abgebildete Dreieck von Z aus mit k = 1,5. Welche Eigenschaft der zentrischen Streckung benutzt sie dabei?

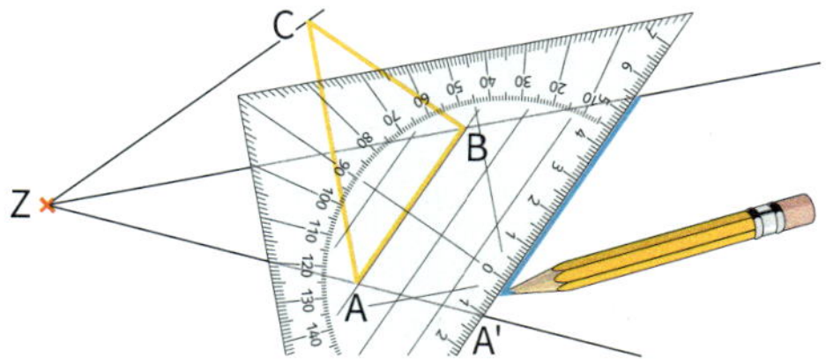

b) Übertrage die Figuren in dein Heft und konstruiere mithilfe dieser Eigenschaft die Bildfigur (k = 1,5).

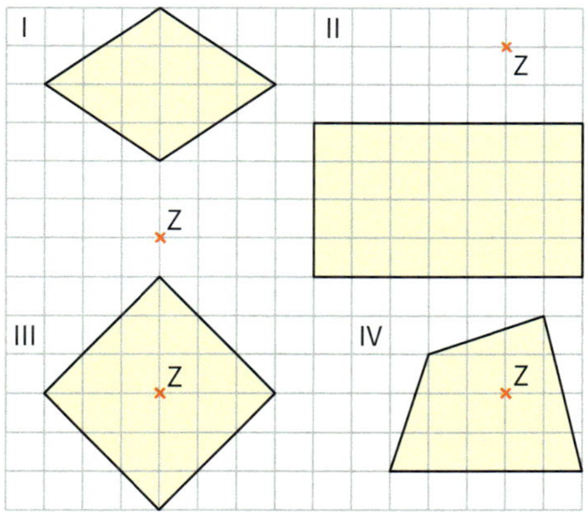

Video
WES-152460-003

4 Zeichne die Figur mit den gegebenen Eckpunkten in ein Koordinatensystem (Einheit 1 cm) und verkleinere sie durch zentrische Streckung von Z aus mit dem angegebenen Faktor k. Gib die Koordinaten der Bildpunkte an.

	a)	b)	c)	d)
Z	(1 | −1)	(7 | −2)	(1 | 0)	(−2 | 4)
k	0,5	0,5	0,5	0,25
A	(−1 | 2)	(−2 | −6)	(−1 | −2)	(−4 | −2)
B	(3 | 2)	(−2 | 0)	(3 | −1)	(2 | −4)
C	(3 | 4)	(0 | −4)	(3 | 1)	(4 | 2)
D	(−1 | 4)		(−1 | 4)	(−2 | 2)

Flächeninhalt von Original- und Bildfigur

1 In der Abbildung ist das Quadrat ZABC mit der Seitenlänge 2 cm mit dem Faktor k = 3 von Z aus gestreckt worden.

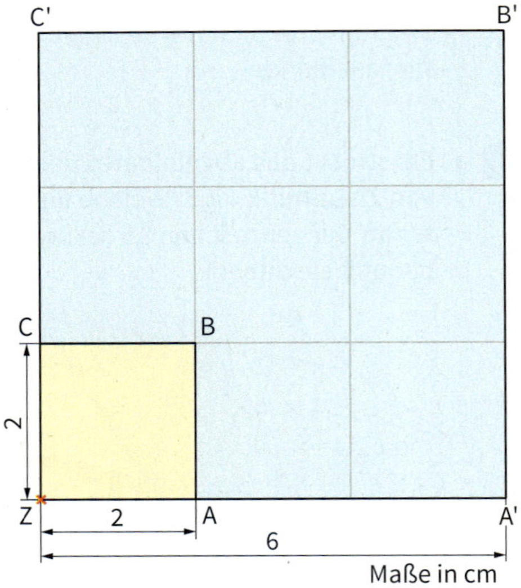

a) Vergleiche den Flächeninhalt der Originalfigur mit dem Flächeninhalt der Bildfigur.

b) Führe eine weitere Streckung des Originalquadrats mit dem Streckungsfaktor k = 4 durch. Vergleiche auch hier die Flächeninhalte von Originalfigur und Bildfigur. Was stellst du fest?

2 a) Zeichne ein 3 cm langes und 2 cm breites Rechteck ABCD und wähle Punkt A als Streckungszentrum. Strecke das Rechteck von Punkt A aus mit dem Faktor k = 3.

b) Bestimme den Flächeninhalt der Bildfigur A'B'C'D' und vergleiche ihn mit dem Flächeninhalt des ursprünglichen Rechtecks ABCD.

c) Wie verändert sich der Flächeninhalt bei dem Streckungsfaktor 4 (5, 6, 7)?

3 a) Zeichne ein Quadrat ABCD mit 4 cm Seitenlänge und strecke es von Punkt A aus mit $k = \frac{1}{2}$.

b) Vergleiche den Flächeninhalt der Bildfigur mit dem Flächeninhalt der Originalfigur.

c) Wie verändert sich der Flächeninhalt bei einem Streckungsfaktor $k = \frac{1}{4}\left(\frac{1}{5}\right)$?

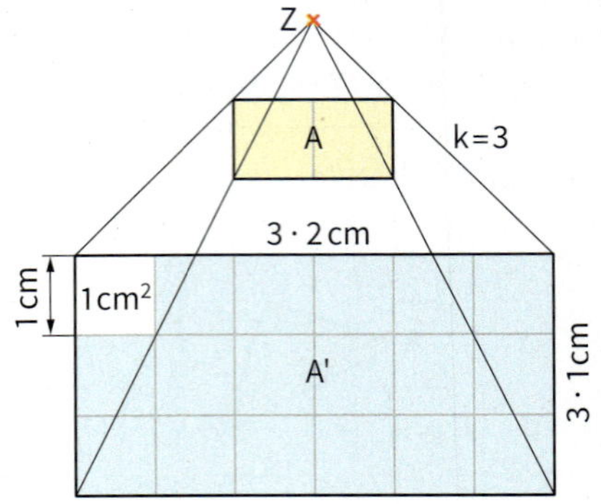

$A = 2\,cm \cdot 1\,cm$
$A = 2\,cm^2$
$A' = 3 \cdot 2\,cm \cdot 3 \cdot 1\,cm$
$A' = 3^2 \cdot 2\,cm^2$
$A' = 3^2 \cdot A$
$A' = k^2 \cdot A$

Bei einer zentrischen Streckung mit dem Streckungsfaktor **k** ist der Flächeninhalt der Bildfigur **k²**-mal so groß wie der Flächeninhalt der Originalfigur.

4 Ergänze die Tabelle in deinem Heft.

	a)	b)	c)	d)
k	4	3	5	■
k^2	■	■	■	0,25
A	25 cm²	108 cm²	■	■
A'	■	■	300 cm²	1,5 cm²

5 a) Wenn ich mit einem Fotokopiergerät eine Seite im DIN-A5-Format auf DIN A3 vergrößern möchte, muss ich den Faktor 2 bzw. den Faktor 200 % einstellen.
Wie verändern sich die Seitenlängen und der Flächeninhalt der Seite bei der Vergrößerung?

b) Wie verändert sich der Flächeninhalt, wenn ich den Faktor 50 % wähle?

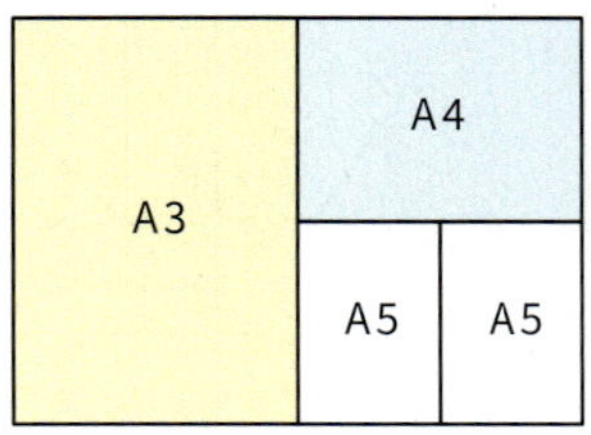

Arbeiten mit dem Computer: Zentrische Streckung

1 Paul möchte mit seinem Geometrieprogramm eine zentrische Streckung eines Dreiecks ABC durchführen. Der Streckungsfaktor k soll einstellbar sein. Er hat das Dreieck ABC gezeichnet und einen Punkt Z für das Streckungszentrum markiert.

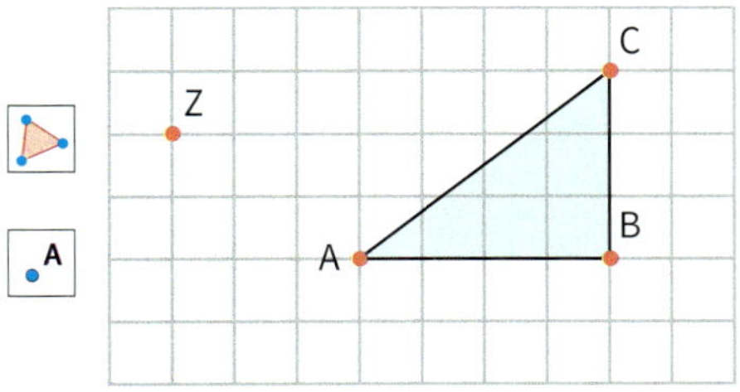

Dann hat er einen Schieberegler mit den abgebildeten Einstellungen eingefügt.

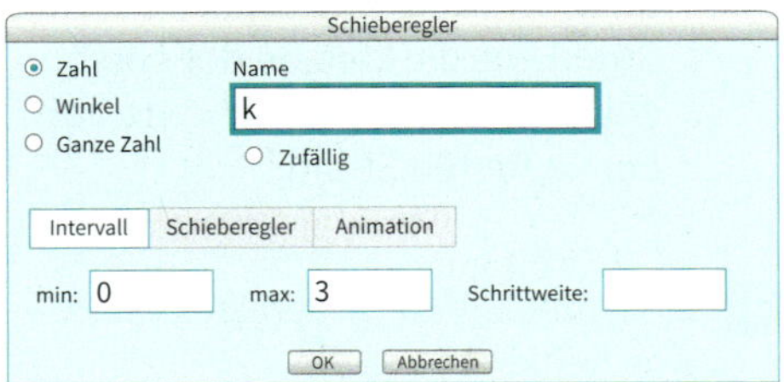

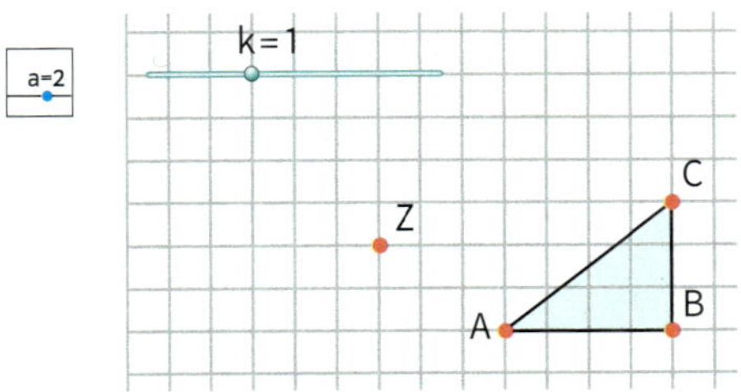

a) Verfahre wie Paul. Wähle dann das Werkzeug 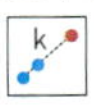 „Strecke zentrisch von Punkt aus“. Klicke zuerst das Dreieck und danach Punkt Z an.
Trage als Faktor k ein.
Bewege den Schieberegler und beobachte dabei die Größe des Bilddreiecks und den Faktor k.

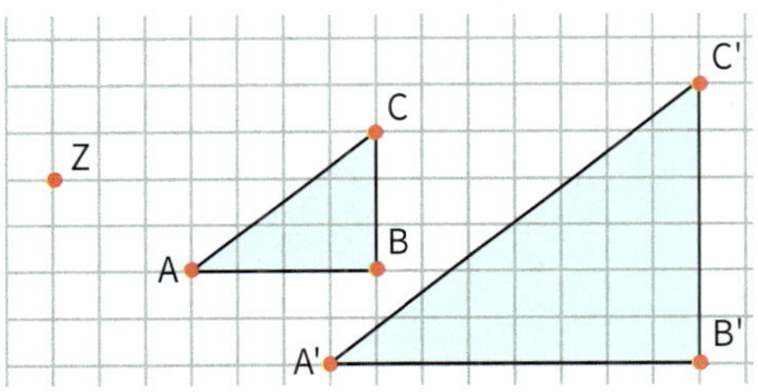

b) Zeichne zur besseren Veranschaulichung des Streckungsprozesses die abgebildeten Geraden ein und verändere k erneut.

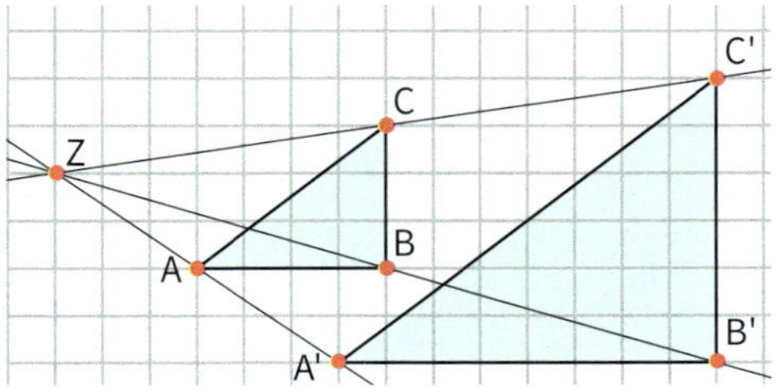

Was kannst du beobachten?

c) Paul hat für k den Wert 2 eingestellt und mit dem Werkzeug „Abstand oder Länge“ die Streckenlängen $\overline{ZA}$ und $\overline{ZA'}$ gemessen.

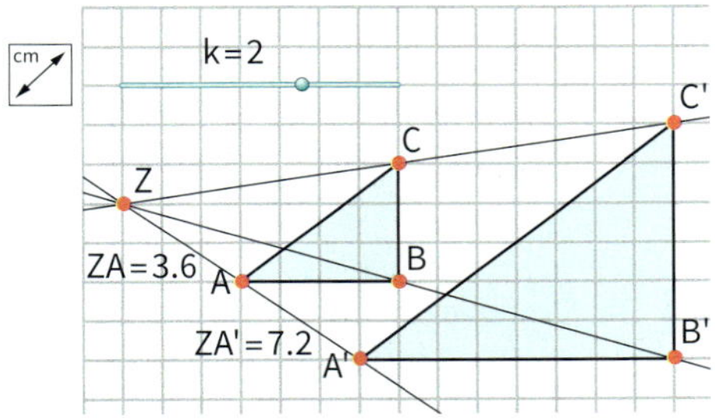

Wähle auch k = 2 und miss die Längen der Dreiecksseiten. Vergleiche die entsprechenden Streckenlängen in Bild- und Originaldreieck.
Vergleiche auch mit Pauls Messungen.
Verändere k auf den Wert 3 und vergleiche erneut. Was stellst du fest?

d) Paul hat mit dem Werkzeug „Fläche“ den Flächeninhalt des Dreiecks ABC bestimmt.

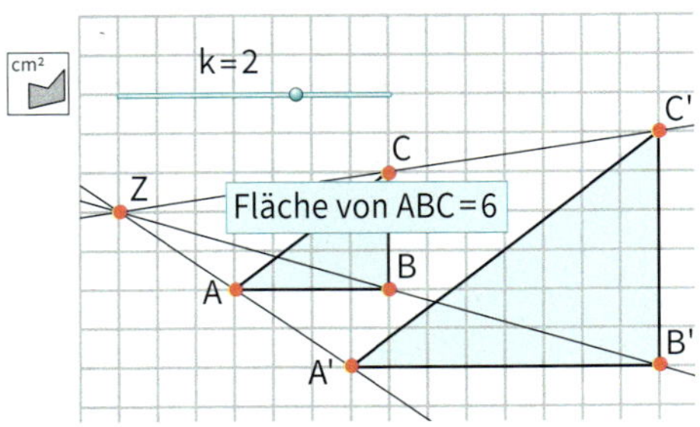

Bestimme den Flächeninhalt des Dreiecks A'B'C' und vergleiche.
Verändere k auf den Wert 3. Vergleiche die Flächeninhalte. Welche Aussage kannst du treffen?

Strahlensätze

Video
WES-152460-004

1 Tim möchte in einer Zimmerecke zwei Regalbretter anbringen. Tim weiß, dass die Schräge 270 cm lang ist.
a) Berechne die fehlenden Maße mithilfe der zentrischen Streckung.
b) Vergleiche die Maße in der Schräge mit den entsprechenden Maßen in der Senkrechten. Was fällt dir auf?

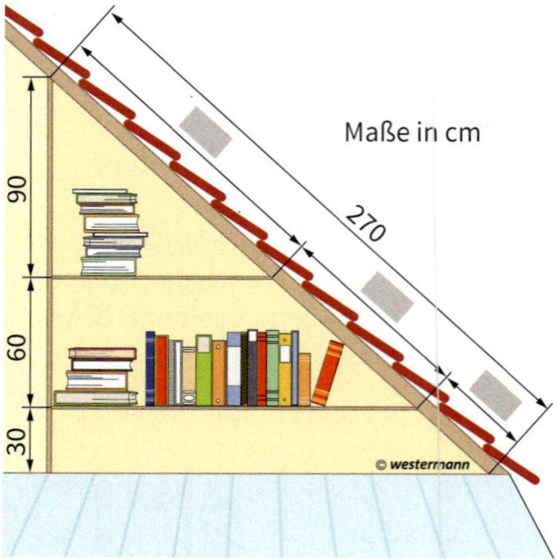

2 Die Dreiecke SAB und SA′B′ sind ähnlich ($\overline{AB} \parallel \overline{A'B'}$). Ersetze die Platzhalter in den Gleichungen. Vergleiche dazu einander entsprechende Streckenabschnitte auf den Strahlen.

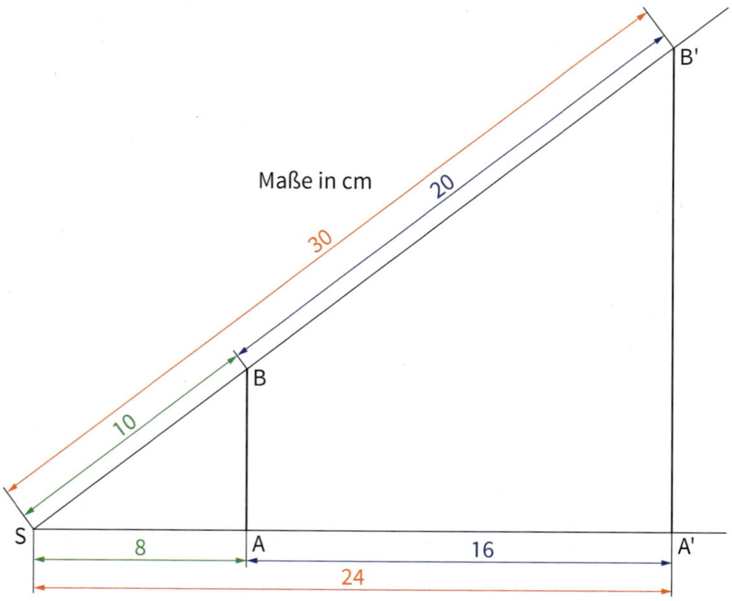

$\frac{24}{8} = \frac{30}{\square}$ $\frac{8}{16} = \frac{\square}{\square}$ $\frac{24}{16} = \frac{\square}{\square}$

1. Strahlensatz

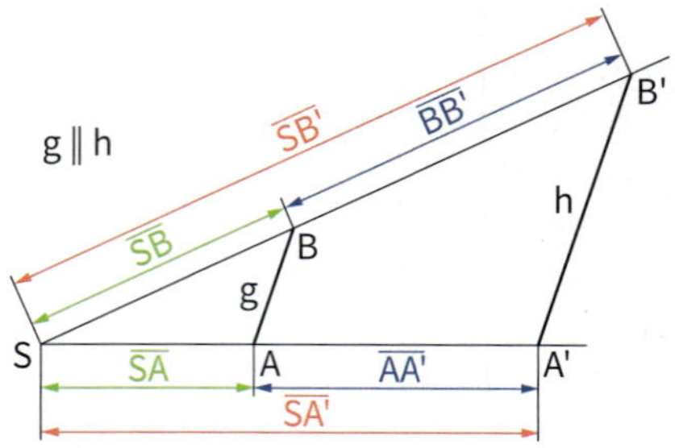

$\frac{\overline{SA'}}{\overline{SA}} = \frac{\overline{SB'}}{\overline{SB}}$ $\frac{\overline{SA}}{\overline{AA'}} = \frac{\overline{SB}}{\overline{BB'}}$ $\frac{\overline{SA'}}{\overline{AA'}} = \frac{\overline{SB'}}{\overline{BB'}}$

Werden zwei Strahlen mit einem gemeinsamen Anfangspunkt von zwei Parallelen geschnitten, so verhalten sich die Längen von zwei Streckenabschnitten auf dem einen Strahl wie die Längen der entsprechenden Streckenabschnitte auf dem anderen Strahl.

3 Bestimme die rot gekennzeichnete Streckenlänge x (a ∥ b).

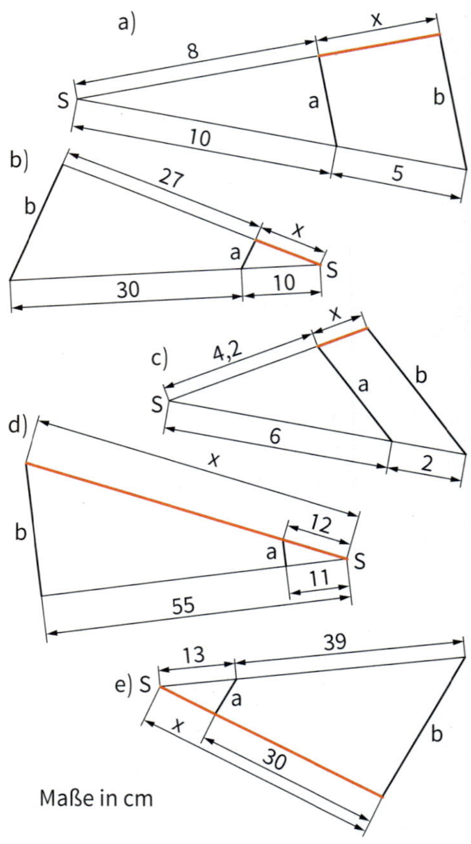

Maße in cm

Strahlensätze

4 Die Dreiecke SAB und SA′B′ sind ähnlich ($\overline{AB} \parallel \overline{A'B'}$). Ersetze die Platzhalter in den Gleichungen jeweils durch die Länge des entsprechenden Abschnitts auf dem Strahl. Was stellst du fest?

Maße in cm

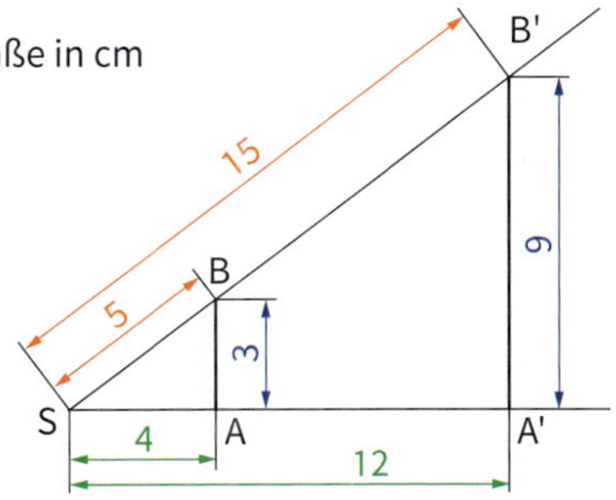

$\frac{9}{3} = \frac{12}{\square}$ $\frac{9}{3} = \frac{\square}{5}$

5 Ersetze die Platzhalter ($\overline{AB} \parallel \overline{A'B'}$).

a)

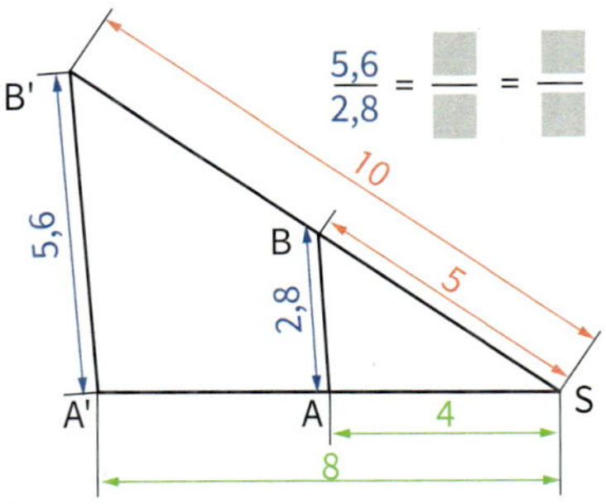

$\frac{5{,}6}{2{,}8} = \frac{\square}{\square} = \frac{\square}{\square}$

b)

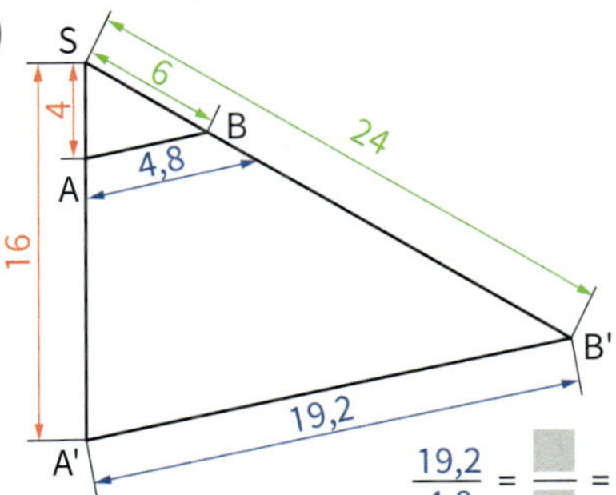

$\frac{19{,}2}{4{,}8} = \frac{\square}{\square} = \frac{\square}{\square}$

c)

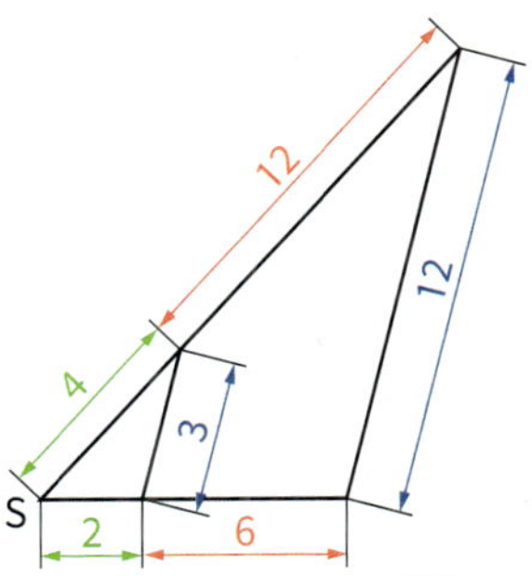

Maße in cm $\frac{12}{3} = \frac{\square}{\square}$ $\frac{12}{3} = \frac{\square}{\square}$

2. Strahlensatz

$\overline{AB} \parallel \overline{A'B'}$

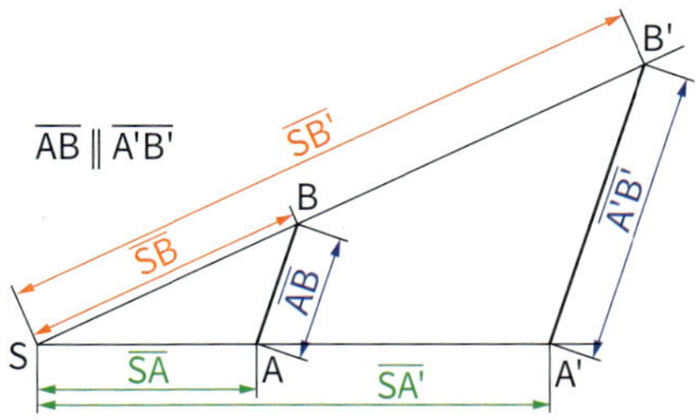

$\frac{\overline{A'B'}}{\overline{AB}} = \frac{\overline{SA'}}{\overline{SA}}$ $\frac{\overline{A'B'}}{\overline{AB}} = \frac{\overline{SB'}}{\overline{SB}}$

Werden zwei Strahlen mit einem gemeinsamen Anfangspunkt von zwei Parallelen geschnitten, so verhalten sich die Längen der Streckenabschnitte auf den Parallelen wie die **vom Anfangspunkt aus** gemessenen Längen der entsprechenden Abschnitte auf jedem der Strahlen.

Video
WES-152460-005

6 Zwei Strahlen werden von zwei Parallelen geschnitten. Bestimme die rot gekennzeichnete Streckenlänge x.

a)

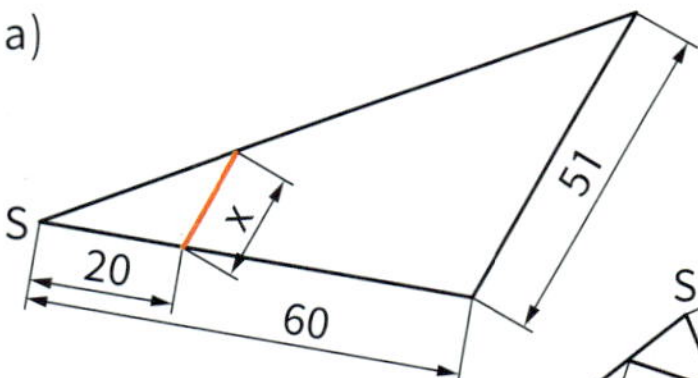

b)

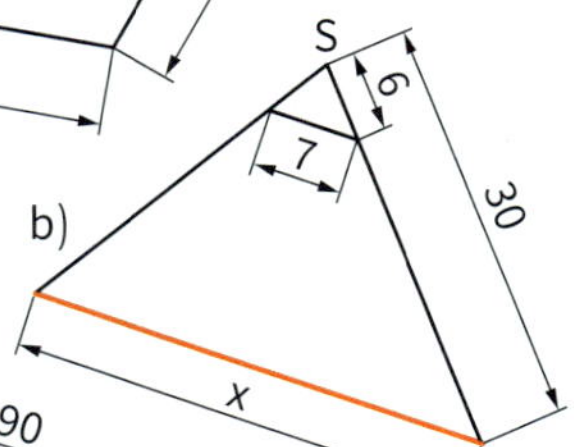

c)

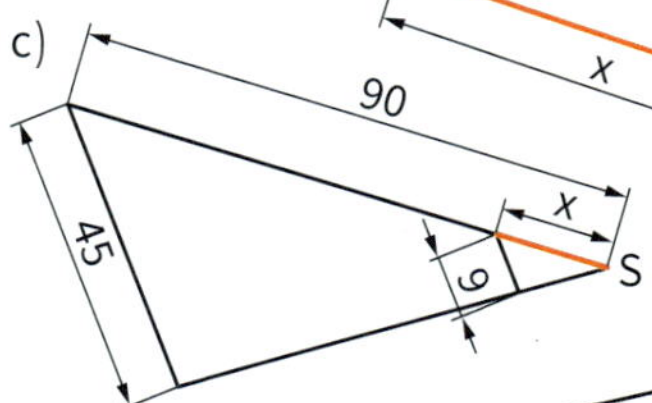

d)

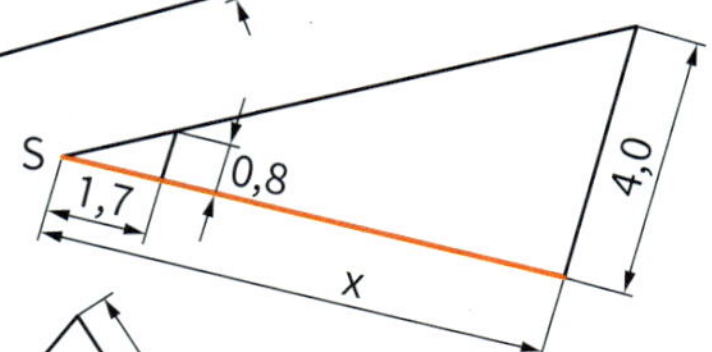

e)

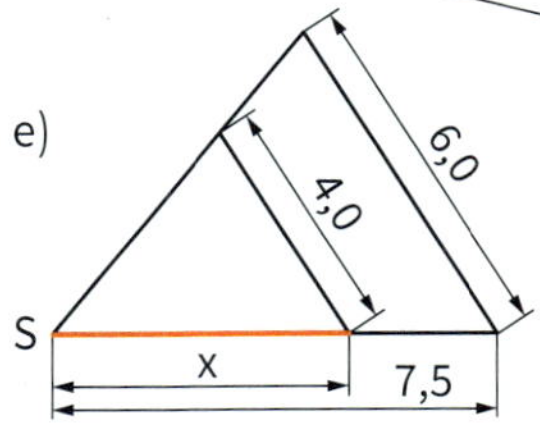

Maße in cm

WISSEN KOMPAKT

Maßstab
Der Maßstab gibt das Verhältnis einander entsprechender Streckenlängen im **Bild** und **Original** an.

Vergrößerung
Maßstab 10 : 1
10 cm im Bild ≙ 1 cm im Original

Verkleinerung
Maßstab 1 : 10
1 cm im Bild ≙ 10 cm im Original

Ähnliche Figuren

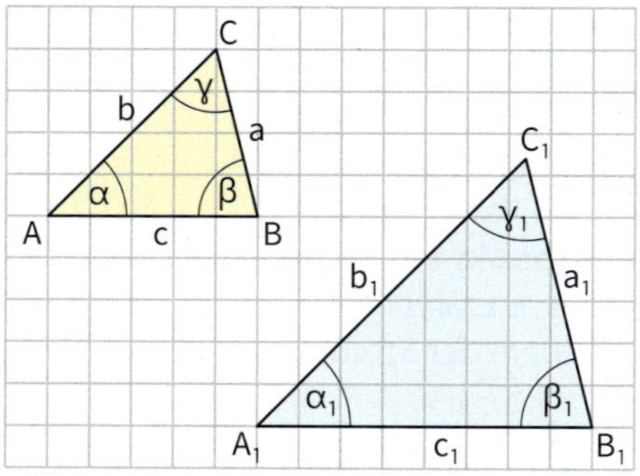

Figuren, die durch maßstäbliches Vergrößern oder Verkleinern entstanden sind, heißen **ähnlich.**

In zueinander ähnlichen Figuren sind entsprechende Winkel gleich groß. Die Verhältnisse entsprechender Seiten in Original- und Bildfigur sind gleich.

$\alpha = \alpha_1$ $\quad a : b = a_1 : b_1$
$\beta = \beta_1$ $\quad a : c = a_1 : c_1$
$\gamma = \gamma_1$ $\quad b : c = b_1 : c_1$

Hauptähnlichkeitssatz für Dreiecke

Stimmen zwei Dreiecke in zwei ihrer Winkelgrößen überein, dann sind sie zueiander ähnlich.

Zentrische Streckung

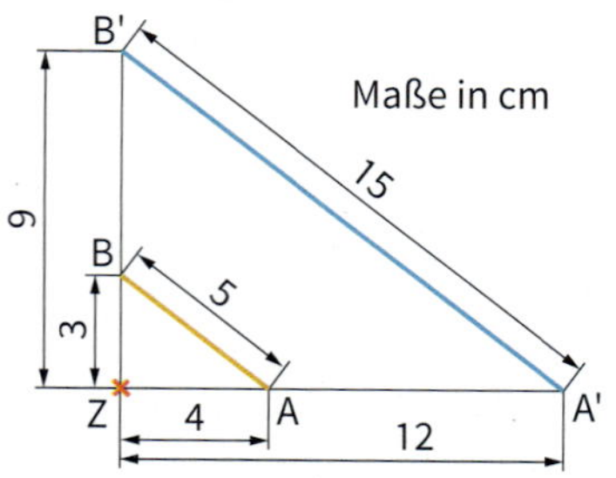

$\frac{\overline{ZA'}}{\overline{ZA}} = \frac{12}{4} = 3$ $\quad \overline{ZA'} = 3 \cdot \overline{ZA}$

$\frac{\overline{ZB'}}{\overline{ZB}} = \frac{9}{3} = 3$ $\quad \overline{ZB'} = 3 \cdot \overline{ZB}$

$\frac{\overline{A'B'}}{\overline{AB}} = \frac{15}{5} = 3$ $\quad \overline{A'B'} = 3 \cdot \overline{AB}$

Der Streckungsfaktor beträgt 3.

Bei einer **zentrischen Streckung** liegen Original- und Bildpunkt auf einer Geraden durch das Streckungszentrum Z. Der Streckungsfaktor wird k genannt.

Für die Entfernung von Z gilt: $\frac{\overline{ZA'}}{\overline{ZA}} = \frac{\overline{ZB'}}{\overline{ZB}} = k$

WISSEN KOMPAKT

Eigenschaften der zentrischen Streckung

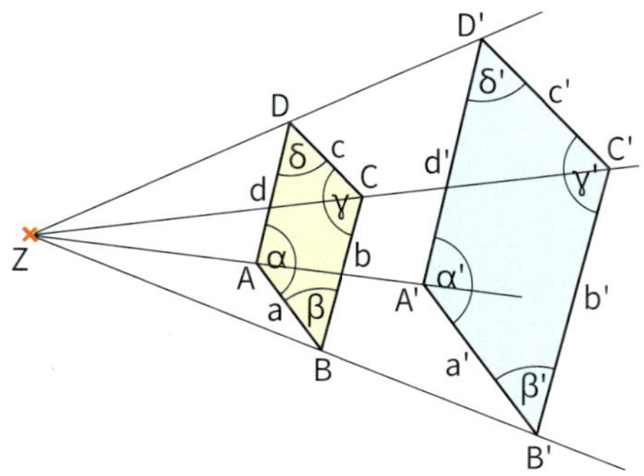

Bei einer zentrischen Streckung sind die entsprechenden Winkel in Original- und Bildfigur gleich groß.

$\alpha = \alpha'$ $\beta = \beta'$ $\gamma = \gamma'$ $d = d'$

Original- und Bildstrecke liegen parallel zueinander.

$\overline{AB} \parallel \overline{A'B'}$ $\overline{BC} \parallel \overline{B'C'}$ $\overline{CD} \parallel \overline{C'D'}$
$\overline{AD} \parallel \overline{A'D'}$

Flächeninhalt von Original- und Bildfigur bei einer zentrischen Streckung

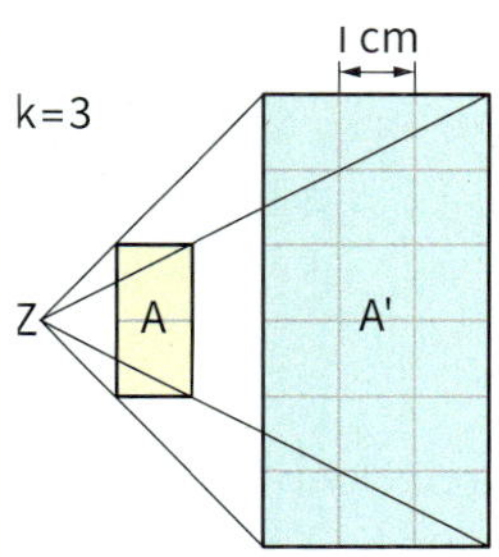

$A = 2\,cm^2$

$A' = 3^2 \cdot 2\,cm^2$
$A' = 18\,cm^2$

Bei einer zentrischen Streckung mit dem Streckungsfaktor k ist der Flächeninhalt A′ der Bildfigur k^2-mal so groß wie der Flächeninhalt A der Originalfigur.

$$A' = k^2 \cdot A$$

1. Strahlensatz

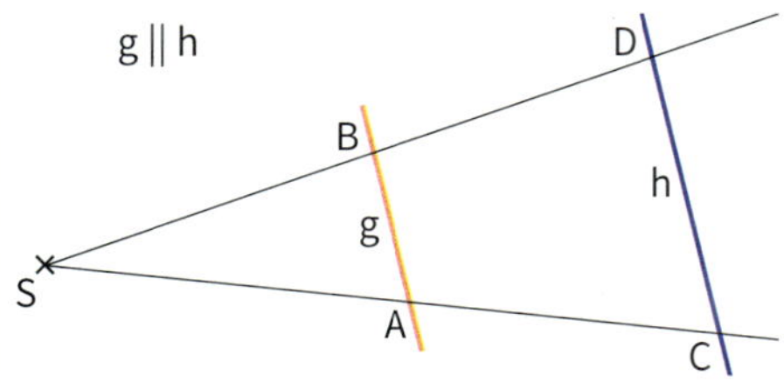

$\frac{\overline{SC}}{\overline{SA}} = \frac{\overline{SD}}{\overline{SB}}$ $\frac{\overline{SA}}{\overline{AC}} = \frac{\overline{SB}}{\overline{BD}}$ $\frac{\overline{SC}}{\overline{AC}} = \frac{\overline{SD}}{\overline{BD}}$

Werden zwei Strahlen mit einem gemeinsamen Anfangspunkt von zwei Parallelen geschnitten, so verhalten sich die Längen von je zwei Streckenabschnitten auf dem einen Strahl wie die Längen der entsprechenden Streckenabschnitte auf dem anderen Strahl.

2. Strahlensatz

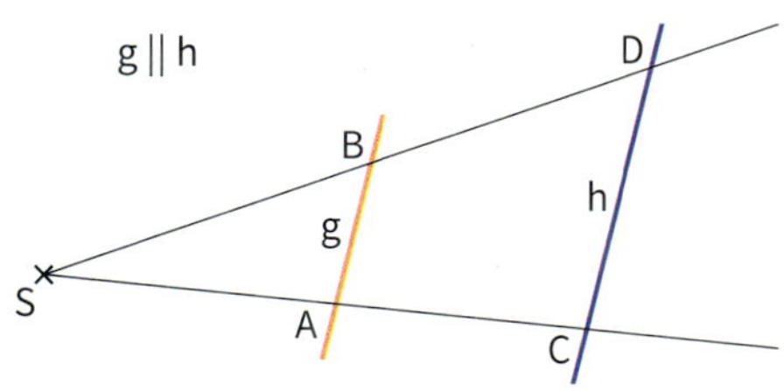

$\frac{\overline{CD}}{\overline{AB}} = \frac{\overline{SC}}{\overline{SA}}$ $\frac{\overline{CD}}{\overline{AB}} = \frac{\overline{SD}}{\overline{SB}}$

Werden zwei Strahlen mit einem gemeinsamen Anfangspunkt von zwei Parallelen geschnitten, so verhalten sich die Längen der Streckenabschnitte auf den Parallelen wie die vom Anfangspunkt aus gemessenen Längen der entsprechenden Abschnitte auf jedem der Strahlen.

ÜBEN

1 Übertrage die Figur in dein Heft und fertige eine zweite Zeichnung im angegebenen Maßstab an.

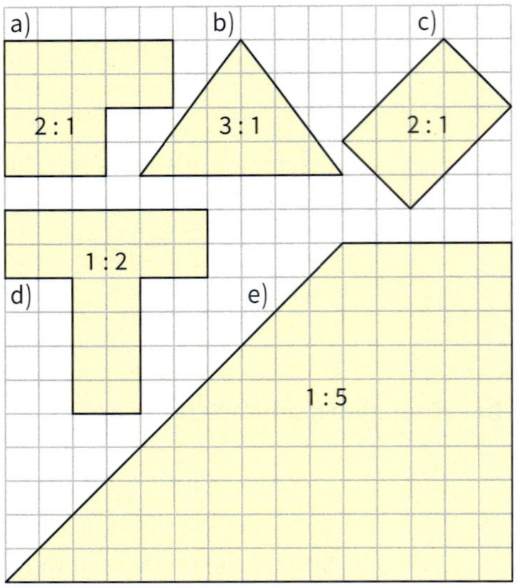

2 Auf einer Landkarte im Maßstab 1 : 1 000 000 beträgt die Entfernung zweier Städte 3 cm.
Wie weit sind die Städte wirklich voneinander entfernt?

3 Ein Rechteck ist 8,0 cm lang und 4,0 cm breit. Zeichne das Rechteck im Maßstab 1 : 4 (1,5 : 1).

4 Eine Tischlerin hat eine Leiste auf 90 cm zugesägt. In ihrer Bauzeichnung hat die Leiste eine Länge von 18 cm. In welchem Maßstab ist die Zeichnung angefertigt worden?

5 In einer Bauzeichnung (Maßstab 1 : 100) ist ein rechteckiges Zimmer 5,8 cm lang und 4,6 cm breit. Wie viel Quadratmeter Teppichboden müssen für die Fußbodenfläche mindestens eingekauft werden?

6 Überprüfe, ob die Figuren zueinander ähnlich sind. Begründe deine Antwort.

a)

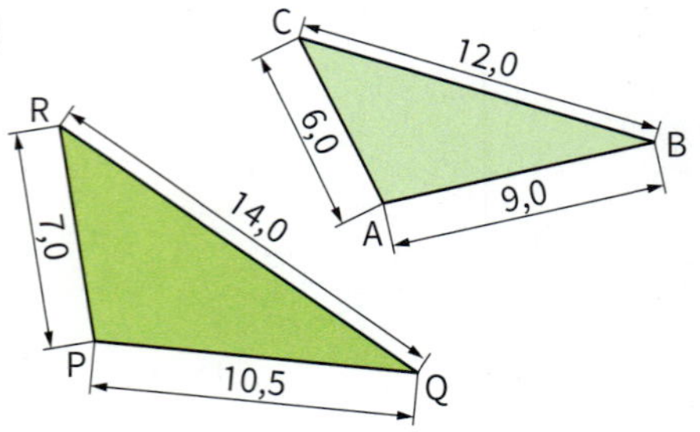

b)

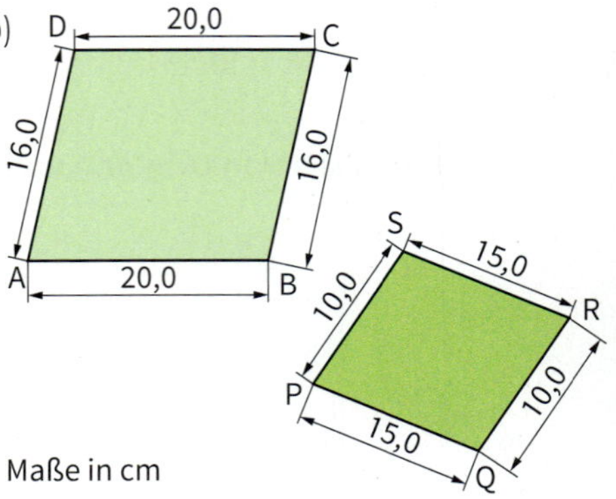

Maße in cm

7 Zeichne das Dreieck ABC mit A (– 5,5 | 3,5), B (– 1,5 | – 3,5) und C (0,5 | 0,5) sowie das Dreieck PQR mit P (1,5 | – 1,5), Q (3 | – 4,5) und R (3,5 | – 0,5) in ein Koordinatensystem (Einheit 1 cm).
Stelle fest, ob die Dreiecke zueinander ähnlich sind.

8 Das Rechteck ABCD hat die Seitenlängen a = 3 cm und b = 6 cm.
Zeichne ein ähnliches Rechteck A′B′C′D′ mit b′ = 9 cm.

9 Das Originaldreieck ABC hat die Koordinaten A (3 | 1), B (9 | 3), C (1 | 5). Die Strecke $\overline{A'B'}$ des ähnlichen Bilddreiecks hat die Koordinaten A′ (7 | 5), B′ (10 | 6).
Ergänze das Bilddreieck in deinem Heft und gib k an.

10 Matteo behauptet: Zwei gleichseitige Dreiecke sind immer ähnlich.

a) Stimmt seine Behauptung? Begründe deine Antwort.

b) Gibt es noch andere geometrische Figuren, die unabhängig von ihrer Größe immer ähnlich sind?

ÜBEN

11 Strecke die Strecke $\overline{AB}$ von Z aus mit dem angegebenen Streckungsfaktor k.

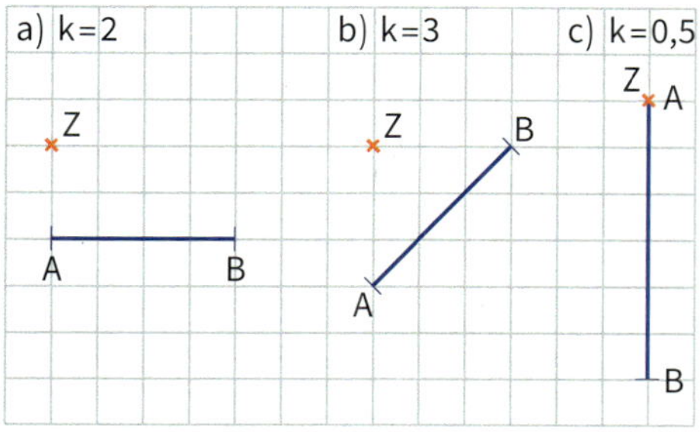

12 Zeichne eine Strecke $\overline{AB}$ und den Punkt Z in ein Koordinatensystem (Einheit 1 cm). Strecke $\overline{AB}$ von Z aus mit dem angegebenen Streckungsfaktor k. Gib jeweils die Koordinaten der Bildpunkte A′ und B′ an.

	Z	A	B	k
a)	(4 | 2)	(−1 | 1)	(6 | 5)	2
b)	(2 | −5)	(−4 | −1)	(8 | −1)	0,5

13 Zeichne in ein Koordinatensystem (Einheit 1 cm) das Dreieck ABC mit A (−4 | 0), B (−2 | 2) und C (−2 | 6). Strecke das Dreieck vom Zentrum Z (−6 | 4) aus mit dem Faktor k = 2 (k = 0,5). Gib auch die Koordinaten der Bildpunkte an.

14 Strecke die Figur ABC mit dem Faktor k = 2 von Z aus. Vergleiche zur Kontrolle die Länge von Original- und Bildstrecken.

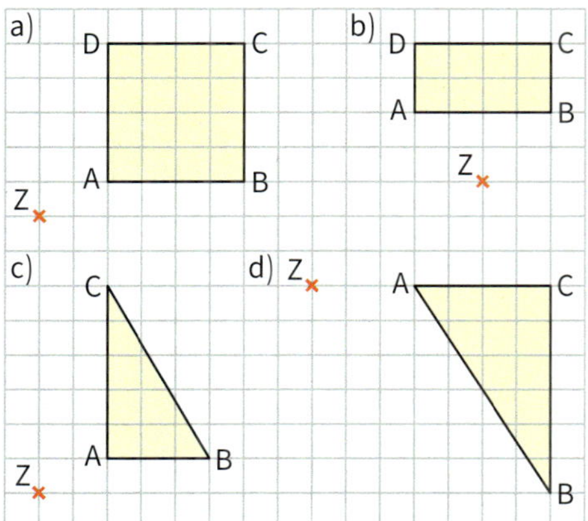

15 Strecke die Figur von Z aus mit dem Faktor k = 3. Berechne den Flächeninhalt der Original- und der Bildfigur.

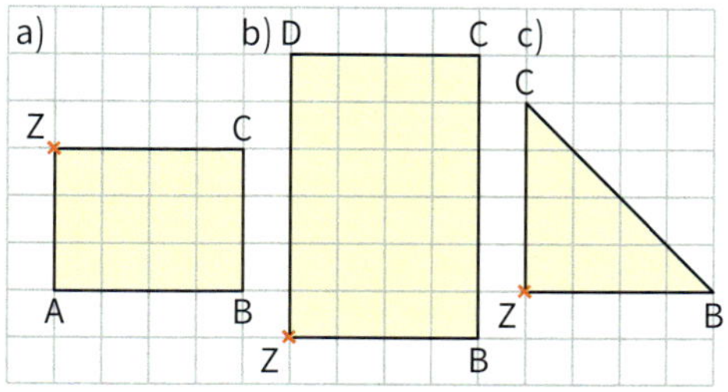

16 Das abgebildete Rechteck ABCD soll mit dem Faktor k = 2 gestreckt werden. Bestimme die Seitenlängen und den Flächeninhalt des Bilddreiecks.

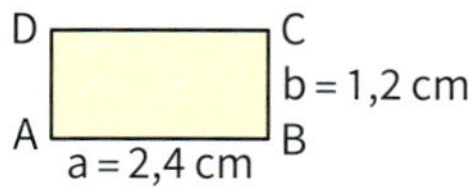

17 Das Dreieck ABC mit A (2 | 1), B (6 | 1) und C (3 | 4) wir durch eine zentrische Streckung auf das Dreieck A′B′C′ mit A′ (−6 | −5), B′ (6 | −5) und C′ (−3 | 4) abgebildet. Bestimme k und die Koordinaten von Z.

18 Bei einer zentrischen Streckung sind wie abgebildet die Originalfigur ABCD und die Bildpunkte B′ und D′ gegeben.

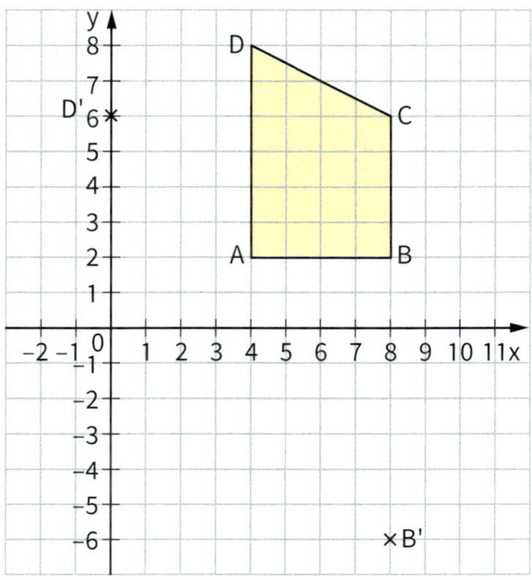

Übertrage zunächst die Abbildung in ein Koordinatensystem (Einheit 1 cm). Bestimme anschließend jeweils Z und k. Gib auch jeweils die Koordinaten von Z und der Bildpunkte A′, B′, C′ und D′ an.

ÜBEN

19 a) Im Beispiel wird mithilfe des **1. Strahlensatzes** die Länge der Strecke x berechnet.

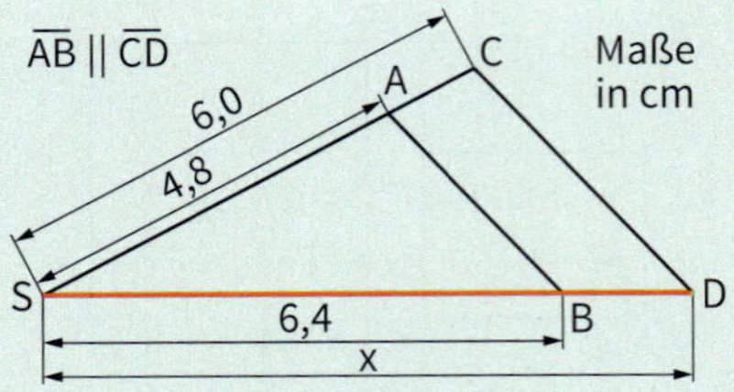

$$\frac{x}{6{,}4\,\text{cm}} = \frac{6{,}0\,\text{cm}}{4{,}8\,\text{cm}} \quad | \cdot 6{,}4\,\text{cm}$$

$$x = \frac{6{,}0\,\text{cm} \cdot 6{,}4\,\text{cm}}{4{,}8\,\text{cm}}$$

$$x = 8{,}0\,\text{cm}$$

Bestimme die Länge der Strecke x.

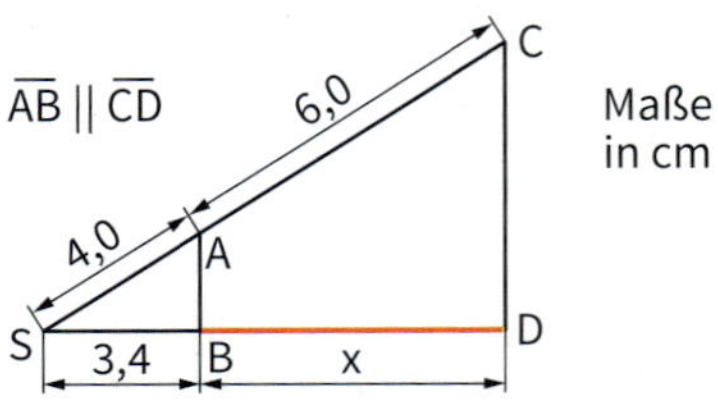

b) Im Beispiel wird mithilfe des **2. Strahlensatzes** die Länge der Strecke x bestimmt.

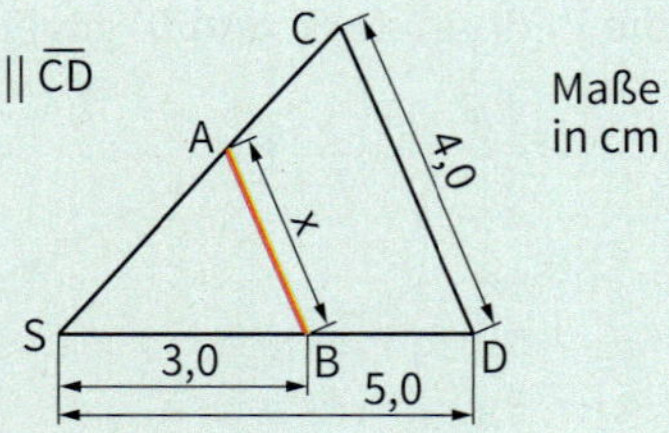

$$\frac{x}{4{,}0\,\text{cm}} = \frac{3{,}0\,\text{cm}}{5{,}0\,\text{cm}} \quad | \cdot 4{,}0\,\text{cm}$$

$$x = \frac{3{,}0\,\text{cm} \cdot 4{,}0\,\text{cm}}{5{,}0\,\text{cm}}$$

$$x = 2{,}4\,\text{cm}$$

Berechne die Länge der Strecke x.

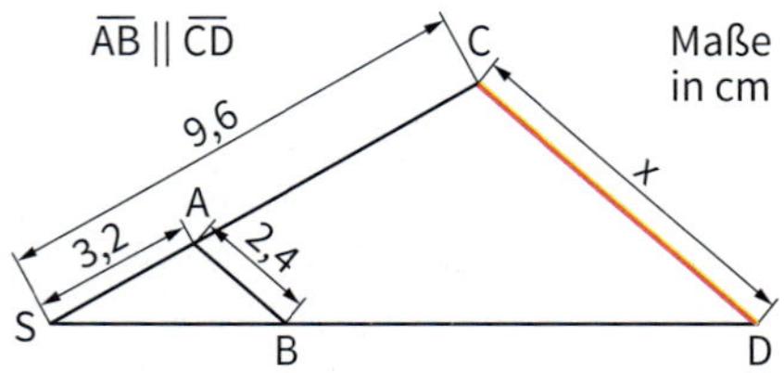

20 Berechne die rot gekennzeichnete Streckenlänge x. Die Strecken $\overline{AB}$ und $\overline{CD}$ sind parallel zueinander.
Überlege zunächst, welchen Strahlensatz du für deine Berechnung benutzen kannst.

a)
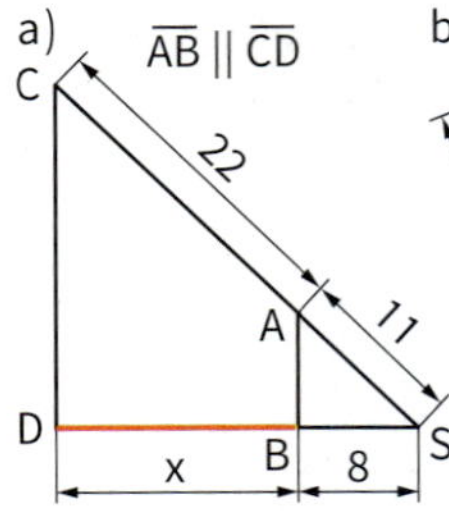

b)
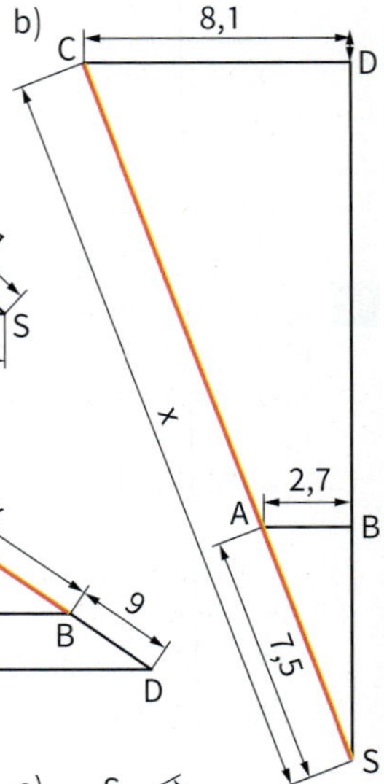

c)
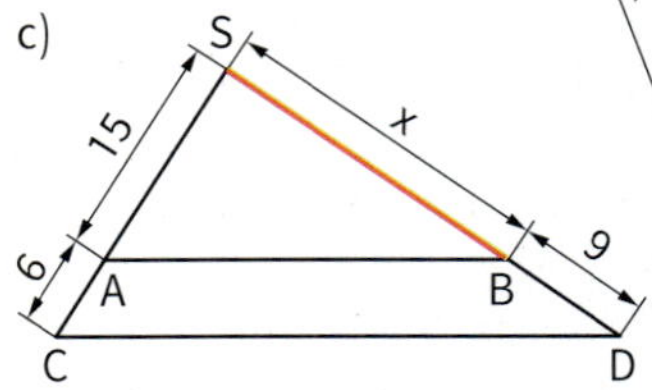

d)
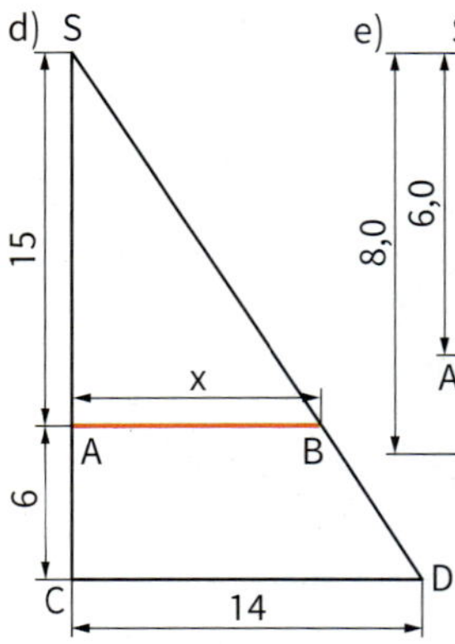

e)
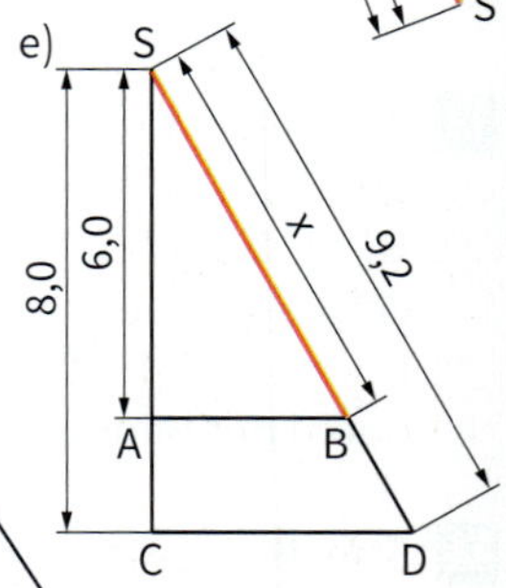

f)
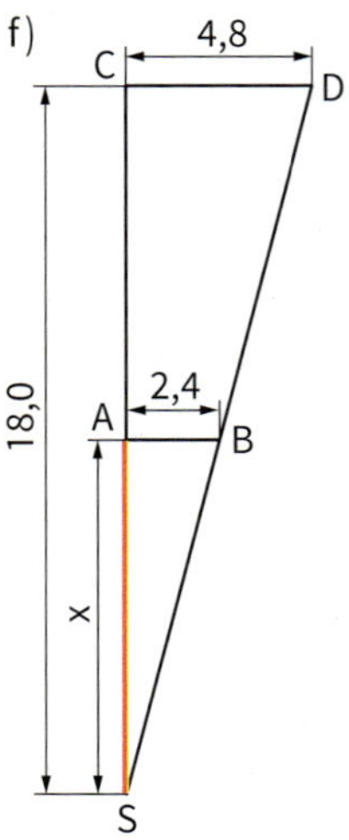

g)
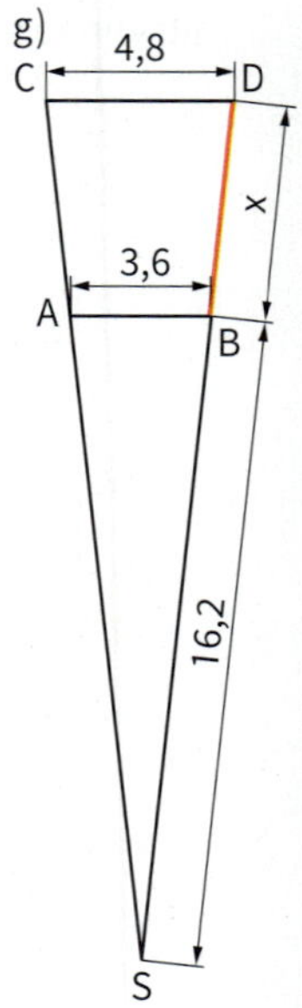

Maße in cm

ÜBEN: Sachaufgaben

1 Zur Messung kleiner Öffnungen kann man wie abgebildet einen Messkeil verwenden.

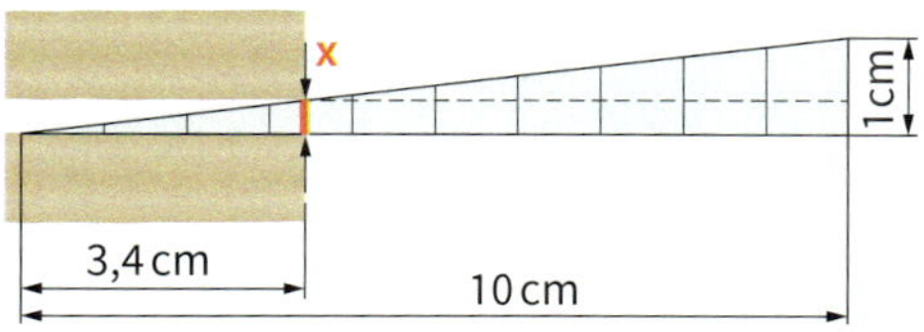

Bestimme die Größe der Öffnung.

2 In einen Dachstuhl soll eine 0,8 m hohe Stütze eingefügt werden. In welcher Entfernung vom Dachstuhlende Z aus ist die Stütze aufzustellen?

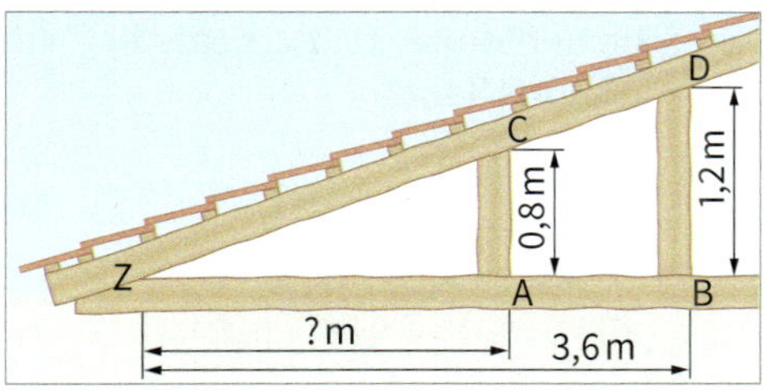

3 Mit einem Försterdreieck kann man die Höhe von Bäumen oder Gebäuden bestimmen.

a) Erkläre die Funktionsweise des Försterdreiecks.
b) Bestimme die Höhe des abgebildeten Baumes.

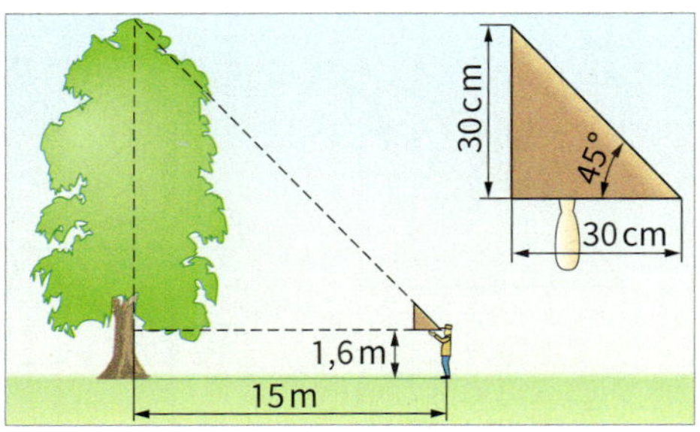

4 Der Schatten eines 1,80 m großen Menschen ist 2,70 m lang.
Wie hoch ist ein Mast, dessen Schatten zur gleichen Zeit 20,40 m misst?

5 Unter der Leiter steht eine würfelförmige Kiste mit einer Kantenlänge von einem Meter. Wie hoch reicht die Leiter?

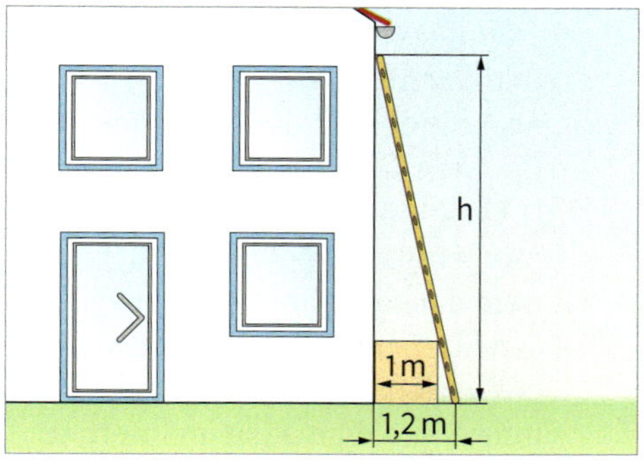

6 Die Giebelwand eines Nurdachhauses wird, wie in der Zeichnung dargestellt, vermessen.

a) Berechne die Höhe h des Giebels.
b) Wie lang ist eine Dachkante?

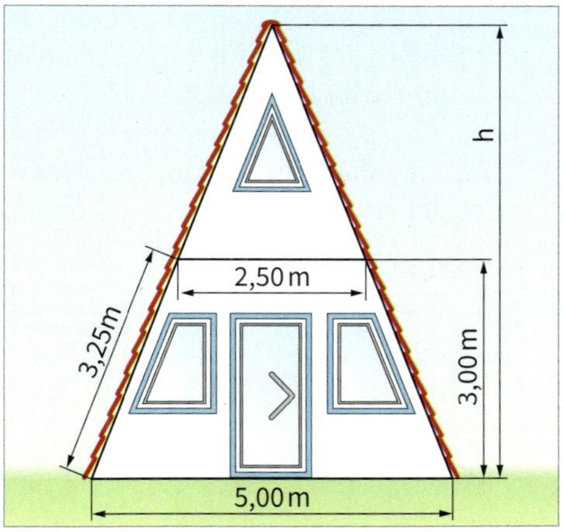

7 Im Altertum wurde, um die Höhe einer Pyramide zu vermessen, ein Stab lotrecht so aufgestellt, dass das Ende seines Schattens mit dem Ende des Schattens der Pyramide zusammenfiel.
Berechne mithilfe der angegebenen Werte die Höhe der Cheopspyramide.

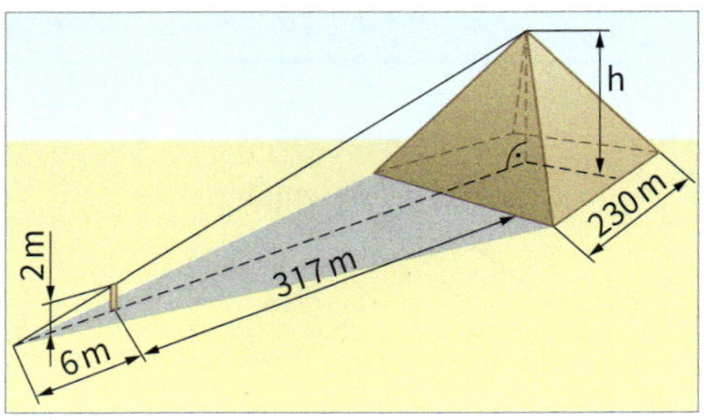

VERTIEFEN: Zentralperspektive

Die Zentralperspektive wurde erstmals Ende des 14. Jahrhunderts von bedeutenden Künstlern eingesetzt, um „räumliche Verhältnisse“ im ebenen Bild darzustellen.
Als Erfinder gilt der florentinische Baumeister Filippo Brunelleschi (1377 – 1446).
Albrecht Dürer (1471 – 1528) verwendete die nach ihm benannte „Dürerscheibe“, um perspektivische Bilder zu entwerfen.
Informiere dich auch im Internet.

Malen mit der „Dürerscheibe“

1 Im Bild siehst du drei Darstellungen eines **Hauses in Zentralperspektive.**

a) Was haben die drei Zeichnungen gemeinsam, was unterscheidet sie?
b) Erkläre die Begriffe Vogelperspektive und Froschperspektive.

Die Augenhöhe des Betrachters befindet sich auf der Höhe des Horizontes.

Vogelperspektive

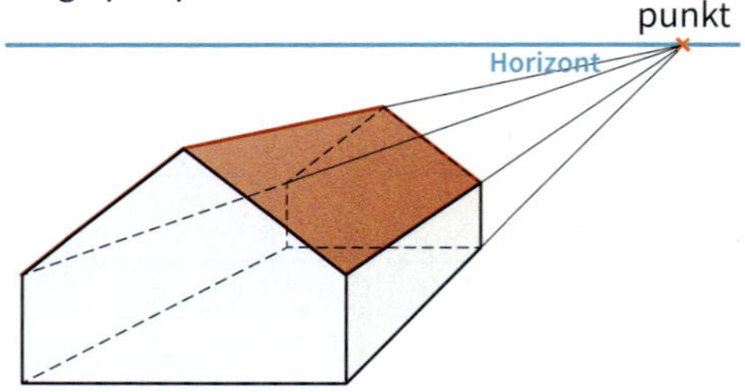

Froschperspektive

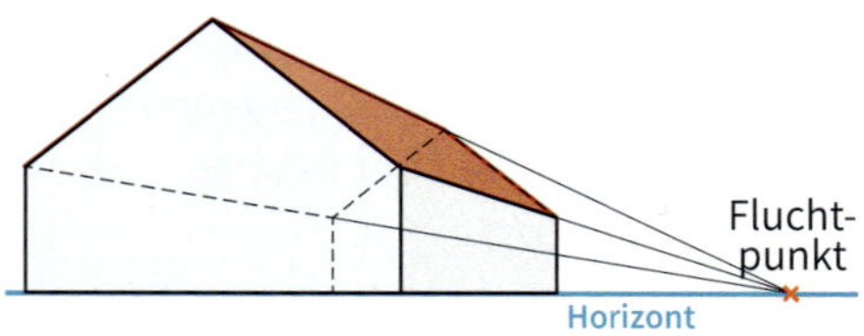

Fluchtpunkt in Augenhöhe

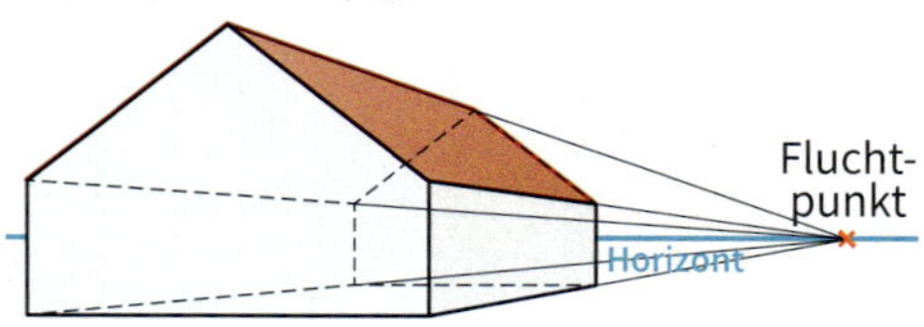

Bei der **Zentralperspektive** treffen sich die Linien, die in die Bildebene hineinlaufen, in einem **Fluchtpunkt.** Strecken, die vom Betrachter weiter entfernt liegen, werden im Bild verkleinert dargestellt. Es entsteht ein **„Raumeffekt“.**

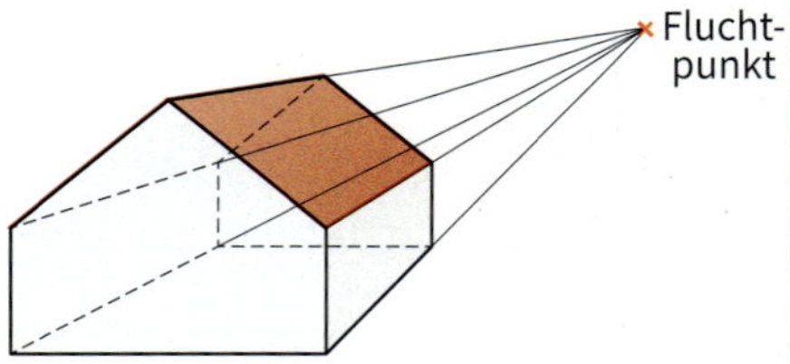

2 Übertrage die Zeichnungen in dein Heft und überprüfe, ob es sich um eine korrekte Darstellung in Zentralperspektive handelt. Konstruiere zur Kontrolle den Fluchtpunkt.

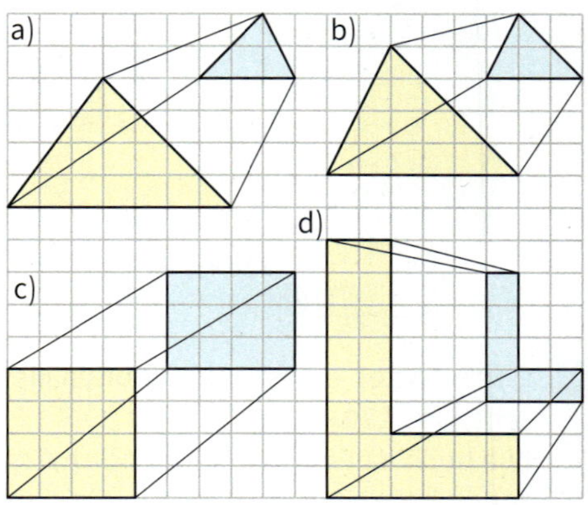

VERTIEFEN: Zentralperspektive

3 Im Beispiel wird gezeigt, wie du einen Körper in Zentralperspektive darstellen kannst. Du benutzt dabei die Eigenschaften der zentrischen Streckung.

1. Zeichne die Vorderseite des Körpers und lege, je nach Augenhöhe, den Fluchtpunkt F fest. Lege auch eine hintere Ecke des Körpers durch den Punkt B′ fest.

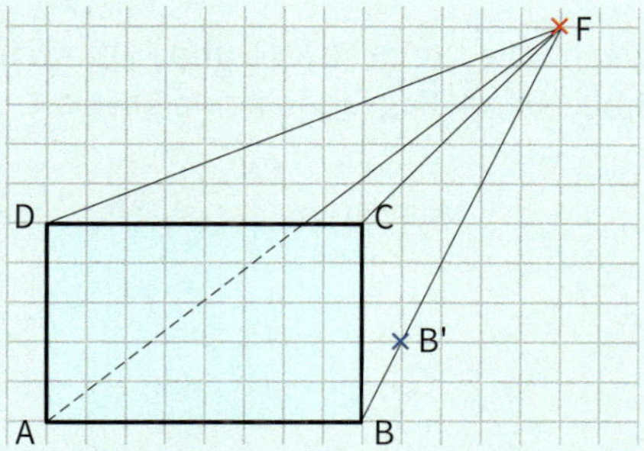

2. Konstruiere die Bildfigur A′B′C′D′.

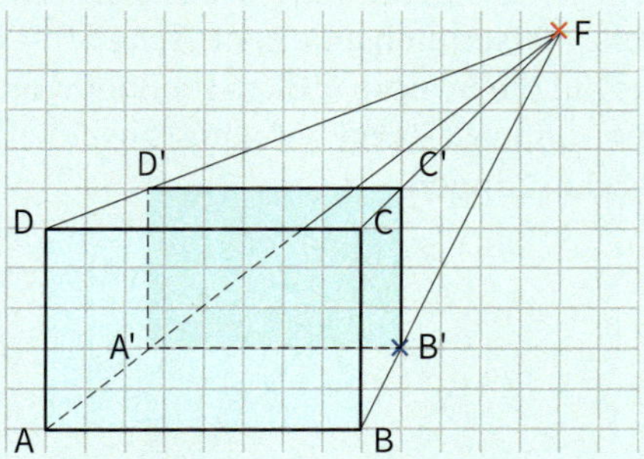

3. Zeichne alle Kanten ein. Du erhältst den Körper in Zentralperspektive.

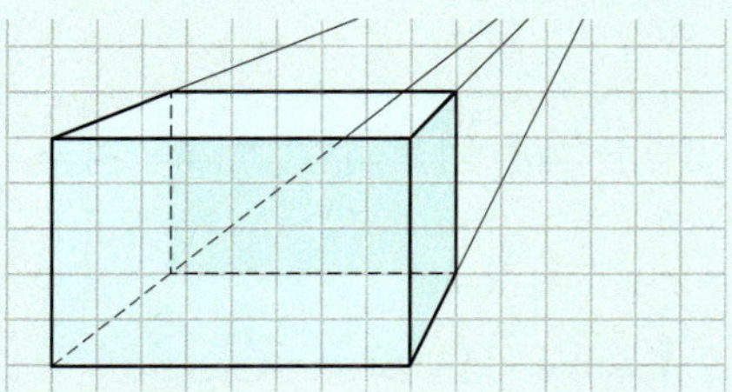

Vervollständige die Zeichnung in deinem Heft, sodass ein Körper in Zentralperspektive entsteht.

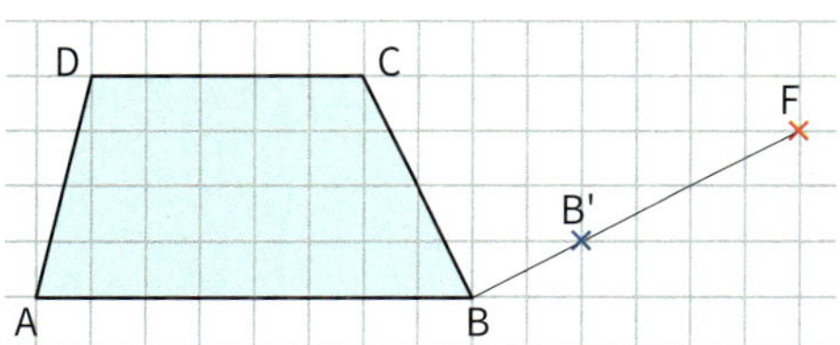

4 Die Vorderseite des Körpers ist abgebildet. Zeichne den Körper in Zentralperspektive.

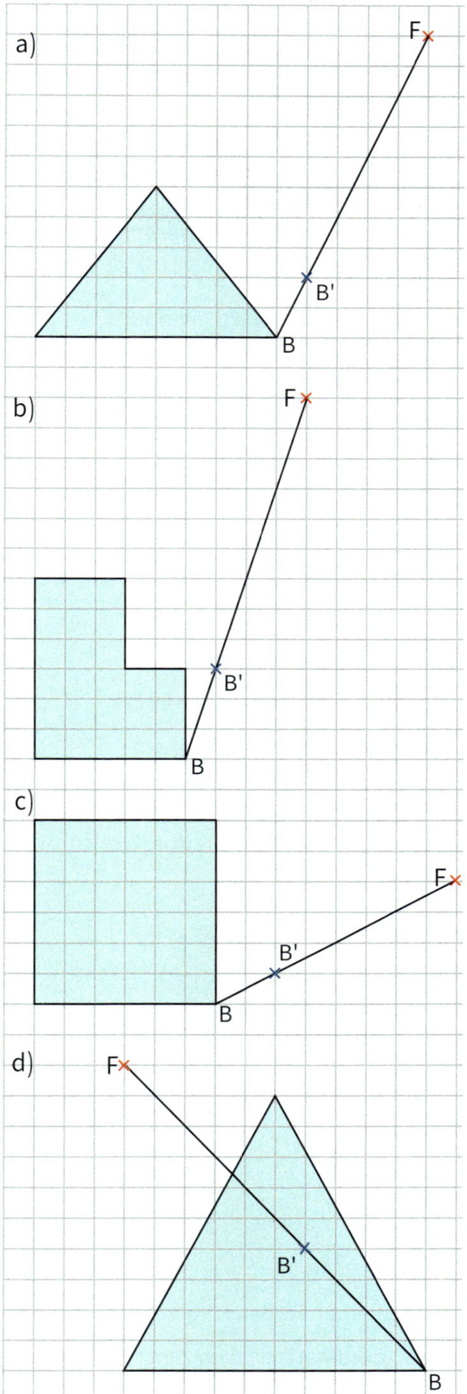

5 Zeichne einen Würfel mit einer Kantenlänge von 5 cm als Schrägbild und in Zentralperspektive. Wähle dabei einen Fluchtpunkt in der Vogelperspektive. Vergleiche.

AUSGANGSTEST 1

1 Von einem Auto (Länge 4,60 m) soll auf einem DIN-A4-Blatt (297 mm × 210 mm) eine maßstabsgerechte Zeichnung angefertigt werden.

Welchen Maßstab musst du mindestens wählen, damit die Zeichnung auf das Blatt passt?

2 Bestimme den Platzhalter.

	Maßstab	Bild	Original
a)	1 : 100	■	500 cm
b)	1 : 1 000	6 cm	■
c)	8 : 1	■	3 cm
d)	10 : 1	120 mm	■
e)	■	7 cm	1 400 cm
f)	■	2,50 m	5 cm

3 Zeichne ein 6,6 cm langes und 4,8 cm breites Rechteck im Maßstab 1 : 3 (2 : 1).

4 Bilde die Strecke $\overline{AB}$ mit A (1 | 0) und B (0 | 2) in einem Koordinatensystem (Einheit 1 cm) durch eine zentrische Streckung von Z (0 | 0) mit k = 3 ab. Gib auch die Koordinaten der Bildpunkte an.

5 Übertrage die Figur in dein Heft und strecke sie von Z aus mit dem angegebenen Streckungsfaktor k.

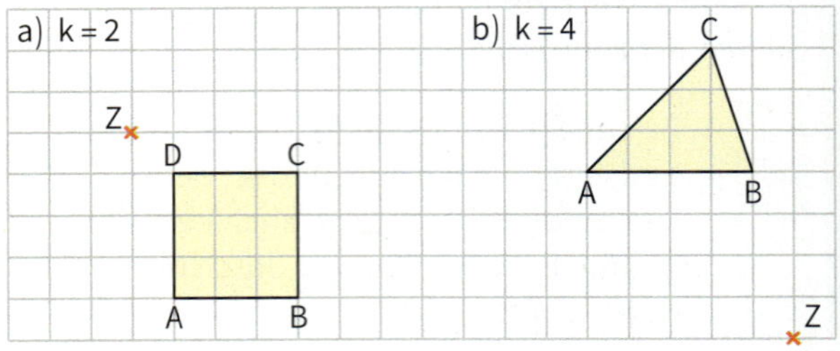

6 Überprüfe, ob die Dreiecke ABC und PQR zueinander ähnlich sind. Begründe deine Antwort.

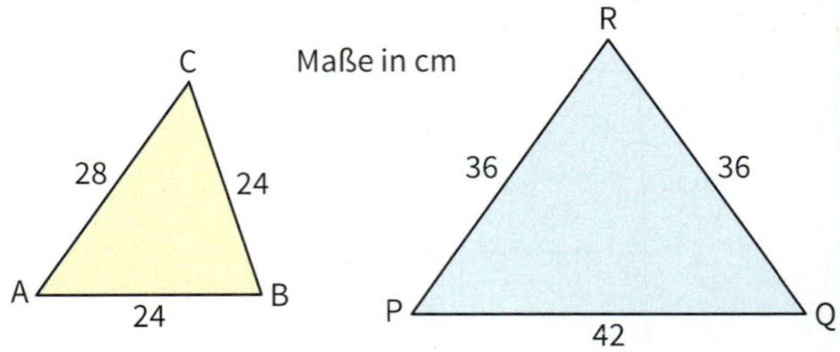

7 Die Strecke $\overline{AB}$ ist durch eine zentrische Streckung von Z aus auf die Strecke $\overline{A'B'}$ abgebildet worden. Bestimme zunächst k und berechne anschließend die fehlenden Längen.

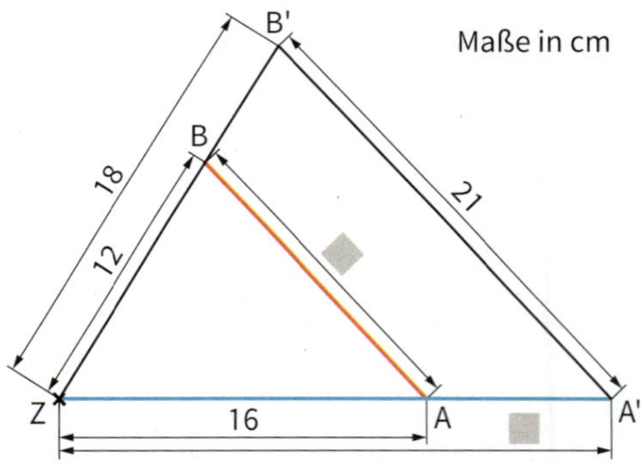

Ich kann …

Ich kann …	Aufgabe	Hilfen und Aufgaben	
Maßstabsaufgaben in Sachzusammenhängen lösen.	1	Seite 10, 26	I
mit Maßstabsangaben rechnen.	2	Seite 12, 26	
ein Rechteck im vorgegebenen Maßstab verkleinern (vergrößern).	3	Seite 11, 26	
eine Strecke in einem Koordinatensystem zentrisch strecken.	4	Seite 19, 26, 27	II
ebene Figuren zentrisch strecken.	5	Seite 19, 27	
überprüfen, ob zwei Figuren zueinander ähnlich sind.	6	Seite 15, 16, 17, 26	
bei der zentrischen Streckung den Faktor k und die fehlenden Längen berechnen.	7	Seite 18, 27	III

AUSGANGSTEST 2

1 In einer Zeichnung mit dem Maßstab 1 : 100 ist eine Strecke 5 cm lang.
Welchen Maßstab musst du wählen, um die Strecke in einer Zeichnung doppelt (fünfmal) so groß darstellen zu können?

2 Zeichne das Dreieck ABC mit A (−4,5 | 4,5), B (−0,5 | −2,5) und C (1,5 | 1,5) sowie das Dreieck PQR mit P (2,5 | −0,5), Q (4 | −3,5) und R (4,5 | 0,5) in ein Koordinatensystem (Einheit 1 cm). Stelle fest, ob die Dreiecke ABC und PQR zueinander ähnlich sind. Begründe deine Antwort.

3 Berechne die Höhe h des Baumes.

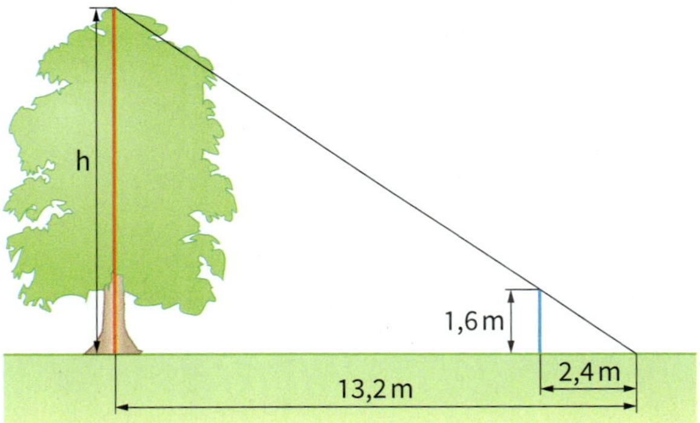

4 Zeichne das Dreieck ABC mit A (−2 | 0), B (3 | −3) und C (1 | 0) in ein Koordinatensystem (Einheit 1 cm) und strecke es von Z(−3 | −2) aus mit k = 2.
Gib auch die Koordinaten der Bildpunkte an.

5 Zeichne das Dreieck ABC mit A (−5 | 1), B (−1 | 3) und C (−5 | 5) in ein Koordinatensystem (Einheit 1 cm). Das Dreieck wird durch eine zentrische Streckung von Z (3 | −3) so abgebildet, dass der Bildpunkt B′ die Koordinaten (1 | 0) erhält.
Bestimme zunächst k und strecke anschließend das Dreieck. Gib auch jeweils die Koordinaten von A′ und C′ an.

6 Ein Rechteck ist mit dem Streckungsfaktor k = 3 gestreckt worden. Das Bilddreieck hat einen Flächeninhalt von 108 cm². Berechne den Flächeninhalt der Originalfigur.

7 Zwei Strahlen werden von zwei Parallelen geschnitten. Berechne die Streckenlänge x.

a)

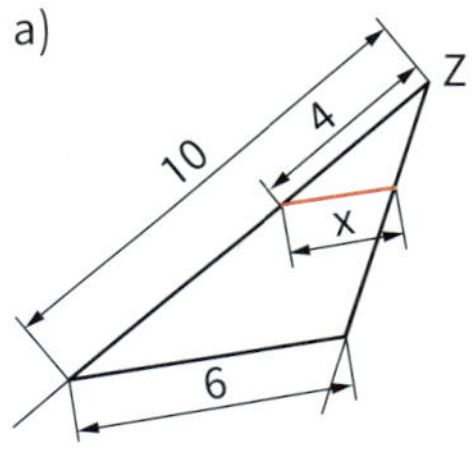

b) Maße in cm

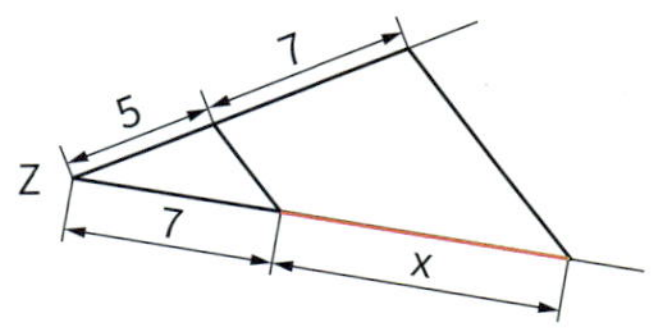

8 In der Giebelwand eines alten Hauses sollen die Balken a und b ersetzt werden. Berechne ihre Länge.

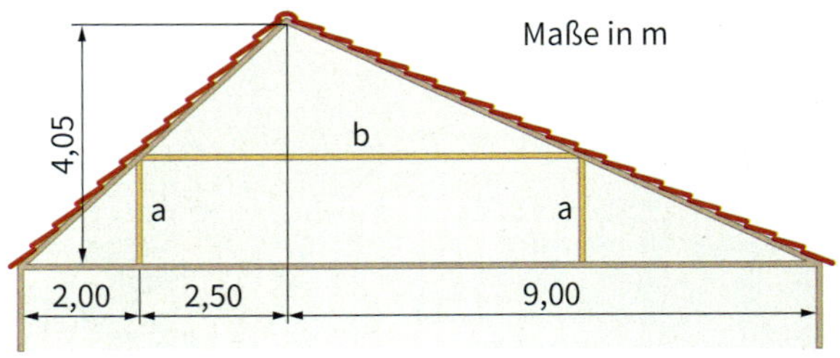

Ich kann …

Ich kann …	Aufgabe	Hilfen und Aufgaben	
mit Maßstabsangaben rechnen.	1	Seite 10, 26	
überprüfen, ob zwei Figuren zueinander ähnlich sind.	2	Seite 26	I
Sachaufgaben mithilfe von Ähnlichkeitsbeziehungen lösen.	3	Seite 29	
ein Dreieck in einem Koordinatensystem zentrisch strecken.	4	Seite 19, 27	
ein Dreieck in einem Koordinatensystem zentrisch strecken, wenn das Streckungszentrum und ein Bildpunkt gegeben sind.	5	Seite 26	II
den Flächeninhalt der Originalfigur mithilfe des Streckungsfaktors berechnen.	6	Seite 20, 27	
fehlende Längen mithilfe von Ähnlichkeitsbeziehungen bestimmen.	7	Seite 22, 23, 28	III
komplexe Sachaufgaben mithilfe von Ähnlichkeitsbeziehungen lösen.	8	Seite 29	

2 Lineare Gleichungssysteme

Energieversorgungsunternehmen bieten elektrische Energie zu unterschiedlichen Preisen (Tarifen) an. Die Gesamtkosten bestehen in der Regel aus festen Kosten (dem Grundpreis) und verbrauchsabhängigen Kosten (dem Verbrauchspreis). Der Verbrauch wird in Kilowattstunden (kWh) angegeben.

Herr Weber sucht in einem Vergleichsportal nach einem neuen Stromtarif.

In diesem Kapitel …

- *lernst du, dass lineare Gleichungen mit zwei Variablen ein lineares Gleichungssystem bilden.*
- *löst du lineare Gleichungssysteme grafisch, rechnerisch und durch Probieren.*
- *löst du Sachaufgaben mithilfe linearer Gleichungssysteme.*

Bist du fit für dieses Kapitel? Eingangstest auf Seite 173

Kostenvergleich bei elektrischer Energie

Im Koordinatensystem wird für beide Tarife der Zusammenhang zwischen dem Jahresverbrauch an Energie und den zugehörigen Kosten grafisch dargestellt.

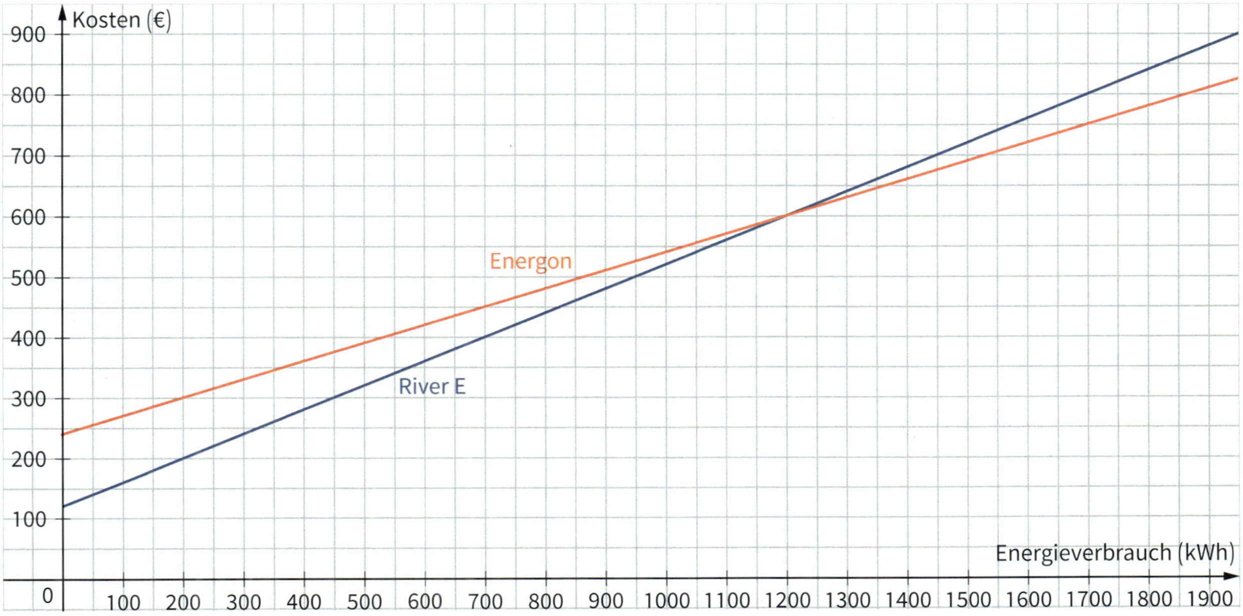

- Welche Informationen kannst du den einzelnen Graphen entnehmen?
- Welche Bedeutung hat der Schnittpunkt?

Im Internet findest du mehrere Vergleichsportale mit unterschiedlichen Energieversorgungsunternehmen und ihren Tarifangeboten.

- Vergleiche die unterschiedlichen Tarifangebote in deiner Region.

Lineare Gleichungen – lineare Funktionen

Video
WES-152460-006

1 Der Umfang eines Rechtecks beträgt 20 cm.

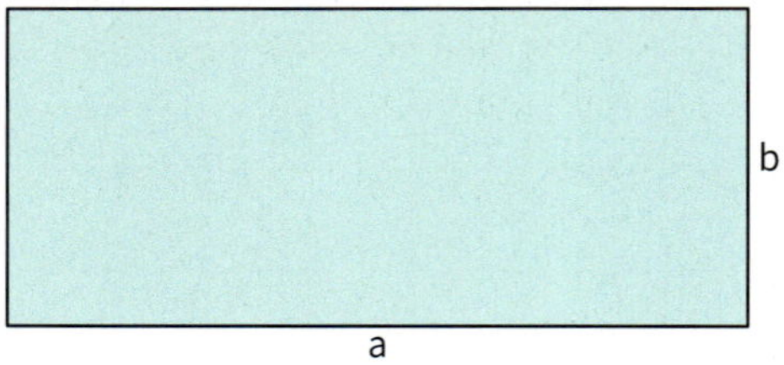

$2a + 2b = 20$

a) Bestimme jeweils zu der angegebenen Länge a die zugehörige Breite b.

Länge a (cm)	6	6,5	7	7,5	8	8,5	9
Breite b (cm)	■	■	■	■	■	■	■

b) Wähle drei weitere Längen und bestimme jeweils die zugehörige Breite.
c) Wie viele unterschiedliche Rechtecke gibt es, die einen Umfang von 20 cm haben?

2 Der Umfang eines gleichschenkligen Dreiecks beträgt 40 cm. Diese Bedingung lässt sich auch als lineare Gleichung mit zwei Variablen schreiben:

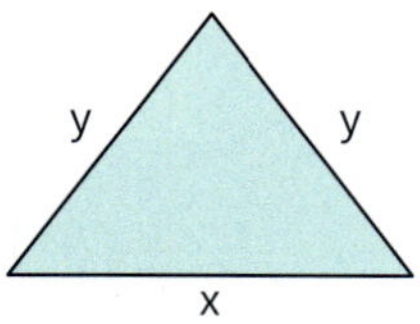

$$x + 2y = 40$$

Das Zahlenpaar $(16 \mid 12)$ ist eine Lösung der Gleichung:

$$x + 2y = 40$$
$$16 + 2 \cdot 12 = 40 \quad \text{w}$$

a) Überprüfe durch Einsetzen, ob das Zahlenpaar $(15 \mid 13)$ Lösung der Gleichung ist.
b) Gib vier weitere Zahlenpaare an, die Lösungen der Gleichung sind.

3 Die lineare Gleichung $2x - y = 10$ enthält zwei Variablen.
a) Überprüfe jeweils durch Einsetzen, ob die Zahlenpaare $(8 \mid 6)$, $(-2 \mid -14)$, $(6{,}2 \mid 2{,}2)$, $(1{,}8 \mid -7{,}4)$, $\left(5\frac{1}{6} \,\middle|\, \frac{1}{3}\right)$ Lösungen der Gleichung sind.
b) Gib fünf weitere Zahlenpaare an, die Lösungen der Gleichung sind.

Lineare Gleichungen mit zwei Variablen

$6x + 2y = 140$ $\quad$ $a = 4b - 5$

$0{,}6y - 0{,}8 = 0{,}2x$ $\quad$ $\frac{1}{2}u = \frac{1}{4}v + \frac{1}{8}$

Bei einer linearen Gleichung mit zwei Variablen kann jede der Variablen durch eine reelle Zahl ersetzt werden.

x-Wert	y-Wert	Einsetzen in $3x - 2y = 7$	
5	4	$3 \cdot 5 - 2 \cdot 4 = 7$	w
4	2,5	$3 \cdot 4 - 2 \cdot 2{,}5 = 7$	w
2	1	$3 \cdot 2 - 2 \cdot 1 = 7$	f

Die Lösungen der Gleichung sind Zahlenpaare.

$L = \{(5 \mid 4), (4 \mid 2{,}5), (1{,}5 \mid -1{,}25), \ldots\}$

Die Lösungsmenge L besteht aus unendlich vielen Zahlenpaaren.

4 Überprüfe durch Einsetzen, ob die Zahlenpaare Lösungen der Gleichung sind.

a) $3x + 2y = 120$ $\quad$ $(10 \mid 45)$, $(60 \mid -30)$
b) $7x - 5y = 9$ $\quad$ $(1 \mid 2)$, $(-3 \mid -6)$
c) $0{,}5x + 3 = 2y$ $\quad$ $(12 \mid 5)$, $(4{,}8 \mid 2{,}7)$
d) $2a = 3b + 6$ $\quad$ $(-1 \mid -3)$, $(3 \mid 0)$
e) $\frac{1}{2}u - v = -2$ $\quad$ $(-4 \mid 0)$, $(-1{,}2 \mid 1{,}4)$
f) $\frac{1}{2}a - \frac{1}{4}b = 6$ $\quad$ $(14 \mid 2)$, $\left(-\frac{1}{2} \,\middle|\, -25\right)$

5 Bei der linearen Gleichung $y = 3x + 2$ erhältst du zu jedem x-Wert den zugehörigen y-Wert, indem du den x-Wert in die Gleichung einsetzt und den y-Wert ausrechnest. Übertrage die Tabelle in dein Heft und vervollständige sie.

x	4	5	5,5	6,2	−4	−3,8	−0,7
y	$3 \cdot 4 + 2$	■	■	■	■	■	■
(x | y)	(4 | 14)	■	■	■	■	■	■

Lineare Gleichungen – lineare Funktionen

6 Im Beispiel wird die lineare Gleichung $2y - 4x = 18$ in die Gleichung $y = 2x + 9$ umgeformt. Dann wird am Beispiel $x = 4$ gezeigt, wie durch Einsetzen der zugehörige y-Wert bestimmt werden kann.

Gleichung: $2y - 4x = 18 \quad | +4x$
$2y = 4x + 18 \quad | :2$
$y = 2x + 9$

x-Wert $\boxed{4}$ eingesetzt: $y = 2 \cdot \boxed{4} + 9$
$y = 17$

Probe: $2 \cdot 17 - 4 \cdot 4 = 18$ w

Das Zahlenpaar $(4 | 17)$ ist eine Lösung der Gleichung.

a) Berechne wie im Beispiel den zum x-Wert 2 (–4; 4,3; –6,3) gehörigen y-Wert und gib die Lösung an.
b) Mache die Probe. Setze dazu die Lösungen in die Ausgangsgleichung ein und zeige, dass sie diese in eine wahre Aussage überführen.

7 Forme die Gleichung um, indem du nach y auflöst. Berechne den zum x-Wert 3 (11; –2; 0,6) gehörigen y-Wert. Zeige durch Einsetzen, dass das zugehörige Zahlenpaar auch eine Lösung der Ausgangsgleichung ist.

a) $12x + 6y = 42$
b) $4y + 4x = -8$
c) $4y - 8x = 64$
d) $2y - 6x = -18$
e) $6x + 2y = 0$
f) $3y - 15x = 0$
g) $6 - y = 3x$
h) $12 - 4y = 36x$

8 Der Umfang eines Rechtecks beträgt 50 cm.
a) Schreibe die zugehörige lineare Gleichung auf. Benutze a für die Länge und b für die Breite des Rechtecks.
b) Forme die Gleichung um, indem du nach b auflöst.
c) Berechne die zu der Länge a = 7,5 cm (11,2 cm) gehörige Breite b und gib die Lösung an.

Eine lineare Gleichung mit zwei Variablen kann durch Äquivalenzumformungen in die Form $y = mx + n$ umgeformt werden.

$4y + 6x = 20 \quad | -6x$
$4y = -6x + 20 \quad | :4$
$y = -1{,}5x + 5$

x-Wert $\boxed{7}$ eingesetzt:

$y = -1{,}5 \cdot \boxed{7} + 5$
$y = -5{,}5$

Das Zahlenpaar $(7 | -5{,}5)$ ist eine Lösung der Gleichung $4y + 6x = 20$.

9 Forme um wie im Beispiel.

$4x - 2y = 6 \quad | -4x$
$-2y = -4x + 6 \quad | :(-2)$
$y = 2x - 3$

a) $12x - 6y = 24$
b) $6x - 4y = -12$
c) $7y + 21x = 84$
d) $-8x + 4y = 100$
e) $-18y - 54x = 90$
f) $3x - 1{,}5y = 6$
g) $10x - 2{,}5y = 5$
h) $3x + 0{,}5y = -4$

10 Löse jeweils nach y auf und bestimme den zum x-Wert gehörigen y-Wert. Mache die Probe.

a)

Ausgangsgleichung	x-Wert
$8x + 2y = 16$	5
$4y - 16x = 20$	13
$15x - 5y = 25$	–7
$12x - 3y = -51$	2,4
$14 - y = 7x$	0,7

b)

Ausgangsgleichung	x-Wert
$9y - 36x = -81$	3,6
$75x + 15y = 105$	–2,6
$3y - 21 = 6x$	4,9
$11y + 66 = 121x$	$\frac{1}{2}$
$10{,}5 - 5y = -1{,}5x$	–3

Lineare Gleichungen – lineare Funktionen

11 Die lineare Gleichung $y = 0{,}5x + 2$ kann auch als Funktionsgleichung einer linearen Funktion aufgefasst werden. Der zugehörige Funktionsgraph ist eine Gerade.

Gleichung:	$y = 0{,}5x + 2$
Steigung:	$m = 0{,}5$
y-Achsenabschnitt:	$n = 2$

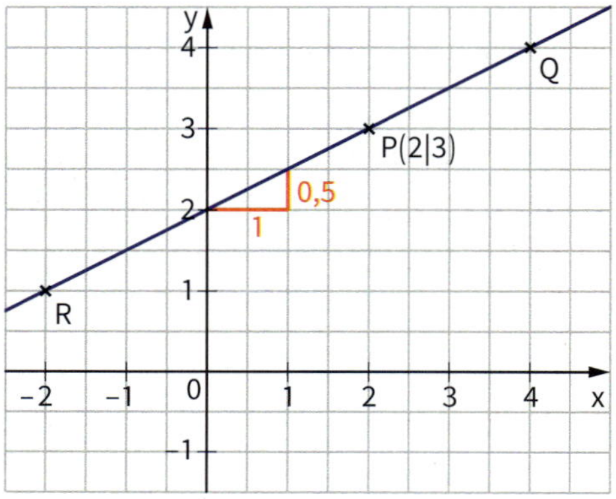

Der Punkt P (2 | 3) liegt auf dieser Geraden. Setzt du seine Koordinaten in die Gleichung ein, erhältst du eine wahre Aussage.

Punkt der Geraden:	P(2 | 3)
Funktionsgleichung:	$y = 0{,}5x + 2$
Setze ein:	
$x = 2, y = 3$	$3 = 0{,}5 \cdot 2 + 2$
	$3 = 3$ w

Bestimme mithilfe der Zeichnung die Koordinaten der Punkte Q und R. Setze ihre Koordinaten jeweils in die Funktionsgleichung ein und prüfe, ob du eine wahre Aussage erhältst.

12 Eine lineare Gleichung mit zwei Variablen hat die Form $y = -2x + 3$.

a) Zeichne den Graphen der linearen Funktion mit dieser Funktionsgleichung.

b) Berechne durch Einsetzen den zum x-Wert 3 (– 1; 1,5; – 0,5; – 1,5) gehörenden y-Wert. Trage das Zahlenpaar als Punkt in dein Koordinatensystem ein. Was stellst du fest?

13 Zeichne den zu der linearen Gleichung gehörigen Graphen. Bestimme mithilfe deiner Zeichnung die fehlenden Koordinaten der Punkte P (3 | y) und Q (– 1 | y). Überprüfe, ob die Koordinaten der Punkte P und Q auch Lösungen der Gleichung sind.

a) $y = 2x - 1$
b) $y = 1{,}5x - 3$
c) $y = x + 2$
d) $y = 2{,}5x - 4$
e) $y = -2x + 2$
f) $y = -1{,}5x + 1$
g) $y = -x - 2{,}5$
h) $y = -3x + 6{,}5$

Eine lineare Gleichung der Form $y = mx + n$ kann als Funktionsgleichung einer linearen Funktion aufgefasst werden.

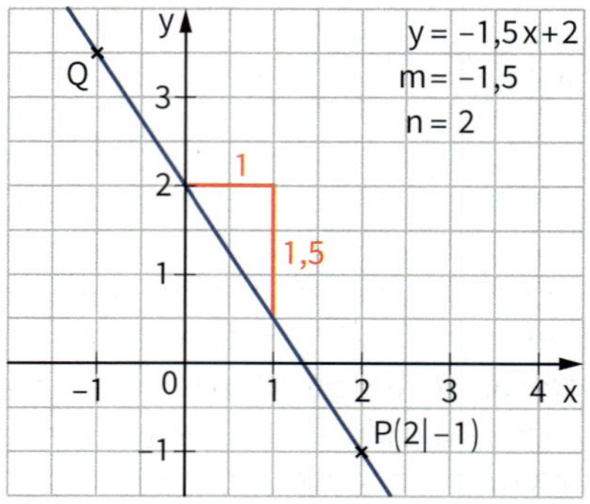

Funktionsgleichung: $y = -1{,}5x + 2$

Für den zu der linearen Gleichung gehörigen Funktionsgraphen gilt: Die Koordinaten eines Punktes der Geraden sind eine Lösung der Gleichung.

Punkt der Geraden: P (2 | – 1)
Eingesetzt:
$x = 2, y = -1$ $\quad -1 = -1{,}5 \cdot 2 + 2$
$\quad -1 = -1$ w

Ein Zahlenpaar, das die Gleichung erfüllt, liegt als Punkt auf der Geraden.

x-Wert – 1 eingesetzt:
$y = -1{,}5 \cdot (-1) + 2$
$y = 3{,}5$

Lösung der Gleichung: (– 1 | 3,5)
Q (– 1 | 3,5) ist ein Punkt der Geraden.

Grafische Lösung linearer Gleichungssysteme

1 Ein Rechteck mit den Seitenlängen x und y erfüllt die in der Tabelle beschriebenen Bedingungen.

Text	Gleichung
Der Umfang eines Rechtecks beträgt 20 cm.	$2x + 2y = 20$
Die Seitenlänge y ist um 2 cm größer als die Seitenlänge x.	$y = x + 2$

a) Löse die erste Gleichung nach y auf und zeichne anschließend die beiden Graphen.
b) Lies die Koordinaten des Schnittpunktes ab und setze sie in beide Gleichungen ein. Was stellst du fest?

2 Die beiden linearen Gleichungen $y = 2x + 1$ und $y = -x + 7$ bilden zusammen ein lineares Gleichungssystem.

I $y = 2x + 1$
II $y = -x + 7$

Zeichne die beiden zugehörigen Geraden in ein Koordinatensystem und bestimme den Schnittpunkt S beider Geraden. Zeige durch Einsetzen, dass die Koordinaten des Schnittpunktes eine Lösung beider Gleichungen sind.

3 Bestimme grafisch die Lösung des Gleichungssystems, indem du die zugehörigen Geraden zeichnest und ihren Schnittpunkt bestimmst.
Mache die Probe, indem du die Koordinaten des Schnittpunktes in beide Gleichungen einsetzt.

a) $y = 2x - 1$
$y = -x + 5$

b) $y = x + 2$
$y = -3x + 6$

c) $y = 1{,}5x - 4$
$y = -x + 6$

d) $y = 3x - 1$
$y = 0{,}5x + 4$

e) $y = -0{,}5x - 0{,}5$
$y = -x + 2$

f) $y = 1{,}5x - 1$
$y = 2x - 3$

Lösungen zu Aufgabe 3:
(4 | 2) (2 | 5) (2 | 3) (1 | 3) (4 | 5) (5 | −3)

Zwei lineare Gleichungen mit zwei Variablen bilden ein **lineares Gleichungssystem**.

Lineares Gleichungssystem:
I $y = x - 2{,}5$
II $y = -0{,}5x + 2$

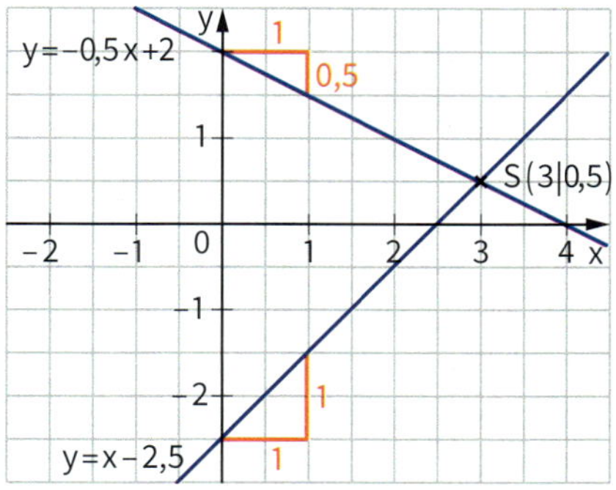

Schnittpunkt: S(3 | 0,5)

Einsetzen der Schnittpunktkoordinaten:

I $0{,}5 = 3 - 2{,}5$ w
II $0{,}5 = -0{,}5 \cdot 3 + 2$ w

Lösungsmenge: $L = \{(3 | 0{,}5)\}$

Für ein lineares Gleichungssystem aus zwei Gleichungen mit zwei Variablen gilt: Die Koordinaten des Schnittpunktes S der zugehörigen Geraden erfüllen beide Gleichungen. Sie sind die Lösung des linearen Gleichungssystems.

Video
WES-152460-007

4 Bestimme grafisch die Lösung des Gleichungssystems. Löse beide Gleichungen zunächst jeweils nach y auf. Mache die Probe, indem du die Koordinaten des Schnittpunktes in beide Ausgangsgleichungen einsetzt.

a) $2x + 2y = 14$
$6x - 3y = 15$

b) $3x + 3y = 6$
$5y + 15x = -10$

c) $9 - 3y = 3x$
$2y - x = -9$

d) $4y - 2x = -3$
$2y + x = -4{,}5$

e) $4x + 4y = -8$
$x - 2y = -8$

f) $3x - 6y = 12$
$3x + 6y = 24$

Lösungen zu Aufgabe 4:
(4 | 3) (5 | −2) (−4 | 2) (−1,5 | −1,5)
(6 | 1) (−2 | 4)

Grafische Lösung linearer Gleichungssysteme

5 Die beiden linearen Gleichungen $y = 0{,}5x + 1$ und $y = 0{,}5x - 1$ bilden ein lineares Gleichungssystem.

I $y = 0{,}5x + 1$
II $y = 0{,}5x - 1$

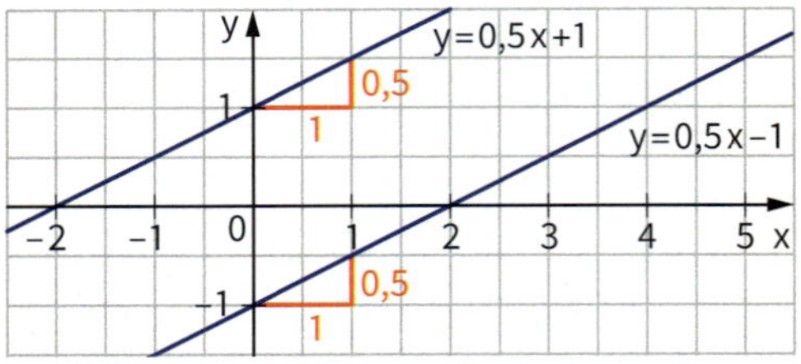

Bestimme grafisch die Lösungsmenge. Was stellst du fest? Begründe deine Antwort.

6 Die beiden linearen Gleichungen $4y - 8x = -16$ und $14x - 7y = 28$ bilden ein lineares Gleichungssystem.

a) Löse beide Gleichungen jeweils nach y auf und bestimme grafisch die Lösungsmenge. Was stellst du fest? Begründe deine Antwort.

b) Gib drei Lösungen des Gleichungssystems an.

Video
WES-152460-008

Lösungsmenge linearer Gleichungssysteme

Die Lösungsmenge eines linearen Gleichungssystems mit zwei Variablen kann keine, eine oder unendlich viele Lösungen enthalten.

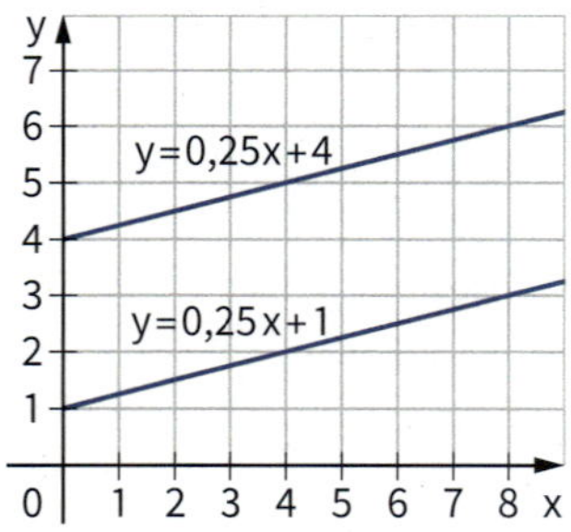

Keine Lösung: L = { }

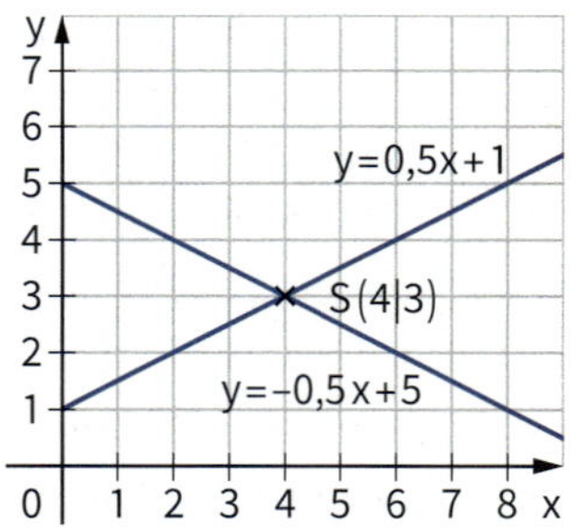

Eine Lösung: L = {(4 | 3)}

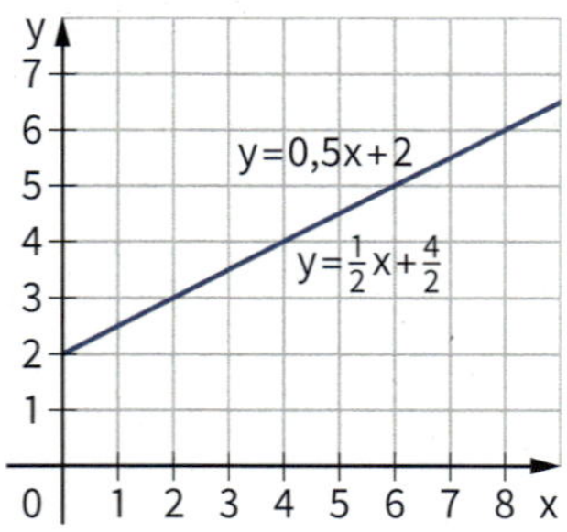

Unendlich viele Lösungen

Für unendlich viele Lösungen gilt:
Die Koordinaten jedes Punktes der Geraden sind eine Lösung des Gleichungssystems.

7 Löse beide Gleichungen des linearen Gleichungssystems jeweils nach y auf. Entscheide anhand der Geradengleichungen, ob es keine Lösung oder unendlich viele Lösungen gibt.

a) $6x - 4y = -8$
$2y - 3x = -1$

b) $5x - 2y = 3$
$4y - 10x = -6$

c) $4y + 2x = 8$
$-3 - 2y = x$

d) $5y - 10x = -20$
$12x - 6y = 24$

8 Löse beide Gleichungen des linearen Gleichungssystems jeweils nach y auf. Entscheide anhand der Geradengleichungen, wie viele Lösungen das Gleichungssystem hat. Gibt es eine Lösung, so bestimme diese grafisch.

a) $2y - 6x = -10$
$y + x = 7$

b) $3y + 6x = -12$
$2y - 10 = 2x$

c) $4y - 2x = 16$
$2y + x = 4$

d) $2y - 3x = 6$
$6y - 6 = 6x$

e) $4y + 10 = 6x$
$3x - 2y = 5$

f) $5y - 2x = 5$
$3y + 9 = 6x$

g) $2y + 2 = 2x$
$4 - 4y = 12x$

h) $3y + x = 6$
$2x + 6y = 18$

i) $3y - x = 6$
$2y + 4 = 6x$

k) $7y - 2x = 28$
$7y + 2x = 14$

Lösungen zu Aufgabe 8:
(3 | 4) (−2 | 3) (0,5 | −0,5) (−3 | 2)
(2,5 | 2) (1,5 | 2,5) (−3,5 | 3) (−4 | −3)

Gleichsetzungsverfahren

1 Die zum linearen Gleichungssystem

I $y = -0{,}5x + 2{,}5$

II $y = 1{,}5x - 1{,}5$

gehörenden Geraden schneiden sich in $S(2\,|\,1{,}5)$.

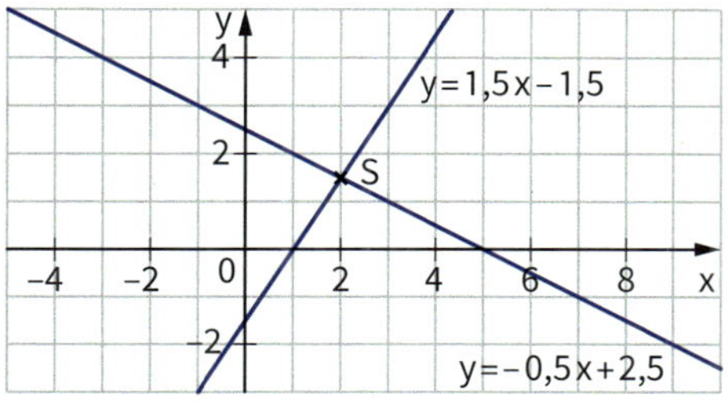

Die Koordinaten von S erfüllen beide Funktionsgleichungen.

Schnittpunkt $S(2\,|\,1{,}5)$:

Einsetzen in I: $1{,}5 = -0{,}5 \cdot 2 + 2{,}5$ w

Einsetzen in II: $1{,}5 = 1{,}5 \cdot 2 - 1{,}5$ w

$L = \{(2\,|\,1{,}5)\}$

Die Lösung kannst du auch rechnerisch bestimmen.

I $y = -0{,}5x + 2{,}5$

II $y = 1{,}5x - 1{,}5$

Da die linken Seiten beider Gleichungen gleich sind, gilt das auch für die rechten Seiten.

$$-0{,}5x + 2{,}5 = 1{,}5x - 1{,}5$$

a) Löse die Gleichung $-0{,}5x + 2{,}5 = 1{,}5x - 1{,}5$ nach x auf.

b) Bestimme den zugehörigen y-Wert. Was stellst du fest?

2 Bestimme rechnerisch die Lösung des Gleichungssystems. Setze dazu die rechten Seiten beider Gleichungen gleich.

a) $y = 0{,}5x + 5$
$y = 2{,}5x - 7$

b) $y = 3x - 15$
$y = -0{,}5x + 13$

c) $y = 1{,}5x - 20$
$y = -x + 5$

d) $y = -1{,}5x$
$y = -3x - 18$

Lösungen zu Aufgabe 2:
$(10\,|\,-5)$ $(-12\,|\,18)$ $(6\,|\,8)$ $(8\,|\,9)$

3 Im Beispiel siehst du, wie du die Lösung eines linearen Gleichungssystems durch eine Rechnung bestimmen kannst.

Lineares Gleichungssystem:

I $4x + 2y = 10$

II $6x - 3y = 3$

1. Löse jede Gleichung nach y auf.

I	$4x + 2y = 10$	II	$6x - 3y = 3$
I′	$2y = -4x + 10$	II′	$-3y = -6x + 3$
I′	$y = -2x + 5$	II′	$y = 2x - 1$

2. Setze die rechten Seiten gleich und löse nach x auf.

$$-2x + 5 = 2x - 1 \quad |-2x$$
$$-4x + 5 = -1 \quad |-5$$
$$-4x = -6 \quad |:(-4)$$
$$x = \boxed{1{,}5}$$

3. Bestimme den y-Wert, indem du den x-Wert in eine der Gleichungen einsetzt.

in II′ $y = 2 \cdot \boxed{1{,}5} - 1$
$y = 2$

4. Mache die Probe, indem du die Lösung in beide Ausgangsgleichungen einsetzt.

I	$4x + 2y = 10$	II	$6x - 3y = 3$
	$4 \cdot 1{,}5 + 2 \cdot 2 = 10$		$6 \cdot 1{,}5 - 3 \cdot 2 = 3$
	$10 = 10$ w		$3 = 3$ w

5. Gib die Lösungsmenge an.

$L = \{(1{,}5\,|\,2)\}$

Bestimme wie im Beispiel rechnerisch die Lösung des Gleichungssystems. Mache auch die Probe.

Video
WES-152460-009

a) $2y - 8x = 4$
$2y + 50 = 20x$

b) $6x + 3y = 6$
$4x - y = -47$

c) $2y + 3x = 2$
$8x - 34 = -2y$

d) $6y = -18x$
$7x = y - 53$

e) $3y - 9x = 6$
$5x - y = 1$

f) $4y + 2x = 6$
$-4x + 3 = 5y$

Lösungen zu Aufgabe 3:
$(6{,}4\,|\,-8{,}6)$ $(-7{,}5\,|\,17)$ $(4{,}5\,|\,20)$
$(-5{,}3\,|\,15{,}9)$ $(-3\,|\,3)$ $(1{,}5\,|\,6{,}5)$

Gleichsetzungsverfahren

4 Im Beispiel werden die Gleichungen jeweils nach dem gleichen Vielfachen von y aufgelöst.

$$\begin{array}{ll} \text{I} & 3y - 5x = 4 \\ \text{II} & 3y + 2x = 11 \end{array}$$

$$\begin{array}{llll} \text{I} & 3y - 5x = 4 & \text{II} & 3y + 2x = 11 \\ \text{I}' & 3y = 5x + 4 & \text{II}' & 3y = -2x + 11 \end{array}$$

$$5x + 4 = -2x + 11$$

a) Warum darfst du die rechten Seiten beider Gleichungen gleichsetzen?
b) Bestimme die Lösungsmenge des Gleichungssystems.

5 Löse nach gleichen Vielfachen von y auf. Bestimme dann die Lösung mithilfe des Gleichsetzungsverfahrens. Mache die Probe, indem du die Lösung in beide Ausgangsgleichungen einsetzt.

a) $3y - 5x = 11$; $3y + 1 = 11x$
b) $7y - 11x = 30$; $10x - 7y = -33$
c) $5x + 11y = 46$; $11y - 26 = -10x$
d) $4x - 6y = -72$; $6y + 5x = 18$

6 Löse wie im Beispiel nach Vielfachen von y auf. Bestimme dann die Lösung mithilfe des Gleichsetzungsverfahrens.

Lineares Gleichungssystem:

$$\begin{array}{ll} \text{I} & 7x - 3y = -2 \\ \text{II} & 2y + 4x = 23 \end{array}$$

1. Löse beide Gleichungen nach Vielfachen von y auf.

$$\begin{array}{llll} \text{I} & 7x - 3y = -2 & \text{II} & 2y + 4x = 23 \\ \text{I}' & -3y = -7x - 2 & \text{II}' & 2y = -4x + 23 \end{array}$$

2. Multipliziere beide Gleichungen so, dass du das gleiche Vielfache von y erhältst.

$$\begin{array}{llll} \text{I}' & -3y = -7x - 2 \quad |\cdot(-2) & \text{II}' & 2y = -4x + 23 \quad |\cdot 3 \\ \text{I}' & 6y = 14x + 4 & \text{II}' & 6y = -12x + 69 \end{array}$$

a) $6x + 4y = 23$; $10x + 3y = -2$
b) $4y + 9x = 9$; $-11x - 6y = -26$
c) $5y + 7x = 65$; $5x - 3y = 122$
d) $9x - 6y = -69$; $8y - 4x = -60$

7 Die Beispiele zeigen, wie du beim Gleichsetzungsverfahren erkennen kannst, ob das Gleichungssystem keine oder unendlich viele Lösungen hat.

$$\begin{array}{ll} \text{I} & 6x + 4y = 12 \\ \text{II} & -2y = 3x - 4 \end{array}$$

$$\begin{array}{llll} \text{I} & 6x + 4y = 12 & \text{II} & -2y = 3x - 4 \\ \text{I}' & 4y = -6x + 12 & \text{II}' & 4y = -6x + 8 \end{array}$$

$$-6x + 12 = -6x + 8$$
$$12 = 8 \quad \text{f}$$

keine Lösung

$$\begin{array}{ll} \text{I} & 2x + y = 4 \\ \text{II} & 3y = -6x + 12 \end{array}$$

$$\begin{array}{llll} \text{I} & 2x + y = 4 & \text{II} & 3y = -6x + 12 \\ \text{I}' & y = -2x + 4 & \text{II}' & y = -2x + 4 \end{array}$$

$$-2x + 4 = -2x + 4 \quad |+2x$$
$$4 = 4 \quad \text{w}$$

unendlich viele Lösungen

Entscheide mithilfe des Gleichsetzungsverfahrens, wie viele Lösungen das Gleichungssystem hat. Existiert nur eine Lösung, so gib diese an.

a) $10 - 4x = 6y$; $4{,}5y - 7{,}5 = -3x$
b) $6x - 4{,}5y = 3{,}5$; $4 - 8x = -6y$
c) $5y + 14 = 9x$; $13x - 7y = 25$
d) $5y + 2 = 9x$; $4 - 13{,}5x = -7{,}5y$
e) $11x + 25 = 18y$; $12y - 4x = 104$
f) $8x - 9y = 12$; $6x - 9 = 6{,}75y$
g) $14x + 12y = 92$; $8y = 56 - 11x$
h) $9x - 15y = 34$; $50 - 15x = -25y$
i) $12{,}5x + 6y = 17$; $6{,}8 - 2{,}4y = 5x$
k) $26x - 78y = -42$; $63 + 39x = 117y$

Keine Lösung
Es ergibt sich eine nicht erfüllbare Gleichung.

Unendlich viele Lösungen
Es ergibt sich eine allgemein gültige Gleichung. Jede Lösung einer der Gleichungen ist auch Lösung des Gleichungssystems.

Einsetzungsverfahren

1 Ein Rechteck mit den Seitenlängen x und y erfüllt die in der Tabelle beschriebenen Bedingungen.

Text	Gleichung
Der Umfang eines Rechtecks beträgt 69 cm.	I $2x + 2y = 69$
Die Seitenlänge y ist doppelt so groß wie die Seitenlänge x.	II $y = 2x$

Begründe, warum du in Gleichung I für 2 y den Term $2 \cdot 2x$ einsetzen kannst. Ersetze 2 y durch $2 \cdot 2x$ und löse nach x auf. Bestimme dann y und gib die Lösung des Gleichungssystems an.

2 Im Beispiel wird mithilfe des Einsetzungsverfahrens rechnerisch die Lösungsmenge eines linearen Gleichungssystems bestimmt.

Lineares Gleichungssystem:

I $7y + 3x = 48$
II $3y = 9x$

1. Löse die Gleichung II nach y auf.

II $3y = 9x \quad | :3$
II' $y = \boxed{3x}$

2. Setze anstelle von y den Term 3 x in die Gleichung I ein und löse nach x auf.

I $7y + 3x = 48$
I' $7 \cdot \boxed{3x} + 3x = 48$
$24x = 48$
$x = 2$

3. Bestimme y, indem du den x-Wert x = 2 in II' einsetzt.

II' $y = 3x$
$y = 3 \cdot 2 = 6$

4. Mache die Probe, indem du die Lösung in beide Ausgangsgleichungen einsetzt.

I $7 \cdot 6 + 3 \cdot 2 = 48$ II $3 \cdot 6 = 9 \cdot 2$
$48 = 48$ w $18 = 18$ w

5. Gib die Lösungsmenge an.

$L = \{(2 \mid 6)\}$

Erläutere die Rechnung.

3 Bestimme mithilfe des Einsetzungsverfahrens die Lösungsmenge des Gleichungssystems.

a) $5y - 9x = 24$; $y = 3x$
b) $2y + 3x = 42$; $y = 9x$
c) $4x - 2y = 5$; $2y - 6x = 0$
d) $5x - 6y = 50$; $4y - 10x = 0$
e) $3y = -12x$; $10x + 7y = -36$
f) $2y - 77 = 4x$; $4y + 6x = 0$
g) $6y = 4x$; $9y - 7{,}5x = -9$
h) $8x - 19y = 2$; $7y = 3x$

Lösungen zu Aufgabe 3:
(−14 | −6) (6 | 4) (−11 | 16,5) (2 | −8)
(4 | 12) (2 | 18) (−2,5 | −7,5) (−5 | −12,5)

Video WES-152460-010

4 Bestimme die Lösung mithilfe des Einsetzungsverfahrens. Löse dazu wie im Beispiel nach y auf.
Beachte, dass der Term, den du für y einsetzt, in Klammern stehen muss.

I $11x - 3y = 6$
II $2y - 6x = 4$
II $2y - 6x = 4$
II $2y = 6x + 4$
II $y = 3x + 2$
Eingesetzt in I: $11x - 3y = 6$
$11x - 3 \cdot (3x + 2) = 6$
$11x - 9x - 6 = 6$

a) $11x - 3y = 6$; $2y - 6x = 4$
b) $2y - 4x = 12$; $17x - 5y = -9$
c) $7x + 8y = 5$; $3y + 3x = 24$
d) $4y + 16x = 4$; $3y - 6x = 39$
e) $19x - 3y = 62$; $2y + 6x = -4$
f) $7x - 2y = 1$; $3y + 9x = 18$
g) $9x - 4y = 5$; $2y - 5x = 0$
h) $4x - 10y = 65$; $-y - 7x = 25$

Lösungen zu Aufgabe 4:
(−2 | 9) (59 | −51) (3 | 12) (6 | 20) (1 | 3)
(2 | −8) (−2,5 | −7,5) (−5 | −12,5)

Additionsverfahren

Video
WES-152460-011

1 Im Beispiel wird mithilfe des **Additionsverfahrens** rechnerisch die Lösungsmenge eines linearen Gleichungssystems bestimmt.

Lineares Gleichungssystem:

$$\begin{array}{ll} \text{I} & 12x - 28y = 52 \\ \text{II} & 4x + 2y = 40 \end{array}$$

1. Forme beide Gleichungen so um, dass bei anschließender Addition beider Gleichungen eine Variable herausfällt.

$$\begin{array}{lll} \text{II} & 4x + 2y = 40 & \mid \cdot(-3) \\ \text{II}' & -12x - 6y = -120 & \end{array}$$

2. Addiere beide Gleichungen.

$$\begin{array}{ll} \text{I} & 12x - 28y = 52 \\ \text{II}' & -12x - 6y = -120 \\ \hline \text{III} & -34y = -68 \end{array}$$

3. Löse nach der noch vorhandenen Variablen auf.

$$\begin{array}{lll} \text{III} & -34y = -68 & \mid :(-34) \\ & y = 2 & \end{array}$$

4. Setze den berechneten Wert in eine der beiden Ausgangsgleichungen ein und bestimme den Wert der anderen Variablen.

$y = 2$ eingesetzt in II:

$$\begin{array}{ll} \text{II} & 4x + 2 \cdot 2 = 40 \\ & 4x = 36 \\ & x = 9 \end{array}$$

5. Mache die Probe, indem du die Lösung in beide Ausgangsgleichungen einsetzt.

$$\begin{array}{ll} \text{I} & 12x - 28y = 52 \\ & 12 \cdot 9 - 28 \cdot 2 = 52 \\ & 52 = 52 \text{ w} \end{array}$$

$$\begin{array}{ll} \text{II} & 4x + 2y = 40 \\ & 4 \cdot 9 + 2 \cdot 2 = 40 \\ & 40 = 40 \text{ w} \end{array}$$

6. Gib die Lösungsmenge an.

$L = \{(9 \mid 2)\}$

Erläutere die Rechnung.

2 Bestimme die Lösungsmenge mithilfe des Additionsverfahrens.

a) $3x - 2y = 5$; $4x + 2y = 44$
b) $7x + 4y = 9$; $x - 4y = 79$
c) $3x + 2y = 5$; $7x - 2y = 15$
d) $5x - 3y = -21$; $2x + 3y = 42$
e) $3x - 6y = -60$; $4x + 3y = 52$
f) $11x + 4y = 47$; $x - 12y = -39$
g) $7x + 6y = 107$; $9x + 3y = 114$
h) $5x - 3y = -43$; $6x + 9y = 24$
i) $-7x + 6y = -6$; $10x - 3y = 3$
k) $-2x - 5y = -1$; $2x + 1y = -3$

Lösungen zu Aufgabe 2:
$(3 \mid 12)$ $(4 \mid 12)$ $(3 \mid 3{,}5)$ $(11 \mid -17)$ $(2 \mid -0{,}5)$
$(11 \mid 5)$ $(7 \mid 8)$ $(-2 \mid 1)$ $(-5 \mid 6)$ $(0 \mid -1)$

3 Forme beide Gleichungen so um wie im Beispiel und bestimme dann die Lösung.

$$\begin{array}{ll} \text{I} & 7x - 3y = -2 \\ \text{II} & 2y + 4x = 23 \end{array}$$

$$\begin{array}{lll} \text{I} & 7x - 3y = -2 & \mid \cdot 2 \\ \text{I}' & 14x - 6y = -4 & \\ \text{II} & 2y + 4x = 23 & \mid \cdot 3 \\ \text{II}' & 12x + 6y = 69 & \end{array}$$

$$\begin{array}{ll} \text{I}' & 14x - 6y = -4 \\ \text{II}' & 12x + 6y = 69 \end{array}$$

a) $10x - 5y = -5$; $-3x + 3y = -6$
b) $-3x - 10y = 1{,}5$; $-9x - 3y = 4{,}5$
c) $3x + 6y = 6$; $9x - 5y = 6{,}5$
d) $23x + 9y = 35$; $-6x - 6y = 42$
e) $-6{,}5x + 4y = 35$; $-9{,}5x + 7y = 20$
f) $-7x - 15y = -15$; $5x - 11y = 65$
g) $3x - 12y = 6$; $9x - 9y = -36$
h) $7x - 2y = -10$; $8{,}5x - 6y = -5$
i) $3x - 4y = 1$; $4x + 3y = 43$
k) $9x + 3y = 3$; $2x - 5y = -39$
l) $7x + 6y = -19$; $10x - 8y = 6$
m) $5x - 9y = -49$; $7x + 12y = 202$

Lösungen zu Aufgabe 3:
$(10 \mid 11)$ $(-22 \mid -27)$ $(-3 \mid -5)$ $(7 \mid -14)$
$(-2 \mid 7)$ $(-1 \mid -2)$ $(1 \mid 0{,}5)$ $(7{,}5 \mid -2{,}5)$
$(-6 \mid -2)$ $(-2 \mid -2)$ $(7 \mid 5)$ $(-0{,}5 \mid 0)$

Lineare Gleichungssysteme mit dem Computer lösen

1 Anja möchte lineare Gleichungssysteme mithilfe eines Tabellenkalkulationsprogrammes lösen. Sie hat dazu ein lineares Gleichungssystem auf ein Tabellenblatt geschrieben.

	A	B	C	D	E	F
1	Lineare Gleichungssysteme mit zwei Variablen					
2						
3	I	6	x+	2	y=	52
4	II	7	x+	3	y=	68

Anja entscheidet sich für das Additionsverfahren als Lösungsverfahren und möchte anhand des Beispiels ein allgemeines Lösungsverfahren entwickeln. Wichtig sind dabei nur die Inhalte der Zellen **B3**, **B4**, **D3**, **D4**, **F3** und **F4**. Bei den Umformungsschritten arbeitet Anja mit den Adressen der entsprechenden Zellen, nicht mit den Inhalten. In der folgenden Abbildung sind die Formeln auf dem Tabellenblatt sichtbar gemacht worden.

	A	B	C	D	E	F
1	Lineare Gleichungssysteme mit zwei Variablen					
2						
3	I	6	x+	2	y=	52
4	II	7	x+	3	y=	68
5						
6	I'	=B3*D4	x+	=D3*D4	y=	=F3*D4
7	II'	=B4*-D3	x+	=D4*-D3	y=	=F4*-D3

Die nächste Abbildung zeigt die zugehörigen Zellinhalte.

	A	B	C	D	E	F
1	Lineare Gleichungssysteme mit zwei Variablen					
2						
3	I	6	x+	2	y=	52
4	II	7	x+	3	y=	68
5						
6	I'	18	x+	6	y=	156
7	II'	−14	x+	−6	y=	−136

Bei der Addition der beiden neuen Gleichungen I′ und II′ fällt y heraus.

	A	B	C	D	E	F
1	Lineare Gleichungssysteme mit zwei Variablen					
2						
3	I	6	x+	2	y=	52
4	II	7	x+	3	y=	68
5						
6	I'	18	x+	6	y=	156
7	II'	−14	x+	−6	y=	−136
8						
9	III	4	x		=	20
10			x		=	5

In der Zelle B9 steht nun **=B6+B7**, in der Zelle **F9** steht **=F6+F7**. Wenn Anja in die Zelle **F10 =F9/B9** einträgt, erhält sie den gesuchten x-Wert.

	A	B	C	D	E	F
1	Lineare Gleichungssysteme mit zwei Variablen					
2						
3	I	6	x+	2	y=	52
4	II	7	x+	3	y=	68
5						
6	I'	18	x+	6	y=	156
7	II'	−14	x+	−6	y=	−136
8						
9	III	4	x		=	20
10			x		=	5
11						
12	Einsetzen in I:					
13		30	+	2	y=	52
14				2	y=	22
15		Lösung:			y=	11

In die Zelle B13 trägt sie **=B3*F10** ein, in **D13** und **D14** jeweils **=D3**, in **F13 =F3** und in die Zelle **F14 =F13–B13**. In der Zelle **F15** steht dann mit dem Eintrag **=F14/D3** der gesuchte y-Wert.

a) Vergleiche die einzelnen Darstellungen und erläutere die Umformungsschritte.

b) Lege ein Tabellenblatt wie Anja an und bestimme damit die Lösung des linearen Gleichungssystems.

c) Bestimme mithilfe des angelegten Tabellenblatts die Lösungen der folgenden linearen Gleichungssysteme. Schreibe dazu in die Zellen **B3**, **B4**, **D3**, **D4**, **F3** und **F4** die entsprechenden Zahlen.

I $17x - 11y = 262$
II $-23x + 27y = -512$

I $2x + 5y = -12$
II $-3x + 2y = 18$

I $0{,}8x - 1{,}2y = 12$
II $-2x + 3y = 6$

I $-10{,}8x - 9{,}4y = -87$
II $13{,}2x + 6{,}2y = 27$

I $0{,}24x - 1{,}82y = 28{,}92$
II $-1{,}2x + 9{,}1y = -144{,}6$

I $0{,}6x - 1{,}5y = 4{,}5$
II $-2{,}4x + 4{,}0y = -9$

d) Was geschieht, wenn das eingegebene lineare Gleichungssystem keine (unendlich viele) Lösungen hat?

WISSEN KOMPAKT

Zwei lineare Gleichungen mit zwei Variablen bilden ein **lineares Gleichungssystem**.

I $3x - 3y = 4{,}5$
II $x + 2y = 3$

Grafisches Lösungsverfahren

zugehörige Geraden:

I $3x - 3y = 4{,}5 \quad | -3x$
$-3y = -3x + 4{,}5 \quad | :(-3)$
$\mathbf{y = x - 1{,}5}$

II $x + 2y = 3 \quad | -x$
$2y = -x + 3 \quad | :2$
$\mathbf{y = -0{,}5x + 1{,}5}$

zugehörige Graphen:

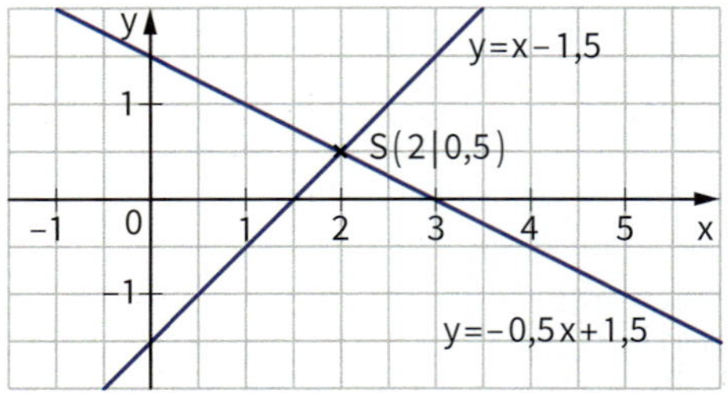

Lösungsmenge: $L = \{(2 | 0{,}5)\}$

Schnittpunkt: $S(2 | 0{,}5)$

Für ein lineares Gleichungssystem aus zwei Gleichungen mit zwei Variablen gilt:
Die Koordinaten des Schnittpunktes S der zugehörigen Geraden erfüllen beide Gleichungen. Sie sind die Lösung des linearen Gleichungssystems.

Für die Lösungsmenge linearer Gleichungssysteme mit zwei Variablen unterscheidet man drei Fälle:

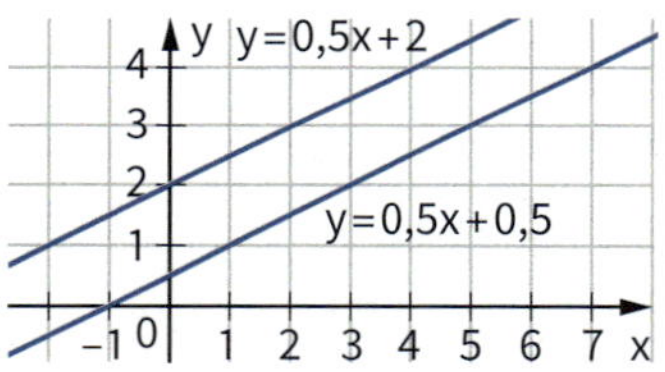

Keine Lösung
$L = \{\ \}$

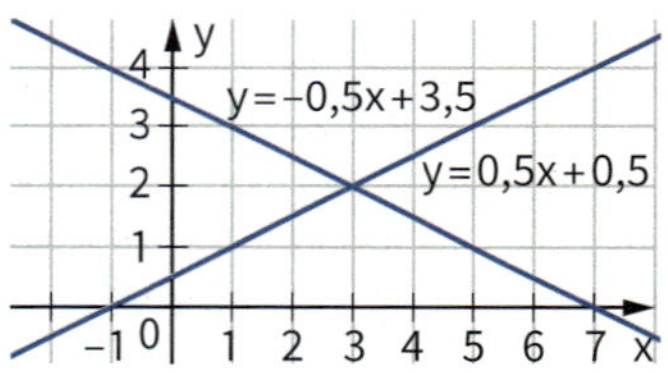

Eine Lösung
$L = \{(3 | 2)\}$

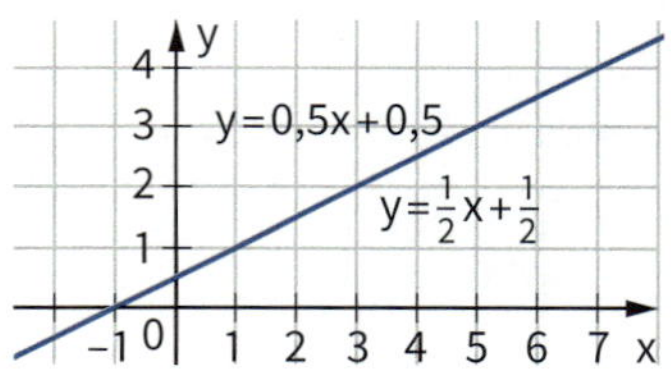

Unendlich viele Lösungen
Die Koordinaten jedes Punktes der Geraden sind eine Lösung.

Gleichsetzungsverfahren

Löse beide Gleichungen nach gleichen Vielfachen einer Variablen auf und setze dann die beiden anderen Seiten gleich.

I′ $y = x - 1{,}5$
II′ $y = -0{,}5x + 1{,}5$

$x - 1{,}5 = -0{,}5x + 1{,}5$

Löse die Gleichung nach der Variablen auf.

$x - 1{,}5 = -0{,}5x + 1{,}5 \quad | +0{,}5x + 1{,}5$
$1{,}5x = 3$
$x = 2$

Bestimme den Wert für die zweite Variable, indem du den Wert für die erste Variable in eine der beiden Gleichungen einsetzt.

in I′: $y = 2 - 1{,}5$
$y = 0{,}5$

Gib die Lösungsmenge an.

$L = \{(2 | 0{,}5)\}$

Mache die **Probe**, indem du die Lösung in beide Ausgangsgleichungen einsetzt.

I $3x - 3y = 4{,}5$
$3 \cdot 2 - 3 \cdot 0{,}5 = 4{,}5$
$4{,}5 = 4{,}5$ w

II $x + 2y = 3$
$2 + 2 \cdot 0{,}5 = 3$
$3 = 3$ w

WISSEN KOMPAKT

Einsetzungsverfahren

Lineares Gleichungssystem:	I $4x + 3y = 0$ II $6x + 2y = -10$
Löse eine Gleichung nach einer Variablen auf und setze den Term dafür in die andere Gleichung ein.	I′ $4x = -3y$ I′ $x = -0{,}75y$ in II: $6 \cdot (-0{,}75y) + 2y = -10$
Löse die Gleichung nach der Variablen auf.	$-4{,}5y + 2y = -10$ $-2{,}5y = -10$ $y = 4$
Bestimme den Wert für die zweite Variable, indem du den Wert für die erste Variable einsetzt.	in I′: $x = -0{,}75 \cdot 4$ $x = -3$
Gib die Lösungsmenge an.	$L = \{(-3 \mid 4)\}$

Additionsverfahren

Lineares Gleichungssystem:	I $3x + 2y = -2$ II $7x + 3y = 17$
Multipliziere eine oder beide Gleichungen so, dass bei ihrer anschließenden Addition eine Variable herausfällt.	I $3x + 2y = -2$ $\mid \cdot 3$ I′ $9x + 6y = -6$ II $7x + 3y = 17$ $\mid \cdot (-2)$ II′ $-14x - 6y = -34$ I′ $9x + 6y = -6$ II′ $-14x - 6y = -34$ $-5x = -40$
Löse die Gleichung nach der Variablen auf.	$x = 8$
Bestimme den Wert für die zweite Variable, indem du den Wert für die erste Variable in eine der beiden Gleichungen einsetzt.	in I: $3 \cdot 8 + 2y = -2$ $2y = -26$ $y = -13$
Gib die Lösungsmenge an.	$L = \{(8 \mid -13)\}$

Lösungsmenge linearer Gleichungssysteme

Keine Lösung:	Du erhältst eine nicht erfüllbare Gleichung.
Eine Lösung:	Du kannst die Gleichung nach einer Variablen auflösen, ihren Wert bestimmen und anschließend den Wert der zweiten Variablen berechnen.
Unendlich viele Lösungen:	Du erhältst eine allgemeingültige Gleichung. Jede Lösung einer der Gleichungen ist auch Lösung des Gleichungssystems.

ÜBEN

1 Löse beide Gleichungen des linearen Gleichungssystems zunächst nach y auf. Entscheide anhand der Geradengleichungen, wie viele Lösungen das Gleichungssystem hat. Gibt es eine Lösung, so bestimme diese grafisch.
Mache die Probe, indem du die Koordinaten des Schnittpunktes in beide Ausgangsgleichungen einsetzt.

I $2y - x = 1$
II $2x + 4y = 22$

I $2y = x + 1$ II $4y = -2x + 22$
I $y = 0{,}5x + 0{,}5$ II $y = -0{,}5x + 5{,}5$

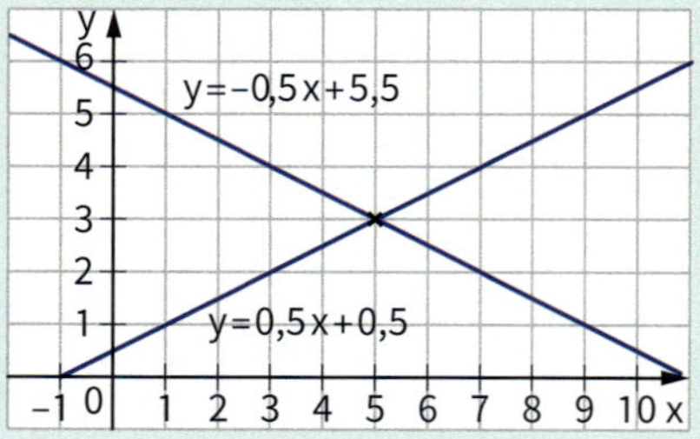

S(5|3)

in I: $2 \cdot 3 - 5 = 1$
$1 = 1$ w

in II: $2 \cdot 5 + 4 \cdot 3 = 22$
$22 = 22$ w

a) $2y - 6x = -18$
$y + x = 7$

b) $3y + 6x = 3$
$2y - 10 = -8x$

c) $4y - 2x = -14$
$2y + x = -1$

d) $2y - 3x = 1$
$4y + 4 = 4x$

e) $4y + 14 = 6x$
$3x - 2y = 7$

f) $2y - 5x = -5$
$4y + 2 = 6x$

g) $2y + 1 = -4x$
$4 - 4y = -4x$

h) $4y + 8x = 6$
$4x + 2y = 11$

i) $3y - x = 2$
$2y + 7 = 4x$

k) $2y + 7x = 14$
$4y - 2x = -20$

l) $x - 2y = -11{,}5$
$-y - x = -2$

m) $2x + 3y = 9$
$27 - 9y = 6x$

n) $2y + 4x = 6$
$-1{,}5x = -3y - 6$

o) $-1{,}5x - y = -4$
$3y + 6 = 1{,}5x$

2 Die Aufgabe im Beispiel hat Ella mithilfe eines rechnerischen Verfahrens gelöst, Vadim durch systematisches Probieren.

In einer Jugendherberge gibt es 20 Zimmer mit vier oder sechs Betten. Das sind insgesamt 100 Betten.
Wie viele 4-Bett-Zimmer und wie viele 6-Bett-Zimmer gibt es?

x: Anzahl der 4-Bett-Zimmer
y: Anzahl der 6-Bett-Zimmer

I $x + y = 20$
II $4x + 6y = 100$

x	y	Anzahl der Betten
20	0	$20 \cdot 4 = 80$
15	5	$15 \cdot 4 + 5 \cdot 6 = 90$
10	10	$10 \cdot 4 + 10 \cdot 6 = 100$ ✓

Es gibt zehn 4-Bett-Zimmer und zehn 6-Bett-Zimmer.

Erläutere wie Vadim vorgegangen ist.

3 Löse die Sachaufgabe durch systematisches Probieren oder ein geeignetes anderes Lösungsverfahren.

a) Der Umfang eines Rechtecks beträgt 30 cm. Die Seite a ist 3 cm kürzer als die Seite b.
Bestimme die Länge jeder Seite.

b) Um eine rechteckige Fläche soll ein 120 m langer Zaun gebaut werden. Die Fläche ist 12 m länger als breit. Berechne die Länge und die Breite.

c) Auf dem Jahrmarkt ist Vlatka insgesamt neunmal Karussell oder Autoscooter gefahren. Dafür hat sie insgesamt 25,50 € bezahlt. Eine Fahrt mit dem Karussell kostet 2,50 €, eine Fahrt mit dem Autoscooter 3,00 €. Wie oft ist Vlatka Karussell gefahren, wie oft Autoscooter?

d) Paulas Gliederarmband besteht aus 14 Kettengliedern mit Schmuckstein und ohne Schmuckstein. Ein Kettenglied mit Schmuckstein kostet 4,50 €, ein Kettenglied ohne Schmuckstein 2,50 €. Paula hat für ihr Armband 47,00 € bezahlt. Wie viele Kettenglieder mit Schmuckstein (ohne Schmuckstein) hat ihr Armband?

ÜBEN

4 Bestimme die Lösung des Gleichungssystems. Wähle dazu ein geeignetes rechnerisches Lösungsverfahren.

a) $y = 3{,}5x + 8$; $y = 2x - 4$
b) $y = -0{,}5x$; $y = -2x - 36$
c) $7x - 6y = 53$; $40 + 2y = 4x$
d) $12x + 4y = -10{,}4$; $8x - 16y = 8$
e) $3x - 2y = -42$; $2x + 5y = 48$
f) $6x + 2y = -4$; $-7x - 3y = 16$
g) $4x - 3y = 3$; $-2x + 4y = -24$
h) $4x + 3y = 83$; $5x - 2y = 29$
i) $7y - 5x = -2$; $-6y + 15x = 216$
k) $-3x - 4y = 35$; $6x + 2y = 68$
l) $16x - 9y = 33$; $-15x + 27y = 99$
m) $3x + 35y = 282$; $5x + 7y = 162$
n) $y = 2x - 3$; $y = 1{,}5x + 4{,}5$
o) $3y + 9x = 25{,}8$; $11x + 8y = -17$
p) $y = -x + 18$; $y = -2{,}5x - 63$
q) $15x - 10y = 54$; $4x + 7y = -3$
r) $1x + 4y = -5$; $2x - 3y = 56$
s) $-2x - 3y = 48$; $7x + 5y = -3$
t) $9x - 6y = 30$; $-x + 7y = 98$
u) $11x - 9y = 27$; $x - 6y = -210$
v) $x + 7y = 51$; $4x - 17y = 24$
w) $3x + 45y = 150$; $7x - 15y = 110$
x) $8x - 14y = -76$; $16x + 7y = 422$
y) $-3x - 27y = -135$; $-21x - 9y = 189$

5 Entscheide mithilfe eines geeigneten rechnerischen Lösungsverfahrens, wie viele Lösungen das Gleichungssystem hat.
Existiert nur eine Lösung, gib diese an.

a) $24x + 17y = 30$; $-9x - 11y = 72$
b) $12x - 20y = 16$; $9x - 15y = 12$
c) $13x + 14y = -57$; $-19x - 21y = 100$
d) $16x - 24y = 26$; $-40x + 60y = 66$
e) $6x - 12y = 24$; $-9x + 18y = -36$
f) $-17x + 34y = -66$; $3x - 6y = 12$
g) $11x - 8 = 3y$; $y + 13x = 19$
h) $4x + 26 = y$; $21 - 11y = 6x$
i) $9x + 15y = -132$; $6x - 10y = 238$
k) $39x - 52y = 104$; $-9x + 12y = -24$
l) $x - 19 = y$; $-7x = 13y + 15$
m) $12x - 17 = -11y$; $-5y - 102 = -10x$
n) $24x + 12y = 18$; $-16x - 8y = -12$
o) $8x + 4y = 344$; $12x - 14y = 252$
p) $7x - 4y = 3$; $-2y + 6x = 8$
q) $6x + 30 = -3y$; $-2y + x = -36$
r) $1{,}5x - 0{,}5y = 0$; $4x - 2y = -17$
s) $6x - 8y = 16$; $3y - 6x = -6$

6 Löse die Klammern auf und fasse gleichartige Terme zusammen.
Entscheide dann mithilfe eines geeigneten Lösungsverfahrens, wie viele Lösungen das Gleichungssystem hat.
Existiert nur eine Lösung, gib diese an.

a) $6(2x - 1) + 5y = -22 - (2x + 2y)$; $8y - 5(2x - 3) = 2(8 + 2y) - (18x + 11)$
b) $5x - 2(7 + 3x) - 2y = 3(-25 - 3y)$; $-2y + 9(2x - 4) - 13x = 5y - 5(2 + y - x)$
c) $3x - [3y - 4(3x - 9)] = -3(x + 9y + 2)$; $22 - [(4x - 6y) + 8] = 2(27 - 10x - 13y)$
d) $6y - 2[5x - (2y - 15)] = 4y - 6(2x - 2)$; $4[3y - (6x - 5)] = 76 - 7(3x - y)$

ÜBEN: Zahlenrätsel

Die Aufgaben auf den nächsten drei Seiten kannst du allein oder mit einem Partner in einer Arbeitsstunde bearbeiten. Hinweise dazu findest du auf Seite 203. Wähle zunächst zwei Aufgaben von Seite 50, dann zwei Aufgaben von Seite 51. Wenn du diese erfolgreich bearbeitet hast, wähle weitere Aufgaben von Seite 51 oder 52.

1 Im Beispiel siehst du, wie ein Zahlenrätsel mithilfe eines linearen Gleichungssystems gelöst wird.

Die Summe zweier Zahlen beträgt 69. Die Differenz der beiden Zahlen ist 13. Wie heißen die beiden Zahlen.

1. Lege fest, welche Zahl du mit x und welche Zahl du mit y bezeichnest.

   x ist die größere Zahl
   y ist die kleinere Zahl

2. Forme die Texte in Gleichungen um.

Text	Gleichung
Die Summe zweier Zahlen beträgt 69.	$x + y = 69$
Die Differenz der beiden Zahlen ist 13.	$x - y = 13$

3. Bestimme die Lösungsmenge mithilfe eines geeigneten Verfahrens.

   $L = \{(41|28)\}$

4. Formuliere eine Antwort.

   Die größere Zahl ist 41, die kleinere Zahl ist 28.

Löse das Zahlenrätsel wie im Beispiel.

a) Die Summe zweier Zahlen beträgt 35, ihre Differenz ist 17.

b) Die Summe zweier Zahlen beträgt 92. Das Doppelte der ersten Zahl und die Hälfte der zweiten Zahl ergeben zusammen 124.

c) Addiere zu einer Zahl 5, so erhältst du das Vierfache einer zweiten Zahl. Das Doppelte der ersten Zahl vermindert um 6 ergibt auch das Vierfache der zweiten Zahl.

d) Das Doppelte einer Zahl ist um 7 größer als das Dreifache einer zweiten Zahl. Die Summe beider Zahlen ist um 2 kleiner als das Dreifache der zweiten Zahl.

e) Ein Viertel einer Zahl ist um 4 kleiner als eine zweite Zahl. Die Summe beider Zahlen beträgt 14.

2 Bestimme die Lösung des Zahlenrätsels.

a) Multiplizierst du eine Zahl mit 3 und addierst zu dem Produkt 4, so erhältst du das Doppelte einer zweiten Zahl vermindert um 1. Das Doppelte der ersten Zahl ist der Nachfolger der zweiten Zahl.

b) Das Produkt aus einer Zahl und 2,5 ist um 8 größer als das Doppelte einer zweiten Zahl. Das Fünffache der zweiten Zahl ist um 2 kleiner als das Vierfache der ersten.

c) Die Summe zweier Zahlen ist 49, ihr Quotient ist 6.

d) Die Differenz zweier Zahlen beträgt 20. Das Doppelte der ersten Zahl ist das Zehnfache der zweiten Zahl.

3 Wie viele Einzelzimmer und wie viele Doppelzimmer hat das Hotel?

4 Jonas hält auf seinem Bauernhof Hühner und Kaninchen. Es sind zusammen 37 Tiere mit insgesamt 106 Beinen. Wie viele Kaninchen und wie viele Hühner hat er?

5 a) Formuliere zu dem angegebenen linearen Gleichungssystem ein Zahlenrätsel.

$$x + 3y = 42$$
$$3x - 2y = 16$$

b) Formuliere zu dem angegebenen linearen Gleichungssystem eine Sachaufgabe.

$$4x + 3y = 8{,}40$$
$$5x + 4y = 10{,}70$$

ÜBEN: Geometrieaufgaben

1 Bestimme die Winkel in einem gleichschenkligen Dreieck, wenn jeder Basiswinkel doppelt so groß ist wie der Winkel in der Spitze.

2 In einem rechtwinkligen Dreieck ist einer der spitzen Winkel um 8° größer als der andere spitze Winkel.
Wie groß ist jeder Winkel?

3 Von den Winkeln eines Parallelogramms ist der eine um 60° größer als der andere. Berechne die Größen aller Winkel des Parallelogramms.

4 Der Umfang eines gleichschenkligen Dreiecks beträgt 29 cm. Jeder Schenkel ist um 4 cm länger als die Basis.
Berechne die Seitenlängen.

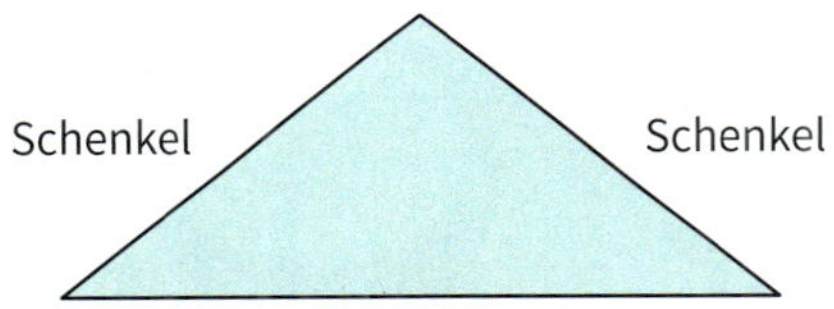

5 Der Umfang eines Parallelogramms beträgt 48 cm. Die Länge einer Seite ist um 6 cm größer als die Länge der anderen Seite.
Wie lang sind die Seiten des Parallelogramms?

6 Die Mittellinie eines Trapezes ist 12 cm lang. Die eine der parallelen Seiten ist um 2 cm länger als die andere.
Berechne die Länge der parallelen Seiten.

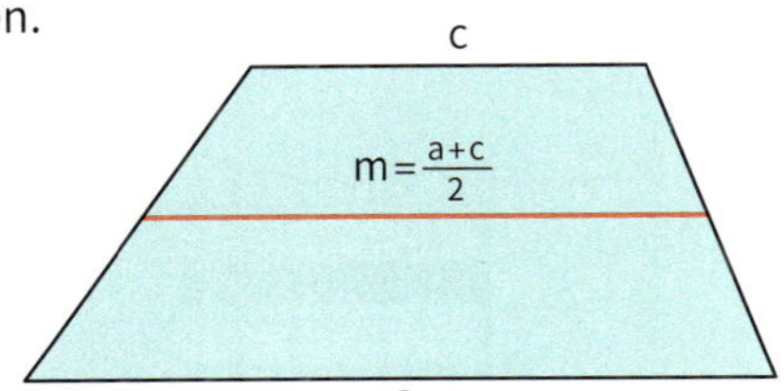

7 Ein Draht von 75 cm Länge soll zu einem gleichschenkligen Dreieck gebogen werden, bei dem die Länge der Grundseite halb so groß ist wie die Länge eines Schenkels.
Bestimme die Längen der Dreiecksseiten.

8 a) Aus einem Draht von 1,4 m Länge wurde das Kantenmodell einer quadratischen Säule hergestellt.
Die Höhe y ist um 5 cm länger als die Grundseite x.
Bestimme die Kantenlängen.
b) Wie groß sind die Kantenlängen, wenn der Draht eine Länge von 1,2 m hat und die Höhe y viermal so lang wie die Grundseite x ist?

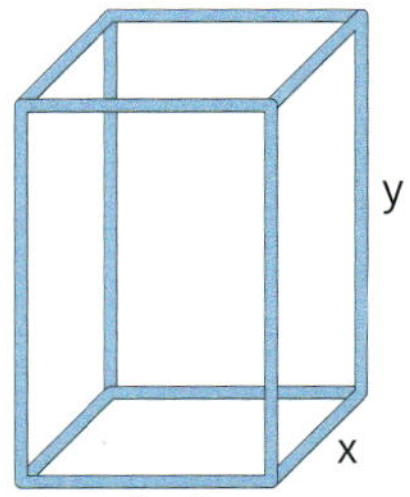

9 Verkürzt man die Grundstückslänge eines rechteckigen Grundstücks um 4 m, nimmt der Flächeninhalt um 80 m² ab.

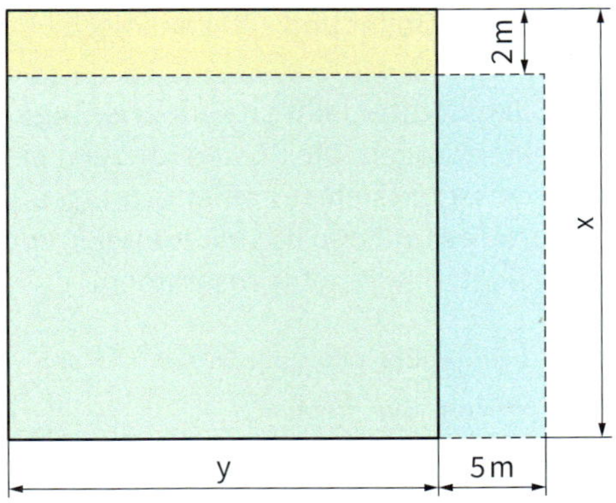

Verkürzt man die Grundstücksbreite um 2 m und vergrößert die Länge um 5 m, nimmt der Flächeninhalt um 30 m² zu.
Bestimme die ursprüngliche Breite und Länge des Grundstücks.

10 Vergrößert man in einem Rechteck die Länge der kleineren Seite um 3 cm und verkleinert die Länge der größeren Seite um 2 cm, so erhält man ein Quadrat, dessen Flächeninhalt um 14 cm² größer ist als die Fläche des Rechtecks.
Bestimme die Seitenlängen des Rechtecks.

11 Vergrößert man in einem Dreieck die Länge der Höhe um 3 cm und die Länge der Grundseite um 7 cm, nimmt der Flächeninhalt um 75 cm² zu.
Verkleinert man die Länge der Höhe um 2 cm und die Länge der Grundseite um 3 cm, nimmt der Flächeninhalt um 30 cm² ab.
Bestimme die fehlenden Größen.

ÜBEN: Sachaufgaben

Die Aufgaben kannst du auch in Gruppenarbeit bearbeiten. Hinweise dazu findest du auf Seite 204.

1 In der Cafeteria bezahlt Herr Vogt für drei belegte Brötchen und zwei Tassen Kaffee zusammen 6,50 €. Frau Heuer werden für eine Tasse Kaffee und zwei belegte Brötchen 4,00 € berechnet. Bestimme jeweils den Preis für eine Tasse Kaffee und ein belegtes Brötchen.

Video WES-152460-012

2 Für die Urlaubsfahrt nach Amerika tauscht Herr Stanzel 500 US-Dollar und 800 kanadische Dollar ein. Die Bank berechnet ihm insgesamt 1 045,03 €. Seine Tochter Eva muss für 60 US-Dollar und 80 kanadische Dollar 113,68 € bezahlen. Berechne die Wechselkurse für 100 US-Dollar und 100 kanadische Dollar.

Video WES-152460-013

3 Silkes Mutter leiht sich für zwei Tage einen Wagen. Die Kosten für den Leihwagen setzen sich aus einer Grundgebühr pro Tag und den Kosten für jeden zurückgelegten Kilometer zusammen.

Leihgebühr pro Tag (in €):	x
Anzahl der Tage:	2
Kosten pro km (in €):	y
Anzahl der km:	170
Gesamtkosten (in €):	95,50
Gleichung I:	$2x + 170y = 95{,}50$

Für eine zurückgelegte Strecke von 170 km muss Silkes Mutter nach zwei Tagen insgesamt 95,50 € bezahlen. Svens Vater bezahlt für den gleichen Wagen nach sechs Tagen und 540 km Fahrstrecke 291 €.

Berechne die Grundgebühr pro Tag und die Kosten pro zurückgelegtem Kilometer.

Informiere dich über die aktuellen Preise für Wasser und Gas.

4 Die Kosten für eine Taxifahrt setzen sich aus der Grundgebühr und den Kosten für jeden zurückgelegten Kilometer zusammen (ohne Wartezeit).
Für eine 16 km lange Fahrt mit dem Taxi (ohne Wartezeit) bezahlt Herr Schulte 32,10 €.
Frau Schäfers bezahlt nach einer 12 km langen Taxifahrt (ohne Wartezeit) 24,90 €.
Wie hoch sind die Grundgebühr und die Kosten für einen zurückgelegten Kilometer?

5 Für einen Jahresverbrauch von 125 m³ Frischwasser wird Familie Krüger einschließlich der Grundgebühr für den Zähler ein Nettopreis von 607,57 € berechnet.

Familie Busse zahlt für einen Jahresverbrauch von 140 m³ Frischwasser einen Nettopreis von 673,12 €.
Berechne den Nettopreis für den Wasserzähler pro Jahr und den Nettopreis für 1 m³ Frischwasser.

6 Für einen Jahresverbrauch von 2 600 m³ Erdgas wird Familie Kamp einschließlich Grundgebühr 1 834,15 € berechnet.

Familie Plass bezahlt bei einem Jahresverbrauch von 2 900 m³ Erdgas im Jahr beim gleichen Tarif 2 035,15 €.
Wie hoch sind der Preis für die Zählergebühr und der Preis für 1 m³ Erdgas?

VERTIEFEN: Lineare Gleichungssysteme mit drei Variablen

1 Im Beispiel siehst du, wie du mithilfe des Additionsverfahrens die Lösung eines linearen Gleichungssystems mit drei Gleichungen und drei Variablen bestimmen kannst.

Lineares Gleichungssystem:

I $2x - 3y + 4z = 62$
II $3x + 2y - 3z = -32$
III $7x + 5y + 5z = 56$

1. Forme die Gleichungen I und II so um, dass bei anschließender Addition die Variable z herausfällt.

I $2x - 3y + 4z = 62 \quad | \cdot 3$
II $3x + 2y - 3z = -32 \quad | \cdot 4$

I′ $6x - 9y + 12z = 186$
II′ $12x + 8y - 12z = -128$
IV $18x - y = 58$

2. Forme die Gleichungen I und III so um, dass bei anschließender Addition die Variable z herausfällt.

I $2x - 3y + 4z = 62 \quad | \cdot 5$
III $7x + 5y + 5z = 56 \quad | \cdot (-4)$

I′ $10x - 15y + 20z = 310$
III′ $-28x - 20y - 20z = -224$
V $-18x - 35y = 86$

3. Bestimme die Lösung des linearen Gleichungssystems mit den Variablen x und y, das aus den Gleichungen IV und V besteht.

$x = 3 \qquad y = -4$

4. Setze die für x und y berechneten Werte in eine der Ausgangsgleichungen ein und bestimme z.

in I: $2 \cdot 3 - 3 \cdot (-4) + 4z = 62$
$18 + 4z = 62 \quad | -18$
$4z = 44 \quad | :4$
$z = 11$

5. Gib die Lösungsmenge an.

$L = \{(3 \mid -4 \mid 11)\}$

a) Erläutere den Lösungsweg.
b) Bestimme die Lösung des linearen Gleichungssystems aus den Gleichungen IV und V.

2 Bestimme die Lösungsmenge des Gleichungssystems mithilfe des Additionsverfahrens.

a) I $3x + 3y - 2z = -7$
II $4x + 5y - 4z = -13$
III $7x - 2y + 6z = 10$

b) I $6x + 2y + 4z = 12$
II $10x - 5y - 3z = -19$
III $7x + 3y + 10z = 8$

c) I $9x - 11y + 7z = 28$
II $6x + 10y - 14z = -8$
III $5x - 4y + 3z = 22$

3 Es ist oft sinnvoller, die Gleichungen so umzuformen, dass bei anschließender Addition eine andere Variable als z herausfällt.

a) Wende das Additionsverfahren so an, dass zunächst die Variable y herausfällt. Bestimme die Lösungsmenge.

I $5x - 3y + 2z = 18$
II $4x + 6y + 7z = 60$
III $-3x - 6y + 5z = -46$

b) Bei der Anwendung des Additionsverfahrens hast du bisher nur die Gleichungen I und II und die Gleichungen I und III addiert. Gib zwei weitere Möglichkeiten an.

4 Das Additionsverfahren geht zurück auf den deutschen Mathematiker Carl Friedrich Gauß und ist auch als Gaußscher Algorithmus bekannt.

Informiere dich im Internet über Carl Friedrich Gauß und seinen Algorithmus.

AUSGANGSTEST 1

1 Bestimme grafisch die Lösungsmenge des Gleichungssystems. Mache die Probe, indem du die Koordinaten des Schnittpunktes in beide Ausgangsgleichungen einsetzt.

a) $y = 0{,}5x + 3$
$y = -2{,}5x$

b) $y = -x + 1{,}5$
$y = -1{,}5x + 3{,}5$

c) $2y + 4 = x$
$4y - 16 = 10x$

d) $3x = 4y + 6$
$x - 0{,}5y = -0{,}5$

2 Bestimme die Lösung durch systematisches Probieren oder ein geeignetes Lösungsverfahren.

a) Ein Draht von 180 cm Länge soll zu einem Rechteck gebogen werden.
Dabei soll die größere Rechteckseite um 15 cm länger werden als die kleinere. Berechne die Länge beider Rechteckseiten.

b) Der Umfang eines gleichschenkligen Dreiecks beträgt 67 cm. Die Länge der Grundseite ist um 4 cm größer als die Länge jedes Schenkels. Berechne die Seitenlängen.

3 Bestimme rechnerisch die Lösungsmenge des Gleichungssystems. Mache die Probe.

a) $2y - 4x = 30$
$4y - 68 = 6x$

b) $6x - 2y = 53$
$8y - 38 = 4x$

c) $3y + x = 14$
$6y - 97 = 4x$

d) $9x + 6y = -15$
$3y - 3x = 93$

4 Entscheide rechnerisch, wie viele Lösungen das Gleichungssystem hat. Existiert nur eine Lösung, so gib diese an.

a) $3y + 7x = -35$
$-26 - 6y = 10x$

b) $2y - 8x = -14$
$12x - 21 = 3y$

c) $3x + 9y = 42$
$14y + 2x = 80$

d) $4y - 6x = 16$
$6y - 22 = 9x$

5 Bestimme die Lösungsmenge des Zahlenrätsels.

a) Die Summe zweier Zahlen beträgt 29.
Die Differenz aus dem Doppelten der ersten Zahl und der zweiten Zahl ergibt 16.

b) Die Differenz zweier Zahlen ist um 15 kleiner als das Doppelte der ersten Zahl.
Die Summe aus dem Achtfachen der ersten Zahl und dem Zehnfachen der zweiten Zahl ergibt 100.

c) Die Summe zweier Zahlen ist um 1 größer als das Doppelte der zweiten Zahl.
Das Dreifache des Nachfolgers der ersten Zahl ist gleich dem Vierfachen des Vorgängers der zweiten Zahl.

6 Jonas kauft im Schulkiosk drei Joghurt und vier Brötchen für insgesamt 3,20 € ein. Nurcan muss für zwei Joghurt und zwei Brötchen zusammen 1,80 € bezahlen. Bestimme jeweils den Preis für einen Joghurt und ein Brötchen.

Ich kann ...

	Aufgabe	Hilfen und Aufgaben	
lineare Gleichungssysteme mit zwei Variablen grafisch lösen.	1	Seite 39, 40, 48	I
lineare Gleichungssysteme mit zwei Variablen durch systematisches Probieren lösen.	2	Seite 48	
lineare Gleichungssysteme mit zwei Variablen mit einem geeigneten rechnerischen Verfahren lösen.	2, 3, 4	Seite 41, 42, 43, 44, 48, 49	II
Aussagen über die Anzahl der Lösungen linearer Gleichungssysteme mit zwei Variablen machen.	4	Seite 42, 48, 49	
Zahlenrätsel durch lineare Gleichungssysteme mit zwei Variablen modellieren und lösen.	5	Seite 50	
Sachprobleme durch lineare Gleichungssysteme mit zwei Variablen modellieren und lösen.	6	Seite 52	III

AUSGANGSTEST 2

1 Bestimme rechnerisch die Lösungsmenge des Gleichungssystems. Mach die Probe.

a) $3x + 6y = 90$
$2y - 4x = 140$

b) $4x + 2y = 36$
$-8y = 6x - 20$

c) $3y - 2x = -7$
$15 + 4y = x$

d) $4y + 8x = -84$
$-50 - 6y = 7x$

e) $9y - x = -19$
$1 + x = y$

f) $11y + 7x = -6$
$3 - 5y = 7x$

2 Entscheide rechnerisch, wie viele Lösungen das Gleichungssystem hat. Existiert nur eine Lösung, so gib diese an.

a) $0{,}8 + 1{,}8y = 1{,}2x$
$1{,}8x - 2{,}7y = 1{,}3$

b) $2{,}8y - 4{,}8x = 164$
$1{,}8x + 2{,}1y = 20{,}4$

c) $0{,}5x - 0{,}75y = 0{,}5$
$0{,}75y - 0{,}5x = -0{,}5$

d) $1{,}5x - 2 = 3y$
$0{,}4y + 0{,}5x = 0{,}2$

3 Der Umfang eines Parallelogramms beträgt 48 cm. Die Länge einer Seite ist um 3 cm größer als die Länge der anderen Seite. Wie lang sind die Seiten des Parallelogramms?

4 Verkürzt man bei einem rechteckigen Grundstück die Grundstückslänge um 5 m und vergrößert die Grundstücksbreite um 3 m, nimmt der Flächeninhalt um 7 m^2 ab. Verkürzt man die Grundstückslänge um 4 m und vergrößert die Grundstücksbreite um 5 m, nimmt der Flächeninhalt um 80 m^2 zu. Bestimme die ursprüngliche Breite und Länge des Grundstücks.

5 Für eine Geschäftsreise nach Südamerika tauscht Frau Schneider 1 500 Brasilianische Real (BRL) und 1 600 Argentinische Peso (ARS) für insgesamt 624,50 € ein. Ihr Geschäftspartner kauft 2 000 BRL und 1 800 ARS für zusammen 801,00 €. Berechne jeweils die Wechselkurse für 100 Brasilianische Real und für 100 Argentinische Peso.

6 Für einen Jahresverbrauch von 108 m^3 Frischwasser muss Familie Dengel einschließlich der Grundgebühr 576,92 € bezahlen. Familie Schippling wird für 95 m^3 515,30 € berechnet.
Berechne den Preis für die Grundgebühr und für 1 m^3 Frischwasser.

7 Für einen Jahresverbrauch von 2 800 m^3 Erdgas werden der Familie Kurtz einschließlich Grundgebühr 2 020,00 € berechnet, Familie Last für einen Verbrauch von 2 300 m^3 beim gleichen Tarif 1 670,00 €. Wie hoch sind der Preis für die Zählergebühr und der Preis für 1 m^3 Erdgas?

Ich kann ...

Ich kann ...	Aufgabe	Hilfen und Aufgaben	
einfache lineare Gleichungssysteme mit zwei Variablen mit einem geeigneten rechnerischen Verfahren lösen.	1	Seite 41, 42, 43, 44, 48, 49	I
schwierige lineare Gleichungssysteme mit zwei Variablen mit einem geeigneten rechnerischen Verfahren lösen.	2	Seite 41, 42, 43, 44, 48, 49	I
Aussagen über die Anzahl der Lösungen linearer Gleichungssysteme mit zwei Variablen machen.	2	Seite 42, 48, 49	I
Sachprobleme durch lineare Gleichungssysteme mit zwei Variablen modellieren und lösen.	3 – 5	Seite 51, 52	II
komplexere Sachprobleme durch lineare Gleichungssysteme mit zwei Variablen modellieren und lösen.	6, 7	Seite 52	II

3 Reelle Zahlen

Bist du fit für dieses Kapitel? Eingangstest auf Seite 173

In diesem Kapitel ...

- *lernst du den Zahlenbereich der reellen Zahlen kennen.*
- *rechnest du mit Wurzeln.*
- *bestimmst du Näherungswerte für irrationale Zahlen.*

Ebene Figuren und flächengleiche Quadrate

Ebene Figuren und flächengleiche Quadrate

1 a) Berechne jeweils den Flächeninhalt der abgebildeten Figur. Entnimm den Zeichnungen die Maße, die du dazu benötigst. Bestimme dann die Seitenlänge des Quadrats, das den gleichen Flächeninhalt wie die abgebildete Figur hat.

Quadratwurzeln

1 a) Der Flächeninhalt des Quadrats ist angegeben. Bestimme die Länge der Seite a. Begründe deine Lösung.

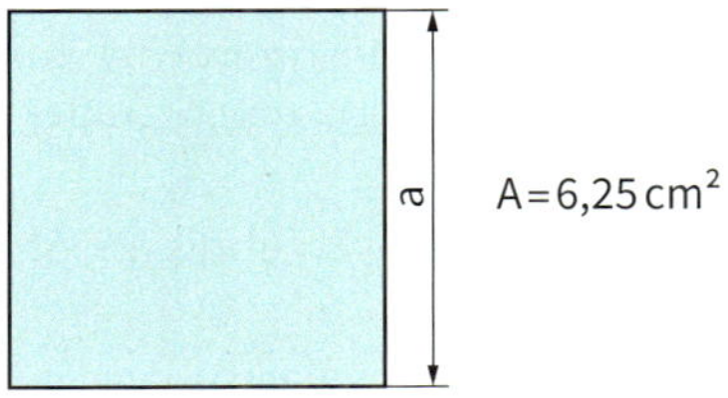

b) Der Flächeninhalt eines Quadrats beträgt 81 cm² (49 cm², 100 cm²). Bestimme die Seitenlänge des Quadrats und begründe deine Lösung.

Die Quadratwurzel aus 64 ist die positive Zahl, die beim Quadrieren 64 ergibt.

$\sqrt{64} = 8$, denn $8^2 = 8 \cdot 8 = 64$

lies: Wurzel aus 64 ist gleich 8.

2 Bestimme jeweils die Wurzel aus den Quadratzahlen.

a) $\sqrt{81}$, $\sqrt{49}$, $\sqrt{36}$, $\sqrt{100}$

b) $\sqrt{121}$, $\sqrt{144}$, $\sqrt{324}$, $\sqrt{196}$

c) $\sqrt{400}$, $\sqrt{900}$, $\sqrt{225}$, $\sqrt{169}$

d) $\sqrt{484}$, $\sqrt{441}$, $\sqrt{576}$, $\sqrt{961}$

e) $\sqrt{256}$, $\sqrt{361}$, $\sqrt{625}$, $\sqrt{289}$

f) $\sqrt{676}$, $\sqrt{784}$, $\sqrt{729}$, $\sqrt{1\,024}$

3 a) Quadriere 5 (7; 9) und ziehe aus dem Ergebnis die Quadratwurzel. Was stellst du fest?

b) Ziehe die Quadratwurzel aus 36 (49; 121) und quadriere das Ergebnis. Was stellst du fest?

4 Gib jeweils das Ergebnis an, ohne zu rechnen.

a) $\sqrt{8^2}$, $\sqrt{11^2}$, $\sqrt{113^2}$, $\sqrt{537^2}$

b) $(\sqrt{16})^2$, $(\sqrt{169})^2$, $(\sqrt{961})^2$, $(\sqrt{1\,444})^2$

c) Erläutere die beiden Aussagen.

A Das Wurzelziehen ist die Umkehrung des Quadrierens.

B Das Quadrieren ist die Umkehrung des Wurzelziehens.

5 a) Erläutere Tims und Darians Aussagen.

b) Erläutere, dass du aus −16 (−25; −100) die Quadratwurzel nicht ziehen kannst.

$\sqrt{a}$ ist die nichtnegative Zahl b, die beim Quadrieren a ergibt.
Die Zahl b heißt **Quadratwurzel** aus a.
Die Zahl a heißt **Radikand**.
Aus negativen Zahlen können wir keine Wurzel ziehen.

$\sqrt{25} = 5$, denn $5^2 = 25$

$\sqrt{81} = 9$, denn $9^2 = 81$

$\sqrt{0} = 0$, denn $0^2 = 0$

$\sqrt{12{,}25} = 3{,}5$, denn $3{,}5^2 = 12{,}25$

$\sqrt{\frac{4}{9}} = \frac{2}{3}$, denn $\left(\frac{2}{3}\right)^2 = \frac{4}{9}$

x	x^2
1	1
2	4
3	9
4	16
5	25
6	36
7	49
8	64
9	81
10	100
11	121
12	144
13	169
14	196
15	225
16	256
17	289
18	324
19	361
20	400
21	441
22	484
23	529
24	576
25	625
26	676
27	729
28	784
29	841
30	900

Kubikwurzeln

x	x^3
1	1
2	8
3	27
4	64
5	125
6	216
7	343
8	512
9	729
10	1000
11	1331
12	1728

1 a) Für jeden Würfel ist das Volumen angegeben. Bestimme jeweils die Kantenlänge.

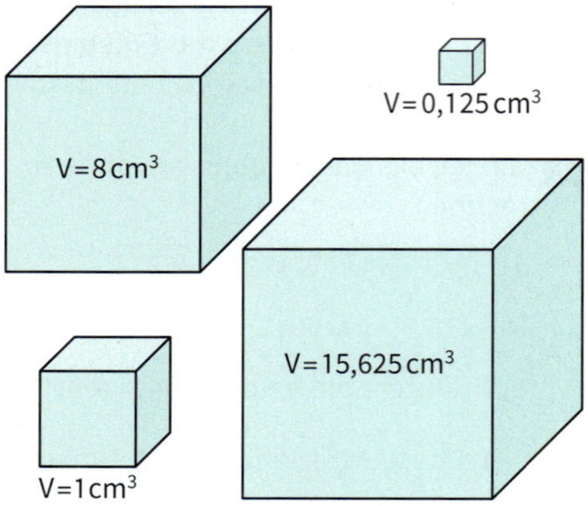

b) Das Volumen eines Würfels beträgt $125\,cm^3$ ($1\,000\,cm^3$, $8\,000\,cm^3$, $64\,cm^3$). Gib die Kantenlänge an.

Die dritte Wurzel (Kubikwurzel) aus 64 ist die positive Zahl, die als dritte Potenz 64 ergibt.

$\sqrt[3]{64} = 4$, denn $4^3 = 4 \cdot 4 \cdot 4 = 64$

lies: Dritte Wurzel aus 64 ist gleich 4.

2 Bestimme jeweils die Kubikwurzel.

$\sqrt[3]{8} = 2$, denn $2^3 = 8$
$\sqrt[3]{125\,000} = 50$, denn $50^3 = 125\,000$

a) $\sqrt[3]{27}$, $\sqrt[3]{125}$ b) $\sqrt[3]{216}$, $\sqrt[3]{343}$ c) $\sqrt[3]{1}$, $\sqrt[3]{0}$

d) $\sqrt[3]{512}$, $\sqrt[3]{729}$ e) $\sqrt[3]{1\,000}$, $\sqrt[3]{8\,000}$ f) $\sqrt[3]{27\,000}$, $\sqrt[3]{64\,000}$

3 a) Bestimme die dritte Potenz von 5 (7; 9) und ziehe aus dem Ergebnis die dritte Wurzel. Was stellst du fest?
b) Ziehe die dritte Wurzel aus 27 (64; 1 000) und bestimme die dritte Potenz des Ergebnisses. Was stellst du fest?

4 Gib jeweils das Ergebnis an, ohne zu rechnen.
a) $\sqrt[3]{8^3}$, $\sqrt[3]{105^3}$, $\sqrt[3]{3{,}4^3}$
b) $\left(\sqrt[3]{343}\right)^3$, $\left(\sqrt[3]{9\,261}\right)^3$, $\left(\sqrt[3]{6{,}859}\right)^3$
c) Erläutere Pauls Aussage.

$\sqrt[3]{a}$ ist die nichtnegative Zahl b, die als dritte Potenz a ergibt. Die Zahl b heißt **Kubikwurzel (dritte Wurzel)** aus a. Die Zahl a heißt **Radikand.**

$\sqrt[3]{125} = 5$, denn $5^3 = 125$
$\sqrt[3]{27} = 3$, denn $3^3 = 27$
$\sqrt[3]{0} = 0$, denn $0^3 = 0$
$\sqrt[3]{0{,}125} = 0{,}5$, denn $0{,}5^3 = 0{,}125$
$\sqrt[3]{\frac{8}{343}} = \frac{2}{7}$, denn $\left(\frac{2}{7}\right)^3 = \frac{8}{343}$

5 Bestimme die Kubikwurzeln mit dem Taschenrechner. Runde auf zwei Stellen nach dem Komma.

$\sqrt[3]{56} = $ ■

$\sqrt[3]{56} = 3{,}82586\ldots \approx 3{,}83$

a) $\sqrt[3]{88}$, $\sqrt[3]{34}$ b) $\sqrt[3]{71}$, $\sqrt[3]{99}$ c) $\sqrt[3]{450}$, $\sqrt[3]{612}$ d) $\sqrt[3]{578}$, $\sqrt[3]{942}$

Irrationale Zahlen

1 a) Warum kannst du die Seitenlänge des Quadrats nicht sofort angeben?

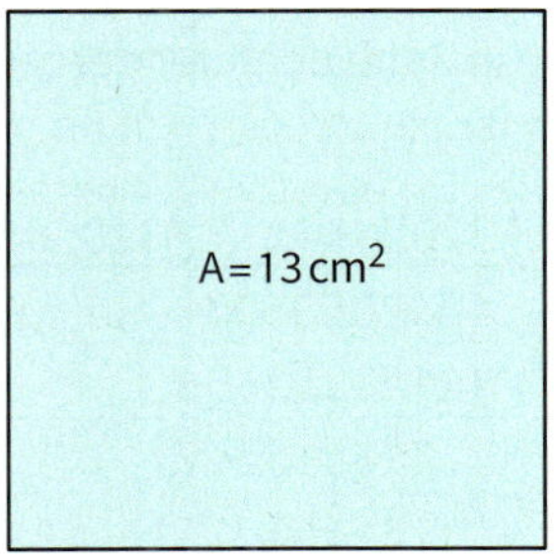

b) Begründe, dass die Maßzahl für die Seitenlänge des Quadrats zwischen 3 und 4 liegt.
c) Miss die Seitenlänge. Quadriere den gemessenen Wert und vergleiche ihn mit dem Flächeninhalt des Quadrats. Was stellst du fest?

2 a) Der Flächeninhalt eines Quadrats beträgt 7 cm^2. Begründe, dass die Maßzahl für die Seitenlänge des Quadrats zwischen 2 und 3 liegt.
b) Thea hat für die Zahl $\sqrt{7}$ die erste Stelle nach dem Komma bestimmt.

x	x^2	
2,1	4,41	
2,2	4,84	
2,3	5,29	
2,4	5,76	
2,5	6,25	
2,6	6,76	$\sqrt{7} \approx 2{,}6...$
2,7	7,29	

Erläutere, wie Thea vorgegangen ist.
c) Bestimme ebenso die erste Nachkommastelle von $\sqrt{5}$.

3 Im Beispiel siehst du, wie für $\sqrt{2}$ die zweite und dritte Nachkommastelle bestimmt werden können. Dieses Verfahren heißt **Intervallschachtelung**.
Erkläre die einzelnen Schritte der Intervallschachtelung mithilfe der Zeichnungen.

$\sqrt{2}$ liegt zwischen 1,4 und 1,5;
denn $1{,}4^2 = 1{,}96 < 2$
und $1{,}5^2 = 2{,}25 > 2$.
Wir sagen: $\sqrt{2}$ liegt im Intervall [1,4; 1,5].

Wir bestimmen $\sqrt{2}$ genauer:
$\sqrt{2}$ liegt zwischen 1,41 und 1,42;
denn $1{,}41^2 = 1{,}9881 < 2$
und $1{,}42^2 = 2{,}0164 > 2$.
$\sqrt{2}$ liegt im Intervall [1,41; 1,42].

Wir bestimmen $\sqrt{2}$ noch genauer:
$\sqrt{2}$ liegt zwischen 1,414 und 1,415;
denn $1{,}414^2 = 1{,}999396 < 2$
und $1{,}415^2 = 2{,}002225 > 2$.
$\sqrt{2}$ liegt im Intervall [1,414; 1,415].

$\sqrt{2} = 1{,}414...$

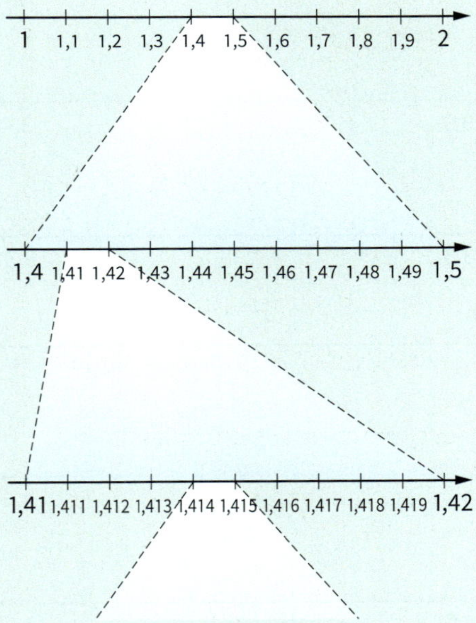

Bei jedem Schritt wird ein kleineres Intervall bestimmt, das in dem größeren Intervall des vorangegangenen Schrittes enthalten ist. Wenn wir dieses Verfahren immer weiter fortsetzen, wird die Länge der Intervalle beliebig klein und wir erhalten immer genauere Näherungswerte für $\sqrt{2}$.
Es gibt nur eine einzige Zahl, die in allen Intervallen enthalten ist. Im Beispiel ist das die Zahl, deren Quadrat genau 2 ist.

Im Intervall [1,4; 1,5] liegen alle Zahlen, die größer oder gleich 1,4 und kleiner oder gleich 1,5 sind.

Irrationale Zahlen

Video
WES-152460-014

4 In der Zeichnung sind die ersten drei Schritte einer Intervallschachtelung für $\sqrt{7}$ dargestellt.

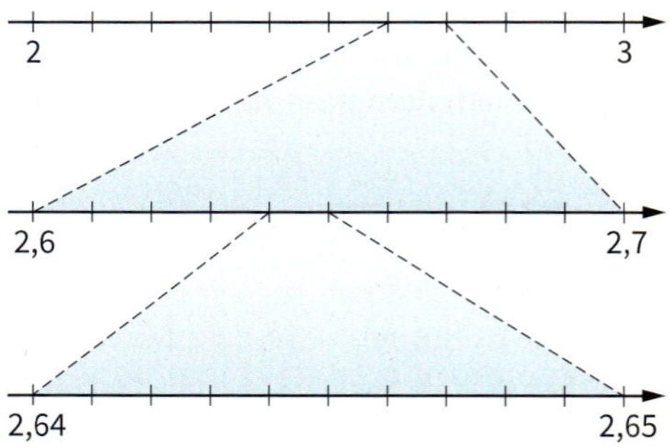

a) Gib die drei dargestellten Intervalle an.
b) Bestimme das vierte Intervall dieser Intervallschachtelung.
c) Begründe, dass $\sqrt{7}$ in jedem dieser Intervalle liegt.

5 Angegeben sind die ersten drei Schritte einer Intervallschachtelung für die Quadratwurzel einer natürlichen Zahl. Bestimme die natürliche Zahl.

a)

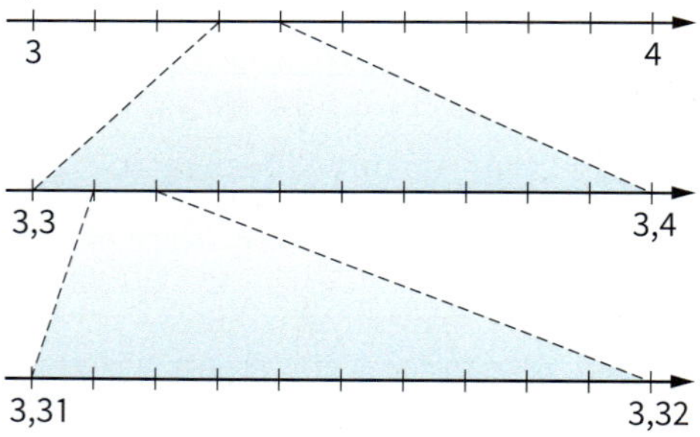

b)

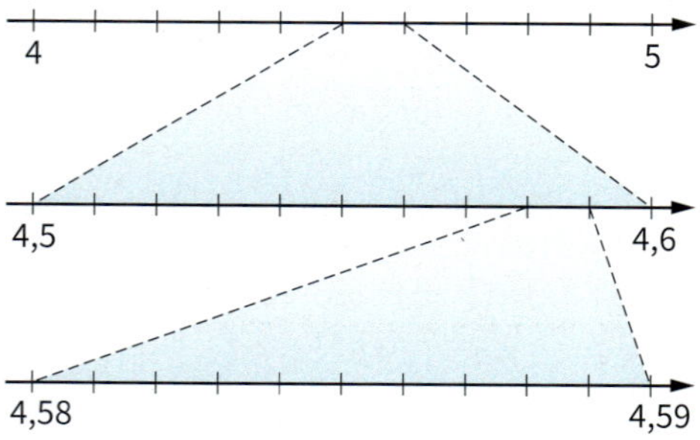

c) [4; 5]
[4,3; 4,4]
[4,35; 4,36]

d) [4; 5]
[4,7; 4,8]
[4,79; 4,8]

e) [10; 11]
[10,7; 10,8]
[10,72; 10,73]

f) [14; 15]
[14,5; 14,6]
[14,52; 14,53]

6 a) Für $\sqrt{3}$ zeigt der Taschenrechner die Zahl 1,732050808 an. Begründe mithilfe der dargestellten Rechnung, dass diese Zahl nicht der genaue Wert für $\sqrt{3}$ ist.

1,732050808 · 1,732050808
1732050808
12124355656
5196152424
3464101616
8660254040
13856406464
13856406464
3,000000001493452864

b) Mia hat zwölf Nachkommastellen von $\sqrt{3}$ bestimmt: $\sqrt{3} = 1{,}732050807568\ldots$

Begründe Ablas und Mias Aussagen.

c) Begründe, dass auch ein Dezimalbruch mit mehr als zwölf Stellen nach dem Komma nicht der genaue Wert für $\sqrt{3}$ sein kann.

Die meisten Quadratwurzeln sind Zahlen, die nicht als endliche oder periodische Dezimalbrüche geschrieben werden können. Solche Zahlen heißen **irrationale Zahlen**.
Für irrationale Zahlen können Näherungswerte bestimmt werden, deren Genauigkeit schrittweise verbessert werden kann.

$\sqrt{2} = 1{,}414213562\ldots$
$\sqrt{5} = 2{,}236067977\ldots$
$\sqrt{6{,}5} = 2{,}549509756\ldots$

Rationale und irrationale Zahlen

1 In den Beispielen sind drei rationale und drei irrationale Zahlen als Dezimalbrüche angegeben.

Rationale Zahlen:

$\frac{17}{80} = 0{,}2125$

$\frac{8}{11} = 0{,}72727272727272\ldots$

$\frac{5}{36} = 0{,}13888888888888\ldots$

Irrationale Zahlen:

$\sqrt{2} = 1{,}414213562373095\ldots$

$\sqrt{11} = 3{,}316624790355399\ldots$

$\sqrt{23} = 4{,}7958315233127195\ldots$

a) Welche Eigenschaften der rationalen Zahlen erkennst du?
b) Vergleiche die rationalen mit den irrationalen Zahlen. Was stellst du fest?

2 Überlege, ob der Dezimalbruch eine rationale oder eine irrationale Zahl darstellen kann.
a) 1,2727272727272727...
b) 4,1231056256176605...
c) 1,3783783783783783...
d) 1,2926829268292682...
e) 1,2857142857142857...
f) 6,4031242374328487...

3 Welche Quadratwurzeln sind rational, welche irrational? Entscheide dich mithilfe der Darstellung als Dezimalbruch.

$\sqrt{5{,}5225}$ $\sqrt{5{,}4225}$ $\sqrt{7{,}5}$ $\sqrt{1{,}225}$ $\sqrt{12{,}96}$ $\sqrt{40{,}96}$ $\sqrt{1{,}1025}$ $\sqrt{2{,}75}$ $\sqrt{30{,}25}$ $\sqrt{27{,}04}$ $\sqrt{1{,}6384}$ $\sqrt{10{,}25}$ $\sqrt{3{,}5225}$ $\sqrt{51{,}84}$ $\sqrt{5{,}0625}$

Rationale Zahlen sind endliche oder periodische Dezimalbrüche. Irrationale Zahlen sind unendliche, nicht periodische Dezimalbrüche.
Die rationalen und die irrationalen Zahlen bilden zusammen die **reellen Zahlen**. Die Menge aller reellen Zahlen wird mit ℝ bezeichnet.

4 Setze < oder > ein.

a)		b)		c)	
$\sqrt{32}$ ■ 6		$\sqrt{120}$ ■ 11		$\sqrt{222}$ ■ 15	
$\sqrt{84}$ ■ 9		$\sqrt{145}$ ■ 12		$\sqrt{395}$ ■ 20	
$\sqrt{53}$ ■ 7		$\sqrt{170}$ ■ 13		$\sqrt{905}$ ■ 30	

5 Gib an, welche Zahl am nächsten liegt

a) bei $\sqrt{50}$:	6	7	8	9
b) bei $\sqrt{85}$:	8	9	10	11
c) bei $\sqrt{110}$:	9	10	11	12
d) bei $\sqrt{56}$:	6,5	7	7,5	8
e) bei $\sqrt{133}$:	11	11,5	12	12,5

Überprüfe dein Ergebnis mit dem Taschenrechner.

6 Gib wie im Beispiel die beiden aufeinanderfolgenden natürlichen Zahlen an, zwischen denen die Quadratwurzel liegt. Überlege zunächst, zwischen welchen Quadratzahlen der Radikand liegt.

$■ < \sqrt{78} < ■$
$64 < 78 < 81$
$8^2 < 78 < 9^2$
$8 < \sqrt{78} < 9$

a) $\sqrt{31}$, $\sqrt{42}$
b) $\sqrt{67}$, $\sqrt{89}$
c) $\sqrt{78}$, $\sqrt{80}$
d) $\sqrt{150}$, $\sqrt{200}$

7 Ordne jeder reellen Zahl die zugehörige Markierung auf der Zahlengeraden zu.

a) $\sqrt{7}$ 2,72 $\sqrt{6}$ 2,53 $\sqrt{8}$

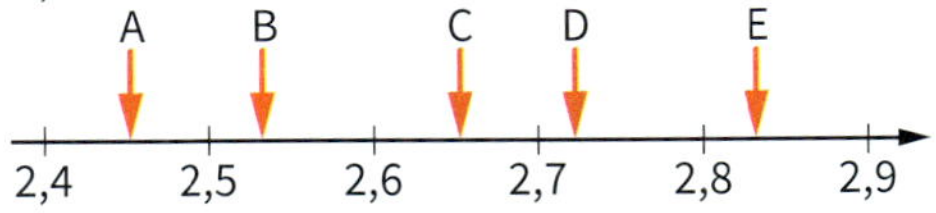

b) 3,55 $\sqrt{14}$ 3,65 $\sqrt{11}$ $\sqrt{12}$

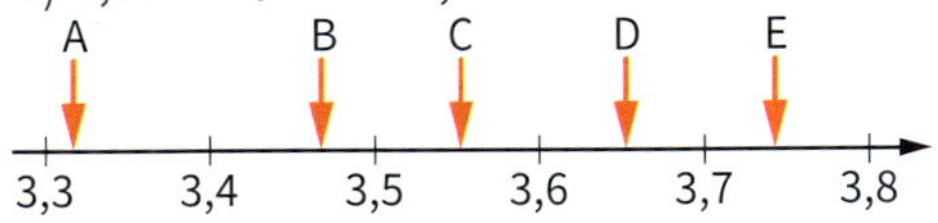

c) $\sqrt{23}$ $\sqrt{20}$ 4,88 $\sqrt{21}$ 4,62

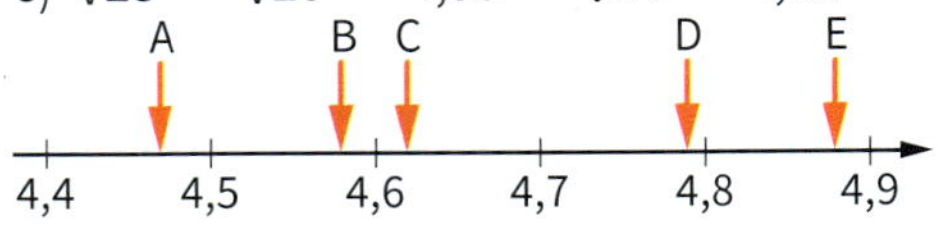

8 Ordne die Zahlen der Größe nach. Beginne mit der kleinsten Zahl.
a) 6,15; 6,05; 6,25; $\sqrt{37}$; $\sqrt{39}$
b) 11,21; 11,12; 11,22; $\sqrt{127}$; $\sqrt{123}$

Alle reellen Zahlen können der Größe nach geordnet und an der Zahlengeraden dargestellt werden.

Von den natürlichen zu den reellen Zahlen

Video
WES-152460-015

Lies den Text in der rechten Spalte. Bearbeite dann die Aufgaben 1 bis 4.

1 Gib für jede Zahl an, zu welchen Zahlenmengen sie gehört.

$\sqrt{169}$ $\sqrt[3]{512}$ $\sqrt{101}$ $\sqrt[3]{200}$

23 -87 $-0,\overline{8}$ $0,\overline{297}$

$\sqrt{\frac{9}{25}}$ $-\frac{2}{7}$ $\frac{3}{11}$ $\sqrt[3]{\frac{8}{27}}$ $\frac{\sqrt{3}}{2}$

$\sqrt{2\,709}$ $-\sqrt{1\,156}$ $-\sqrt[3]{1\,041}$

2 a) Welche Zahlen gehören zu den natürlichen Zahlen, welche nicht?

$\sqrt{1\,369}$ -5 $\sqrt[3]{2\,197}$ $-\sqrt{2\,916}$

103 $\sqrt{38,44}$ $\frac{36}{4}$ $\sqrt[3]{5,832}$

b) Welche Zahlen gehören zu den rationalen Zahlen, welche nicht?

$5,\overline{6}$ $7,251$ $\sqrt{22,09}$ $-\frac{3}{5}$

$\sqrt{15,01}$ $-3,\overline{2}$ $\sqrt[3]{9,261}$ $\frac{3}{\sqrt{2}}$

3 Bestimme

a) eine rationale Zahl, die keine ganze Zahl ist.

b) eine reelle Zahl, die keine rationale Zahl ist.

c) eine negative irrationale Zahl.

d) eine negative rationale Zahl, die keine ganze Zahl ist.

e) eine negative reelle Zahl, die keine irrationale Zahl ist.

f) eine Quadratwurzel, die eine rationale, aber keine ganze Zahl ist.

4 Entscheide, ob die Aussage wahr oder falsch ist.

a) Alle Brüche sind rationale Zahlen.

b) Alle rationalen Zahlen sind reelle Zahlen.

c) Alle negativen Zahlen sind irrationale Zahlen.

d) Alle irrationalen Zahlen sind negative Zahlen.

e) Alle positiven Zahlen sind natürliche Zahlen.

f) Einige Brüche sind irrationale Zahlen.

g) Einige irrationale Zahlen sind positive Zahlen.

Grundlage unseres Zahlensystems sind die **natürlichen Zahlen.**
$\mathbb{N} = \{0, 1, 2, 3, 4, 5, \dots\}$
Wir benutzen sie zum Zählen.

Wenn du natürliche Zahlen addierst oder multiplizierst, ist das Ergebnis wieder eine natürliche Zahl.
Aber viele Subtraktionsaufgaben, z. B. $7 - 12$, kannst du mithilfe der natürlichen Zahlen nicht lösen. Deshalb wird der Bereich der Zahlen zur Menge $\mathbb{Z}$ der **ganzen Zahlen** erweitert.
$\mathbb{Z} = \{\dots, -3, -2, -1, 0, 1, 2, 3, \dots\}$

Aber auch im Bereich der ganzen Zahlen sind nicht alle Grundrechenarten durchführbar. Die Divisionsaufgaben $2:5$ oder $-6:4$ kannst du auch mithilfe der ganzen Zahlen nicht lösen.
Also wird der Bereich der Zahlen zur Menge $\mathbb{Q}$ der **rationalen Zahlen** erweitert. Die Menge $\mathbb{Q}$ besteht aus allen endlichen oder periodischen Dezimalbrüchen. Alle rationalen Zahlen können als Bruch dargestellt werden. Dabei steht im Zähler eine ganze Zahl und im Nenner eine natürliche Zahl außer null, z. B. $\frac{1}{5}$, $\frac{2}{3}$ oder $\frac{-1}{2}$.

Viele Quadratwurzeln und dritte Wurzeln, z. B. $\sqrt{2}$ oder $\sqrt[3]{5}$, sind keine endlichen oder periodischen Dezimalbrüche. Sie sind irrationale Zahlen. Die rationalen und die irrationalen Zahlen bilden zusammen die Menge $\mathbb{R}$ der **reellen Zahlen.**

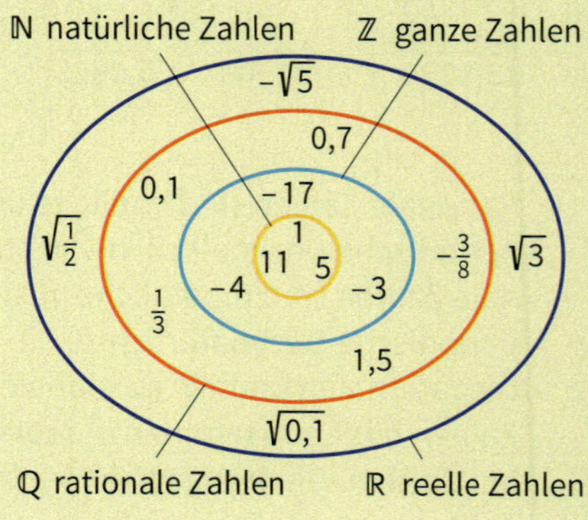

Rechnen mit Quadratwurzeln

1 Berechne und vergleiche die Ergebnisse. Was stellst du fest?

a) $\sqrt{16}+\sqrt{9}$ und $\sqrt{16+9}$

b) $\sqrt{36}+\sqrt{64}$ und $\sqrt{36+64}$

c) $\sqrt{169}-\sqrt{25}$ und $\sqrt{169-25}$

d) $\sqrt{289}-\sqrt{64}$ und $\sqrt{289-64}$

e) $\sqrt{16}\cdot\sqrt{9}$ und $\sqrt{16\cdot 9}$

f) $\sqrt{81}\cdot\sqrt{4}$ und $\sqrt{81\cdot 4}$

g) $\sqrt{100}:\sqrt{4}$ und $\sqrt{100:4}$

h) $\sqrt{225}:\sqrt{9}$ und $\sqrt{225:9}$

Für zwei verschiedene positive reelle Zahlen a und b gilt:

$\sqrt{a}+\sqrt{b}\neq\sqrt{a+b}$

$\sqrt{a}-\sqrt{b}\neq\sqrt{a-b}$

Für alle positiven reellen Zahlen a und b gilt:

$\sqrt{a}\cdot\sqrt{b}=\sqrt{a\cdot b}$

$\sqrt{a}:\sqrt{b}=\sqrt{a:b}$

2 Welche Fehler hat Fabian gemacht?

① $\sqrt{16}+\sqrt{9}=\sqrt{25}=5$

② $\sqrt{100}-\sqrt{36}=\sqrt{64}=8$

③ $\sqrt{16}\cdot\sqrt{4}=\sqrt{64}=8$

④ $\sqrt{81}:\sqrt{9}=\sqrt{9}=3$

⑤ $\sqrt{2}+\sqrt{2}=\sqrt{4}=2$

⑥ $\sqrt{4}+\sqrt{4}=\sqrt{8}=4$

⑦ $\sqrt{25}-\sqrt{25}=\sqrt{0}=0$

3 Berechne die Produkte, indem du die beiden Wurzeln zu einer Wurzel zusammenfasst.

$\sqrt{2}\cdot\sqrt{50}=\sqrt{2\cdot 50}=\sqrt{100}=10$

a) $\sqrt{2}\cdot\sqrt{32}$, $\sqrt{2}\cdot\sqrt{72}$, $\sqrt{18}\cdot\sqrt{2}$

b) $\sqrt{3}\cdot\sqrt{27}$, $\sqrt{48}\cdot\sqrt{3}$, $\sqrt{5}\cdot\sqrt{80}$

c) $\sqrt{6}\cdot\sqrt{54}$, $\sqrt{6}\cdot\sqrt{150}$, $\sqrt{320}\cdot\sqrt{5}$

d) $\sqrt{10}\cdot\sqrt{5}\cdot\sqrt{2}$, $\sqrt{6}\cdot\sqrt{8}\cdot\sqrt{12}$, $\sqrt{15}\cdot\sqrt{20}\cdot\sqrt{3}$

e) $\sqrt{5}\cdot\sqrt{2}\cdot\sqrt{2{,}5}$, $\sqrt{4{,}5}\cdot\sqrt{6}\cdot\sqrt{3}$, $\sqrt{7{,}5}\cdot\sqrt{2{,}5}\cdot\sqrt{3}$

4 Berechne die Quotienten, indem du die beiden Wurzeln zu einer Wurzel zusammenfasst.

$\sqrt{80}:\sqrt{5}=\sqrt{80:5}=\sqrt{16}=4$

a) $\sqrt{162}:\sqrt{2}$, $\sqrt{98}:\sqrt{2}$, $\sqrt{242}:\sqrt{2}$

b) $\sqrt{300}:\sqrt{3}$, $\sqrt{192}:\sqrt{3}$, $\sqrt{150}:\sqrt{6}$

c) $\sqrt{108}:\sqrt{3}$, $\sqrt{405}:\sqrt{5}$, $\sqrt{275}:\sqrt{11}$

5 Berechne die Quadratwurzel.

$\sqrt{3\,600}=\sqrt{36\cdot 100}=\sqrt{36}\cdot\sqrt{100}=6\cdot 10=60$

$\sqrt{90\,000}=\sqrt{9\cdot 10\,000}=\sqrt{9}\cdot\sqrt{10\,000}=9\cdot 100=900$

a) $\sqrt{4\,900}$, $\sqrt{8\,100}$, $\sqrt{6\,400}$

b) $\sqrt{14\,400}$, $\sqrt{12\,100}$, $\sqrt{19\,600}$

c) $\sqrt{90\,000}$, $\sqrt{40\,000}$, $\sqrt{250\,000}$

d) $\sqrt{4\,000\,000}$, $\sqrt{81\,000\,000}$, $\sqrt{225\,000\,000}$

e) $\sqrt{100\,000\,000}$, $\sqrt{400\,000\,000}$, $\sqrt{1\,600\,000\,000}$

6 Berechne die Quadratwurzel.

$\sqrt{0{,}64}=\sqrt{\frac{64}{100}}=\frac{\sqrt{64}}{\sqrt{100}}=\frac{8}{10}=0{,}8$

$\sqrt{0{,}0009}=\sqrt{\frac{9}{10\,000}}=\frac{\sqrt{9}}{\sqrt{10\,000}}=\frac{3}{100}=0{,}03$

a) $\sqrt{0{,}49}$, $\sqrt{0{,}36}$

b) $\sqrt{0{,}81}$, $\sqrt{0{,}25}$

c) $\sqrt{1{,}21}$, $\sqrt{1{,}69}$

d) $\sqrt{0{,}0016}$, $\sqrt{0{,}0009}$

e) $\sqrt{0{,}000001}$, $\sqrt{0{,}0000004}$

Rechnen mit Quadratwurzeln

7 Ziehe die Wurzel aus den Brüchen.

$\sqrt{\frac{1}{16}} = \frac{\sqrt{1}}{\sqrt{16}} = \frac{1}{4}$ $\qquad$ $\sqrt{\frac{9}{25}} = \frac{\sqrt{9}}{\sqrt{25}} = \frac{3}{5}$

a) $\sqrt{\frac{4}{9}}$ $\quad$ b) $\sqrt{\frac{81}{100}}$ $\quad$ c) $\sqrt{\frac{144}{289}}$ $\quad$ d) $\sqrt{\frac{361}{400}}$

$\sqrt{\frac{16}{49}}$ $\quad$ $\sqrt{\frac{121}{225}}$ $\quad$ $\sqrt{\frac{169}{625}}$ $\quad$ $\sqrt{\frac{400}{529}}$

8 Multipliziere wie im Beispiel die Klammern aus und vereinfache den Term.

$\sqrt{3}\left(\sqrt{12} + \sqrt{27}\right)$
$= \sqrt{3} \cdot \sqrt{12} + \sqrt{3} \cdot \sqrt{27}$
$= \sqrt{36} + \sqrt{81}$
$= 6 + 9$
$= 15$

a) $\sqrt{5}\left(\sqrt{5} + \sqrt{20}\right)$
$\sqrt{8}\left(\sqrt{18} + \sqrt{2}\right)$

b) $\sqrt{2}\left(\sqrt{32} - \sqrt{8}\right)$
$\sqrt{3}\left(\sqrt{27} - \sqrt{3}\right)$

c) $\sqrt{6}\left(\sqrt{54} - \sqrt{24}\right)$
$\sqrt{5}\left(\sqrt{180} - \sqrt{80}\right)$

d) $\sqrt{20}\left(\sqrt{125} + \sqrt{5}\right)$
$\sqrt{2}\left(\sqrt{392} - \sqrt{128}\right)$

9 Berechne wie im Beispiel.

$\sqrt{\frac{9}{2}} \cdot \sqrt{\frac{1}{8}} = \sqrt{\frac{9}{2} \cdot \frac{1}{8}} = \sqrt{\frac{9}{16}} = \frac{3}{4}$

a) $\sqrt{\frac{4}{27}} \cdot \sqrt{\frac{1}{3}}$ $\quad$ b) $\sqrt{\frac{20}{3}} \cdot \sqrt{\frac{5}{12}}$ $\quad$ c) $\sqrt{\frac{3}{7}} : \sqrt{\frac{7}{12}}$

$\sqrt{\frac{1}{2}} \cdot \sqrt{\frac{25}{32}}$ $\quad$ $\sqrt{\frac{7}{48}} \cdot \sqrt{\frac{28}{3}}$ $\quad$ $\sqrt{\frac{3}{4}} : \sqrt{\frac{16}{27}}$

10 Beim Addieren und Subtrahieren kannst du gleiche Wurzeln zusammenfassen. Vereinfache die Terme.

$5\sqrt{2} + 3\sqrt{2} = 8\sqrt{2}$ $\qquad$ $9\sqrt{3} - 7\sqrt{3} = 2\sqrt{3}$

a) $2\sqrt{5} + 7\sqrt{5}$
$9\sqrt{7} - 2\sqrt{7}$

b) $5\sqrt{11} - 2\sqrt{11}$
$2\sqrt{13} + 8\sqrt{13}$

c) $7\sqrt{15} + 9\sqrt{17} + 2\sqrt{15} - 5\sqrt{17}$
$8\sqrt{23} + 7\sqrt{29} - 5\sqrt{23} - 2\sqrt{29}$

11 Fasse gleiche Wurzeln zusammen. ($a, b, p, q \geq 0$)

$5\sqrt{a} + 7\sqrt{b} + 2\sqrt{a} - 3\sqrt{b} = 7\sqrt{a} + 4\sqrt{b}$

a) $9\sqrt{a} + 7\sqrt{a}$
$8\sqrt{b} - 2\sqrt{b}$

b) $19\sqrt{p} - 11\sqrt{p}$
$12\sqrt{q} + 15\sqrt{q}$

c) $17\sqrt{a} + 6\sqrt{b} - 5\sqrt{a} + 4\sqrt{b}$
$11\sqrt{p} + 9\sqrt{q} - 8\sqrt{p} - 4\sqrt{q}$

12 Schreibe den Radikanden als Produkt und ziehe die Wurzel teilweise.

$\sqrt{242} = \sqrt{121 \cdot 2} = \sqrt{121} \cdot \sqrt{2} = 11\sqrt{2}$
$\sqrt{700} = \sqrt{100 \cdot 7} = \sqrt{100} \cdot \sqrt{7} = 10\sqrt{7}$

a) $\sqrt{200}$, $\sqrt{50}$, $\sqrt{32}$ $\quad$ b) $\sqrt{300}$, $\sqrt{48}$, $\sqrt{75}$

c) $\sqrt{45}$, $\sqrt{80}$, $\sqrt{180}$ $\quad$ d) $\sqrt{63}$, $\sqrt{175}$, $\sqrt{99}$

13 Ziehe die Wurzel teilweise und fasse dann zusammen.

$\sqrt{50} + \sqrt{162}$
$= \sqrt{25 \cdot 2} + \sqrt{81 \cdot 2}$
$= 5\sqrt{2} + 9\sqrt{2}$
$= 14\sqrt{2}$

a) $\sqrt{24} + \sqrt{54}$
$\sqrt{50} + \sqrt{18}$

b) $\sqrt{48} - \sqrt{27}$
$\sqrt{300} - \sqrt{75}$

c) $\sqrt{125} + \sqrt{20}$
$\sqrt{180} - \sqrt{80}$

d) $\sqrt{200} - \sqrt{8} - \sqrt{98}$
$\sqrt{700} - \sqrt{28} - \sqrt{63}$

14 Ziehe die Wurzel teilweise.

$\sqrt{3} \cdot \sqrt{15} = \sqrt{45} = \sqrt{9 \cdot 5} = 3 \cdot \sqrt{5}$

a) $\sqrt{6} \cdot \sqrt{3}$
$\sqrt{8} \cdot \sqrt{10}$

b) $\sqrt{2} \cdot \sqrt{14}$
$\sqrt{21} \cdot \sqrt{7}$

c) $\sqrt{5} \cdot \sqrt{55}$
$\sqrt{12} \cdot \sqrt{24}$

15 Ziehe die Wurzeln teilweise wie in den Beispielen. ($a, b, c, x, y \geq 0$)

$\sqrt{25\,b} = 5\sqrt{b}$ $\qquad$ $\sqrt{49\,a^2 b} = 7\,a\sqrt{b}$

a) $\sqrt{49\,a}$
$\sqrt{121\,c}$

b) $\sqrt{4\,a\,b}$
$\sqrt{36\,x\,y}$

c) $\sqrt{9\,a^2 b}$
$\sqrt{16\,x\,y^2}$

16 Forme den Term so um, dass eine rationale Zahl im Nenner steht. ($a, b > 0$)

$\frac{4}{\sqrt{7}} = \frac{4 \cdot \sqrt{7}}{\sqrt{7} \cdot \sqrt{7}} = \frac{4 \cdot \sqrt{7}}{7} = \frac{4}{7}\sqrt{7}$

a) $\frac{2}{\sqrt{5}}$, $\frac{4}{\sqrt{3}}$ $\quad$ b) $\frac{1}{\sqrt{2}}$, $\frac{1}{\sqrt{5}}$ $\quad$ c) $\frac{7}{\sqrt{3}}$, $\frac{5}{\sqrt{8}}$ $\quad$ d) $\frac{5}{2\sqrt{3}}$, $\frac{2}{3\sqrt{5}}$

e) $\frac{a}{\sqrt{3}}$, $\frac{b}{\sqrt{7}}$ $\quad$ f) $\frac{a\,b}{\sqrt{2}}$, $\frac{2\,b}{\sqrt{8}}$ $\quad$ g) $\frac{a}{3\sqrt{2}}$, $\frac{4\,a}{3\sqrt{2}}$ $\quad$ h) $\frac{a}{\sqrt{b}}$, $\frac{3\,b}{\sqrt{a}}$

WISSEN KOMPAKT

$\sqrt{a}$ ist die nichtnegative Zahl b, die beim Quadrieren a ergibt. Die Zahl b heißt **Quadratwurzel** aus a. Die Zahl a heißt **Radikand**. Aus einer negativen Zahl können wir keine Wurzel ziehen.	$\sqrt{36} = 6$, denn $6^2 = 36$ $\sqrt{121} = 11$, denn $11^2 = 121$ $\sqrt{0} = 0$, denn $0^2 = 0$

$\sqrt[3]{a}$ ist die nichtnegative Zahl b, die als dritte Potenz a ergibt. Die Zahl b heißt **Kubikwurzel (dritte Wurzel)** aus a.	$\sqrt[3]{64} = 4$, denn $4^3 = 64$ $\sqrt[3]{512} = 8$, denn $8^3 = 512$

Die meisten Quadratwurzeln und Kubikwurzeln sind Zahlen, die nicht als endliche oder periodische Dezimalbrüche geschrieben werden können. Solche Zahlen heißen **irrationale Zahlen.**	$\sqrt{2} = 1{,}41421356\ldots$ $\sqrt{6} = 2{,}44948974\ldots$ $\sqrt[3]{7} = 1{,}91293118\ldots$

Die rationalen und die irrationalen Zahlen bilden zusammen die **reellen Zahlen.** Die Menge aller reellen Zahlen wird mit $\mathbb{R}$ bezeichnet.

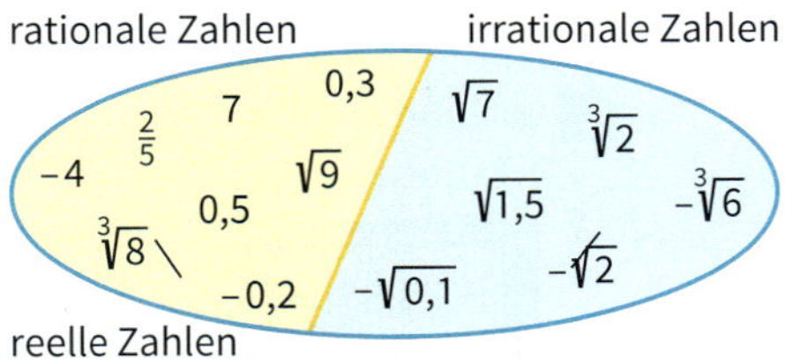

Die reellen Zahlen können der Größe nach geordnet und an der Zahlengeraden dargestellt werden.

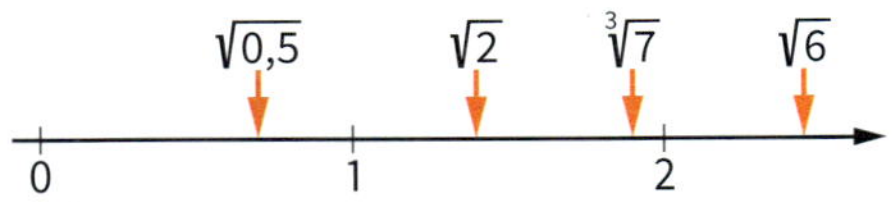

Mit einer **Intervallschachtelung** können schrittweise beliebig viele Nachkommastellen einer irrationalen Zahl bestimmt werden.

$\sqrt{3}$ liegt im Intervall [1,7; 1,8],
denn $1{,}7^2 = 2{,}89 < 3$
und $1{,}8^2 = 3{,}24 > 3$.

$\sqrt{3}$ liegt im Intervall [1,73; 1,74],
denn $1{,}73^2 = 2{,}9929 < 3$
und $1{,}74^2 = 3{,}0276 > 3$.

$\sqrt{3}$ liegt im Intervall [1,732; 1,733],
denn $1{,}732^2 = 2{,}999824 < 3$
und $1{,}733^2 = 3{,}003289 > 3$.

$\sqrt{3} = 1{,}732\ldots$

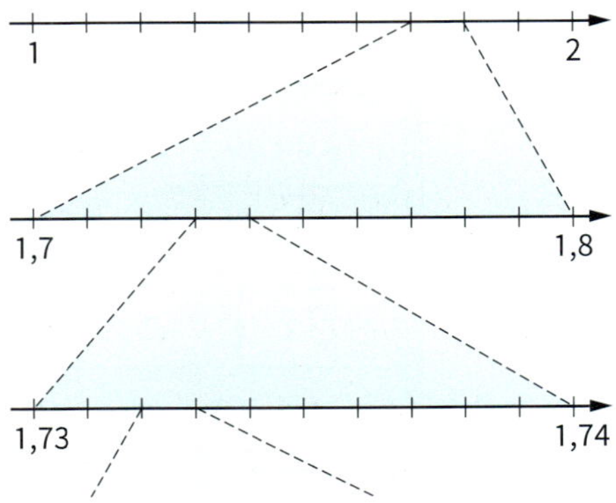

Für alle positiven reellen Zahlen a und b gilt:

$\sqrt{a} \cdot \sqrt{b} = \sqrt{a \cdot b}$	$\sqrt{4} \cdot \sqrt{9} = 2 \cdot 3 = 6$	$\sqrt{4 \cdot 9} = \sqrt{36} = 6$
$\sqrt{a} : \sqrt{b} = \sqrt{a : b}$	$\sqrt{64} : \sqrt{4} = 8 : 2 = 4$	$\sqrt{64 : 4} = \sqrt{16} = 4$

ÜBEN

1 Bestimme die Wurzel im Kopf.

a) $\sqrt{10\,000}$; $\sqrt{14\,400}$; $\sqrt{12\,100}$
b) $\sqrt{22\,500}$; $\sqrt{62\,500}$; $\sqrt{16\,900}$
c) $\sqrt{7{,}29}$; $\sqrt{4{,}84}$; $\sqrt{5{,}76}$

d) $\sqrt{160\,000}$; $\sqrt{490\,000}$; $\sqrt{22\,500}$
e) $\sqrt{0{,}0064}$; $\sqrt{0{,}0049}$; $\sqrt{0{,}0144}$
f) $\sqrt[3]{0{,}064}$; $\sqrt[3]{0{,}729}$; $\sqrt[3]{3{,}375}$

g) $\sqrt{81\,000\,000}$; $\sqrt{900\,000\,000}$; $\sqrt{1\,000\,000\,000\,000}$
h) $\sqrt[3]{27\,000\,000}$; $\sqrt[3]{125\,000\,000}$; $\sqrt[3]{8\,000\,000\,000}$

2 a) Gib zwei irrationale Quadratwurzeln an, deren Produkt (Quotient) eine rationale Zahl ist.
Es gibt mehrere Möglichkeiten.
b) Gib drei irrationale Quadratwurzeln an, deren Produkt eine rationale Zahl ist.

3 Welche Zahlen sind rational, welche irrational?

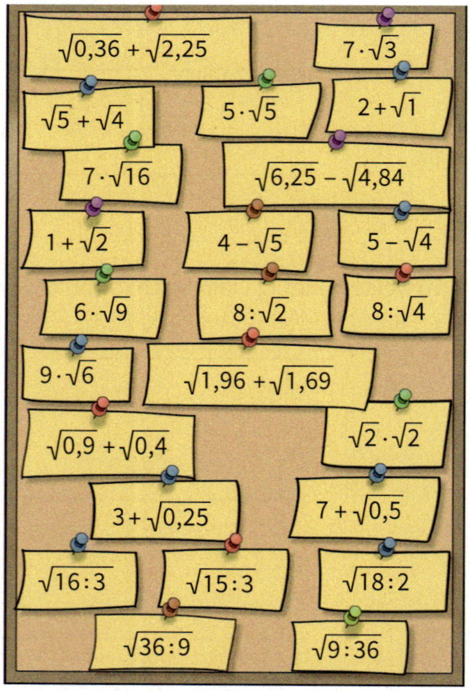

4 Gib die beiden aufeinanderfolgenden natürlichen Zahlen an, zwischen denen die Wurzel liegt.

a) $\sqrt{78}$; $\sqrt{67}$
b) $\sqrt{57}$; $\sqrt{92}$
c) $\sqrt{134}$; $\sqrt{153}$
d) $\sqrt[3]{50}$; $\sqrt[3]{70}$

5 Ordne die Zahlen der Größe nach. Verwende das <-Zeichen.

a) 4,8; $\sqrt{24}$; 4,9; $\sqrt{23}$; 4,7; $\sqrt{22}$
b) 3,2; $\sqrt{11}$; 3,6; $\sqrt{13}$; 3,65; $\sqrt{10}$
c) 7,22; $\sqrt{52}$; 7,28; $\sqrt{51}$; 7,14; $\sqrt{53}$
d) 1,8; $\sqrt[3]{7}$; 1,9; $\sqrt[3]{5}$; 1,7; $\sqrt[3]{6}$

6 Berechne.

a) $\sqrt{11} \cdot \sqrt{44}$; $\sqrt{13} \cdot \sqrt{52}$; $\sqrt{12} \cdot \sqrt{27}$
b) $\sqrt{162} : \sqrt{2}$; $\sqrt{192} : \sqrt{3}$; $\sqrt{150} : \sqrt{6}$

c) $\sqrt{60{,}5} \cdot \sqrt{8}$; $\sqrt{31{,}5} \cdot \sqrt{14}$; $\sqrt{21{,}6} \cdot \sqrt{15}$
d) $\sqrt{1{,}08} : \sqrt{3}$; $\sqrt{4{,}9} : \sqrt{10}$; $\sqrt{2{,}75} : \sqrt{11}$

e) $(\sqrt{180} + \sqrt{80} + \sqrt{20}) \cdot \sqrt{5}$
$(\sqrt{200} - \sqrt{72} - \sqrt{18}) \cdot \sqrt{2}$
$(\sqrt{300} - \sqrt{75} + \sqrt{192}) \cdot \sqrt{3}$

7 Fasse gleiche Quadratwurzeln zusammen. $(x, y \geq 0)$

a) $10\sqrt{6} + 5\sqrt{6}$; $9\sqrt{7} - 4\sqrt{7}$; $2\sqrt{3} + 9\sqrt{3}$
b) $\sqrt{5} + 11\sqrt{5}$; $7\sqrt{2} - 3\sqrt{2}$; $8\sqrt{11} - \sqrt{11}$

c) $13\sqrt{7} + 5\sqrt{5} - 3\sqrt{5} - 2\sqrt{7} + 11\sqrt{5}$
$\sqrt{19} + \sqrt{8} + 7\sqrt{19} - 2\sqrt{8} + 6\sqrt{19}$
$12\sqrt{6} + 5\sqrt{2} - 9\sqrt{6} + 2\sqrt{6} - 3\sqrt{2}$

d) $15\sqrt{x} + 8\sqrt{y} - 19\sqrt{x} - 7\sqrt{y}$
$8\sqrt{x} - 2\sqrt{y} + 12\sqrt{x} - 4\sqrt{y}$
$14\sqrt{x} + 6\sqrt{y} - 12\sqrt{x} + 14\sqrt{y}$

8 Ziehe die Wurzeln teilweise. $(p, q, r \geq 0)$

a) $\sqrt{32}$; $\sqrt{52}$; $\sqrt{44}$
b) $\sqrt{700}$; $\sqrt{500}$; $\sqrt{800}$
c) $\sqrt{98}$; $\sqrt{108}$; $\sqrt{192}$
d) $\sqrt{81\,p}$; $\sqrt{36\,q}$; $\sqrt{49\,r}$

9 Ziehe die Wurzel teilweise und fasse dann zusammen.

a) $\sqrt{200} + \sqrt{242}$; $\sqrt{27} + \sqrt{147}$; $\sqrt{180} - \sqrt{45}$
b) $\sqrt{288} - \sqrt{50} - \sqrt{8}$; $\sqrt{700} - \sqrt{28} + \sqrt{252}$; $\sqrt{75} - \sqrt{12} + \sqrt{507}$

10 Forme den Term so um, dass eine rationale Zahl im Nenner steht. $(r, s \geq 0)$

a) $\frac{2}{\sqrt{6}}$ b) $\frac{1}{\sqrt{8}}$ c) $\frac{r}{\sqrt{2}}$ d) $\frac{s}{\sqrt{11}}$ e) $\frac{rs}{\sqrt{5}}$

ÜBEN: Rechnen mit Näherungswerten

Beim Rechnen mit irrationalen Zahlen musst du häufig Näherungswerte verwenden.

1 Gib für die Quadratwurzeln jeweils einen Näherungswert an. Runde auf drei Stellen nach dem Komma.

> Der Näherungswert für $\sqrt{15}$ ist auf drei Stellen nach dem Komma gerundet.
> $\sqrt{15} = 3{,}872983346\ldots$
> $\sqrt{15} \approx 3{,}873$

a) $\sqrt{141}$, $\sqrt{137}$, $\sqrt{123}$
b) $\sqrt{283}$, $\sqrt{649}$, $\sqrt{397}$
c) $\sqrt{27{,}72}$, $\sqrt{18{,}94}$, $\sqrt{3{,}751}$

> Näherungswert (auf drei Stellen nach dem Komma gerundet):
> $\sqrt{23} \approx 4{,}796$
>
> Bereich für den exakten Wert:
> $4{,}7955 \le \sqrt{23} < 4{,}7965$

2 Die Näherungswerte für die Quadratwurzeln sind auf drei Stellen nach dem Komma gerundet. Zwischen welchen Werten liegt jeweils der exakte Wert?

a) $\sqrt{47} \approx 6{,}856$, $\sqrt{78} \approx 8{,}832$
b) $\sqrt{97} \approx 9{,}849$, $\sqrt{53} \approx 7{,}28$

3 Im Beispiel wird der auf eine Stelle nach dem Komma gerundete Näherungswert für $\sqrt{5} + \sqrt{7}$ berechnet.

Erst runden, dann addieren	Erst addieren, dann runden
$\sqrt{5} \approx 2{,}2$	$\sqrt{5} + \sqrt{7}$
$\sqrt{7} \approx 2{,}6$	$\approx 2{,}236\ldots + 2{,}645\ldots$
$\sqrt{5} + \sqrt{7}$	$= 4{,}881\ldots$
$\approx 2{,}2 + 2{,}6$	$\approx 4{,}9$
$= 4{,}8$	

a) Welches Ergebnis ist genauer?
b) Berechne jeweils den auf eine Stelle nach dem Komma gerundeten Näherungswert auf zwei verschiedene Arten und vergleiche die Ergebnisse.
$\sqrt{60} + \sqrt{51}$ $\qquad$ $\sqrt{85} + \sqrt{57}$

4 Im Beispiel wird der auf eine Stelle nach dem Komma gerundete Näherungswert für $\sqrt{10} \cdot \sqrt{19}$ berechnet.

Erst runden, dann multiplizieren	Erst multiplizieren, dann runden
$\sqrt{10} \approx 3{,}2$	$\sqrt{10} \cdot \sqrt{19}$
$\sqrt{19} \approx 4{,}4$	$\approx 3{,}162\ldots \cdot 4{,}358\ldots$
$\sqrt{10} \cdot \sqrt{19}$	$= 13{,}784\ldots$
$\approx 3{,}2 \cdot 4{,}4$	$\approx 13{,}8$
$\approx 14{,}1$	

a) Was stellst du fest? Welches Ergebnis ist genauer?
b) Berechne jeweils den auf eine Stelle nach dem Komma gerundeten Näherungswert auf zwei verschiedene Arten und vergleiche die Ergebnisse.
$\sqrt{46} \cdot \sqrt{84}$ $\qquad$ $\sqrt{95} \cdot \sqrt{73}$

5 a) Berechne den Wert des Terms $\sqrt{5} \cdot \sqrt{6} \cdot \sqrt{7} \cdot \sqrt{14}$ mit dem Taschenrechner auf zwei verschiedene Arten.

1. Art: Bestimme für $\sqrt{5}$, $\sqrt{6}$, $\sqrt{7}$ und $\sqrt{14}$ auf eine Stelle nach dem Komma gerundete Näherungen. Berechne dann den Wert des Terms mithilfe dieser Näherungen.

2. Art: Berechne den Wert des Terms, ohne zu runden.

b) Bestimme die Differenz der beiden Werte. Um wie viel Prozent übertrifft der größere Wert den kleineren?

Runde erst am Ende der gesamten Rechnung auf zwei Stellen nach dem Komma.

6 Berechne mit dem Taschenrechner.

a) $\sqrt{179} + \sqrt{21} \cdot \sqrt{5} + \sqrt{53} : \sqrt{3}$
$\sqrt{23} \cdot \sqrt{55} + \sqrt{53} \cdot \sqrt{7} - \sqrt{891}$
$\sqrt{251} - \sqrt{62} : \sqrt{29} + \sqrt{39} \cdot \sqrt{11}$

b) $\sqrt{45} : \sqrt{10} - \sqrt{85} \cdot \sqrt{12} - \sqrt{47}$
$\sqrt{106} + \sqrt{123} : \sqrt{34} + \sqrt{19} \cdot \sqrt{61}$
$\sqrt{63} \cdot \sqrt{51} - \sqrt{23} \cdot \sqrt{117} + \sqrt{421}$

ÜBEN: Aufgaben aus der Geometrie

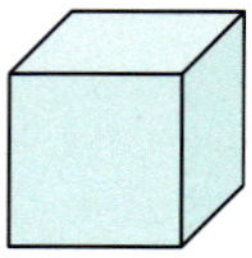

$A_O = 6a^2$

1 Der Oberflächeninhalt eines Würfels beträgt 150 cm^2 (240 000 mm^2; 13,5 dm^2; 7,26 m^2; 365,04 cm^2; 0,1944 m^2). Berechne die Kantenlänge des Würfels.

2 Ein Würfel hat ein Volumen von 64 cm^3 (8 000 cm^3; 1 728 cm^3; 10 941,048 cm^3; 12,167 cm^3; 42,875 cm^3). Bestimme den Oberflächeninhalt des Würfels.

3 Der Flächeninhalt des roten Quadrats beträgt 5,29 cm^2 (342,25 cm^2). Bestimme den Umfang des Rechtecks.

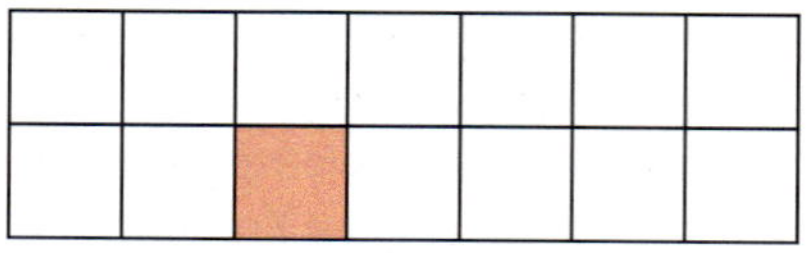

4 a) In jeder Spalte der Tabelle stehen die Maße eines Rechtecks. Bestimme die Seitenlänge des Quadrats, das den gleichen Flächeninhalt wie das Rechteck hat. Gib dabei an, ob die Maßzahl der Seitenlänge eine rationale oder eine irrationale Zahl ist.

Länge	18 cm	16 cm	2,7 m	2,4 m
Breite	8 cm	5 cm	1,2 m	1,5 m

b) Bestimme die Länge und die Breite eines Rechtecks, so dass das flächengleiche Quadrat eine Seitenlänge mit irrationaler (rationaler) Maßzahl hat.

5 a) In jeder Spalte der Tabelle stehen die Maße eines Quaders. Bestimme die Kantenlänge des Würfels, der das gleiche Volumen wie der Quader hat. Gib dabei an, ob die Maßzahl der Kantenlänge eine rationale oder eine irrationale Zahl ist.

Länge	25 cm	12 cm	1,8 m	3,5 m
Breite	5 cm	10 cm	1,6 m	2,5 m
Höhe	8 cm	5 cm	0,6 m	0,8 m

b) Bestimme die Maße eines Quaders, so dass der Würfel mit demselben Volumen eine Kantenlänge mit irrationaler (rationaler) Maßzahl hat.

6 Das abgebildete Rechteck ist in zehn Quadrate unterteilt. Bei drei Quadraten ist der Flächeninhalt angegeben. Bestimme den Flächeninhalt der übrigen Quadrate.

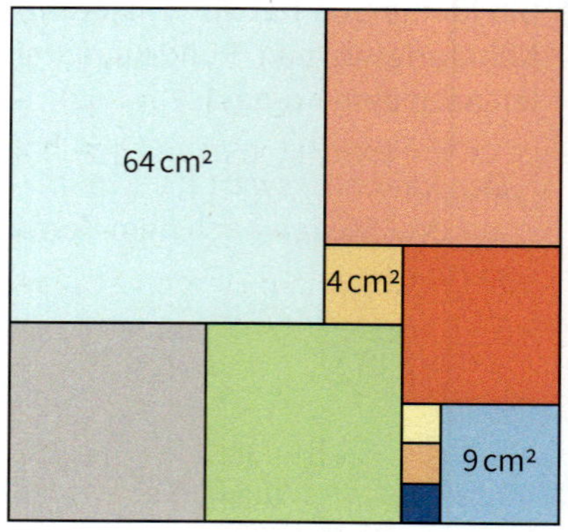

7 Überlege, wie sich die Seitenlänge eines Quadrats verändert, wenn der Flächeninhalt verdoppelt wird. Bestimme dazu die Seitenlängen der einzelnen Quadrate.

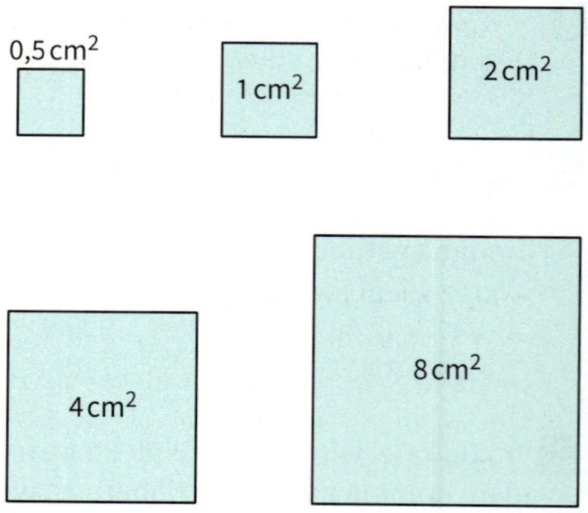

8 Überlege, wie sich die Kantenlänge eines Würfels verändert, wenn das Volumen verdoppelt wird. Bestimme dazu die Kantenlängen der einzelnen Würfel.

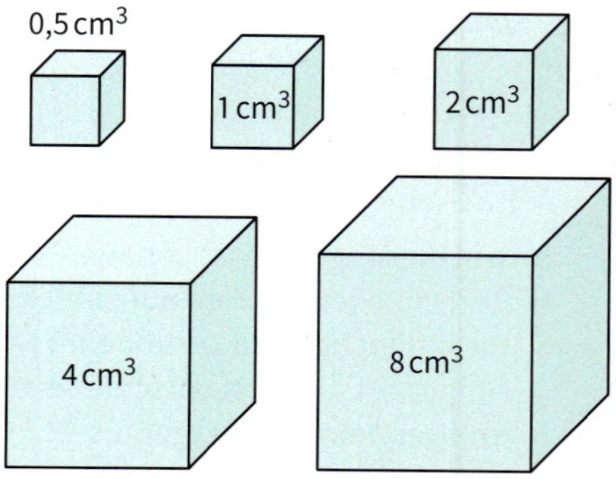

VERTIEFEN: Heron-Verfahren

Bevor es Taschenrechner gab, war es nicht so leicht, gute Näherungswerte für irrationale Quadratwurzeln zu bestimmen.
Die griechischen Mathematiker benutzten vor 2 000 Jahren ein Verfahren, mit dem sie nur durch Anwenden der Addition und Division schnell gute Näherungswerte für Quadratwurzeln berechnen konnten.
Dieses Verfahren ist nach dem Mathematiker und Ingenieur Heron von Alexandrien (um 100 n. Chr.) benannt.

1 Im Beispiel siehst du, wie du mithilfe des Heron-Verfahrens einen Näherungswert für $\sqrt{15}$ berechnen kannst.
Nacheinander werden mehrere Rechtecke bestimmt, die alle den Flächeninhalt 15 cm² haben.
Dabei ist der Unterschied der Seitenlängen beim zweiten Rechteck kleiner als beim ersten, beim dritten noch kleiner als beim zweiten und so weiter, so dass die Gestalt der Rechtecke einem Quadrat immer ähnlicher wird.
Die Seitenlänge des letzten Rechtecks ist dann eine gute Näherung für $\sqrt{15}$.

a) Vergleiche das Ergebnis des Heron-Verfahrens mit dem Wert, den dein Taschenrechner für $\sqrt{15}$ angibt. Beurteile die Genauigkeit des Verfahrens.

b) Verbessere das Ergebnis, indem du den zweiten Schritt zwei Mal wiederholst. Runde die Werte, die dein Taschenrechner anzeigt, nicht. Vergleiche mit dem Ergebnis, das du mit der Wurzeltaste des Taschenrechners erhältst. Was stellst du fest?

c) Berechne Näherungswerte für $\sqrt{24}$ ($\sqrt{56}$, $\sqrt{20}$, $\sqrt{90}$, $\sqrt{30}$) mithilfe des Heron-Verfahrens.

1. Wähle zwei natürliche Zahlen x_1 und y_1 als Seitenlängen für ein Rechteck mit dem Flächeninhalt $A = 15\ \text{cm}^2$.

$x_1 = 3$

$y_1 = 5$

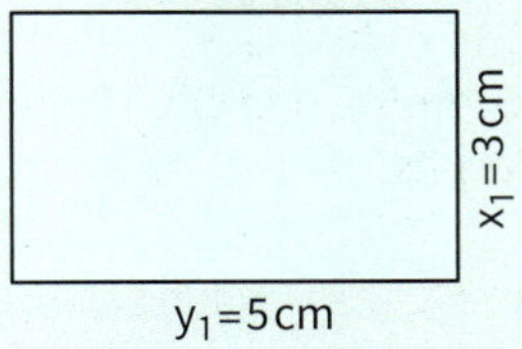

2. Bestimme zwei Zahlen x_2 und y_2 als Seitenlängen für ein zweites Rechteck mit $A = 15\ \text{cm}^2$.
Wähle für x_2 das arithmetische Mittel von x_1 und y_1.
Berechne y_2 mithilfe des Flächeninhalts des Rechtecks.

$x_2 = \frac{3+5}{2} = 4$

$y_2 = \frac{15}{4} = 3{,}75$

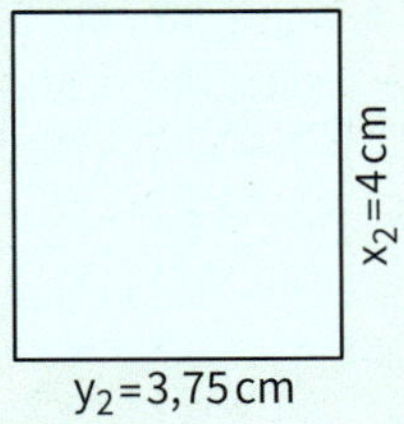

3. Wiederhole den zweiten Schritt.
Wähle für x_3 das arithmetische Mittel von x_2 und y_2.
Berechne y_3 mithilfe des Flächeninhalts des Rechtecks.

$x_3 = \frac{4+3{,}75}{2} = 3{,}875$

$y_3 = \frac{15}{3{,}875} \approx 3{,}871$

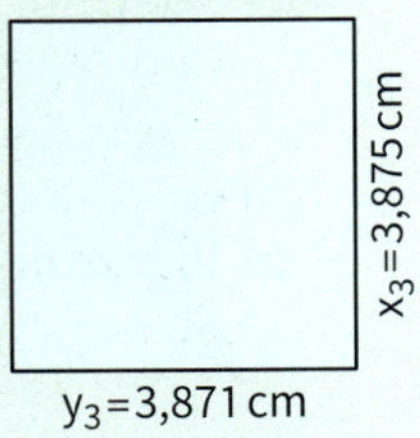

4. Wähle das arithmetische Mittel von x_3 und y_3 als Näherung für $\sqrt{15}$.

$x_4 = \frac{3{,}875+3{,}871}{2} = 3{,}873$

Die Aufgaben kannst du auch in Partnerarbeit bearbeiten. Hinweise dazu findest du auf Seite 203.

VERTIEFEN: Heron-Verfahren

Die Aufgaben kannst du auch in Partnerarbeit bearbeiten. Hinweise dazu findest du auf Seite 203.

2 Leila und Max haben das Heron-Verfahren mithilfe eines Tabellenkalkulationsprogramms durchgeführt.

	A	B	C	D	E
1	**Quadratwurzelberechnung** (Heron-Verfahren)				
2					
3	Wurzel aus	20			
4	x_1 =	5			
5					
6	Schritt	x	y	Mittelwert	Quadrat des Mittelwertes
7	1	5	4	4,50	20,25
8	2	4,50	4,4444444444	4,4722222222	20,0007716049
9	3	4,4722222222	4,4720496894	4,4721359558	20,0000000074
10	4	4,4721359558	4,4721359542	4,4721359550	20,0000000000

	A	B	C	D	E
1	**Quadratwurzelberechnung** (Heron-Verfahren)				
2					
3	Wurzel aus	20			
4	x_1 =	5			
5					
6	Schritt	x	y	Mittelwert	Quadrat des Mittelwertes
7	1	= B4	= B3 / B7	= (B7 + C7) / 2	= D7 * D7
8	2	= D7	= B3 / B8	= (B8 + C8) / 2	= D8 * D8
9	3	= D8	= B3 / B9	= (B9 + C9) / 2	= D9 * D9
10	4	= D9	= B3 / B10	= (B10 + C10) / 2	= D10 * D10

a) Beschreibe, wie Leila und Max vorgegangen sind.
b) Erstelle in einem Tabellenkalkulationsprogramm ein Rechenblatt zur Berechnung von $\sqrt{19}$ mit dem Heron-Verfahren.
c) Bestimme auf diese Weise Näherungswerte für weitere Quadratwurzeln.

3 Die Berechnung eines Näherungswertes für $\sqrt{a}$ mithilfe des Heron-Verfahrens kann in einer Formel zusammengefasst werden.
Dabei sind x_1 und $y_1 = \frac{a}{x_1}$ die Seitenlängen des ersten Rechtecks.

Berechnung von x_2:

$$x_2 = \frac{x_1 + y_1}{2} = \frac{x_1 + \frac{a}{x_1}}{2} = \left(x_1 + \frac{a}{x_1}\right) : 2$$

Berechnung von $x_3, x_4, \ldots$

$$x_3 = \left(x_2 + \frac{a}{x_2}\right) : 2$$

$$x_4 = \left(x_3 + \frac{a}{x_3}\right) : 2$$

…

Erkläre die Bestimmung der Formeln für x_2, x_3 und x_4.
Gib die Formel zur Bestimmung von x_5 und x_6 an.

4 Leila hat die Formel für das Heron-Verfahren verwendet, um mithilfe eines Tabellenkalkulationsprogramms einen Näherungswert für $\sqrt{57}$ zu bestimmen.
Sie hat den Radikanden in Zelle **A2** eingegeben und in Zelle **C2** als ersten Näherungswert $x_1 = 8$.
Die Formel für das Heron-Verfahren hat Leila in Zelle **C3** hinterlegt und mit der Maus in die Zellen darunter übertragen.

Start | Layout | Tabellen | Diagramme | SmartA

C3 =(C2+A2/C2)/2

	A	B	C
1	Radikand	Schritt	Quadratwurzel
2	57	1	8
3		2	7,5625
4		3	7,549845041
5		4	7,549834435
6		5	7,549834435
7			

a) Berechne ebenso einen Näherungswert für $\sqrt{73}$. Überprüfe mit dem Taschenrechner die Genauigkeit des Verfahrens.
b) Berechne Näherungswerte für weitere Quadratwurzeln. Setze dabei $x_1 = 1$.

VERTIEFEN: Wurzelgleichungen

1 a) Welche Zahl hat Pia sich gedacht?

b) Gib die zu dem Zahlenrätsel passende Gleichung an.

2 a) Setze in den Term $\sqrt{9-x}$ nacheinander für x die Zahlen 0, 1, 2, 3, ..., 9 ein.
b) Warum kannst du für x die Zahl 10 nicht einsetzen? Gib weitere reelle Zahlen an, die du für x nicht einsetzen kannst.

Eine Gleichung, bei der die Variable unter einer Wurzel steht, heißt **Wurzelgleichung**.
Alle reellen Zahlen, die für die Variable eingesetzt werden können, so dass der Radikand positiv oder null ist, bilden den Definitionsbereich der Wurzelgleichung.

Gleichung: $\sqrt{x-3}=6$

Definitionsbereich: $D=\{x \in \mathbb{R} \mid x \geq 3\}$
(*lies:* Der Definitionsbereich ist die Menge aller reellen Zahlen, die größer oder gleich 3 sind.)

3 Ordne jeder Wurzelgleichung den passenden Definitionsbereich zu.

A $\sqrt{x-8}=1$

B $\sqrt{8-x}=2$

C $\sqrt{x+8}=3$

① $D=\{x \in \mathbb{R} \mid x \geq -8\}$

② $D=\{x \in \mathbb{R} \mid x \geq 8\}$

③ $D=\{x \in \mathbb{R} \mid x \leq 8\}$

4 Bestimme den Definitionsbereich.

$\sqrt{2x+4}=8$
$2x+4 \geq 0 \quad |-4$
$2x \geq -4 \quad |:2$
$x \geq -2$
$D=\{x \in \mathbb{R} \mid x \geq -2\}$

a) $\sqrt{2x+20}=6$
$\sqrt{4x-16}=0$

b) $\sqrt{15-3x}=3$
$\sqrt{8x+24}=8$

So kannst du die Gleichung $7+\sqrt{2x-6}=9$ lösen:

1. Gib den Definitionsbereich an.
$D=\{x \in \mathbb{R} \mid x \geq 3\}$

2. Forme so um, dass auf einer Seite der Gleichung nur die Wurzel steht.
$7+\sqrt{2x-6}=9 \quad |-7$
$\sqrt{2x-6}=2$

3. Quadriere beide Seiten der Gleichung.
$2x-6=4$

4. Bestimme x.
$2x-6=4 \quad |+6$
$2x=10 \quad |:2$
$x=5$

5. Prüfe, ob das Ergebnis in dem Definitionsbereich enthalten ist.
$5 \in D$

6. Führe die Probe durch.
$7+\sqrt{2\cdot 5-6}=9$
$7+\sqrt{4}=9$
$7+2=9$
$9=9$ wahr!

7. Gib die Lösungsmenge an.
$L=\{5\}$

5 Löse die Gleichung.
a) $2+\sqrt{x-4}=3$
$1+\sqrt{5-x}=4$

b) $23+\sqrt{4x-20}=31$
$32=14+2\sqrt{7x-17}$

Lösungen zu Aufgabe 5:
5, 14, 21, −4

6 Im Beispiel wird die Gleichung $\sqrt{5x+20}=-5$ gelöst.

$\sqrt{5x+20}=-5$ $\qquad D=\{x \in \mathbb{R} \mid x \geq -4\}$

Umformung:
$\sqrt{5x+20}=-5$
$5x+20=25$
$5x=5$
$x=1$
$1 \in D$

Probe:
$\sqrt{5\cdot 1+20}=-5$
$\sqrt{25}=-5$
$5=-5$
falsch!
$L=\{\ \}$

a) Begründe, dass die Probe bei Gleichungen mit Wurzeln unbedingt nötig ist.
b) Gib jeweils die Lösungsmenge an.
$10+\sqrt{9-x}=9 \qquad 5=2-\sqrt{x+5}$

AUSGANGSTEST 1

1 Bestimme die Quadratwurzeln im Kopf.

a) $\sqrt{49}$ $\sqrt{25}$ b) $\sqrt{196}$ $\sqrt{225}$ c) $\sqrt{400}$ $\sqrt{8\,100}$

d) $\sqrt{6\,400}$ $\sqrt{90\,000}$ e) $\sqrt{0{,}25}$ $\sqrt{0{,}0004}$ f) $\sqrt{1{,}69}$ $\sqrt{0{,}0144}$

2 Bestimme die Kubikwurzeln im Kopf.

a) $\sqrt[3]{27}$ $\sqrt[3]{125}$ b) $\sqrt[3]{8\,000}$ $\sqrt[3]{64\,000}$ c) $\sqrt[3]{0{,}008}$ $\sqrt[3]{0{,}001}$

3 Bestimme die Wurzeln im Kopf.

a) $\sqrt{\frac{1}{4}}$ b) $\sqrt{\frac{9}{25}}$ c) $\sqrt{\frac{81}{121}}$

d) $\sqrt{6\frac{1}{4}}$ e) $\sqrt[3]{\frac{1}{216}}$ f) $\sqrt[3]{\frac{8}{27}}$

4 A

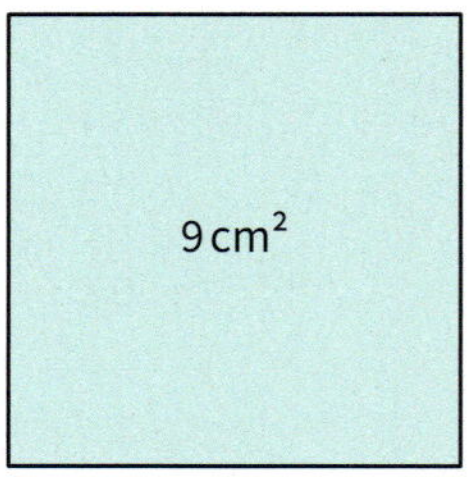

B

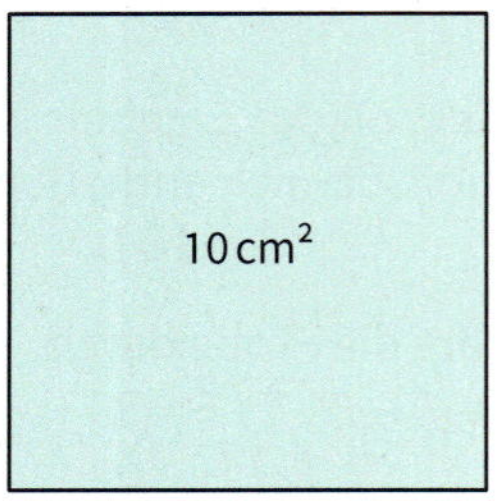

a) Gib die Seitenlänge des Quadrats A an.
b) Warum kannst du die Seitenlänge des Quadrats B nicht sofort angeben?
c) Begründe, dass die Maßzahl für die Seitenlänge des Quadrats B zwischen 3 und 4 liegt.

5 Ein Rechteck ist 20 cm lang und 45 cm breit. Berechne die Seitenlänge des Quadrats, das den gleichen Flächeninhalt wie das Rechteck hat.

6 Der Oberflächeninhalt eines Würfels beträgt 5 400 cm^2. Berechne die Kantenlänge.

7 Gib die beiden aufeinanderfolgenden natürlichen Zahlen an, zwischen denen die Quadratwurzel liegt.

a) $\sqrt{39}$ b) $\sqrt{55}$

8 Gib jeweils an, ob die Wurzel eine rationale oder eine irrationale Zahl ist.

a) $\sqrt{9}$ $\sqrt{11}$ b) $\sqrt{100}$ $\sqrt{120}$ c) $\sqrt{2{,}25}$ $\sqrt{3{,}75}$

9 Fasse zu einer Wurzel zusammen und berechne.

a) $\sqrt{2}\cdot\sqrt{18}$ $\sqrt{3}\cdot\sqrt{27}$ b) $\sqrt{72}:\sqrt{8}$ $\sqrt{147}:\sqrt{3}$ c) $\sqrt{1{,}5}\cdot\sqrt{6}$ $\sqrt{80}\cdot\sqrt{1{,}8}$

10 Fasse zusammen.

a) $7\sqrt{2}+9\sqrt{7}+8\sqrt{2}+5\sqrt{7}$
b) $6\sqrt{5}-9\sqrt{3}-5\sqrt{3}+8\sqrt{5}$

11 Multipliziere die Klammern aus und berechne.

a) $(\sqrt{45}+\sqrt{125})\cdot\sqrt{5}$ $(\sqrt{112}-\sqrt{28}):\sqrt{7}$ b) $(\sqrt{200}-\sqrt{98})\cdot\sqrt{2}$ $(\sqrt{810}+\sqrt{490}):\sqrt{10}$

Ich kann …	Aufgabe	Hilfen und Aufgaben	
einfache Quadratwurzeln im Kopf bestimmen.	1, 3	Seite 59, 60, 68	I
einfache Kubikwurzeln im Kopf bestimmen.	2, 3	Seite 60, 68	
erkennen, ob eine Quadratwurzel eine rationale oder eine irrationale Zahl ist.	4, 8	Seite 62, 63, 68	II
bestimmen, zwischen welchen natürlichen Zahlen eine irrationale Zahl liegt.	4, 7	Seite 63, 68	
mit Quadratwurzeln rechnen.	9, 10, 11	Seite 65, 66, 68	
einfache geometrische Berechnungen durchführen, bei denen Quadratwurzeln auftreten.	5, 6	Seite 70	

AUSGANGSTEST 2

1 Bestimme die Wurzeln im Kopf.

a) $\sqrt{289}$; $\sqrt{729}$ b) $\sqrt{0{,}49}$; $\sqrt{6{,}25}$ c) $\sqrt{0{,}0064}$; $\sqrt{0{,}000121}$ d) $\sqrt[3]{512}$; $\sqrt[3]{27\,000}$

2 In der Zeichnung sind die ersten drei Schritte einer Intervallschachtelung für $\sqrt{5}$ dargestellt.

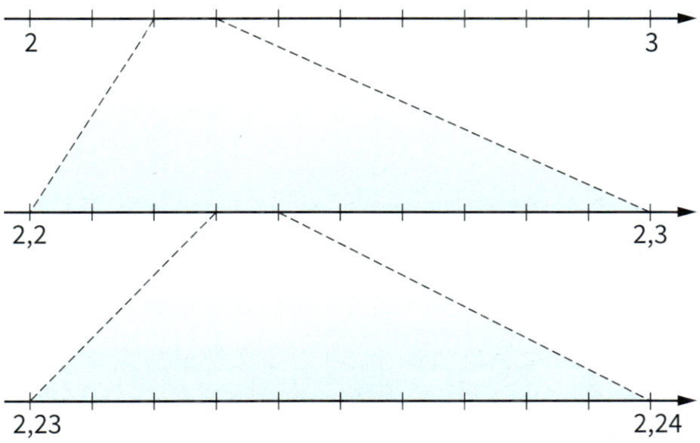

a) Gib das vierte Intervall dieser Intervallschachtelung an.
b) Begründe, dass $\sqrt{5}$ in allen vier Intervallen liegt.

3 Bestimme die natürliche Zahl, deren Quadratwurzel durch die angegebene Intervallschachtelung dargestellt wird.

a) [6; 7]
[6,4; 6,5]
[6,48; 6,49]

b) [8; 9]
[8,4; 8,5]
[8,42; 8,43]

4 Der Taschenrechner gibt für $\sqrt{17}$ den Wert 4,123105626 an. Begründe, dass dieser Wert nicht genau gleich $\sqrt{17}$ sein kann.

5 Welche Zahlen sind rational, welche sind irrational?

$\sqrt{9}$ $\sqrt{8}$ $\sqrt[3]{8}$ $\sqrt{2{,}5}$ $\sqrt{2{,}25}$
$\sqrt{0{,}04}$ $\sqrt{0{,}4}$ $\sqrt[3]{512}$ $\sqrt{1{,}21}$
$\sqrt{\frac{4}{25}}$ $\sqrt{\frac{1}{2}}$ $\sqrt[3]{\frac{1}{27}}$
$2+\sqrt{1}$ $7\cdot\sqrt{7}$ $1+\sqrt{2}$ $2\cdot\sqrt[3]{32}$

6 Entscheide, ob die Aussage wahr oder falsch ist.

a) Jede irrationale Zahl ist eine reelle Zahl.
b) Jede reelle Zahl ist eine irrationale Zahl.
c) Jede negative Zahl ist eine irrationale Zahl.
d) Jeder endliche Dezimalbruch ist eine rationale Zahl.
e) Jede reelle Zahl ist eine rationale oder eine irrationale Zahl.

7 Multipliziere die Klammern aus und berechne.

a) $\sqrt{7}\left(\sqrt{175}-\sqrt{28}\right)$
$\sqrt{3}\left(\sqrt{108}+\sqrt{48}\right)$

b) $\left(\sqrt{162}+\sqrt{72}\right):\sqrt{2}$
$\left(\sqrt{405}-\sqrt{80}\right):\sqrt{5}$

8 Ziehe die Wurzel teilweise.

a) $\sqrt{80}$ b) $\sqrt{162}$ c) $\sqrt{363}$ d) $\sqrt{700}$

9 Forme den Term so um, dass eine rationale Zahl im Nenner steht.

a) $\frac{5}{\sqrt{11}}$ b) $\frac{9}{\sqrt{13}}$ c) $\frac{7}{2\sqrt{17}}$ d) $\frac{6\sqrt{27}}{5\sqrt{3}}$

10 a) Zeichne in das Quadrat ABCD mit der Seitenlänge 4 cm die Diagonale $\overline{AC}$ ein.
b) Gib die Maßzahl der Länge von $\overline{AC}$ als Quadratwurzel an.
c) Bestimme einen Näherungswert für diese Maßzahl.

Ich kann …

Ich kann …	Aufgabe	Hilfen und Aufgaben	
einfache Quadratwurzeln und Kubikwurzeln im Kopf bestimmen.	1	Seite 59, 60, 68	I
das Verfahren der Intervallschachtelung durchführen.	2, 3	Seite 61, 62	
zwischen einer Wurzel und einem Näherungswert für diese Wurzel unterscheiden.	4, 9	Seite 69	
rationale und irrationale Zahlen unterscheiden.	5, 6	Seite 62, 63, 68	II
mit Quadratwurzeln rechnen.	7, 8, 9	Seite 65, 66, 68	III
irrationale Zahlen zeichnerisch darstellen.	10	Seite 69	

4 Quadratische Funktionen und Gleichungen

Müngstener Brücke zwischen Remscheid und Solingen

Bist du fit für dieses Kapitel? Eingangstest auf Seite 174

In diesem Kapitel ...

- *lernst du Graphen und Funktionsterme quadratischer Funktionen kennen.*
- *bestimmst du die Nullstellen quadratischer Funktionen durch Lösen der zugehörigen quadratischen Gleichung.*
- *löst du Sachaufgaben mithilfe quadratischer Funktionen.*

Brücken und Graphen

Golden-Gate Brücke in San Francisco

Mainbrücke bei Bergrheinfeld

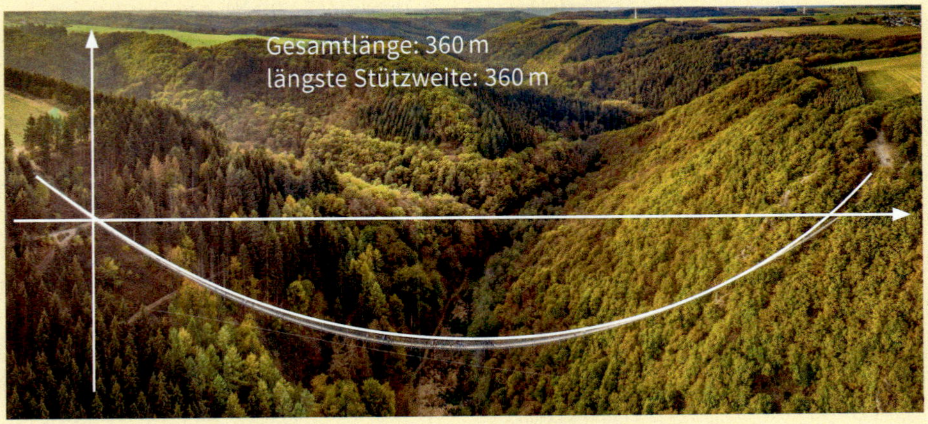

Geierlay Hängebrücke zwischen Mörsdorf und Sosberg

Die Graphen der in den Koordinatensystemen dargestellten Funktionen folgen genau den Bögen der Brücken.

- Beschreibe jeweils den Verlauf der Funktionsgraphen.
- Vergleiche die Funktionsgraphen miteinander. Nenne Gemeinsamkeiten und Unterschiede.

Normalparabel $f(x) = x^2$

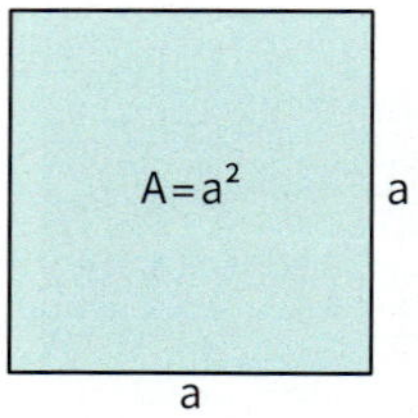

Video
WES-152460-016

1 In der Tabelle wird der Seitenlänge des Quadrats der Flächeninhalt zugeordnet: Seitenlänge → Flächeninhalt.

a) Übertrage die Tabelle in dein Heft und vervollständige sie.

Seitenlänge (cm)	0	0,5	1,0	1,5	2,0
Flächeninhalt (cm^2)	■	■	■	■	■

Seitenlänge (cm)	2,5	3,0	3,5	4,0	4,5
Flächeninhalt (cm^2)	■	■	■	■	■

b) Gib die Zuordnungsvorschrift an.

c) Handelt es sich bei dieser Zuordnung um eine Funktion? Begründe.

2 Die Funktionsgleichung der Funktion f lautet $f(x) = x^2$ oder $y = x^2$.

a) Übertrage die Wertetabelle in dein Heft und vervollständige sie.

x	−4	−3,5	−3	−2,5	−2	−1,5	−1
f(x)	■	■	■	■	■	■	■

x	1	1,5	2	2,5	3	3,5	4
f(x)	■	■	■	■	■	■	■

b) Vergleiche f(4) mit f(−4), f(3,5) mit f(−3,5), f(2,5) mit f(−2,5). Was fällt dir auf?

Funktionswert: $f(4) = 16$

lies: f von 4 gleich 16

3 Der Graph der quadratischen Funktion f mit der Funktionsgleichung $y = x^2$ und dem Definitionsbereich $D = \mathbb{R}$ heißt **Normalparabel**.

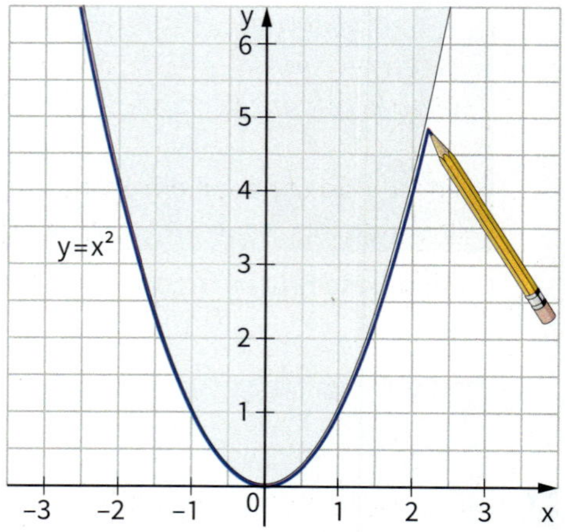

In der Abbildung siehst du, wie mithilfe einer Parabelschablone ein Ausschnitt des Graphen gezeichnet wird. Diese Ausschnitte werden ebenfalls als Funktionsgraphen bezeichnet.

a) Zeichne mithilfe deiner Schablone den Funktionsgraphen in ein Koordinatensystem.

b) Markiere auf dem Graphen die Punkte P(3 | ■), Q(−1 | ■) und R(0 | ■). Spiegele die Punkte an der y-Achse. Was stellst du fest?

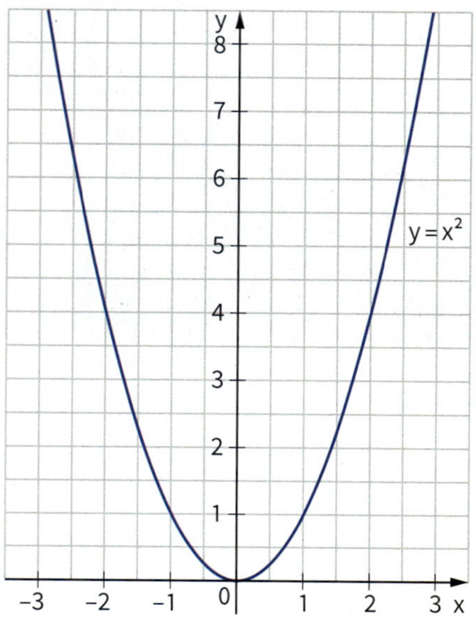

Der Graph der quadratischen Funktion f mit der Funktionsgleichung $y = x^2$ heißt **Normalparabel**.

Die Normalparabel ist **symmetrisch zur y-Achse**.

Der Funktionsgraph und seine Symmetrieachse schneiden sich im Ursprung, dem **Scheitelpunkt** der Normalparabel.

Die Normalparabel ist **nach oben geöffnet**.

Der Definitionsbereich D ist gleich der Menge der reellen Zahlen: $\mathbf{D = \mathbb{R}}$.

Normalparabel $f(x) = x^2$

4 a) Zeichne mithilfe deiner Schablone die Normalparabel in ein Koordinatensystem. Bestimme anhand des Graphen den x-Wert, für den der zugehörige Funktionswert 0 ist.

b) Warum hat die Funktion f mit der Funktionsgleichung $f(x) = x^2$ keine kleineren Funktionswerte als 0?

> Die Funktion f hat an der Stelle x eine Nullstelle, wenn der zugehörige Funktionswert 0 ist.
>
> Für eine Nullstelle x der Funktion f gilt die Gleichung: $f(x) = 0$.

5 a) Übertrage die Wertetabelle der Funktion f mit der Funktionsgleichung $f(x) = x^2$ in dein Heft und vervollständige sie.

x	−0,8	−0,7	−0,6	−0,5	−0,4	−0,3
f(x)	■	■	■	■	■	■

x	−0,2	−0,1	0	0,1	0,2	0,3
f(x)	■	■	■	■	■	■

x	0,4	0,5	0,6	0,7	0,8	0,9
f(x)	■	■	■	■	■	■

b) Zeichne den Graphen wie abgebildet in dein Heft. Wähle für die Achsen die folgende Einteilung:
x-Achse: 1 ≙ 10 cm, y-Achse: 1 ≙ 10 cm.
(Die Einheit entspricht 10 cm.)

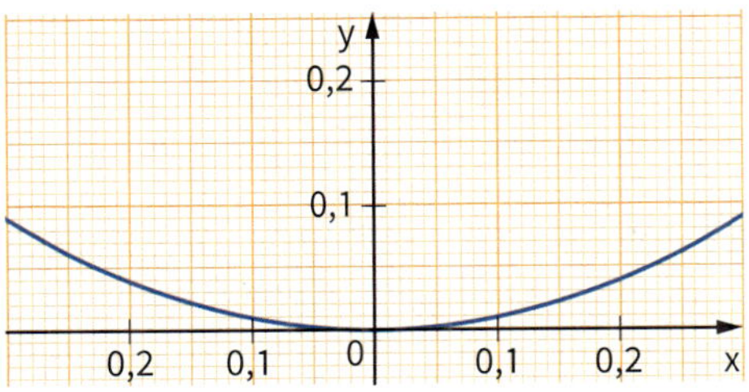

c) Vergleiche f(0,1) mit f(0,2), f(0,2) mit f(0,3), f(0,3) mit f(0,4) und f(0,4) mit f(0,5). Was stellst du fest?

d) Vergleiche ebenso f(−0,1) mit f(−0,2), f(−0,2) mit f(−0,3) und f(−0,3) mit f(−0,4).

6 In dem Koordinatensystem siehst du die Normalparabel. Die x-Werte 0,5 und 1,5 sind eingetragen.

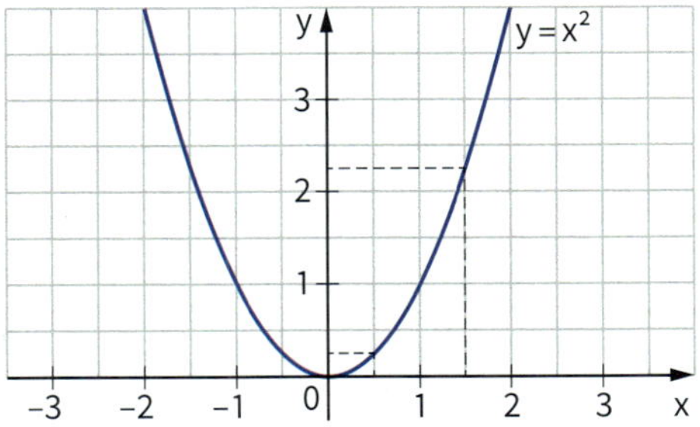

a) Lies die zugehörigen Funktionswerte f(0,5) und f(1,5) ab und vergleiche diese.

b) Wähle rechts vom Scheitelpunkt zwei weitere x-Werte. Bestimme mithilfe des Graphen die zugehörigen Funktionswerte und vergleiche diese. Was fällt dir auf?

c) Wähle links vom Scheitelpunkt zwei x-Werte. Bestimme die zugehörigen Funktionswerte und vergleiche diese.

> Im Scheitelpunkt (0 | 0) der Normalparabel nimmt die Funktion f ihren kleinsten Funktionswert an.
>
> $f(0) = 0$
>
> Der **Wertebereich W** besteht aus allen nichtnegativen reellen Zahlen.
>
> $\mathbf{W} = \mathbb{R}_0^+$
>
> 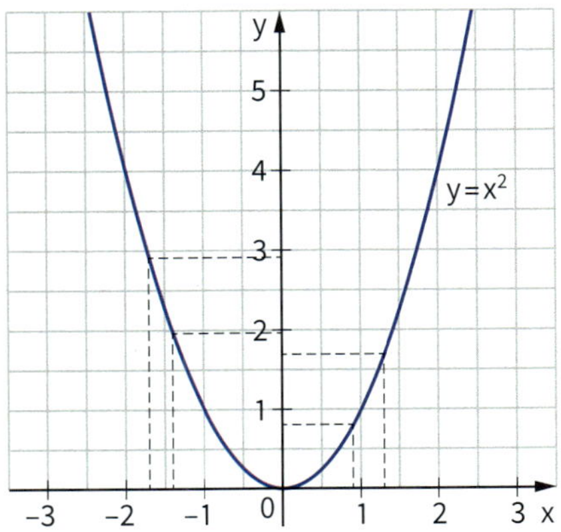
>
>
> $-1{,}7 < -1{,}4$ $\quad$ $0{,}9 < 1{,}3$
>
> $f(-1{,}7) > f(-1{,}4)$ $\quad$ $f(0{,}9) < f(1{,}3)$
>
> Die Normalparabel steigt rechts vom Scheitelpunkt und fällt links vom Scheitelpunkt.

Verschobene Normalparabel $f(x) = x^2 + e$

Video
WES-152460-017

1 Die quadratischen Funktionen f und g haben folgende Funktionsgleichungen: $f(x) = x^2 + 4$; $g(x) = x^2 + 2{,}5$; $D = \mathbb{R}$.

a) Lege für jede Funktion eine Wertetabelle mit x-Werten zwischen –4 und 4 an und trage die Wertepaare als Punkte in ein Koordinatensystem ein. Zeichne dann mithilfe deiner Schablone die Funktionsgraphen.

b) Zeichne in das gleiche Koordinatensystem die Normalparabel. Vergleiche jeweils die Lage der Graphen von f und g mit der Lage der Normalparabel. Was fällt dir auf?

c) Bestimme für jeden Graphen die Symmetrieachse und den Scheitelpunkt.

d) Warum haben die Funktionen f und g keine Nullstellen? Begründe mithilfe der beiden Funktionsgleichungen.

2 Die quadratische Funktion g hat die Funktionsgleichung $y = x^2 - 2{,}25$.

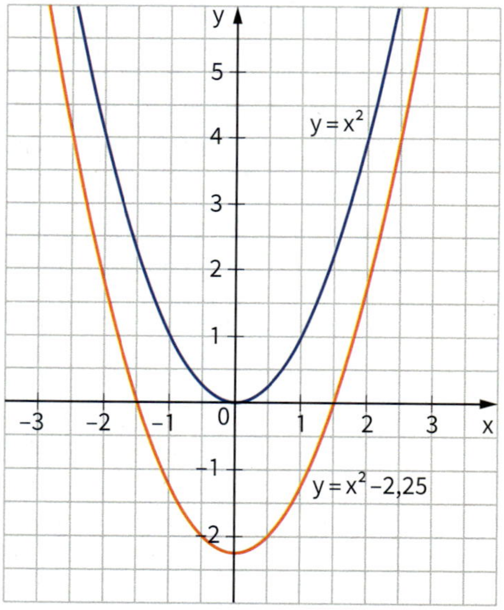

a) Vergleiche die Lage des Graphen von g mit der Normalparabel. Bestimme dazu den Scheitelpunkt von g.

b) Bestimme anhand des Graphen die Nullstellen von g.

c) Zeichne mithilfe deiner Schablone den Graphen der Funktion h mit der Funktionsgleichung $y = x^2 - 1$ in ein Koordinatensystem ($D = \mathbb{R}$). Bestimme anhand des Graphen Scheitelpunkt und Nullstellen von h.

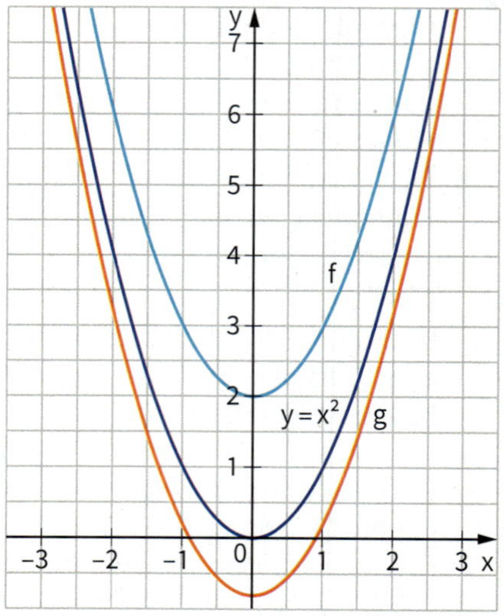

f: $y = x^2 + 2$; $e = 2$ ($e > 0$)
Graph: 2 Einheiten nach oben verschobene Normalparabel
Scheitelpunkt: $S(0|2)$
Nullstellen: –

g: $y = x^2 - 0{,}81$; $e = -0{,}81$ ($e < 0$)
Graph: 0,81 Einheiten nach unten verschobene Normalparabel
Scheitelpunkt: $S(0|-0{,}81)$
Nullstellen: $x_1 = 0{,}9$; $x_2 = -0{,}9$

Der Graph einer quadratischen Funktion mit der Funktionsgleichung $y = x^2 + e$ ist eine in Richtung der y-Achse verschobene Normalparabel.
Der Scheitelpunkt hat die Koordinaten $S(0|e)$.
Wird der Definitionsbereich nicht angegeben, so vereinbaren wir: $D = \mathbb{R}$.

3 Zeichne den Graphen der angegebenen Funktion mithilfe deiner Schablone. Bestimme zunächst den Scheitelpunkt. Ermittle dann anhand des Graphen, an welchen Stellen die Funktion den angegebenen Funktionswert annimmt.

a) $y = x^2 + 3$
Funktionswert 7

b) $y = x^2 + 5$
Funktionswert 6

c) $y = x^2 - 9$
Funktionswert 0

d) $y = x^2 - 5$
Funktionswert –1

Verschobene Normalparabel $f(x) = x^2 + e$

4 a) Die Abbildung zeigt den Graphen der Funktion mit der Funktionsgleichung $f(x) = x^2 - 4$.

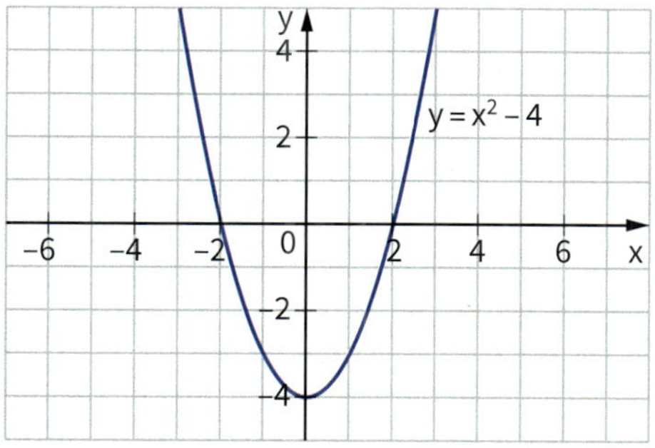

Bestimme anhand des Graphen die Nullstellen. Erläutere, warum die Nullstellen Lösungen der quadratischen Gleichung $x^2 - 4 = 0$ sind.

b) Ermittle grafisch die Lösungen der quadratischen Gleichung $x^2 - 9 = 0$. Überprüfe anschließend deine Lösungen durch Einsetzen in die Gleichung.

c) Gib jeweils die Funktionsgleichung der abgebildeten Parabel an.

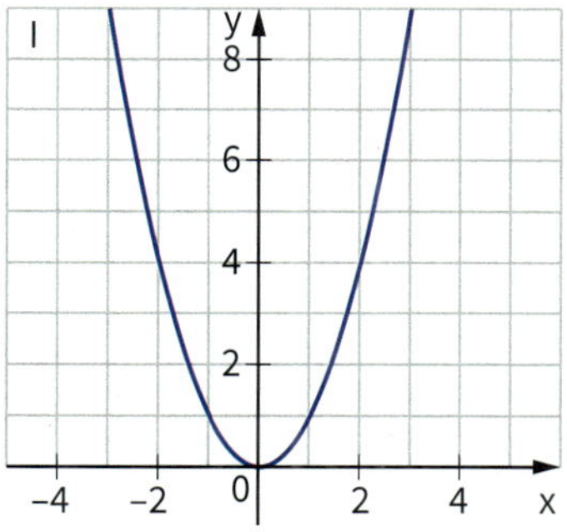

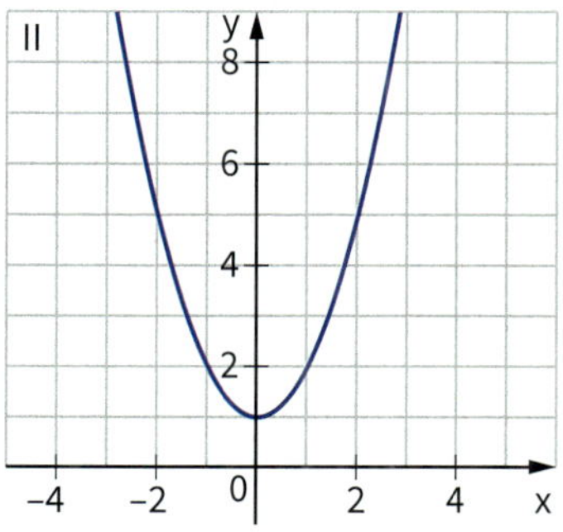

Zeige zu I, dass die Nullstelle $x = 0$ die Lösung der Gleichung $x^2 = 0$ ist.
Zeige zu II, dass die Gleichung $x^2 + 1 = 0$ keine Lösung hat.

5 Du kannst die Nullstellen der quadratischen Funktion $y = x^2 - 25$ berechnen, indem du den Funktionswert gleich 0 setzt.
Im Beispiel wird die quadratische Gleichung $x^2 - 25 = 0$ durch zwei unterschiedliche Verfahren rechnerisch gelöst.

I
$$x^2 - 25 = 0$$
$$(x+5)(x-5) = 0$$
$x + 5 = 0$ oder $x - 5 = 0$
$x = -5$ oder $x = 5$
$x_1 = -5$ $x_2 = 5$

II
$$x^2 - 25 = 0 \quad | + 25$$
$$x^2 = 25$$
$x = \sqrt{25}$ oder $x = -\sqrt{25}$
$x = 5$ oder $x = -5$
$x_1 = 5$ $x_2 = -5$

a) Erläutere beide Verfahren.
b) Versuche mithilfe eines der beiden Verfahren die Nullstellen der angegebenen quadratischen Funktionen zu berechnen. Was stellst du fest?
I $y = x^2 - 16$ II $y = x^2 + 4$ III $x^2 = 0$
c) Erläutere, warum eine quadratische Funktion mit der Funktionsgleichung $f(x) = x^2 + e$ zwei Nullstellen, eine Nullstelle oder keine Nullstelle haben kann.

Binomische Formeln
1. $(a + b)^2 = a^2 + 2ab + b^2$
2. $(a - b)^2 = a^2 - 2ab + b^2$
3. $(a + b)(a - b) = a^2 - b^2$

Eine quadratische Funktion mit der Funktionsgleichung $f(x) = x^2 + e$ hat

für $e < 0$ die Nullstellen $x_1 = \sqrt{-e}$ und $x_2 = -\sqrt{-e}$,

für $e = 0$ die Nullstelle $x = 0$ und

für $e > 0$ keine Nullstelle.

6 Bestimme die Nullstellen der quadratischen Funktion.

a) $f(x) = x^2 - 49$
$f(x) = x^2 - 81$
$f(x) = x^2 - 2{,}25$

b) $f(x) = x^2 + 4$
$f(x) = x^2 - 36$
$f(x) = x^2 - 121$

c) $f(x) = x^2 - 12{,}25$
$f(x) = x^2 - 20{,}25$
$f(x) = x^2 - 1{,}96$

d) $f(x) = x^2 + 8$
$f(x) = x^2 - 10$
$f(x) = x^2 - 20$

Verschobene Normalparabel $f(x) = (x + d)^2$

Video
WES-152460-018

1 a) Die quadratische Funktion g hat die Funktionsgleichung $g(x) = (x - 2)^2$. Lege zu der angegebenen Funktion g eine Wertetabelle mit x-Werten zwischen −2 und 6 an, Schrittweite 0,5.
b) Zeichne den Graphen von g und bestimme den Scheitelpunkt.
c) Vergleiche die Lage des Graphen mit der Lage der Normalparabel.

2 a) Zeichne den Graphen der Funktion f mit der Funktionsgleichung $y = (x + 2)^2$ in ein Koordinatensystem. Erstelle zunächst eine Wertetabelle.
b) Vergleiche die Lage des Graphen mit der Lage der Normalparabel.
c) Bestimme anhand des Graphen den Scheitelpunkt und die Nullstelle von f.

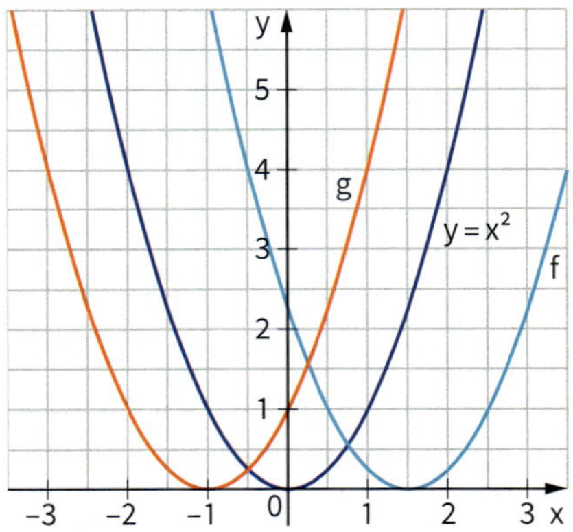

f: $y = (x - 1{,}5)^2$; $d = -1{,}5$ ($d < 0$)
Graph: 1,5 Einheiten nach rechts verschobene Normalparabel
Scheitelpunkt: $S(1{,}5 \mid 0)$
Nullstelle: $x = 1{,}5$

g: $y = (x + 1)^2$; $d = 1$ ($d > 0$)
Graph: 1 Einheit nach links verschobene Normalparabel
Scheitelpunkt: $S(-1 \mid 0)$
Nullstelle: $x = -1$

Der Graph einer quadratischen Funktion mit der Funktionsgleichung **$y = (x + d)^2$** ist eine in **Richtung der x-Achse verschobene** Normalparabel.
Der Scheitelpunkt hat die Koordinaten $S(-d \mid 0)$.

3 Zeichne die Graphen der angegebenen Funktionen in ein Koordinatensystem. Benutze deine Schablone. Bestimme zunächst jeweils den Scheitelpunkt.
f: $y = (x - 4)^2$ g: $y = (x + 3)^2$
h: $y = (x - 3{,}5)^2$ k: $y = (x + 1{,}5)^2$

4 a) Bestimme jeweils den Scheitelpunkt der eingezeichneten Parabeln.

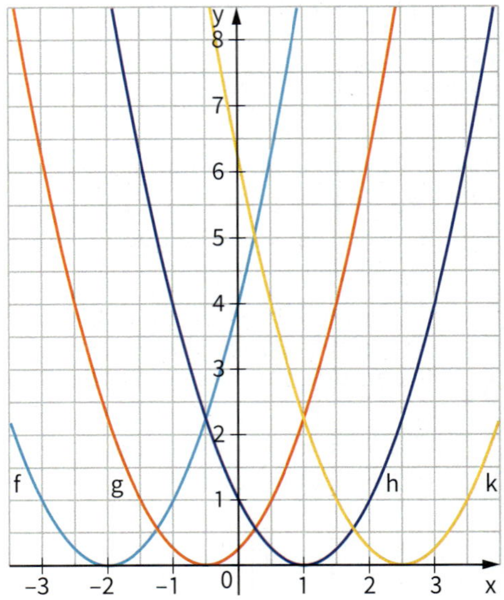

b) Gib die Funktionsgleichungen der eingezeichneten Parabeln an.

5 Zeichne den Graphen der angegebenen Funktion. Ermittle anhand des Graphen, an welchen Stellen die Funktion den angegebenen Funktionswert annimmt.

	Funktionsgleichung	Funktionswert
a)	$y = (x - 5)^2$	16
b)	$y = (x + 6)^2$	0
c)	$y = (x - 4{,}5)^2$	6,25
d)	$y = (x + 2{,}5)^2$	12,25

6 Der Graph einer quadratischen Funktion ist eine in Richtung der x-Achse verschobene Normalparabel mit dem Scheitelpunkt S.
Gib die Funktionsgleichung an.
a) $S(3{,}5 \mid 0)$ b) $S(-7{,}5 \mid 0)$
c) $S(-0{,}5 \mid 0)$ d) $S(12 \mid 0)$

Verschobene Normalparabel $f(x) = (x + d)^2 + e$

1 a) Die quadratische Funktion f hat die Funktionsgleichung $f(x) = (x - 3)^2 + 2$. Lege zu der angegebenen Funktion f eine Wertetabelle an mit x-Werten zwischen –1 und 7.
b) Trage die Wertepaare als Punkte in ein Koordinatensystem ein und zeichne mithilfe deiner Schablone den Funktionsgraphen. Bestimme den Scheitelpunkt von f.

2 a) Die Funktionen f und g haben die Funktionsgleichungen $f(x) = (x + 3)^2 - 1$ und $g(x) = (x - 2)^2 - 4$.
Lege für jede Funktion eine Wertetabelle an und zeichne mithilfe deiner Schablone die Graphen von f und g in ein Koordinatensystem.
b) Bestimme die Scheitelpunkte von f und g und untersuche die Graphen auf Nullstellen.

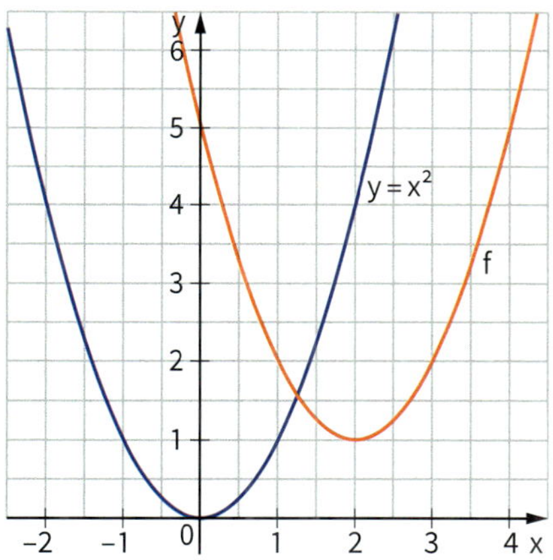

f: $y = (x - 2)^2 + 1$; d = –2; e = 1
Graph: 1 Einheit nach oben und 2 Einheiten nach rechts verschobene Normalparabel
Scheitelpunkt: S(2 | 1)
Nullstellen: –

Der Graph einer quadratischen Funktion mit der Funktionsgleichung $y = (x + d)^2 + e$ ist eine verschobene Normalparabel mit dem Scheitelpunkt S(–d | e). Diese Darstellung einer quadratischen Funktion heißt **Scheitelpunktform**.

3 Zeichne den Graphen der angegebenen Funktion. Bestimme zunächst den Scheitelpunkt.
a) $y = (x - 2)^2 + 3$ b) $y = (x + 2)^2 + 1$
c) $y = (x - 3)^2 - 2$ d) $y = (x + 4)^2 - 3$

Video
WES-152460-019

4 Gib die Funktionsgleichungen der eingezeichneten Parabeln an. Bestimme dazu zunächst jeweils den Scheitelpunkt.

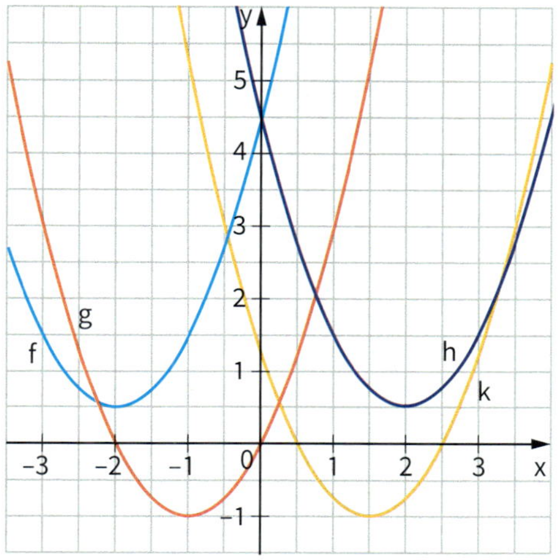

5 Zeichne den Graphen der angegebenen Funktion und bestimme anhand des Graphen die Nullstellen. Mache die Probe, indem du die gefundenen x-Werte in die Funktionsgleichung einsetzt.
a) $y = (x - 3)^2 - 4$
b) $y = (x + 2{,}5)^2 - 9$
c) $y = (x - 5)^2 - 6{,}25$
d) $y = (x + 4)^2 - 12{,}25$

6 Zeichne den Graphen der angegebenen Funktion. Ermittle anhand des Graphen, an welchen Stellen die Funktion den angegebenen Funktionswert annimmt.

	Funktionsgleichung	Funktionswert
a)	$y = (x - 2{,}5)^2 + 3$	12
b)	$y = (x + 3{,}5)^2 + 1{,}5$	17,5
c)	$y = (x - 4)^2 - 7$	–3
d)	$y = (x + 5)^2 - 9$	–2,75

Verschobene Normalparabel $f(x) = (x + d)^2 + e$

7 Aylin hat versucht, die Nullstellen der in der Scheitelpunktform gegebenen Funktion f zu berechnen.

Funktionsgleichung: $f(x) = (x - 3)^2 + 4$

$$f(x) = 0$$
$$(x - 3)^2 + 4 = 0 \quad | -4$$
$$(x - 3)^2 = -4$$

a) Begründe mithilfe des Funktionsgraphen, dass die Funktion f keine Nullstelle haben kann.
b) Begründe, weshalb die quadratische Gleichung $(x - 3)^2 = -4$ keine Lösung haben kann. Betrachte dazu den Term $(x - 3)^2$ und überlege, welche Werte er annehmen kann.

8 Tom hat versucht, die Nullstellen einer anderen quadratischen Funktion f zu berechnen, deren Funktionsgleichung in der Scheitelpunktform gegeben ist.

Funktionsgleichung: $f(x) = (x + 2)^2$

$$f(x) = 0$$
$$(x + 2)^2 = 0$$

a) Begründe mithilfe des Funktionsgraphen, dass die Funktion f nur eine Nullstelle haben kann. Gib diese Nullstelle an.
b) Begründe, dass für die Lösung der quadratischen Gleichung $(x + 2)^2 = 0$ auch gelten muss $x + 2 = 0$. Bestimme die Lösung beider Gleichungen.

9 Die Funktion f mit der Funktionsgleichung $f(x) = (x + 3)^2 - 4$ hat zwei Nullstellen.
a) Begründe diese Aussage mithilfe des Funktionsgraphen.
b) Begründe, dass bei der Lösung der zugehörigen quadratischen Gleichung die folgenden Umformungen gelten:

$$(x + 3)^2 - 4 = 0 \quad | +4$$
$$(x + 3)^2 = 4$$
$$x + 3 = 2 \quad \text{oder} \quad x + 3 = -2$$

Bestimme die Lösungen.

10 Berechne die Nullstellen der in der Scheitelpunktform gegebenen quadratischen Funktion wie im Beispiel. Runde auf eine Nachkommastelle. Beachte, dass es keine, eine oder zwei Nullstellen geben kann.

Funktionsgleichung: $f(x) = (x - 4)^2 - 5$

$$f(x) = 0$$
$$(x - 4)^2 - 5 = 0 \quad | +5$$
$$(x - 4)^2 = 5$$
$$x - 4 = \sqrt{5} \quad \text{oder} \quad x - 4 = -\sqrt{5}$$
$$x_1 = 4 + \sqrt{5} \quad \text{oder} \quad x_2 = 4 - \sqrt{5}$$
$$x_1 \approx 6{,}2 \qquad x_2 \approx 1{,}8$$

a) $f(x) = (x - 3)^2 - 9$
b) $f(x) = (x + 4)^2 - 3$
c) $f(x) = (x - 5)^2$
d) $f(x) = (x - 3)^2 + 2$
e) $f(x) = (x + 3)^2 - 6{,}25$
f) $f(x) = (x - 1)^2 + 3$

11 Berechne wie im Beispiel, an welcher Stelle die in der Scheitelpunktform gegebene quadratische Funktion den angegebenen Funktionswert annimmt. Beachte, dass es einen oder zwei x-Werte geben kann.

Funktionsgleichung: $f(x) = (x - 2)^2 + 1$
Funktionswert: 5

$$f(x) = 5$$
$$(x - 2)^2 + 1 = 5 \quad | -1$$
$$(x - 2)^2 = 4$$
$$x - 2 = \sqrt{4} \quad \text{oder} \quad x - 2 = -\sqrt{4}$$
$$x - 2 = 2 \quad \text{oder} \quad x - 2 = -2$$
$$x_1 = 4 \quad \text{oder} \quad x_2 = 0$$

a) $f(x) = (x + 1)^2 - 3$, Funktionswert 6
b) $f(x) = (x - 4)^2 + 4$, Funktionswert 5
c) $f(x) = (x + 3)^2 - 8$, Funktionswert 8
d) $f(x) = (x + 5)^2 - 9$, Funktionswert −9
e) $f(x) = (x + 2)^2 + 3$, Funktionswert 7
f) $f(x) = (x - 6)^2 - 10$, Funktionswert 15
g) $f(x) = (x - 1)^2 + 7$, Funktionswert 7
h) $f(x) = (x + 2{,}5)^2$, Funktionswert: 2,25

Lösungen zu Aufgabe 11:
−4 2 −1 −4 1 5 1 3 11 1 −4 −7 0 −5

Funktionsgleichung $f(x) = x^2 + px + q$

1 Die quadratische Funktion f hat den Funktionsterm $f(x) = x^2 + 4x + 3$.

a) Zeichne den Graphen der angegebenen quadratischen Funktion. Lege zunächst eine Wertetabelle mit x-Werten zwischen –4 und 2 an (Schrittweite 0,5).

x	–4	–3,5	–3	–2,5	–2	–1,5	–1
f(x)	■	■	■	■	■	■	■

b) Bestimme anhand des Graphen den Scheitelpunkt der Parabel.

c) Kannst du die Lage des Scheitelpunktes auch schon an der Wertetabelle erkennen? Begründe.

2 Im Beispiel wird der Scheitelpunkt der quadratischen Funktion f mit der Funktionsgleichung $f(x) = x^2 - 4x + 5$ mithilfe des Graphen bestimmt.

a) Erläutere das weitere Vorgehen.

$f(x) = x^2 - 4x + 5$

x	0	0,5	1	1,5	2	2,5	3	3,5
f(x)	5	3,25	2	1,25	1	1,25	2	3,25

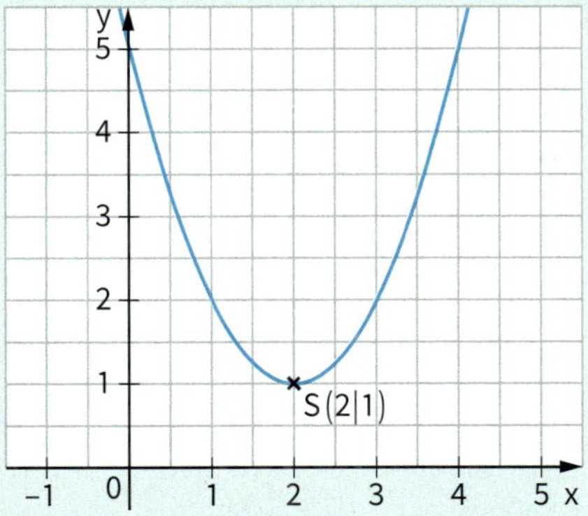

Scheitelpunkt: S(2 | 1)
Scheitelpunktform: $y = (x - 2)^2 + 1$
Umformen: $y = x^2 - 4x + 4 + 1$
$= x^2 - 4x + 5$

b) Bestimme wie im Beispiel die Scheitelpunktform der quadratischen Funktion mit der Funktionsgleichung $f(x) = x^2 + 6x + 6$. Forme um und überprüfe, ob du wieder die ursprüngliche Funktionsgleichung erhältst.

Der Graph einer quadratischen Funktion mit der Funktionsgleichung $f(x) = x^2 + px + q$ ist eine verschobene Normalparabel.

3 Ordne jeder Funktionsgleichung die zugehörige Parabel zu.

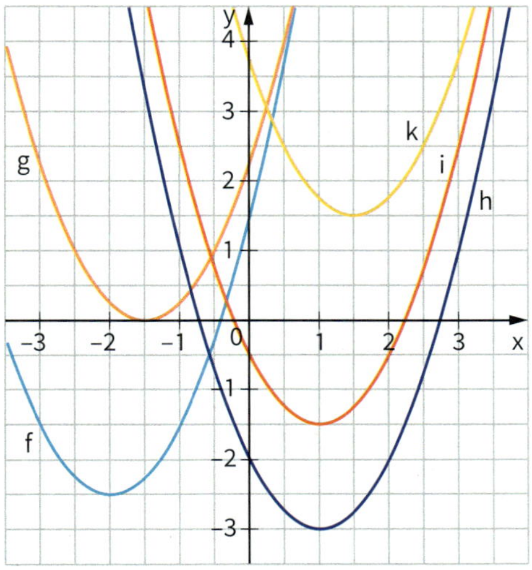

Gib dazu jede Funktionsgleichung der dargestellten Funktionen zunächst in der Scheitelpunktform an. Forme die Funktionsgleichung dann in die Form $f(x) = x^2 + px + q$ um.

Funktionsgleichung	Parabel
$y = x^2 - 2x - 2$	■
$y = x^2 + 3x + 2{,}25$	■
$y = x^2 - 3x + 3{,}75$	■
$y = x^2 - 2x - 0{,}5$	■
$y = x^2 + 4x + 1{,}5$	■

4 Der Graph der quadratischen Funktion f ist eine verschobene Normalparabel mit dem Scheitelpunkt S.
Gib die Funktionsgleichung in der Scheitelpunktform an. Forme dann um in die Form $f(x) = x^2 + px + q$.

a) S(2 | 3)
b) S(–1 | –4)
c) S(–3 | 2)
d) S(–2 | –4)
e) S(1 | –1)
f) S(–1 | –5)
g) S(–2 | 3)
h) S(1 | –6)

Funktionsgleichung $f(x) = x^2 + px + q$

Video
WES-152460-020

5 Maxim weiß, dass der Graph der Funktion mit der Funktionsgleichung $f(x) = x^2 + 6x + 11$ eine verschobene Normalparabel ist. Deshalb möchte er die Funktionsgleichung in die Scheitelpunktform umformen und die Koordinaten des Scheitelpunktes bestimmen. Er überlegt, wie er vorgehen soll und schreibt.

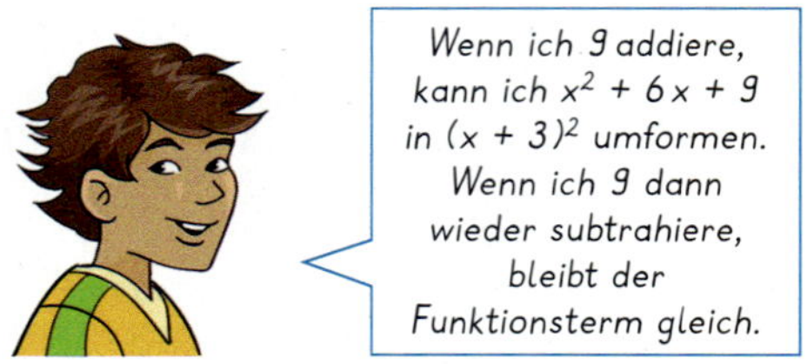

$$f(x) = x^2 + 6x + 11$$
$$= \underbrace{x^2 + 6x + 9} - \underbrace{9 + 11}$$
$$= (x + 3)^2 - 9 + 11$$

$$f(x) = (x + 3)^2 + 2$$
$$S(-3 \mid 2)$$

a) Erläutere Maxims Umformungen.
b) Wie hat er berechnet, dass 9 addiert werden muss?

6 Forme um in die Scheitelpunktform und bestimme die Koordinaten des Scheitelpunkts.
Die Zahl, die du addieren und dann wieder subtrahieren musst, heißt **quadratische Ergänzung**. Du berechnest sie, indem du den Faktor vor x durch 2 dividierst und dann quadrierst.

Funktionsgleichung:	$f(x) = x^2 + 10x + 15$
Faktor vor x:	10
quadratische Ergänzung:	$\left(\frac{10}{2}\right)^2 = 25$

a) $f(x) = x^2 + 8x + 15$
b) $f(x) = x^2 + 2x + 3$
c) $f(x) = x^2 + 12x + 39$
d) $f(x) = x^2 + 4x - 1$
e) $f(x) = x^2 - 2x + 3$
f) $f(x) = x^2 - 6x + 4$

Umformen in die Scheitelpunktform

Funktionsgleichung: $f(x) = x^2 + px + q$

1. Berechne die quadratische Ergänzung.
$$\left(\frac{p}{2}\right)^2 = \frac{p^2}{4}$$
2. Addiere und subtrahiere die quadratische Ergänzung auf der rechten Seite der Gleichung.
$$f(x) = x^2 + px + \frac{p^2}{4} - \frac{p^2}{4} + q$$
3. Forme mithilfe der 1. bzw. 2. binomischen Formel um und fasse zusammen. Du erhältst die Scheitelpunktform
$$f(x) = \left(x + \frac{p}{2}\right)^2 - \frac{p^2}{4} + q$$
4. Gib die Koordinaten des Scheitelpunktes an.
$$S\left(-\frac{p}{2} \,\middle|\, -\frac{p^2}{4} + q\right)$$

7 Bestimme den Scheitelpunkt der Parabel wie im Beispiel.

$y = x^2 + 6x + 4$
$p = 6 \quad q = 4$

x-Koordinate $-\frac{p}{2}$: $\quad -\frac{6}{2} = -3$

y-Koordinate $-\frac{p^2}{4} + q$: $\quad -\frac{36}{4} + 4 = -5$

Scheitelpunkt: $S(-3 \mid -5)$

a) $f(x) = x^2 - 10x + 30$
b) $f(x) = x^2 - 8x$
c) $f(x) = x^2 + 14x + 49$
d) $f(x) = x^2 - 4x - 6$
e) $f(x) = x^2 + 6x$
f) $f(x) = x^2 - 2x - 1$

8 Erläutere für eine quadratische Funktion mithilfe der Scheitelpunktform den Zusammenhang zwischen der Lage des Scheitelpunktes und der Anzahl und Lage der Nullstelle(n).

Quadratische Gleichungen der Form $x^2 + px + q = 0$

1 Johanna möchte die Nullstellen der quadratischen Funktion f mit der Funktionsgleichung $f(x) = x^2 - 8x + 15$ berechnen. Ein Verfahren ist ihr bereits bekannt: Sie formt die Funktionsgleichung um in die Scheitelpunktform und berechnet dann die Nullstellen.

$$\begin{aligned} f(x) &= x^2 - 8x + 15 \\ &= x^2 - 8x + 16 - 16 + 15 \\ &= (x-4)^2 - 1 \end{aligned}$$

$$\begin{aligned} f(x) &= 0 \\ (x-4)^2 - 1 &= 0 \quad |+1 \\ (x-4)^2 &= 1 \end{aligned}$$

$$x - 4 = 1 \quad \text{oder} \quad x - 4 = -1$$
$$x_1 = 5 \quad \text{oder} \quad x_2 = 3$$

Johanna versucht, die Nullstellen auch direkt zu berechnen. Dazu muss sie die Gleichung $x^2 - 8x + 15 = 0$ lösen. Sie benutzt auch dabei die quadratische Ergänzung.

$$\begin{aligned} x^2 - 8x + 15 &= 0 \quad |-15 \\ x^2 - 8x &= -15 \quad |+16 \\ x^2 - 8x + 16 &= 1 \\ (x-4)^2 &= 1 \end{aligned}$$

$$x - 4 = 1 \quad \text{oder} \quad x - 4 = -1$$
$$x_1 = 5 \quad \text{oder} \quad x_2 = 3$$

Vergleiche beide Verfahren. Begründe, welches Verfahren du für geeigneter hältst.

2 Bestimme die Nullstellen der quadratischen Funktion f mit der angegebenen Funktionsgleichung. Löse dazu die zugehörige Gleichung $f(x) = 0$ mithilfe der quadratischen Ergänzung. Mache die Probe wie im Beispiel.

Funktion:	$f(x) = x^2 - 9x + 20$
Gleichung:	$x^2 - 9x + 20 = 0$
Lösungen:	$x_1 = 4$ oder $x_2 = 5$
Probe:	$4^2 - 9 \cdot 4 + 20 = 0$
	$5^2 - 9 \cdot 5 + 20 = 0$

a) $f(x) = x^2 + 5x + 6$
b) $f(x) = x^2 + x - 12$
c) $f(x) = x^2 + 10x - 24$
d) $f(x) = x^2 - 4x - 32$

Lösungen zu Aufgabe 2:
−2 −4 −12 8 −3 3 2 −4

3 Im Folgenden wird eine Formel zur Lösung quadratischer Gleichungen der Form $x^2 + px + q$ hergeleitet.

Die Gleichung wird so umgeformt, dass nur die Summanden, die die Variable x enthalten, auf der linken Seite stehen.

$$x^2 + px + q = 0 \quad |-q$$

Die quadratische Ergänzung wird addiert.

$$x^2 + px = -q \quad \left|+\left(\frac{p}{2}\right)^2\right.$$
$$x^2 + px + \left(\frac{p}{2}\right)^2 = -q + \left(\frac{p}{2}\right)^2$$

Die 1. binomische Formel wird angewendet.

$$\left(x + \frac{p}{2}\right)^2 = \left(\frac{p}{2}\right)^2 - q$$

Für $\left(\frac{p}{2}\right)^2 - q > 0$ gibt es zwei Lösungen.

$$x + \frac{p}{2} = \sqrt{\left(\frac{p}{2}\right)^2 - q} \quad \left|-\frac{p}{2}\right.$$
$$x = -\frac{p}{2} + \sqrt{\left(\frac{p}{2}\right)^2 - q}$$

$$\text{oder} \quad x + \frac{p}{2} = -\sqrt{\left(\frac{p}{2}\right)^2 - q} \quad \left|-\frac{p}{2}\right.$$
$$x = -\frac{p}{2} - \sqrt{\left(\frac{p}{2}\right)^2 - q}$$

$$x_1 = -\frac{p}{2} + \sqrt{\left(\frac{p}{2}\right)^2 - q}, \quad x_2 = -\frac{p}{2} - \sqrt{\left(\frac{p}{2}\right)^2 - q}$$

Erläutere die Herleitung der Formel.

4 Im Beispiel wird die Lösungsmenge der Gleichung $\boxed{x^2 + 14x + 45 = 0}$ mithilfe der Lösungsformel bestimmt.

$$x^2 + 14x + 45 = 0$$
$$p = 14 \qquad q = 45$$
$$x_{1,2} = -\frac{p}{2} \pm \sqrt{\left(\frac{p}{2}\right)^2 - q}$$
$$\begin{aligned} x_{1,2} &= -\frac{14}{2} \pm \sqrt{\left(\frac{14}{2}\right)^2 - 45} \\ &= -7 \pm \sqrt{49 - 45} \\ &= -7 \pm \sqrt{4} \\ &= -7 \pm 2 \end{aligned}$$
$$x_1 = -5 \qquad x_2 = -9 \qquad L = \{-5, -9\}$$

Löse die Gleichungen wie im Beispiel.

a) $x^2 + 20x + 51$
$x^2 + 16x + 60$
$x^2 + 12x + 27$

b) $x^2 + 9x + 14$
$x^2 + 11x + 18$
$x^2 + 15x + 50$

Quadratische Gleichungen der Form $x^2 + px + q = 0$

Video
WES-152460-021

5 Amir hat versucht, die Lösungen der Gleichung $\boxed{x^2 + 8x + 20 = 0}$ mithilfe der Lösungsformel zu bestimmen.

$x^2 + 8x + 20 = 0$
$p = 8 \qquad q = 20$
$x_{1,2} = -\frac{p}{2} \pm \sqrt{\left(\frac{p}{2}\right)^2 - q}$
$x_{1,2} = -\frac{8}{2} \pm \sqrt{\left(\frac{8}{2}\right)^2 - 20}$
$= -4 \pm \sqrt{16 - 20}$
$= -4 \pm \sqrt{-4}$

Erläutere, warum Amir die Lösung der Gleichung nicht mithilfe der Lösungsformel bestimmen konnte.
Gib die Lösungsmenge an.

6 Bestimme die Lösungsmenge der Gleichung $\boxed{x^2 + 10x + 25 = 0}$ mithilfe der Lösungsformel. Was stellst du fest?

Der Term $\left(\frac{p}{2}\right)^2 - q$ heißt **Diskriminante** (discriminare (lat.) = trennen) der quadratischen Gleichung $x^2 + px + q = 0$.
Die Anzahl der Lösungen der Gleichung hängt vom Wert der Diskriminante ab. Es gilt:
$\left(\frac{p}{2}\right)^2 - q > 0$ zwei Lösungen
$\left(\frac{p}{2}\right)^2 - q = 0$ eine Lösung
$\left(\frac{p}{2}\right)^2 - q < 0$ keine Lösung

7 Berechne wie in den Beispielen für jede Gleichung zunächst den Wert der Diskriminante D. Bestimme anschließend die Lösungsmenge.

$x^2 + 4x + 5 = 0$
$p = 4 \qquad q = 5$
$D = \left(\frac{4}{2}\right)^2 - 5 = -1$
$D < 0$
$L = \{\,\}$

$x^2 + 6x + 9 = 0$
$p = 6 \qquad q = 9$
$D = \left(\frac{6}{2}\right)^2 - 9 = 0$
$x = -\frac{6}{2} \pm 0 = -3$
$L = \{-3\}$

a) $x^2 + 2x + 2 = 0$
$x^2 - 4x + 7 = 0$
$x^2 + 8x + 16 = 0$
$x^2 - 2x + 1 = 0$
$x^2 + 12x + 36 = 0$
$x^2 - 12x + 40 = 0$

b) $x^2 - 5x + 7 = 0$
$x^2 - 10x + 25 = 0$
$x^2 - 7x + 15 = 0$
$x^2 - 3x + 5 = 0$
$x^2 + 9x + 27 = 0$
$x^2 - 9x + 20{,}25 = 0$

8 Bestimme zunächst jeweils den Wert der Diskriminante und gib anschließend die Anzahl der Lösungen an. Sind Lösungen vorhanden, so berechne sie.

a) $x^2 + 10x + 42 = 0$
$x^2 + 8x - 20 = 0$
$x^2 - 34x + 289 = 0$

b) $x^2 + 6x + 5 = 0$
$x^2 - 14x - 32 = 0$
$x^2 + 4x + 5 = 0$

c) $x^2 + 0{,}6x + 0{,}9 = 0$
$x^2 - 1{,}3x + 0{,}4 = 0$
$x^2 - 0{,}02x + 0{,}01 = 0$

d) $x^2 - 68x + 67 = 0$
$x^2 - 2{,}4x + 1{,}44 = 0$
$x^2 + 30x + 216 = 0$

9 Die Lösungen quadratischer Gleichungen sind oft irrationale Zahlen. Gib für die Lösungen Näherungswerte an. Runde auf eine Stelle nach dem Komma.

$x^2 - 8x + 11 = 0$
$x_{1,2} = -\frac{-8}{2} \pm \sqrt{\left(\frac{-8}{2}\right)^2 - 11}$
$= 4 \pm \sqrt{5}$
$x_1 \approx 6{,}2 \qquad x_2 \approx 1{,}8$

a) $x^2 - 6x + 2 = 0$
$x^2 - 4x - 7 = 0$

b) $2x^2 + 16x - 10 = 0$
$5x^2 - 10x - 80 = 0$

10 a) Bestimme die Lösungsmenge der Gleichung $\boxed{x^2 - 6x + q = 0}$ für $q = 5$ ($q = 10$).
b) Begründe, dass die Gleichung keine Lösung hat, wenn $q > 9$ ist.
c) Wie muss man q wählen, damit die Gleichung zwei Lösungen hat?
d) Bestimme q so, dass die Gleichung eine Lösung hat.

Eine Gleichung der Form
$$x^2 + px + q = 0 \; (p, q \in \mathbb{R})$$
heißt **Normalform** der quadratischen Gleichung.
Die Lösungen der quadratischen Gleichung in der Normalform $x^2 + px + q = 0$ ergeben sich aus der Lösungsformel
$$x_{1,2} = -\frac{p}{2} \pm \sqrt{\left(\frac{p}{2}\right)^2 - q}$$
Die Anzahl der Lösungen hängt vom Wert der Diskriminante $D = \left(\frac{p}{2}\right)^2 - q$ ab. Es gilt:
$D > 0$: zwei Lösungen
$D = 0$: eine Lösung
$D < 0$: keine Lösung

Arbeiten mit dem Computer: Verschobene Normalparabeln zeichnen

1 Anna zeichnet mithilfe eines Geometrie- und Algebraprogramms den Graphen einer quadratischen Funktion. Sie muss dazu nur im Eingabefenster die Funktionsgleichung eingeben.

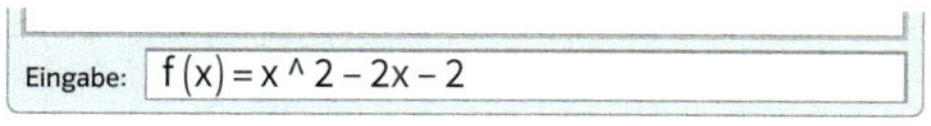

Schließt sie die Eingabe ab, erscheinen die Funktionsgleichung im Algebrafenster und der Funktionsgraph im Grafikfenster.

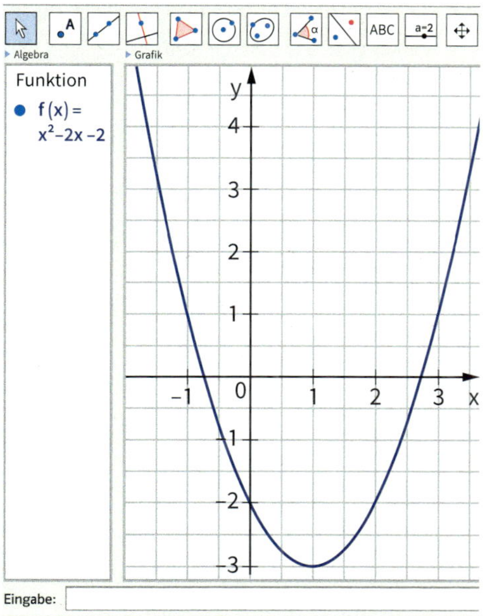

Zeichne die Graphen der folgenden quadratischen Funktionen:

$f(x) = x^2 - 4x - 5$

$g(x) = x^2 - 6x - 9$

$h(x) = x^2 + 2x + 2$

2 Anna möchte den Graphen einer verschobenen Normalparabel mit der Funktionsgleichung $y = (x + d)^2 + e$ zeichnen und die Werte für d und e dann anschließend verändern. Dazu erstellt sie zunächst zwei Schieberegler für d und e.

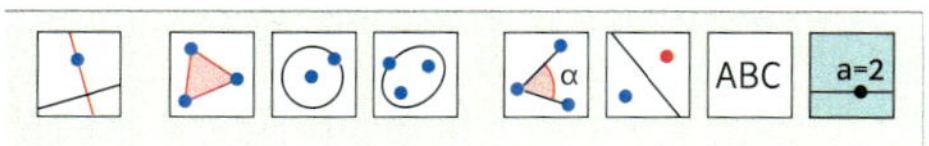

Sie wählt jeweils eine Position im Geometriefenster und gibt alle notwendigen Angaben ein. Die Schieberegler erscheinen auch im Algebrafenster.

Anna gibt im Eingabefenster die Funktionsgleichung f(x) = (x + d)^2 + e ein. Der Wert für d und e wird dabei jeweils auf 1 gesetzt.

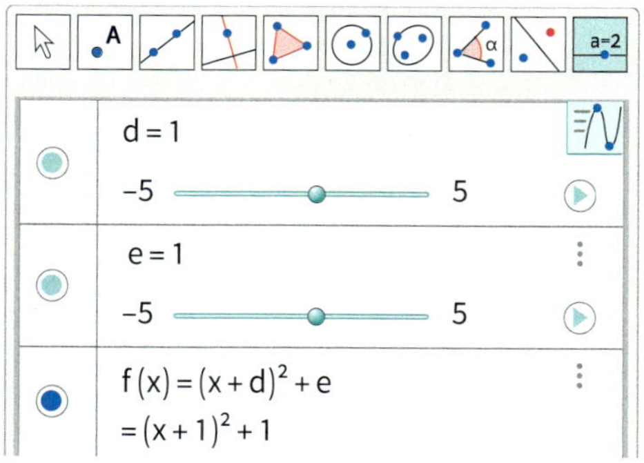

Im Geometriefenster erscheint der zugehörige Funktionsgraph.

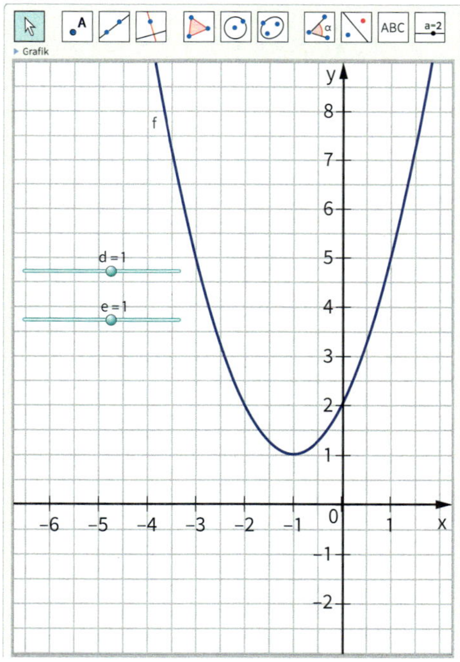

Erzeuge wie Anna zunächst die abgebildete Parabel. Verändere dann mithilfe der Schieberegeler zunächst den Wert für d, dann den Wert für e. Wie verändert sich jeweils die Lage der Parabel und ihres Scheitelpunktes?

3 Gib im Eingabefenster die Funktionsgleichung $f(x) = x^2 + px + q$ ein. Dabei werden zwei Schieberegler p und q erzeugt. Verändere die Werte für p und q. Wie verändert sich dann die Lage der Parabel und ihres Scheitelpunktes?

Funktionsgleichung $f(x) = a\,x^2$

Auch die Graphen von Funktionen mit der Funktionsgleichung $f(x) = a\,x^2$ werden Parabeln genannt.

1 a) Zeichne die Graphen der Funktionen f und g mit den Funktionsgleichungen $f(x) = 2\,x^2$ und $g(x) = 0{,}5\,x^2$ in ein Koordinatensystem.
Lege dazu zunächst eine Wertetabelle mit x-Werten zwischen $-2{,}5$ und $2{,}5$ an, Schrittweite 0,5.
b) Gib für beide Graphen Symmetrieachse und Nullstellen an.
c) Zeichne auch die Normalparabel in das Koordinatensystem.
d) Vergleiche das Steigungsverhalten von f und g mit dem Steigungsverhalten der Normalparabel. Was stellst du fest?

2 a) Zeichne die Graphen der Funktionen f, g und h mit den Funktionsgleichungen $f(x) = -x^2$, $g(x) = -0{,}6\,x^2$ und $h(x) = -1{,}8\,x^2$ in ein Koordinatensystem. Lege dazu zunächst eine Wertetabelle an.
b) Vergleiche den Graphen von f mit der Normalparabel.
c) Bestimme für jede Parabel Symmetrieachse, Scheitelpunkt und Nullstelle.
d) Vergleiche die Parabeln miteinander.

a > 0

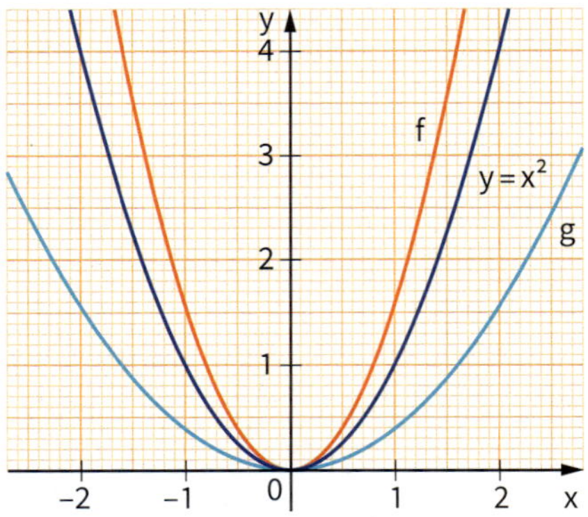

f: $y = 1{,}6\,x^2$; $a = 1{,}6$ $(a > 1)$
Graph: gestreckte Normalparabel
Scheitelpunkt: $S(0\,|\,0)$
Nullstelle: $x = 0$

g: $y = 0{,}4\,x^2$; $a = 0{,}4$ $(0 < a < 1)$
Graph: gestauchte Normalparabel
Scheitelpunkt: $S(0\,|\,0)$
Nullstelle: $x = 0$

Der Graph einer quadratischen Funktion mit der Funktionsgleichung **$y = a\,x^2$ $(a > 0)$** ist eine **nach oben geöffnete Parabel** mit den gleichen Eigenschaften wie die Normalparabel.

Für $a > 0$ gilt: Je größer a ist, desto steiler verläuft die Parabel.

a < 0

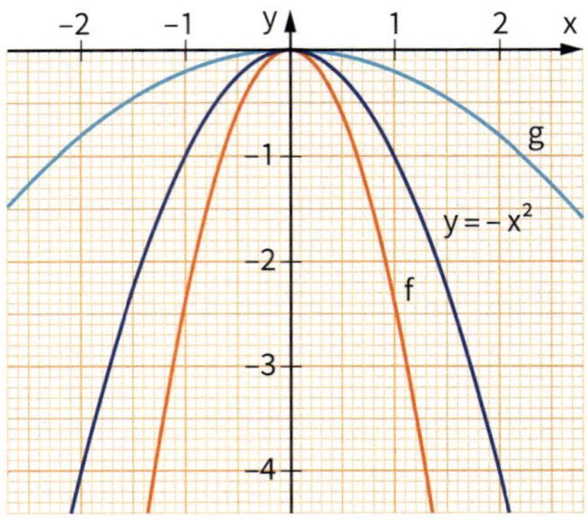

f: $y = -2{,}4\,x^2$; $a = -2{,}4$ $(a < -1)$
Graph: gestreckte, an der x-Achse gespiegelte Normalparabel
Scheitelpunkt: $S(0\,|\,0)$
Nullstelle: $x = 0$

g: $y = -0{,}2\,x^2$; $a = -0{,}2$ $(-1 < a < 0)$
Graph: gestauchte, an der x-Achse gespiegelte Normalparabel
Scheitelpunkt: $S(0\,|\,0)$
Nullstelle: $x = 0$

Der Graph einer quadratischen Funktion mit der Funktionsgleichung **$y = a\,x^2$ $(a < 0)$** ist eine **nach unten geöffnete Parabel** mit den gleichen Eigenschaften wie die an der x-Achse gespiegelte Normalparabel.

Für $a < 0$ gilt: Je größer a ist, desto flacher verläuft die Parabel.

Funktionsgleichung $f(x) = a x^2 + b x + c$

1 a) Zeichne den Graphen der quadratischen Funktion f mit der Funktionsgleichung $f(x) = 2x^2 - 12x + 14$. Lege zunächst eine Wertetabelle mit x-Werten zwischen 0 und 6 an, Schrittweite 0,5. Berechne die Funktionswerte wie auf Seite 142 mit deinem Taschenrechner.

b) Bestimme anhand des Graphen den Scheitelpunkt und die Nullstellen.

2 Im Koordinatensystem siehst du den Graphen der quadratischen Funktion f mit der Funktionsgleichung $f(x) = -0{,}4x^2 + 2x - 1$.

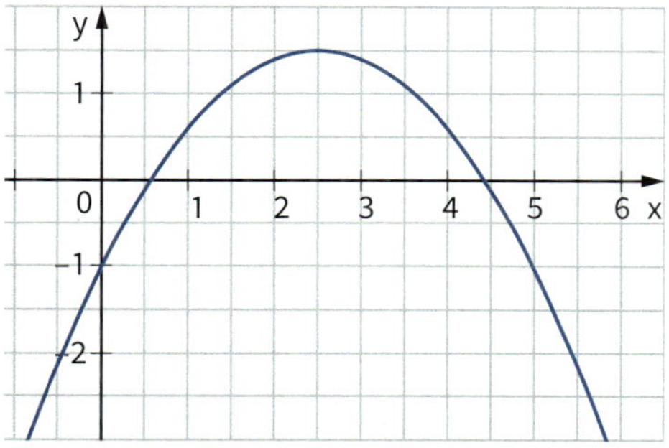

a) Bestimme den x-Wert, für den die Funktion ihren größten Funktionswert annimmt.

b) Beschreibe das Steigungsverhalten links und rechts von diesem Wert.

c) Berechne die Nullstellen von f. Dividiere dazu die Gleichung $f(x) = 0$ zunächst durch den Faktor vor x^2.

$$f(x) = 0$$
$$-0{,}4x^2 + 2x - 1 = 0 \quad | :(-0{,}4)$$
$$x^2 - 5x + 2{,}5 = 0$$

3 Zeichne den Funktionsgraphen. Bestimme anhand des Graphen den Scheitelpunkt der Parabel und ihren Schnittpunkt mit der y-Achse. Gib, wenn vorhanden, die Nullstellen der Funktion an.

a) $f(x) = 0{,}5x^2 - 3x + 2{,}5$

b) $f(x) = -2x^2 + 8x - 8$

c) $f(x) = -0{,}5x^2 + 2x - 4$

4 Berechne die Nullstellen der Funktion. Runde auf eine Nachkommastelle.

a) $f(x) = 0{,}6x^2 - 4{,}8x + 3{,}6$

b) $f(x) = -1{,}2x^2 - 7{,}2x - 3{,}8$

c) $f(x) = 1{,}2x^2 - 8{,}4x + 14{,}7$

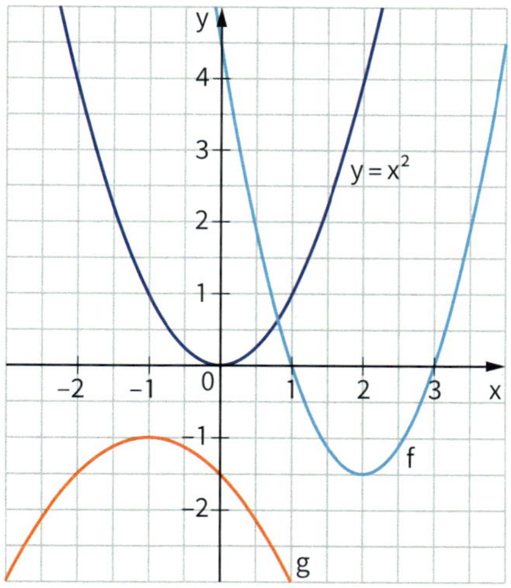

f: $y = 1{,}5x^2 - 6x + 4{,}5$
$a = 1{,}5$; $b = -6$; $c = 4{,}5$

Graph: nach oben geöffnete Parabel ($a > 0$), gestreckte Normalparabel ($a > 1$)
Scheitelpunkt: $S(2 \mid -1{,}5)$
Nullstellen: $x_1 = 1$; $x_2 = 3$
Schnittpunkt mit der y-Achse: $P(0 \mid 4{,}5)$

g: $y = -0{,}5x^2 - x - 1{,}5$
$a = -0{,}5$; $b = -1$; $c = -1{,}5$

Graph: nach unten geöffnete Parabel ($a < 0$), gestauchte, an der x-Achse gespiegelte Normalparabel ($-1 < a < 0$)
Scheitelpunkt: $S(-1 \mid -1)$
Schnittpunkt mit der y-Achse: $P(0 \mid -1{,}5)$

Der Graph einer quadratischen Funktion mit der Funktionsgleichung $\mathbf{f(x) = a x^2 + b x + c}$ ($a, b, c \in \mathbb{R}$) ist eine Parabel. Die Variablen a, b, c heißen Koeffizienten. Sie sind Platzhalter für reelle Zahlen.
a bestimmt die Öffnung und die Steigung der Parabel.
c bestimmt den Schnittpunkt $P(0 \mid c)$ mit der y-Achse.
Eine quadratische Funktion hat entweder keine, eine oder zwei Nullstellen.

Funktionsgleichung $f(x) = ax^2 + bx + c$

5 Forme wie im Beispiel die Funktionsgleichung der quadratischen Funktion in der Form $f(x) = ax^2 + bx + c$ in die Scheitelpunktform um und bestimme die Koordinaten des Scheitelpunktes.

Funktionsgleichung: $f(x) = 0{,}5x^2 - x - 4$

1. Klammere den Faktor vor x^2 aus.
   $f(x) = 0{,}5[x^2 - 2x - 8]$
2. Berechne die quadratische Ergänzung innerhalb der Klammer.
   $\left(\frac{2}{2}\right)^2 = 1^2 = 1$
3. Addiere und subtrahiere die quadratische Ergänzung innerhalb der Klammer.
   $f(x) = 0{,}5[x^2 - 2x + 1 - 1 - 8]$
4. Forme mithilfe der 1. bzw. 2. binomischen Formel um und fasse zusammen.
   $f(x) = 0{,}5[(x-1)^2 - 1 - 8]$
   $= 0{,}5[(x-1)^2 - 9]$
5. Löse die äußere Klammer auf.
   $f(x) = 0{,}5(x-1)^2 - 4{,}5$
6. Gib die Koordinaten des Scheitelpunktes an.
   $S(1 \mid -4{,}5)$

a) $f(x) = 2x^2 - 6x - 1$
b) $f(x) = 2x^2 - 10x + 20$
c) $f(x) = 3x^2 + 9x + 4$
d) $f(x) = 0{,}5x^2 - 1{,}5x + 2$
e) $f(x) = -3x^2 - 3x + 4$
f) $f(x) = -0{,}5x^2 + 2x - 3$
g) $f(x) = -1{,}5x^2 + 7{,}5x + 13$

6 Forme die angegebene quadratische Funktion in die Scheitelpunktform $y = a(x + d)^2 + e$ um und bestimme d und e.
a) $f(x) = 0{,}5x^2 - 2x - 7{,}5$
b) $f(x) = 3x^2 - 3x - 18$
c) $f(x) = -2x^2 - 4x + 16$
d) $f(x) = -1{,}5x^2 + 6$

7 Die quadratische Funktion f hat die Funktionsgleichung $f(x) = 2x^2 - 6x - 1$. Für die Variablen a, b, c gilt: $a = 2$, $b = -6$, $c = -1$.

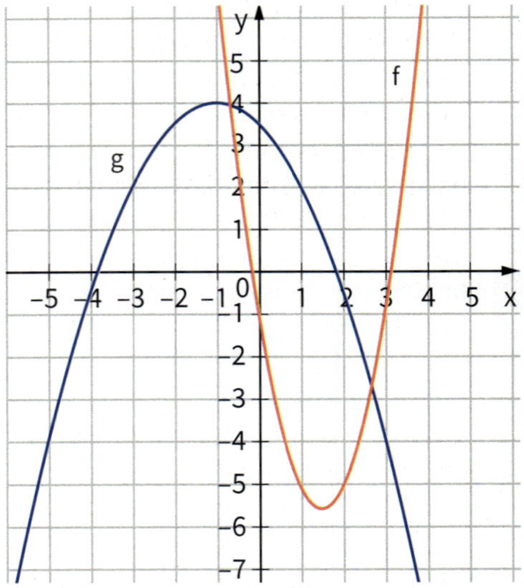

a) Forme um in die Scheitelpunktform $f(x) = a(x + d)^2 + e$ und bestimme die Werte für die Variablen a, d und e.
b) Die Funktionsgleichung der quadratischen Funktion g lautet in der Scheitelpunktform $g(x) = -0{,}5(x + 1)^2 + 4$. Forme in die Form $g(x) = ax^2 + bx + c$ um und bestimme die Werte für die Variablen a, b und c.
c) Welche Bedeutung hat für f und g der Wert für a in beiden Darstellungen?
d) Welche Bedeutung hat für f und g der Wert für c in der Form $y = ax^2 + bx + c$ (der Wert für e in der Scheitelpunktform)?

8 In der folgenden Umformung wird die allgemeine Scheitelpunktform $f(x) = a(x + d)^2 + e$ in die Form $f(x) = ax^2 + bx + c$ umgeformt.

$$\begin{aligned} f(x) &= a(x + d)^2 + e \\ &= a(x^2 + 2dx + d^2) + e \\ &= ax^2 + 2adx + ad^2 + e \end{aligned}$$

a) Erläutere die Umformung.
b) Beschreibe den Zusammenhang zwischen der x-Koordinate des Scheitelpunktes $-d$ und der Variablen b.
c) Beschreibe den Zusammenhang zwischen d und b für $a = 1$.

Arbeiten mit dem Computer: Parabeln zeichnen

1 Florian möchte den Graphen einer quadratischen Funktion mit der Funktionsgleichung $y = a x^2$ zeichnen und a anschließend verändern.
Dazu erstellt er zunächst einen Schieberegler für a. Er wählt eine Position im Geometriefenster und gibt alle notwendigen Angaben ein. Der Schieberegler erscheint auch im Algebrafenster.

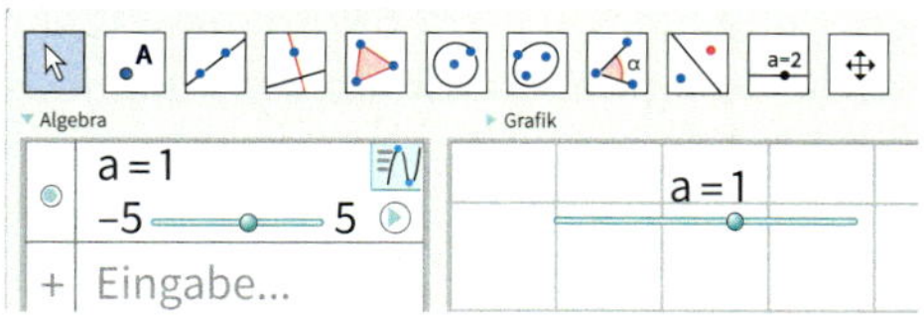

Dann gibt Florian im Eingabefenster die Funktionsgleichung f(x) = a*x^2 ein.

Im Algebrafenster wird dann die Funktionsgleichung für a = 1 angezeigt, im Grafikfenster der zugehörige Graph.

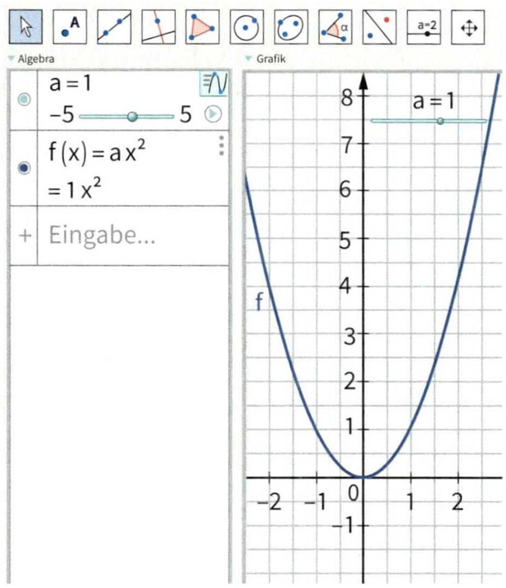

a) Erzeuge wie Florian den zugehörigen Graphen. Verändere dann die Variable a mithilfe des Schiebereglers. Wie verändert sich die Parabel?
b) Verändere durch einen Rechte-Maus-Klick auf den Schieberegeler unter Eigenschaften das Intervall für die Werte von a und die Schrittweite.
c) Schalte nach dem Rechte-Maus-Klick die Animation ein und betrachte, wie sich Funktionsgleichung und Graph automatisch verändern.

2 Um den Graphen einer allgemeinen quadratischen Funktion mit der Funktionsgleichung $y = a x^2 + b x + c$ zeichnen zu können, hat Florian zunächst drei Schieberegler für a, b und c erstellt.
Dann hat er die Funktionsgleichung f(x) = a*x^2 + b*x + c in das Eingabefenster eingegeben.

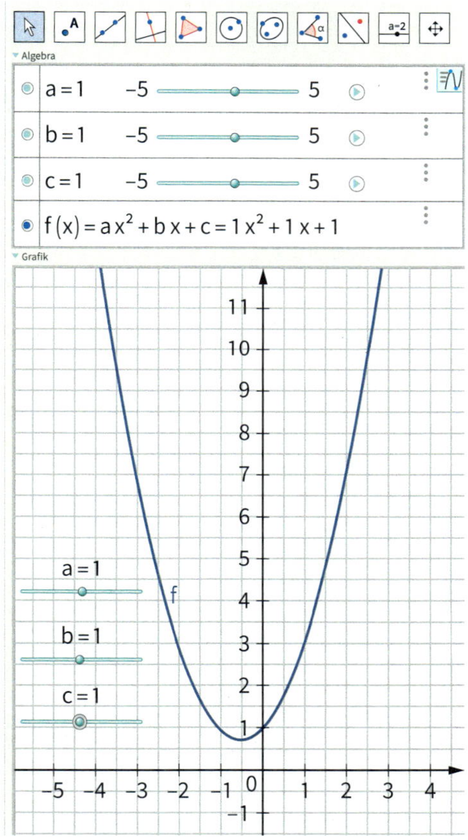

a) Verfahre wie Florian. Verändere die Koeffizienten a, b und c und beschreibe, wie sich der Graph verändert.
b) Schalte nach dem Rechte-Maus-Klick auf den Schieberegler von „b" die Animation ein. Beschreibe die Kurve, auf der sich der Scheitelpunkt bewegt.
c) Zeichne die Graphen der unten angegebenen Funktionen. Bestimme jeweils anhand des Graphen den Scheitelpunkt und den Schnittpunkt mit der y-Achse. Gib, wenn vorhanden, die Nullstellen der Funktion an.
$f(x) = -0{,}5x^2 - x + 1{,}5$
$g(x) = 2x^2 + 8x + 4$
$h(x) = -1{,}5x^2 + 9x - 12{,}5$

WISSEN KOMPAKT

Normalparabel

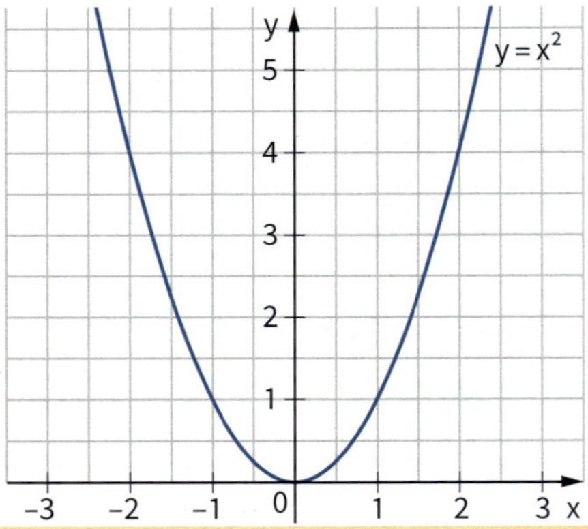

Der Graph der quadratischen Funktion f mit der Funktionsgleichung $f(x) = x^2$ heißt Normalparabel.

Definitionsbereich: $D = \mathbb{R}$
Wertebereich: $W = \mathbb{R}_0^+$

Die Normalparabel ist symmetrisch zur y-Achse. Im Scheitelpunkt $S(0\,|\,0)$ der Normalparabel nimmt die Funktion ihren kleinsten Funktionswert an.
Die Normalparabel ist nach oben geöffnet.

Verschobene Normalparabel

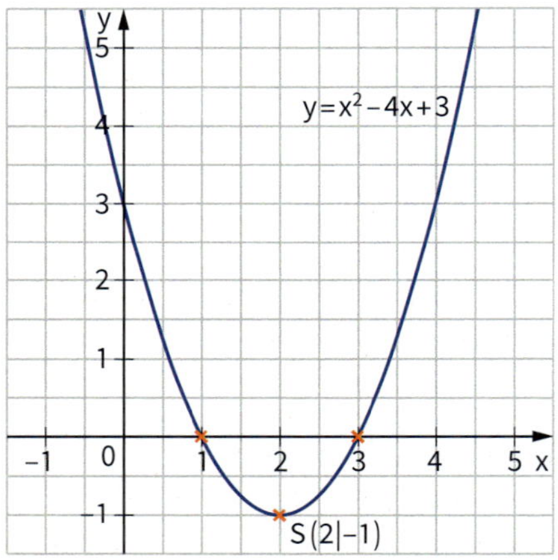

Der Graph einer quadratischen Funktion mit der Funktionsgleichung $f(x) = x^2 + px + q$ ist eine verschobene Normalparabel.

Scheitelpunkt: $S\left(-\frac{p}{2}\,\middle|\,-\frac{p^2}{4} + q\right)$

Die Funktionsgleichung einer quadratischen Funktion kann auch in der Scheitelpunktform $f(x) = (x + d)^2 + e$ angegeben werden.

Funktionsgleichung: $f(x) = x^2 - 4x + 3$
Scheitelpunkt: $S(2\,|\,-1)$
Scheitelpunktform: $f(x) = (x - 2)^2 - 1$

Eine quadratische Funktion hat entweder keine, eine oder zwei Nullstellen.

Nullstellen berechnen

Die Nullstellen einer quadratischen Funktion mit der Funktionsgleichung $f(x) = x^2 + px + q$ $(p, q \in \mathbb{R})$ sind die Lösungen der zugehörigen quadratischen Gleichung $x^2 + px + q = 0$.

Die Lösungen lassen sich mithilfe der **Lösungsformel** bestimmen: $\mathbf{x_{1,2} = -\frac{p}{2} \pm \sqrt{\left(\frac{p}{2}\right)^2 - q}}$

Funktionsgleichung:	$f(x) = x^2 - 7x + 10$	$f(x) = x^2 - 8x + 18$
Gleichung:	$x^2 - 7x + 10 = 0$	$x^2 - 8x + 18 = 0$
	$p = -7;\ q = 10$	$p = -8;\ q = 18$
Diskriminante:	$D = \left(\frac{p}{2}\right)^2 - q$	$D = \left(\frac{p}{2}\right)^2 - q$
	$D = \left(\frac{-7}{2}\right)^2 - 10 = 2{,}25 > 0$	$D = \left(\frac{-8}{2}\right)^2 - 18 = -2 < 0$
Lösungen:	$x_{1,2} = -\frac{-7}{2} \pm \sqrt{\left(\frac{-7}{2}\right)^2 - 10}$	keine Lösungen
	$x_1 = 5 \quad x_2 = 2$	
Nullstellen:	$x_1 = 5 \quad x_2 = 2$	keine Nullstellen

Die Anzahl der Nullstellen einer quadratischen Gleichung in der Normalform hängt vom Wert der Diskriminante D ab: $D > 0$: zwei Lösungen; $D = 0$: eine Lösung; $D < 0$: keine Lösung.

WISSEN KOMPAKT

$f(x) = a\,x^2$

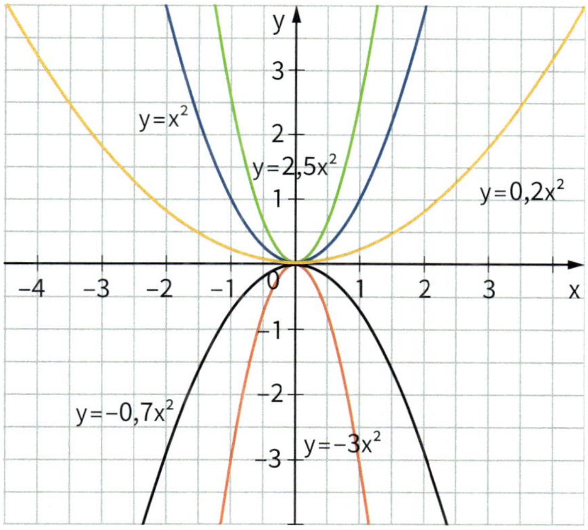

Der Graph einer quadratischen Funktion mit der Funktionsgleichung $f(x) = a\,x^2$ ist eine Parabel.

Der Faktor a ($a \in \mathbb{R}$, $a \neq 0$) ist ein Platzhalter für reelle Zahlen. a bestimmt die Öffnung und die Steigung der Parabel.

$a > 0$: nach oben geöffnete Parabel
$0 < a < 1$: gestaucht
$a > 1$: gestreckt

$a < 0$: nach unten geöffnete Parabel
$-1 < a < 0$: gestaucht
$a < -1$: gestreckt

$f(x) = a\,x^2 + b\,x + c$

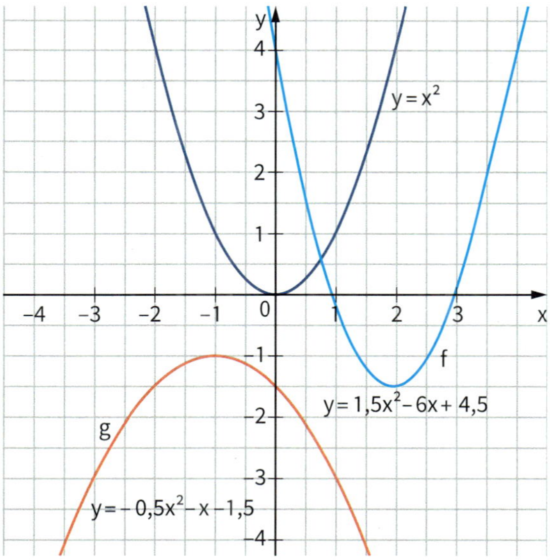

Nullstellen von f: $x_1 = 1$ $x_2 = 3$

$$
\begin{aligned}
f(x) &= 1{,}5\,x^2 - 6\,x + 4{,}5 \\
&= 1{,}5\,[x^2 - 4\,x + 3] \\
&= 1{,}5\,[x^2 - 4\,x + 4 - 4 + 3] \\
&= 1{,}5\,[(x-2)^2 - 1] \\
&= 1{,}5\,(x-2)^2 - 1{,}5
\end{aligned}
$$

Der Graph einer quadratischen Funktion mit der Funktionsgleichung $f(x) = a\,x^2 + b\,x + c$ ist eine Parabel.

Die Variablen a, b und c ($a, b, c \in \mathbb{R}$, $a \neq 0$) heißen Koeffizienten. Sie sind Platzhalter für reelle Zahlen.

Der Koeffizient a bestimmt die Öffnung und die Steigung der Parabel.

Der Koeffizient c bestimmt den Schnittpunkt $P(0\,|\,c)$ mit der y-Achse.

Eine quadratische Funktion hat entweder keine, eine oder zwei Nullstellen.

Die Funktionsgleichung einer quadratischen Funktion mit der Funktionsgleichung $f(x) = a\,x^2 + b\,x + c$ kann auch in der Scheitelpunktform $f(x) = a\,(x+d)^2 + e$ angegeben werden.

ÜBEN: Quadratische Funktionen

1 Bestimme jeweils den Scheitelpunkt der angegebenen Funktionen. Zeichne die Graphen.

a) f: $y = x^2 - 5$
g: $y = (x - 2)^2$

b) f: $y = (x + 3)^2 + 4$
g: $y = (x - 1)^2 - 3$

c) f: $y = x^2 + 1{,}5$
g: $y = (x + 1)^2 - 4$

d) f: $y = (x + 5)^2$
g: $y = (x + 2)^2 - 6$

2 Gegeben ist der Scheitelpunkt einer verschobenen Normalparabel. Gib die zugehörige Funktionsgleichung an.

a) S(9 | 0) b) S(0 | −15)
c) S(13 | 14) d) S(−4 | 5)
e) S(8 | −9) f) S(0 | 0)
g) S(−17 | −28) h) S(12,5 | −6,5)

3 a) Bestimme jeweils den Scheitelpunkt der eingezeichneten Parabeln.

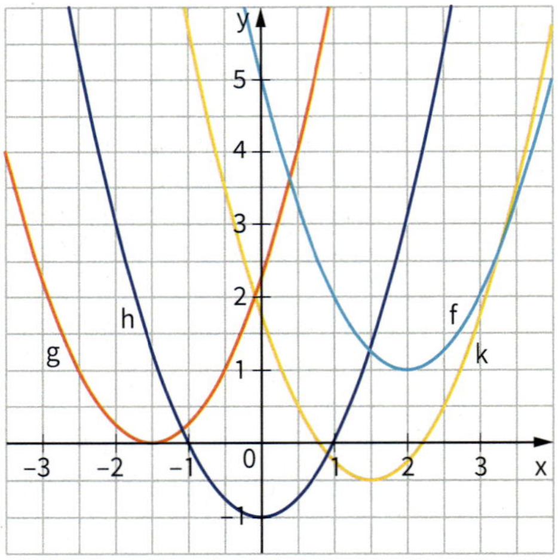

b) Gib die zugehörigen Funktionsgleichungen in der Form $y = x^2 + px + q$ an.

4 Eine Normalparabel wird wie angegeben verschoben. Gib die Funktionsgleichung der verschobenen Normalparabel zunächst in der Scheitelpunktform an. Forme dann um.

a) 12 Einheiten nach rechts
b) 12,5 Einheiten nach links
c) 18 Einheiten nach unten
d) 26 Einheiten nach oben
e) 14 Einheiten nach rechts und 7 Einheiten nach oben
f) 30 Einheiten nach links und 20 Einheiten nach unten

5 In den Beispielen wird überprüft, ob die Punkte P und Q auf dem Graphen von f liegen.

Funktionsgleichung: $f(x) = x^2 - 7x + 5$
Koordinaten des Punktes: P(9 | 23)

Berechnen des Funktionswertes: $f(9) = 9^2 - 7 \cdot 9 + 5 = 23$

Vergleich mit der y-Koordinate des Punktes: $23 = 23$ w

Ergebnis: P liegt auf dem Graphen.

Funktionsgleichung: $f(x) = x^2 - 7x + 5$
Koordinaten des Punktes: Q(2 | −4)

Berechnen des Funktionswertes: $f(2) = 2^2 - 7 \cdot 2 + 5 = -5$

Vergleich mit der y-Koordinate des Punktes: $-4 = -5$ f

Ergebnis: Q liegt nicht auf dem Graphen.

Überprüfe wie in den Beispielen.

a) $f(x) = x^2 + 18$; P(−5 | 43), Q(7 | 66)
b) $f(x) = (x - 27)^2$; P(24 | 8), Q(−3 | 900)
c) $f(x) = (x + 25)^2 - 14$; P(1 | 670), Q(23 | 8)
d) $f(x) = x^2 - 60x + 879$; P(27 | −9), Q(30 | −21)

6 Zeichne den Graphen der angegebenen Funktion. Ermittle anhand des Graphen, an welchen Stellen die Funktion den angegebenen Funktionswert annimmt.

	Funktionsgleichung	Funktionswert
a)	$f(x) = (x + 4{,}5)^2$	4
b)	$f(x) = (x - 2{,}5)^2 + 2$	6
c)	$f(x) = (x + 1{,}5)^2 - 9$	0
d)	$f(x) = x^2 + 5{,}75$	12
e)	$f(x) = x^2 + 4x - 5$	7
f)	$f(x) = x^2 + 2x - 10$	−7
g)	$f(x) = x^2 - 6x + 8$	0
h)	$f(x) = x^2 - 5x + 6{,}25$	9

ÜBEN: Quadratische Funktionen

7 Bestimme den Scheitelpunkt der angegebenen quadratischen Funktion. Bestimme anhand des Graphen die Anzahl der Nullstellen. Berechne dann mögliche Nullstellen.
a) $f(x) = x^2 + 6x + 7$ b) $f(x) = x^2 - 6x + 10$
c) $f(x) = x^2 + 4x - 7$

8 Die quadratische Funktion g hat die Funktionsgleichung $y = 0{,}6x^2$.

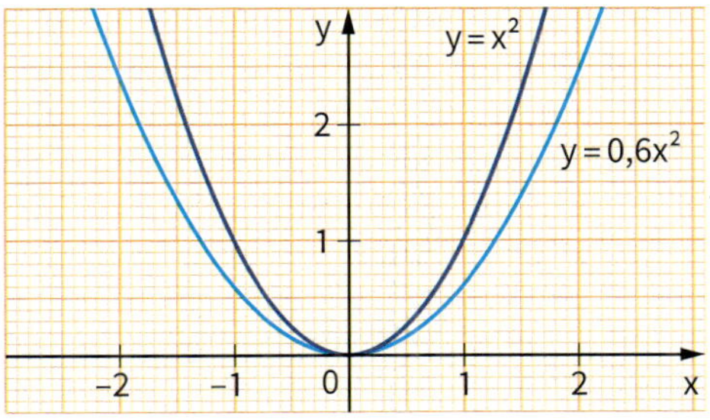

a) Gib die Symmetrieachse und die Nullstelle an.
b) Vergleiche das Steigungsverhalten des Graphen mit dem Steigungsverhalten der Normalparabel.
c) Vergleiche mit dem Graphen einer linearen Funktion. Nenne zwei Unterschiede.

9 Ordne jeder Funktionsgleichung die zugehörige Parabel zu.

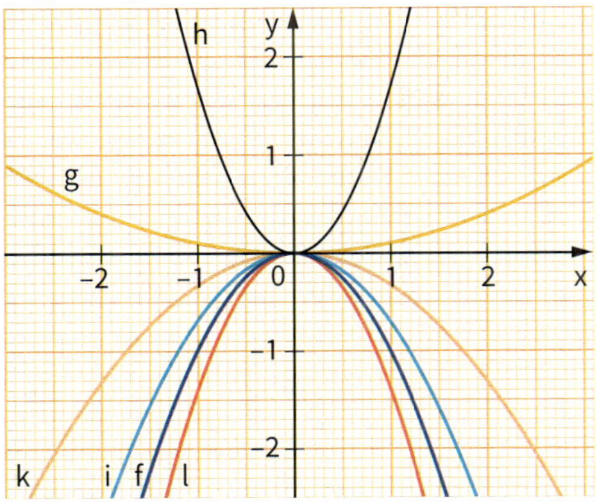

Funktionsgleichung	Parabel
$y = -0{,}7x^2$	■
$y = 1{,}7x^2$	■
$y = -1{,}4x^2$	■
$y = 0{,}1x^2$	■
$y = -x^2$	■
$y = -\frac{1}{3}x^2$	■

10 Beschreibe anhand der Funktionsgleichung die Eigenschaften der zugehörigen Parabel.
a) f: $y = 2{,}5x^2$
g: $y = -1{,}9x^2$
b) f: $y = -1{,}2x^2$
g: $y = 0{,}8x^2$
c) f: $y = 0{,}2x^2$
g: $y = 0{,}5x^2$
d) f: $y = -0{,}7x^2$
g: $y = -1{,}3x^2$

11 Zeichne den Funktionsgraphen. Bestimme dazu zunächst den Scheitelpunkt des Graphen. Lege dann eine Wertetabelle an. Bestimme anhand des Graphen die Anzahl der Nullstellen. Berechne dann mögliche Nullstellen.
a) $f(x) = 2x^2 - 12x + 19$
b) $f(x) = 2x^2 + 8x + 8$
c) $f(x) = 0{,}5x^2 - 2x$
d) $f(x) = -x^2 - 8x - 17$
e) $f(x) = -2x^2 + 8x - 8$
f) $f(x) = -0{,}5x^2 + 2x$

12 Ordne jeder Funktionsgleichung die zugehörige Parabel zu.

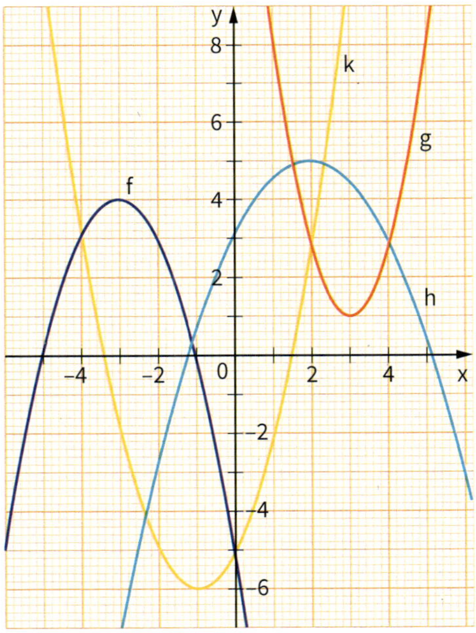

Funktionsgleichung	Parabel
$y = x^2 + 2x - 5$	■
$y = -0{,}5x^2 + 2x + 3$	■
$y = 1{,}8x^2 - 10{,}8x + 17{,}2$	■
$y = -x^2 - 6x - 5$	■

ÜBEN: Quadratische Gleichungen

1 Entscheide bei jeder Gleichung, ob sie zwei Lösungen, eine Lösung oder keine Lösung hat.

a) $x^2 = -64$
$x^2 = 16$
$x^2 = -121$

b) $3x^2 = 48$
$-5x^2 = 180$
$-2x^2 = -98$

c) $x^2 + 9 = 13$
$x^2 + 8 = 4$
$x^2 + 2 = 1$

2 Forme die Gleichungen wie im Beispiel um und bestimme die Lösungsmengen.

$5x^2 - 15 = 3x^2 + 17 \quad | -3x^2$
$2x^2 - 15 = 17 \quad | +15$
$2x^2 = 32 \quad | :2$
$x^2 = 16$
$x = \sqrt{16}$ oder $x = -\sqrt{16}$
$x_1 = 4$ $\quad x_2 = -4$
$L = \{4, -4\}$

a) $2x^2 - 57 = x^2 + 7$
$3x^2 - 89 = x^2 + 9$
$4x^2 - 67 = x^2 + 8$

b) $3x^2 + 5 = 2x^2 + 86$
$7x^2 - 6 = 3x^2 + 94$
$11x^2 + 1 = 5x^2 + 55$

3 In den Beispielen werden die quadratischen Gleichungen $x^2 - 11x = 0$ und $x^2 + 6x = 0$ gelöst.

$x^2 - 11x = 0$
$x(x - 11) = 0$
$x = 0$ oder $x = 11$
$x_1 = 0$ $\quad x_2 = 11$
$L = \{0, 11\}$

$x^2 + 6x = 0$
$x(x + 6) = 0$
$x = 0$ oder $x = -6$
$x_1 = 0$ $\quad x_2 = -6$
$L = \{0, -6\}$

Löse die Gleichungen wie in den Beispielen.

a) $x^2 - 8x = 0$
$x^2 - 9x = 0$
$x^2 - 3x = 0$

b) $x^2 + 9x = 0$
$x^2 + 7x = 0$
$x^2 + 2x = 0$

c) $x^2 + x = 0$
$-x^2 - x = 0$
$-x^2 + x = 0$

Die Anzahl der Lösungen einer quadratischen Gleichung der Form $x^2 + px + q = 0$ hängt vom Wert der Diskriminante D ab.
$D = \left(\frac{p}{2}\right)^2 - q$

4 Löse die Gleichungen.

$4x^2 = 8x \quad | :4$
$x^2 = 2x \quad | -2x$
$x^2 - 2x = 0$
$x(x - 2) = 0$
$x = 0$ oder $x = 2$
$x_1 = 0$ $\quad x_2 = 2$
$L = \{0, 2\}$

a) $x^2 = 15x$
$2x^2 = 6x$
$5x^2 = 40x$

b) $7x^2 = -42x$
$-4x^2 = 12x$
$-8x = -2x^2$

Die Lösungen der quadratischen Gleichung $x^2 + px + q = 0$ $(p, q \in \mathbb{R})$ lassen sich mithilfe der Lösungsformel bestimmen.

$$x_{1,2} = -\frac{p}{2} \pm \sqrt{\left(\frac{p}{2}\right)^2 - q}$$

5 Löse die Gleichungen.

a) $x^2 + 5x + 6 = 0$
$x^2 + x - 12 = 0$
$x^2 + 3x - 4 = 0$

b) $x^2 - 4x - 32 = 0$
$x^2 + 7x + 10 = 0$
$x^2 + 12x - 85 = 0$

c) $x^2 + 8x - 48 = 0$
$x^2 - 3x - 18 = 0$
$x^2 + 7x - 78 = 0$

d) $x^2 - 12x - 45 = 0$
$x^2 - 11x + 18 = 0$
$x^2 - 15x + 50 = 0$

e) $2x^2 + 4x - 16 = 0$
$3x^2 + 3x - 6 = 0$
$4x^2 + 12x + 8 = 0$

f) $5x^2 - 5x - 10 = 0$
$2x^2 - 8x - 90 = 0$
$3x^2 + 6x - 24 = 0$

6 Berechne wie in den Beispielen zunächst der Wert der Diskriminante. Bestimme anschließend die Lösungsmenge.

$x^2 + 4x + 6 = 0$	$p = 4$	$q = 6$
$D = \left(\frac{4}{2}\right)^2 - 6 = -2$	$D < 0$	$L = \{\,\}$
$x^2 - 4x + 4 = 0$	$p = -4$	$q = 4$
$D = \left(-\frac{4}{2}\right)^2 - 4 = 0$	$D = 0$	$L = \{2\}$
$x^2 - 6x + 8 = 0$	$p = -6$	$q = 8$
$D = \left(-\frac{6}{2}\right)^2 - 8 = 1$	$D > 0$	$L = \{2, 4\}$

a) $x^2 + 6x + 10 = 0$
$x^2 - 12x + 36 = 0$
$x^2 - 7x + 12 = 0$
$x^2 - 5x + 4 = 0$

b) $x^2 + 16x + 64 = 0$
$x^2 - 14x + 50 = 0$
$x^2 - 18x + 56 = 0$
$x^2 + 12x - 45 = 0$

c) $x^2 + 9x + 14 = 0$
$x^2 - 6x + 10 = 0$
$x^2 - 15x + 56{,}25 = 0$
$x^2 - 13x + 12 = 0$

d) $x^2 - 8x - 128 = 0$
$x^2 - 18x + 81 = 0$
$x^2 + 11x - 26 = 0$
$x^2 + 17x + 80 = 0$

7 Forme die Gleichungen in die Normalform um und löse sie.

a) $5x^2 - 13x + 2x^2 + 82 = 4x^2 + 32x - 68$
$7x^2 + 9x + 78x + 190 = 3x^2 - x - 98$
$9x^2 + 7x - 5x^2 + 48 = 2x^2 - 31x - 20$

b) $3x^2 + 11x + 6x^2 + 75 = 2x^2 - 38x - 9$
$7x^2 - 7x + 2x^2 - 80 = 4x^2 + 33x + 85$
$4x^2 - 15x + 3x^2 - 4x = 5x^2 + 9x - 80$

ÜBEN: Bremswege

1 Für die Berechnung des Bremsweges eines Pkws (in m) gilt eine Faustregel (Fahrschulregel).

Dividiere die Geschwindigkeit v (in $\frac{km}{h}$) durch 10 und quadriere das Ergebnis.
Diese Faustregel kann auch mithilfe einer Funktionsgleichung ausgedrückt werden. Benutzt man für den Bremsweg (in m) die Variable y und für die Geschwindigkeit (in $\frac{km}{h}$) die Variable x, erhält man: $y = 0{,}01\,x^2$.

a) Berechne mithilfe der Fahrschulregel den Bremsweg bei einer Geschwindigkeit von 20 (40, 60, 80, 100, 120, 160) $\frac{km}{h}$.
b) Wie verändert sich der Bremsweg, wenn die Geschwindigkeit verdoppelt wird?

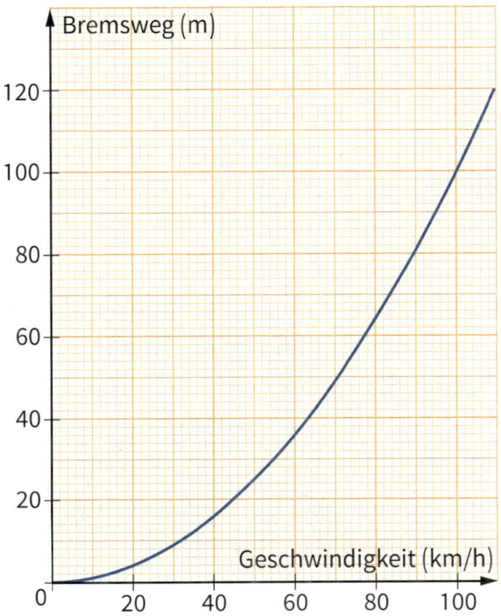

c) Ermittle mithilfe des Graphen die Geschwindigkeit bei einem Bremsweg von 9 (25, 64, 81) m Länge.

2 Der Zusammenhang zwischen Geschwindigkeit x (in $\frac{km}{h}$) und Bremsweg y (in m) kann durch die folgende Funktionsgleichung modelliert werden: $y = a\,x^2$.
Bei einem Pkw sind auf nassem Asphalt zu unterschiedlichen Geschwindigkeiten die Bremswege gemessen worden.
Bestimme a.

Geschwindigkeit x	Bremsweg y
30	5,8
40	10,2
50	16,0
60	23,0

3 In der Tabelle findest du Angaben zu a für unterschiedliche Fahrzeuge und Straßenverhältnisse.

Fahrzeug	Straßenbelag	a
Pkw	trockener Asphalt	0,0055
Pkw	vereiste Fahrbahn	0,0500
Lkw	trockener Asphalt	0,0110

a) Zeichne die Graphen für alle in der Tabelle angegebenen Werte von a in ein Koordinatensystem (Geschwindigkeiten von 0 $\frac{km}{h}$ bis 140 $\frac{km}{h}$).
b) Welcher Zusammenhang besteht zwischen dem Wert für a und der Länge des Bremsweges?
c) Bei Verkehrsunfällen kann die Polizei oft aus der Länge des Bremsweges auf die Geschwindigkeit des Fahrzeuges vor dem Bremsvorgang schließen.

Bestimme anhand des Graphen die Geschwindigkeit eines Pkws, der auf trockenem Asphalt einen Bremsweg von 20 (30, 40) m Länge hat.

Die Fahrschulregel ist kein gutes Modell für die Berechnung des Bremsweges. Die wirkliche Berechnung des Bremsweges hängt von mehreren Bedingungen ab: dem Fahrzeugtyp, der Witterung, den Straßenverhältnissen und dem Zustand der Bremsen des Fahrzeugs.

ÜBEN: Brücken

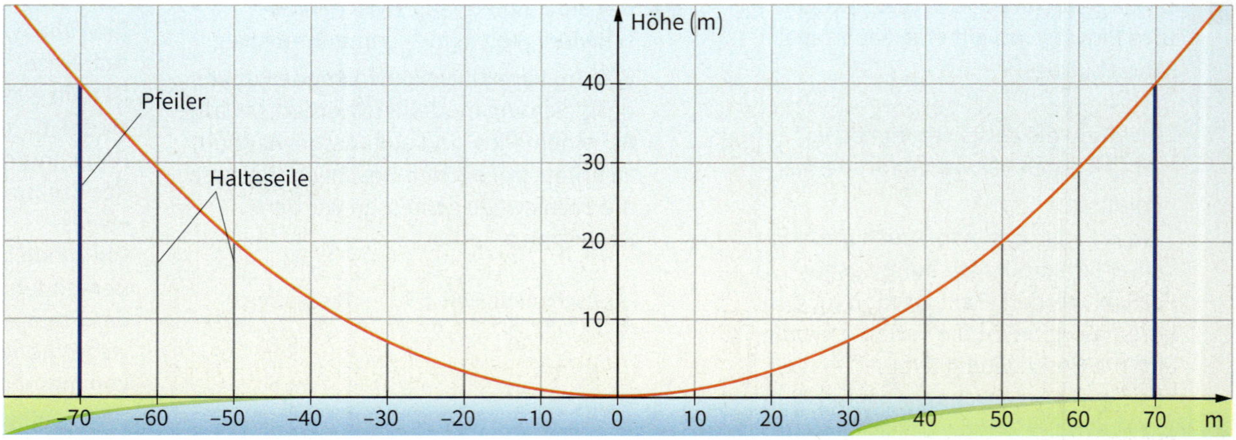

Du kannst die Funktionsgraphen auch digital erstellen.

Die Aufgaben auf diesen beiden Seiten kannst du auch in Partner- oder Gruppenarbeit lösen. Beachte dazu die Hinweise auf den Seiten 203 bis 205.

1 Der Bogen der dargestellten Brücke wird beschrieben durch den Graphen der quadratischen Funktion

$$y = 0{,}008\,x^2.$$

a) Zeichne den Graphen der Funktion (x-Achse: 1 cm ≙ 10 m, y-Achse: 1 cm ≙ 10 m).
b) Berechne die Höhe der Brückenpfeiler und die Längen der Halteseile.
c) Wie groß ist die Spannweite der Brücke?

2 Der Bogen der im Koordinatensystem dargestellten Brücke wird beschrieben durch den Graphen der quadratischen Funktion $y = -0{,}2\,x^2$.

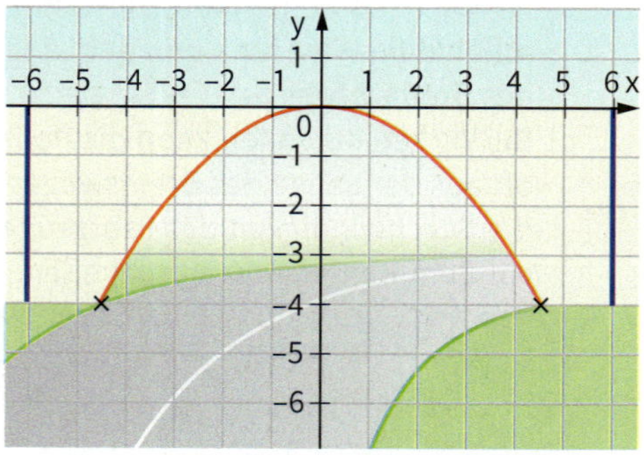

a) Zeichne den Graphen der Funktion (x-Achse: 1 cm ≙ 1 m, y-Achse: 1 cm ≙ 1 m).
b) Gib die Höhe des Brückenbogens an.
c) Kann ein 3,50 m hoher und 2,80 m breiter Lkw unter der Brücke durchfahren?

3 Der Brückenbogen dieser Brücke in Nijmegen kann durch den Graphen der Funktion $y = -0{,}002\,x^2 + 25$ modelliert werden.

a) Zeichne den Graphen der Funktion (x-Achse: 1 cm ≙ 10 m, y-Achse: 1 cm ≙ 10 m).
b) Bestimme Spannweite und Höhe des Brückenbogens.
c) Überprüfe deine Ergebnisse mithilfe einer Rechnung.

4 Der Graph der quadratischen Funktion $y = -0{,}5\,x^2 + 4{,}5$ beschreibt den Verlauf eines Brückenbogens.

Fertige eine Skizze an und berechne die Höhe und die Spannweite der Brücke.

ÜBEN: Brücken

5 Das Foto zeigt die Akashi-Kaikyo-Brücke in Japan.

Das Hauptseil der Brücke im Koordinatensystem folgt dem Graphen der quadratischen Funktion mit der Funktionsgleichung $y = 0{,}01\,x^2 - x + 40$.

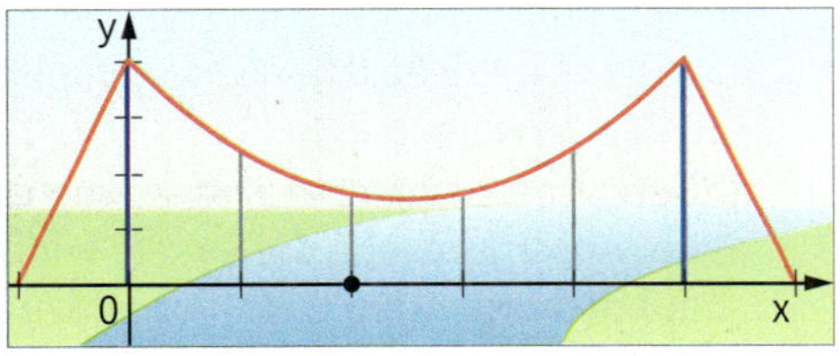

a) Zeichne den Graphen. Lege zunächst eine Wertetabelle mit x-Werten von 0 bis 100 an, Schrittweite 10.
b) Bestimme die Höhe der Brückenträger und die Längen der vier eingezeichneten Halteseile.
c) Bestimme den kürzesten Abstand des Hauptseils von der Fahrbahn. Bestätige dein Ergebnis mithilfe einer Rechnung.

6 Das Hauptseil einer Hängebrücke verläuft wie der Graph der quadratischen Funktion mit der Funktionsgleichung $y = 0{,}005\,x^2 - 0{,}8\,x + 50$.
a) Zeichne den Graphen. Lege zunächst eine Wertetabelle mit x-Werten von 0 bis 140 an, Schrittweite 10.
b) Die Brückenträger stehen bei 0 m und bei 140 m. Berechne ihre Höhe.
c) Bestimme die Stelle, an der das Hauptseil der Fahrbahn am nächsten kommt. Gib dort den Abstand zur Fahrbahn an. Überprüfe deine Angaben durch eine Rechnung.

7 Das Foto zeigt die älteste Steinbrücke Schottlands.

Der im Koordinatensystem dargestellte Brückenbogen wird durch den Graphen der quadratischen Funktion mit der Gleichung $y = -0{,}5\,x^2 + 3\,x$ bestimmt.

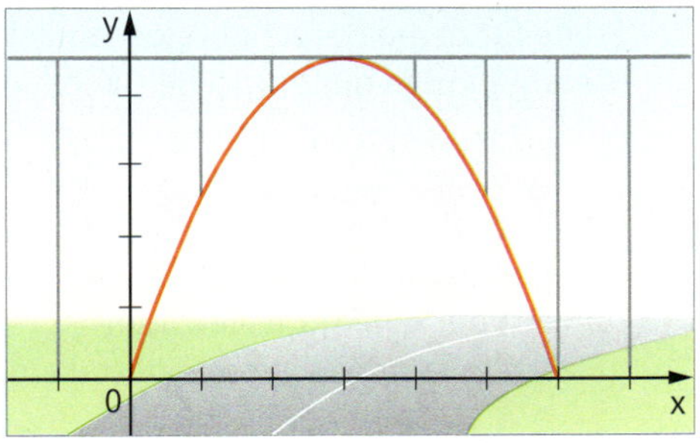

a) Zeichne den zugehörigen Funktionsgraphen.
b) Bestimme die Höhe des Brückenbogens mithilfe deiner Zeichnung. Bestätige dein Ergebnis durch eine Rechnung.
c) Wie breit ist der Brückenbogen am Erdboden, wie breit in 2 m Höhe?

8 Ein Brückenbogen wird durch den Graphen der Funktion $y = -0{,}25\,x^2 + 2{,}5\,x - 2{,}25$ dargestellt. Kann ein 2,50 m breites und 3,80 m hohes Fahrzeug unter der Brücke durchfahren?

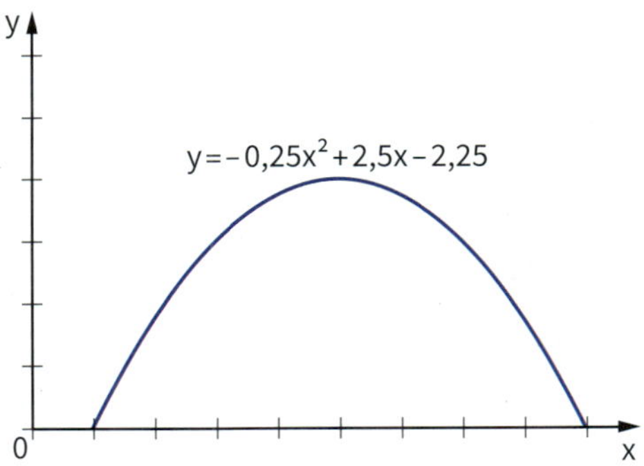

ÜBEN: Flugbahnen

1 Paul will im Schwimmbad vom 5-m-Brett ins Becken springen.

Die Funktion mit der Gleichung $y = -5x^2 + 5$ gibt näherungsweise den Zusammenhang zwischen der Fallhöhe (y in m) und der Fallzeit (x in s) an.
Wie viele Sekunden nach dem Absprung vergehen, bis Paul das Wasser berührt? Stelle für deine Berechnungen zunächst die zugehörige quadratische Gleichung auf.

2 Die Flugbahn des eingeworfenen Fußballs kann durch die quadratische Funktion mit der Funktionsgleichung $y = -0{,}02x^2 + 0{,}3x + 2$ modelliert werden.

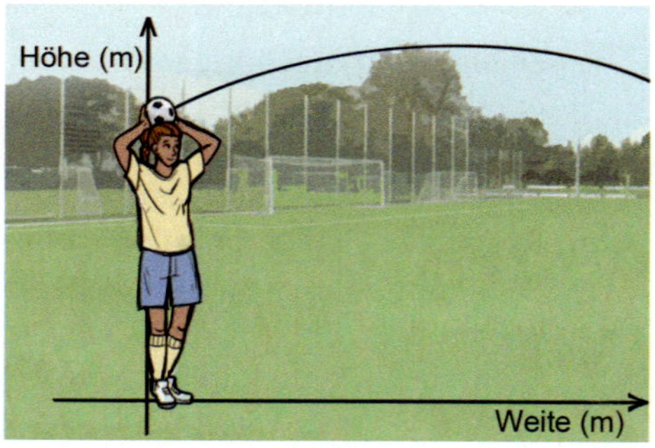

Berechne, wie weit der Ball geworfen wird, wenn er nicht vorher auf den Körper einer Spielerin trifft.

3 Die Flugbahn eines Golfballs wird näherungsweise durch die Parabel mit der Gleichung $y = -0{,}0016x^2 + 0{,}3x$ beschrieben.

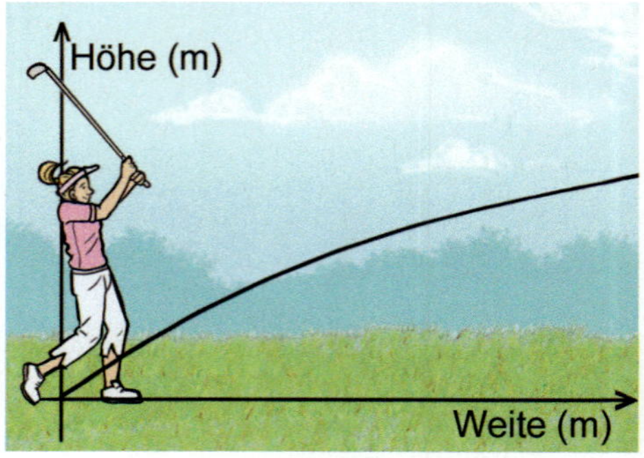

Berechne, wie weit der Golfball auf ebenem Gelände fliegt.

4 Der Graph der quadratischen Funktion mit der Funktionsgleichung $y = -3{,}2x^2 + 32x$ beschreibt die Flugbahn einer Feuerwerksrakete.

a) Berechne, in welcher Entfernung von der Abschussstelle die Rakete wieder auf den Erdboden trifft. Löse dazu die zugehörige quadratische Gleichung.
b) Bestimme den höchsten Punkt der Flugbahn.

5 Die Flugbahn des Balles, den Herr Jansen spielt, kann durch eine Parabel mit der Funktionsgleichung $y = -0{,}05(x + 3)^2 + 5$ beschrieben werden.

a) Kommt der Ball noch im Spielfeld auf? Berechne.
b) Bestimme mithilfe der Funktionsgleichung die größte Höhe des Balles. In welcher Entfernung vom Netz wird diese Höhe erreicht?

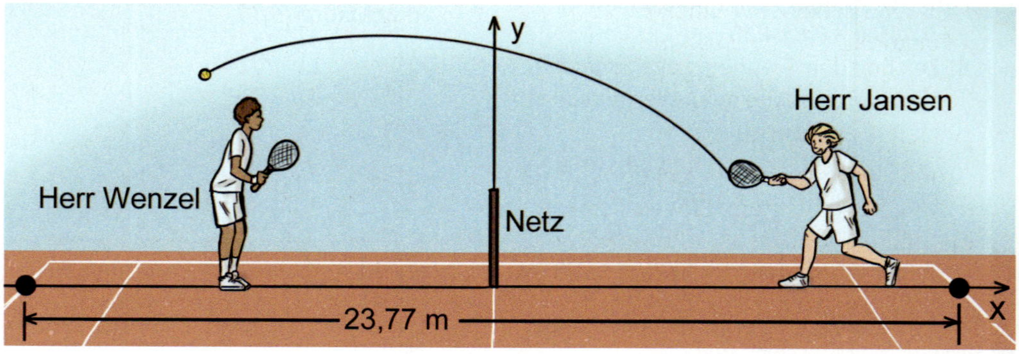

VERTIEFEN: Quadratische Gleichungen grafisch lösen

1 Die Gleichungen $x^2 + 4x = 0$, $x^2 + 2x = 0$, $x^2 - 4x + 5 = 0$ und $x^2 - 10x + 25 = 0$ sind wie abgebildet grafisch gelöst worden.

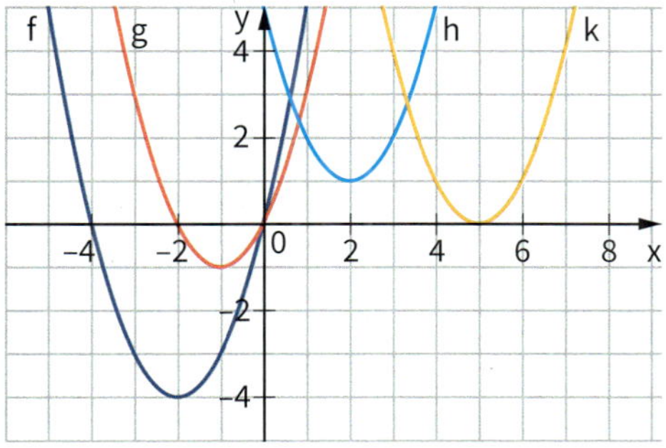

a) Ergänze anhand der einzelnen Graphen die Tabelle.

Quadratische Gleichung	Funktions-gleichung	Null-stellen	Lösungen
$x^2 + 4x = 0$	f: $y = x^2 + 4x$	■	■
■	■	■	■
■	■	■	■
■	■	■	■

b) Überprüfe anschließend die Lösungen durch Einsetzen in die Gleichung.

2 In dem folgenden Beispiel wird die Gleichung $x^2 - 2x + 3 = 0$ so umgeformt, dass auf der linken Seite nur der quadratische Term x^2 steht.
Der Term x^2 wird als Funktionsterm einer quadratischen Funktion, der Term $2x + 3$ als Funktionsterm einer linearen Funktion betrachtet.

Quadratische Gleichung: $x^2 - 2x - 3 = 0$

$x^2 - 2x - 3 = 0 \quad | + 2x \quad | + 3$

$x^2 = 2x + 3$

Quadratische Funktion:	Lineare Funktion:
f: $y = x^2$	g: $y = 2x + 3$

a) Zeichne den Graphen der Funktion f und den Graphen der Funktion g in ein Koordinatensystem (Einheit 1 cm).
b) Erläutere, warum die x-Koordinaten der Schnittpunkte der beiden Graphen die Lösungen der Gleichung $x^2 - 2x - 3 = 0$ sind.
c) Mache die Probe.

3 Bestimme grafisch die Lösungen der Gleichung. Benutze dazu das Verfahren aus Aufgabe 2.
a) $x^2 + 6x + 8 = 0$
b) $x^2 + x - 6 = 0$
c) $x^2 + 0{,}5x - 1{,}5 = 0$
d) $x^2 + 6x + 5 = 0$

4 In der folgenden Abbildung wird eine quadratische Gleichung mithilfe des Verfahrens aus Aufgabe 2 grafisch gelöst.
Notiere, wenn möglich, anhand der Abbildung die Lösungen der quadratischen Gleichung.
Gib die quadratische Gleichung auch in der Normalform an.
Mache die Probe.

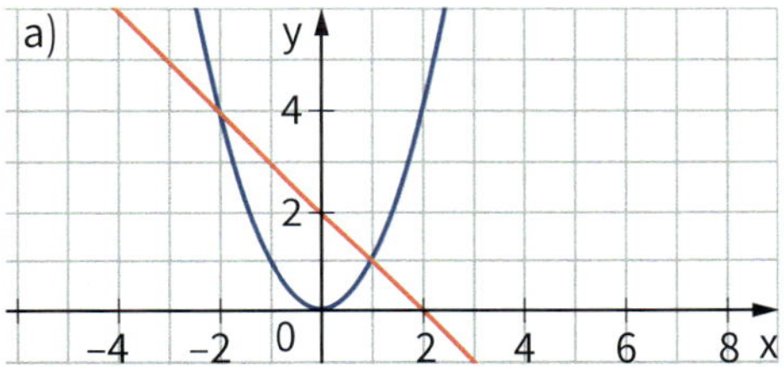

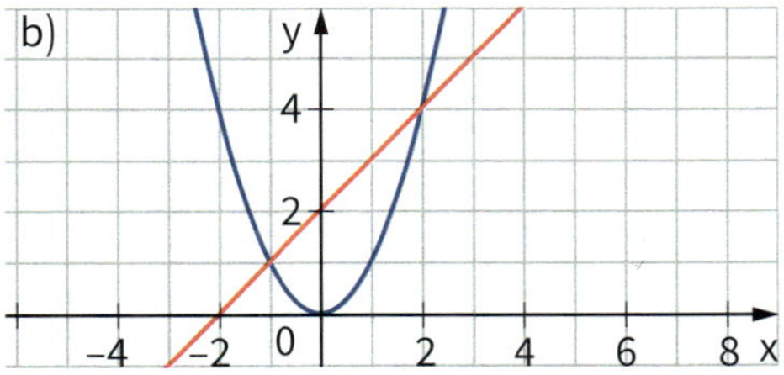

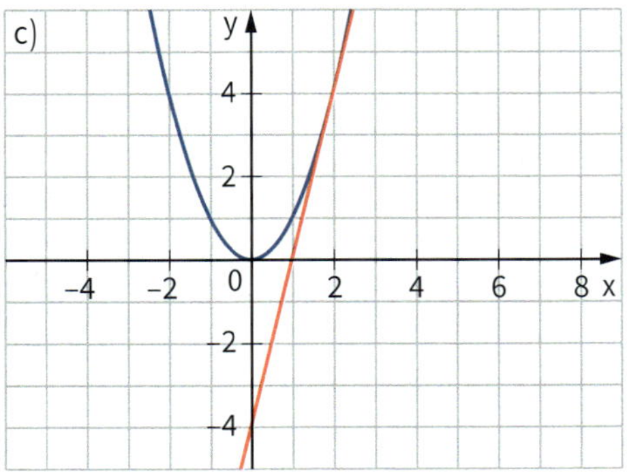

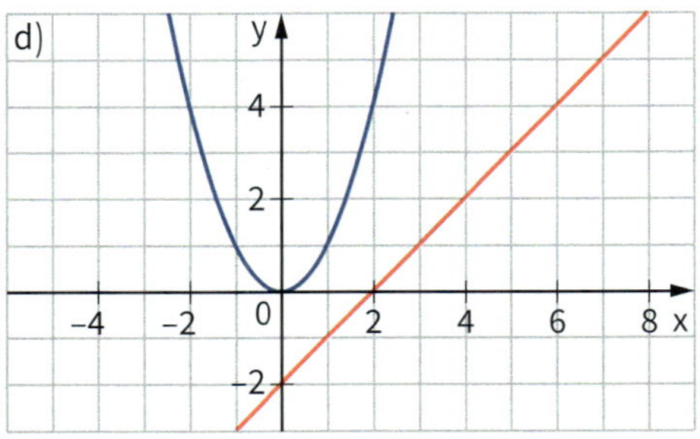

AUSGANGSTEST 1

1 Zeichne die Graphen der angegebenen Funktionen in ein Koordinatensystem. Bestimme zunächst jeweils den Scheitelpunkt.
a) $y = (x-3)^2$ b) $y = (x+3)^2 + 1$
c) $y = (x-1)^2 - 5$ d) $y = x^2 - 4$

2 Ordne jeder Funktionsgleichung die zugehörige Parabel zu.

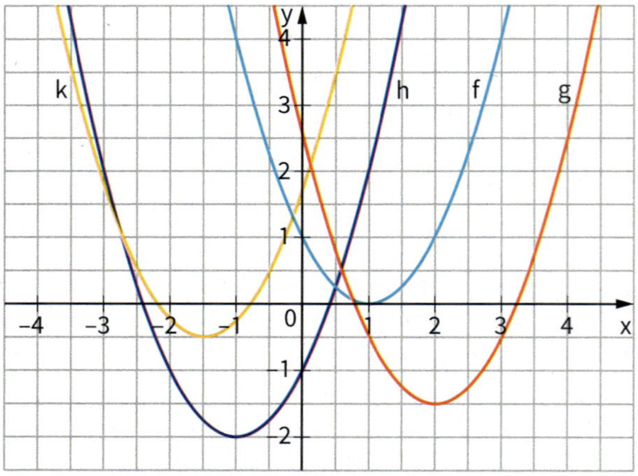

Funktionsgleichung	Parabel
$y = (x-1)^2$	▪
$y = (x+1)^2 - 2$	▪
$y = (x-2)^2 - 1,5$	▪
$y = (x+1,5)^2 - 0,5$	▪

3 Überprüfe, ob die Punkte P und Q auf dem Graphen von f liegen.
a) $f(x) = x^2 + 12$; $P(-5\,|\,37)$, $Q(1,5\,|\,14,5)$
b) $f(x) = (x-13)^2$; $P(12,5\,|\,-0,25)$, $Q(-13\,|\,0)$
c) $f(x) = x^2 - 14x + 7$; $P(1,8\,|\,-14,8)$, $Q(-23\,|\,858)$

4 Forme um in die Scheitelpunktform und gib die Koordinaten des Scheitelpunktes an.
a) f: $y = x^2 - 6x + 5$
b) g: $y = x^2 + 2x + 2$
c) h: $y = x^2 - 4x + 1,5$

5 Bestimme die Nullstellen der quadratischen Funktion mithilfe einer Rechnung.
a) $y = x^2 - 4x + 3$ b) $y = x^2 + 2x - 3$
c) $y = x^2 + 6x + 10$ d) $y = x^2 - 6x + 9$

6 Bestimme die Lösungsmenge der quadratischen Gleichung.
a) $x^2 - 64 = 0$ b) $x^2 + 13x = 0$
c) $2x^2 + 98 = 0$ d) $3x^2 + 5x = 5x + 108$

7 Für den Bremsweg eines Pkws auf trockener Straße gilt die Funktionsgleichung $y = 0,006\,x^2$. Bestimme den Bremsweg des Pkws bei einer Geschwindigkeit von $80\,\frac{km}{h}$.

Ich kann ...

	Aufgabe	Hilfen und Aufgaben	
mithilfe der Scheitelpunktform die Koordinaten des Scheitelpunktes bestimmen und den zugehörigen Funktionsgraphen zeichnen.	1	Seite 82, 83, 96	I
verschobenen Normalparabeln die zugehörige Scheitelpunktform zuordnen.	2	Seite 82, 83, 96	
durch eine Rechnung überprüfen, ob ein Punkt auf dem Graphen einer quadratischen Funktion liegt.	3	Seite 96	II
die Funktionsgleichung einer quadratischen Funktion in die Scheitelpunktform umformen.	4	Seite 85, 86, 97	
Nullstellen einer quadratischen Funktion mithilfe einer Rechnung bestimmen.	5	Seite 81, 83, 84, 97	
die Lösungsmenge einer quadratischen Gleichung bestimmen.	5, 6	Seite 81, 84, 98	
Sachprobleme mithilfe quadratischer Funktionen modellieren und lösen.	7	Seite 99	

AUSGANGSTEST 2

1 Die im Koordinatensystem eingezeichneten Parabeln gehören zu den Funktionsgleichungen in der Tabelle.

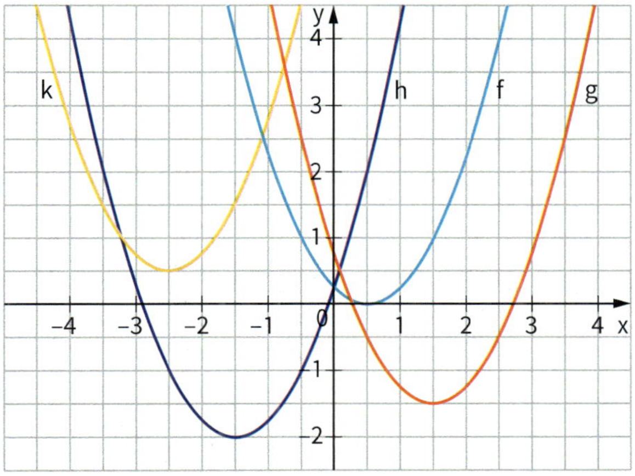

Ordne jeder Funktionsgleichung die zugehörige Parabel zu.

Funktionsgleichung	Parabel
$y = x^2 - 3x + 0{,}75$	■
$y = x^2 + 5x + 6{,}75$	■
$y = x^2 - x + 0{,}25$	■
$y = x^2 + 3x + 0{,}25$	■

2 Zeichne die Graphen der angegebenen Funktionen in ein Koordinatensystem. Nutze dabei die Symmetrieeigenschaft.
f: $y = 1{,}4x^2$ g: $y = 0{,}6x^2$ h: $y = -1{,}8x^2$

3 Bestimme die Lösungsmenge der quadratischen Gleichung.
a) $x^2 - 14x + 48 = 0$ b) $x^2 + 13x + 45 = 0$

4 Zeichne den Graphen der angegebenen quadratischen Funktion. Bestimme anhand des Graphen den Scheitelpunkt der Parabel.
Berechne die Nullstellen.
a) $y = 2x^2 - 8x + 6$ b) $y = -x^2 - 6x - 10$

5 Bestimme die Koordinaten des Scheitelpunkts der quadratischen Funktion.
a) $f(x) = 0{,}5x^2 - 2{,}5x + 10$
b) $f(x) = -2x^2 - 6x + 3$

6 Für den Bremsweg y (in m) eines Pkws auf trockenem Asphalt gilt die Funktionsgleichung
$y = 0{,}0055x^2$.
x gibt dabei die Geschwindigkeit in $\frac{km}{h}$ an.
Der Bremsweg beträgt 45 m. Zeichne den Graphen und bestimme die Ausgangsgeschwindigkeit. Runde sinnvoll.

7 Nach einem Abschlag aus dem Übungsbereich (Driving Range) folgt ein Golfball dem Verlauf einer Parabel mit der Funktionsgleichung
$y = -0{,}008x^2 + 0{,}8x$.
a) In welcher Höhe überfliegt der Ball die 40-m-Markierung?
b) Bestimme die Weite und den höchsten Punkt der Flugbahn.

Ich kann …

	Aufgabe	Hilfen und Aufgaben	
verschobenen Normalparabeln die zugehörige Normalform zuordnen.	1	Seite 85, 97	II
Graphen quadratischer Funktionen mit der Funktionsgleichung $y = ax^2$ zeichnen.	2	Seite 90, 97	
die Lösungsmenge einer quadratischen Gleichung bestimmen.	3	Seite 87, 88, 98	
Graphen quadratischer Funktionen mit der Funktionsgleichung $y = ax^2 + bx + c$ zeichnen.	4	Seite 91, 97	
den Scheitelpunkt einer allgemeinen quadratischen Funktion mithilfe des Graphen bestimmen.	4	Seite 91, 92, 97	
Nullstellen einer quadratischen Funktion mithilfe einer Rechnung bestimmen.	4	Seite 91, 92, 97	
die Funktionsgleichung einer allgemeinen quadratischen Funktion in die Scheitelpunktform umformen.	5	Seite 92, 97	III
Sachprobleme mithilfe quadratischer Funktionen modellieren und lösen.	6, 7	Seite 99, 102	

5 Statistische Erhebungen

Die Schülerinnen und Schüler wollen in Gruppen statistische Erhebungen durchführen. Wie könnte eine statistische Erhebung in den vorgeschlagenen Bereichen aussehen?

Bist du fit für dieses Kapitel? Eingangstest auf Seite 174

In diesem Kapitel ...

- *planst du statistische Erhebungen und führst sie durch.*
- *wertest du statistische Erhebungen aus und präsentierst die Ergebnisse.*
- *vergleichst du die Ergebnisse statistischer Erhebungen.*

Einzelne Schritte bei einer statistischen Erhebung

Eine statistische Erhebung planen

Eine statistische Erhebung durchführen

Eine statistische Erhebung auswerten

Das Ergebnis einer statistischen Erhebung präsentieren

- Entscheidet euch in Gruppen für ein mögliches Thema.
- Plant die einzelnen Schritte sorgfältig.
- Auf den nächsten beiden Seiten findet ihr Hinweise zur Planung und Auswertung.

Eine Umfrage planen

1 Plant in Gruppen eine Umfrage zu einem Thema. Überlegt, wen ihr befragen wollt und entwerft einen Fragebogen.

Mögliche Themenbereiche:
Schulweg
Digitale Medien
Soziale Netzwerke

Modellieren — Eine Umfrage planen

1. Welche Personengruppe soll befragt werden?

Schülerinnen und Schüler des 9. Jahrgangs

Jugendliche von 10 bis 16 Jahren

Erwachsene

beliebige Personen

2. Wie sollen die Personen aus der betroffenen Gruppe ausgewählt werden?

- Alle Schülerinnen und Schüler einer Klasse (eines Jahrgangs, der Schule) werden befragt.
- Eine zufällige Auswahl von Personen wird befragt.

3. Worauf ist beim Entwurf des Fragebogens zu achten?

Stelle keine Fragen, deren Antworten du nicht auswerten kannst.

~~Wie kann das Umweltbewusstsein verstärkt werden?~~

~~Warum wird das Freizeitverhalten von Jugendlichen untersucht?~~

Wenn mehr als eine Antwort gegeben werden kann, muss das deutlich gemacht werden.

Welche Ballsportarten betreibst du? Du kannst mehrere Antworten ankreuzen.
☐ Fußball
☐ Handball
☐ Basketball
☐ Volleyball

Mit welchem Gerät gehst du am häufigsten ins Internet?
☐ Computer
☐ Laptop
☐ Tablet
☐ Smartphone

Bei vorgegebenen Antworten muss es zu jedem möglichen Befragungsergebnis auch eine Ankreuzmöglichkeit geben.

Wie viele Paar Sportschuhe hast du? Bitte kreuze die passende Antwort an.
0 ☐ 1 ☐
2 ☐ 3 ☐
4 ☐ mehr als 4 ☐

Wie lang ist deinSchulweg? Bitte kreuze die passende Anwort an.
weniger als 2 km ☐
von 2 km bis 5 km ☐
von 5 km bis 10 km ☐
mindestens 10 km ☐

Eine Umfrage durchführen und auswerten

1 a) Führt in Gruppen eine geplante Umfrage durch und wertet sie aus.

b) Stellt die Ergebnisse der Umfrage grafisch dar.

Modellieren – Eine Umfrage auswerten und die Ergebnisse darstellen

1. Worauf ist bei der Auswertung der Fragebögen zu achten?

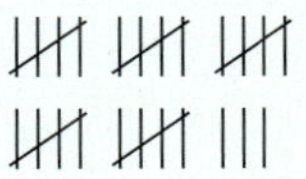

Bei der Auswertung sollte zunächst mit Strichlisten gearbeitet werden.

relative Häufigkeit

Bruch: $\frac{28}{100}$

Dezimalbruch: 0,28

Prozent: 28 %

Müssen auch relative Häufigkeiten berechnet werden? Wie sollen sie angegeben werden?

arithmetisches Mittel $\bar{x}$

Median $\tilde{x}$

Spannweite = Maximum – Minimum

Können Mittelwerte, Maximum, Minimum und die Spannweite bestimmt werden?

Zeit (s)				
15	16	25	23	17
12	18	45	10	48
67	22	32	19	18
34				

Müssen Daten in Klassen zusammengefasst werden?

2. Kann ein Tabellenkalkulationsprogramm eingesetzt werden?

3. Worauf ist bei der Darstellung der Ergebnisse zu achten?

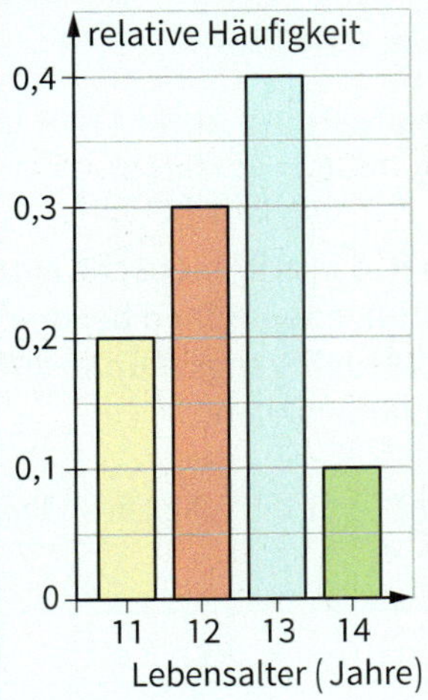

Die Achsen müssen eine Einteilung haben und beschriftet sein.

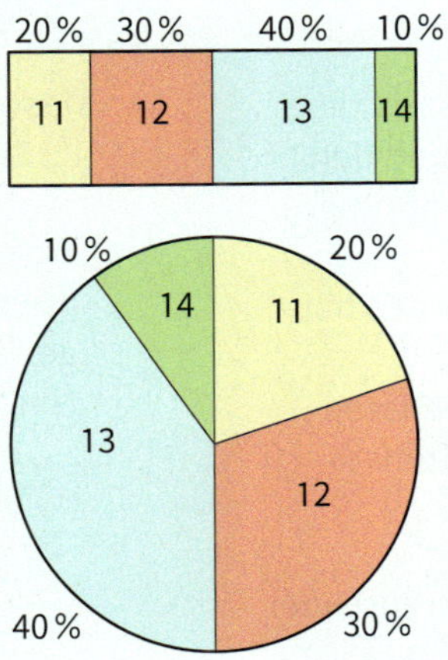

Kreis- und Streifendiagramm eignen sich nicht bei Mehrfachantworten.

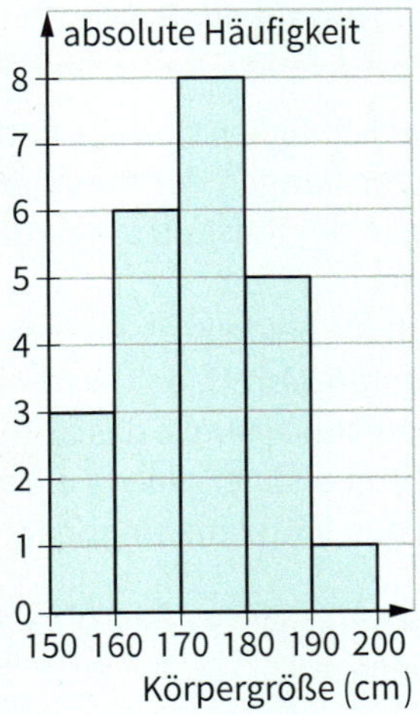

Bei Daten, die in Klassen zusammengefasst werden, ist das Histogramm die richtige Diagrammform.

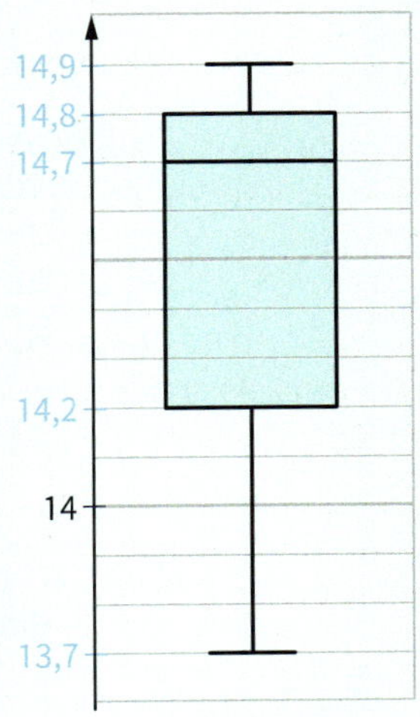

Median, Maximum, Minimum und die Spannweite lassen sich in einem Boxplot veranschaulichen.

Mittelwerte

Auf den folgenden Seiten werden Kenngrößen und Diagrammformen früherer Jahrgänge wiederholt.

Video
WES-152460-022

1 Die Klassen 9 a und 9 b lassen ihre fünf besten Sportler im Weitsprung gegeneinander antreten.

Sprungweiten der 9 a (m)
3,95 4,20 4,55 4,05 4,45

Sprungweiten der 9 b (m)
4,65 4,05 4,00 4,35 4,55

Gib an, welche Klasse gewonnen hat, wenn,
a) die größte Weite gewertet wird;
b) die durchschnittliche Weite gewertet wird.

Handelt es sich bei Daten um reelle Zahlen, kannst du das arithmetische Mittel $\overline{x}$ (*lies:* x quer) berechnen.

Sprungweiten (m)
3,24 3,32 3,18 3,20

$$\overline{x} = \frac{3{,}24 + 3{,}32 + 3{,}18 + 3{,}20}{4}\,\text{m} = 3{,}235\,\text{m}$$

$$\overline{\mathbf{x}} = \frac{\textbf{Summe aller Daten}}{\textbf{Anzahl der Daten}}$$

2 In der Häufigkeitstabelle findest du die von den Jungen der Klasse 9 a und den Jungen der Klasse 9 c erzielten Sprunghöhen.
a) Gib für beide Klassen jeweils den häufigsten Wert (Modalwert) an.
b) Berechne jeweils das arithmetische Mittel und vergleiche die arithmetischen Mittel miteinander.

übersprungene Höhe (m)	9 a: absolute Häufigkeit	9 c: absolute Häufigkeit
1,20	5	3
1,25	3	4
1,30	3	3
1,35	2	2
1,40	2	1
1,45	0	1
Summe	■	■

3 Im Beispiel siehst du, wie das arithmetische Mittel mithilfe der absoluten Häufigkeiten berechnet wird.

Hochsprungergebnisse der Mädchen im 9. Jahrgang

übersprungene Höhe (m)	absolute Häufigkeit	Produkt
1,10	12	12 · 1,10
1,15	10	10 · 1,15
1,20	8	8 · 1,20
1,25	6	6 · 1,25
1,30	4	4 · 1,30
Summe	40	47,00

1. Multipliziere jede Höhe mit der zugehörigen absoluten Häufigkeit.
2. Addiere alle so berechneten Produkte.
3. Dividiere die Summe durch die Anzahl der Daten.

$$\overline{x} = \frac{12 \cdot 1{,}10 + 10 \cdot 1{,}15 + 8 \cdot 1{,}20 + 6 \cdot 1{,}25 + 4 \cdot 1{,}30}{40}\,\text{m}$$

$$= \frac{47{,}00}{40}\,\text{m} = 1{,}175\,\text{m}$$

Das arithmetische Mittel $\overline{x}$ beträgt 1,175 m.

a) Berechne das arithmetische Mittel der übersprungenen Höhen bei den Jungen des 9. Jahrgangs. Runde auf zwei Nachkommastellen.

Höhe (m)	abs. Häufigkeit	Produkt
1,20	11	■
1,25	14	■
1,30	10	■
1,35	9	■
1,40	6	■
1,45	2	■
Summe	■	■

b) Gib den Modalwert an.

Mittelwerte

4 Marie nimmt an einem Wettbewerb im Kugelstoßen teil.
Von fünf Versuchen ist einer ungültig.

erzielte Weiten (m)				
9,45	0	9,12	8,95	9,07

a) Berechne das arithmetische Mittel.
b) Ordne die erzielten Weiten der Größe nach. Beginne mit der kleinsten Weite. Bestimme die Weite, die genau in der Mitte steht.
c) Vergleiche diese Weite mit dem arithmetischen Mittel. Welcher Wert beschreibt die Leistungen von Marie im Kugelstoßen besser?

5 Beim Weitsprung hat Jana insgesamt sechs Versuche.
Zwei davon sind ungültig.

erzielte Weiten (m)					
4,46	0	4,87	4,68	4,85	0

a) Ordne die erzielten Weiten der Größe nach. Bestimme das arithmetische Mittel der beiden Weiten, die in der Mitte stehen.
b) Vergleiche diesen Wert mit dem arithmetischen Mittel. Welcher Wert beschreibt die Leistungen von Jana besser?

Insbesondere bei stark abweichenden Werten (Ausreißern) ist es sinnvoll, als Mittelwert den Median (Zentralwert) zu wählen.

Ungerade Anzahl von Daten:

erzielte Weiten (m)				
9,35	9,12	6,34	8,95	9,03

Rangliste:
6,34 8,95 9,03 9,12 9,35

Bei einer ungeraden Anzahl von Daten ist der Median $\tilde{x}$ (*lies*: x Schlange) der mittlere Wert in der Rangliste.

Median (Zentralwert): $\tilde{x} = 9{,}03$ m

Gerade Anzahl von Daten:

erzielte Weiten (m)					
8,96	9,08	8,01	9,21	8,84	9,06

Rangliste:
8,01 8,84 8,96 9,06 9,08 9,21

Bei einer geraden Anzahl von Daten liegt der Median $\tilde{x}$ zwischen den beiden mittleren Werten in der Rangliste.

Median (Zentralwert):

$$\tilde{x} = \frac{8{,}96 + 9{,}06}{2}\text{ m} = 9{,}01\text{ m}$$

Video
WES-152460-023

6 In den Urlisten findest du die Weiten, die Christian und Felix beim Kugelstoßen erzielt haben.

Christian: erzielte Weiten (m)						
8,77	8,35	8,67	8,99	8,39	8,69	5,64

Felix: erzielte Weiten (m)							
8,46	8,85	8,34	8,62	8,54	6,81	8,09	8,44

a) Bestimme jeweils den Median.
b) Wer hat im Durchschnitt die besseren Ergebnisse erzielt?

Streumaße

1 Emil oder Tim sollen die Schule bei einem Sportwettkampf im Kugelstoßen vertreten. Vor dem Wettkampf machen beide noch einmal sieben Probestöße.

Wer von beiden soll am Wettkampf teilnehmen?

Von Emil erzielte Weiten (m):
9,12 9,45 8,99 9,36 10,12
10,05 9,41

Von Tim erzielte Weiten (m):
10,52 10,27 9,38 9,79 9,41
8,37 8,76

2 In den Urlisten findest du die von Andre und Jan beim Kugelstoßen erzielten Weiten.

Von Andre erzielte Weiten (m):
8,39 7,87 8,12 8,40 8,16

Von Jan erzielte Weiten (m):
8,45 7,64 8,03 8,68 8,14

a) Bei welchem Schüler ist die Differenz zwischen der größten erzielten Weite (Maximum) und der kleinsten erzielten Weite (Minimum) am größten?
b) Berechne für beide Schüler jeweils das arithmetische Mittel der erzielten Weiten. Vergleiche jeweils das arithmetische Mittel mit den erzielten Weiten. Was fällt dir auf?
c) Wer von beiden erbringt die konstanteren Leistungen? Begründe.

Bei statistischen Untersuchungen ist es oft sinnvoll, auch die Streuung der einzelnen Werte zu berücksichtigen. Die Spannweite gibt die Differenz zwischen dem größten Wert **(Maximum)** und dem kleinsten Wert **(Minimum)** an.

100-Meter-Zeiten (s)
14,1 14,3 14,6 14,7 14,8

Maximum: 14,8 s
Minimum: 14,1 s
Spannweite: 14,8 s – 14,1 s = 0,7 s
arithmetisches Mittel: $\overline{x} = 14{,}5\,s$

Die **mittlere lineare Abweichung $\overline{s}$** ist das arithmetische Mittel der Abweichungen von $\overline{x}$.

Zeiten (s)	Abweichung von $\overline{x} = 14{,}5$
14,1	14,5 – 14,1 = 0,4
14,3	14,5 – 14,3 = 0,2
14,6	14,6 – 14,5 = 0,1
14,7	14,7 – 14,5 = 0,2
14,8	14,8 – 14,5 = 0,3

$$\overline{s} = \frac{0{,}4 + 0{,}2 + 0{,}1 + 0{,}2 + 0{,}3}{5}\,s = 0{,}24\,s$$

Mittlere lineare Abweichung $\overline{s}$:

$$\overline{s} = \frac{\textbf{Summe der Abweichungen von } \overline{x}}{\textbf{Anzahl der Daten}}$$

3 Vergleiche die von Birthe und Janina beim Kugelstoßen erzielten Weiten. Berechne dazu jeweils die Spannweite, das arithmetische Mittel $\overline{x}$ und die mittlere lineare Abweichung $\overline{s}$.
Was stellst du fest?

Von Birthe erzielte Weiten (m):
5,35 5,20 5,15 5,40 5,60

Von Janina erzielte Weiten (m):
5,25 5,45 5,05 5,55 5,30 5,50

Boxplot

1 Anna und Artiom möchten die Weitsprungergebnisse der Mädchen des 9. Jahrgangs in einem **Boxplot (Kastenschaubild)** veranschaulichen.

Mädchen 9 a
Weitsprungergebnisse (m)

3,35	2,81	3,38	3,71	3,06	3,66
3,58	3,31	3,42	3,47	4,03	3,68
2,96	3,95	3,65			

Dazu haben sie die Daten zunächst der Größe nach in einer Rangliste geordnet.

Weitsprungergebnisse (m)

Rangliste:

2,81	2,96	3,06	3,31	3,35	3,38
3,42	[3,47]	3,58	3,65	3,66	3,68
3,71	3,95	4,03			

Anhand der Rangliste haben sie dann das Minimum, den Median und das Maximum bestimmt.

Minimum:	2,81 m
Median:	3,47 m
Maximum:	4,03 m

Durch den Median wird die Rangliste in eine Teilliste der größeren und eine Teilliste der kleineren Daten geteilt.
Der Median der Teilliste der größeren Daten wird oberes Quartil genannt, der Median der Teilliste der kleineren Daten unteres Quartil.

Angaben in m

4,03 — Maximum
3,95
3,71
3,68, 3,66 > oberes Quartil $\frac{3,66 + 3,68}{2} = 3,67$
3,65
3,58
3,47 — Median
3,42
3,38
3,35, 3,31 > unteres Quartil $\frac{3,31 + 3,35}{2} = 3,33$
3,06
2,96
2,81 — Minimum

Danach konnte der Boxplot gezeichnet werden. Die Breite des Kastens ist dabei frei wählbar.

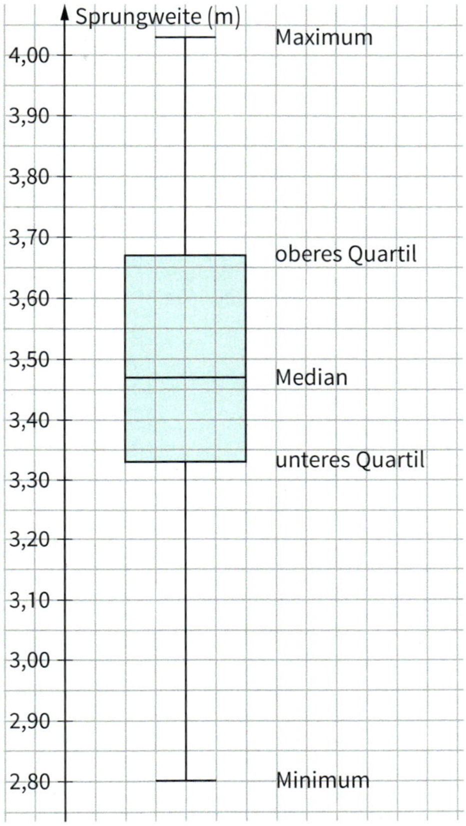

a) Wie viel Prozent der Daten liegen ungefähr innerhalb des Kastens?
b) Wie viel Prozent der Daten liegen ungefähr zwischen oberem Quartil und Maximum (unterem Quartil und Minimum)?
c) Wo kannst du im Boxplot die Spannweite ablesen?
d) Übertrage den Boxplot für die Sprungweiten der Mädchen in dein Heft.
e) Veranschauliche auch die Weitsprungergebnisse der Jungen der 9 a in einem Boxplot. Bestimme zunächst Minimum, Median, Maximum, unteres und oberes Quartil.

Jungen 9 a
Weitsprungergebnisse (m)

4,23	4,47	4,17	4,29	4,15	4,55	3,57
3,46	4,54	4,50	4,68	3,73	3,52	4,25

f) Vergleiche die Boxplots miteinander.

Arbeiten mit dem Computer: Tabellenkalkulation

1 Anna und Artiom möchten die Hochsprungergebnisse der Mädchen des 9. Jahrgangs mithilfe eines Tabellenkalkulationsprogramms auswerten. Sie haben dazu die absoluten Häufigkeiten in ein Tabellenblatt eingetragen.

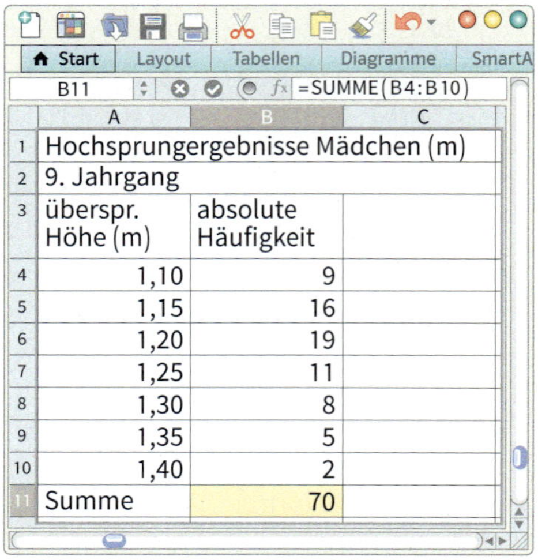

	A	B	C
1	Hochsprungergebnisse Mädchen (m)		
2	9. Jahrgang		
3	überspr. Höhe (m)	absolute Häufigkeit	
4	1,10	9	
5	1,15	16	
6	1,20	19	
7	1,25	11	
8	1,30	8	
9	1,35	5	
10	1,40	2	
11	Summe	70	

a) Gib die Daten wie Anna und Artiom in das Tabellenkalkulationsprogramm ein. Beschreibe, wie sie mithilfe des Programms die Summe der absoluten Häufigkeiten bestimmt haben.

b) Bestimme mithilfe einer Formel auch die relativen Häufigkeiten. Gib die Ergebnisse auf drei Nachkommastellen gerundet an. Benutze dazu die Schaltfläche **„Dezimalstelle löschen“**.

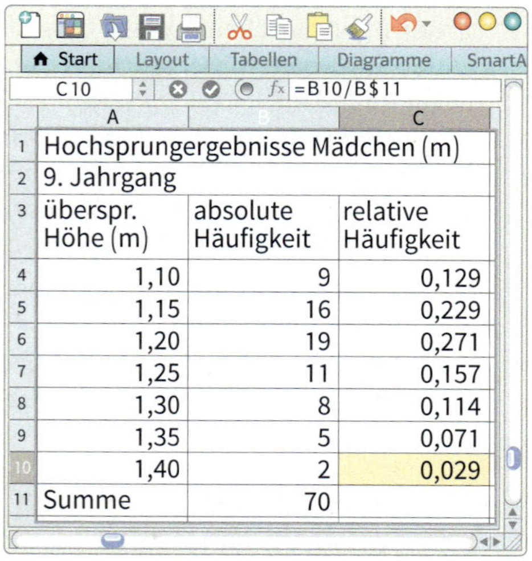

	A	B	C
1	Hochsprungergebnisse Mädchen (m)		
2	9. Jahrgang		
3	überspr. Höhe (m)	absolute Häufigkeit	relative Häufigkeit
4	1,10	9	0,129
5	1,15	16	0,229
6	1,20	19	0,271
7	1,25	11	0,157
8	1,30	8	0,114
9	1,35	5	0,071
10	1,40	2	0,029
11	Summe	70	

c) Gib die relativen Häufigkeiten auch in Prozent an und bestimme jeweils die Summe der relativen Häufigkeiten in Prozent.

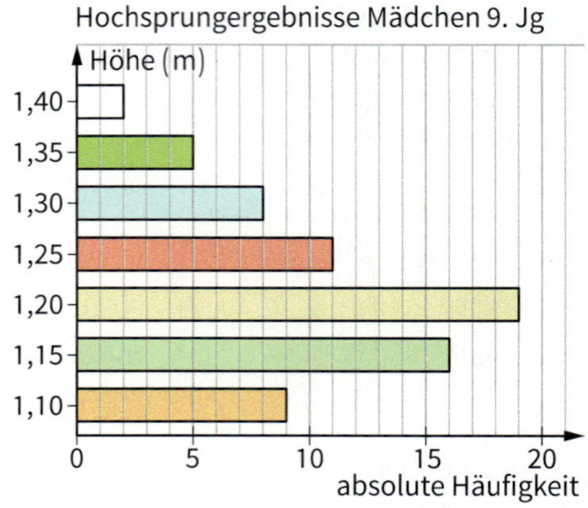

d) Markiere die Zellen **B4** bis **B10** und erstelle das abgebildete Balkendiagramm.

e) Stelle die absoluten (relativen) Häufigkeiten auch in anderen Diagrammformen dar. Markiere zuvor die zugehörigen Zellbereiche.

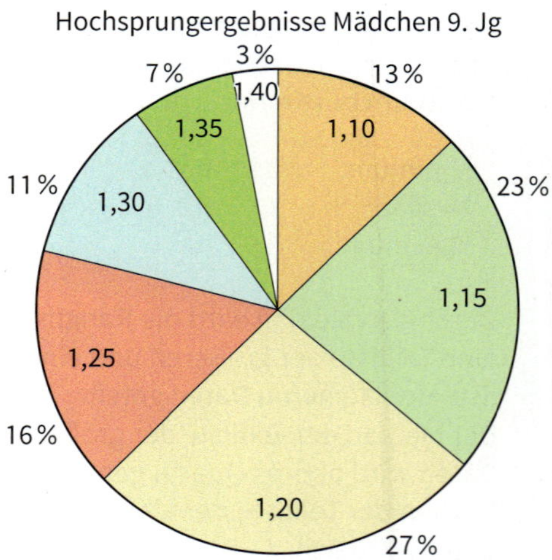

f) Werte wie Anna und Artiom auch die Hochsprungergebnisse der Jungen des 9. Jahrgangs aus und stelle sie in verschiedenen Diagrammformen grafisch dar.

Höhe (m)	absolute Häufigkeit
1,20	6
1,25	13
1,30	17
1,35	15
1,40	11
1,45	7
1,50	3

Arbeiten mit dem Computer: Tabellenkalkulation

2 Anna und Artiom haben auch die Weitsprungergebnisse der Mädchen des 9. Jahrgangs in ein Tabellenblatt eingetragen.

Mädchen 9. Jahrgang
Weitsprungergebnisse (m)

3,26	2,87	3,43	3,67	3,09	3,55
3,22	3,35	3,75	3,00	4,10	3,88
2,68	3,67	3,30	3,95	3,68	3,32
3,18	3,76	3,89	3,54	3,31	2,87
2,96	3,76	3,45	3,61	3,60	3,45
3,44	3,20	3,36	3,48	3,67	4,02
4,15	2,85	2,90	3,28	3,65	3,74
3,76	3,35	3,83	3,61	3,70	3,89
2,75	3,47	3,38	3,90	3,26	3,47
3,52	3,86	3,75	3,45	3,65	3,49
3,38	3,85	3,74	3,63	3,42	3,81
2,83	2,94	3,18	3,55		

Dann haben sie eine Klasseneinteilung vorgenommen und die oberen Grenzen in die Zellen **D7** bis **D15** geschrieben.
Sie haben dann die Zellen **E7** bis **E15** markiert und unter dem Menüpunkt **„Funktion einfügen (f_x)“** die Funktion **„Häufigkeit“** gewählt.
In die angezeigten Felder wurden dann die Zellen mit den **Daten A3:A72** und die Zellen mit den **Klassengrenzen D7:D15** eingegeben.
Die Eingabe wurde dann mit **Strg + Shift + Enter** abgeschlossen.

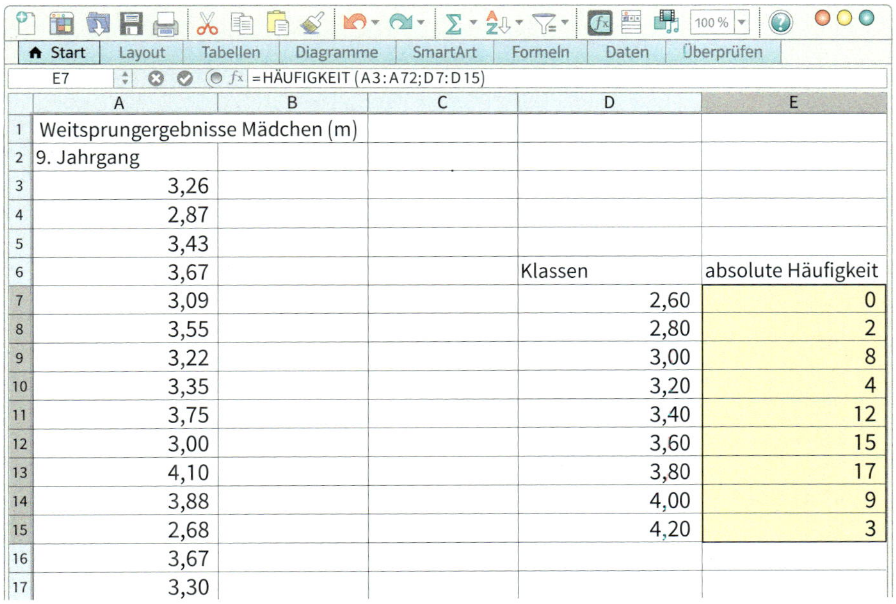

	A	B	C	D	E
1	Weitsprungergebnisse Mädchen (m)				
2	9. Jahrgang				
3	3,26				
4	2,87				
5	3,43				
6	3,67			Klassen	absolute Häufigkeit
7	3,09			2,60	0
8	3,55			2,80	2
9	3,22			3,00	8
10	3,35			3,20	4
11	3,75			3,40	12
12	3,00			3,60	15
13	4,10			3,80	17
14	3,88			4,00	9
15	2,68			4,20	3
16	3,67				
17	3,30				

Klasseneinteilung zu den Weitsprungergebnissen

von 0 m bis 2,60 m
von 2,60 m bis 2,80 m
von 2,80 m bis 3,00 m
von 3,00 m bis 3,20 m
von 3,20 m bis 3,40 m
von 3,40 m bis 3,60 m
von 3,60 m bis 3,80 m
von 3,80 m bis 4,00 m
von 4,00 m bis 4,20 m

„von 2,80 m bis 3,00 m“ bedeutet bei einer Tabellenkalkulation „über 2,80 m bis einschließlich 3,00 m“.

a) Gib die Daten und die Klasseneinteilung wie Anna und Artiom in das Tabellenkalkulationsprogramm ein. Bestimme mithilfe der Funktion **„Häufigkeit“** wie abgebildet die absoluten Häufigkeiten der gewählten Klassen.
b) Erzeuge zu der Klasseneinteilung ein Histogramm. Gehe dazu wie folgt vor:
c) Wähle andere Klasseneinteilungen und erzeuge die zugehörigen Histogramme.

Erzeuge zunächst ein Säulendiagramm.
Durch einen Doppelklick auf eine Säule öffnet sich das Menü „ Datenreihen formatieren“.
Setze hier unter „Optionen“ den Säulenabstand auf 0.

Achtung !
Dieses Verfahren funktioniert nur bei gleich breiten Klassen.

Arbeiten mit dem Computer: Tabellenkalkulation

3 In den Urlisten findest du die Ergebnisse im Kugelstoßen von Mädchen und Jungen im 9. Jahrgang.
Die Daten für die Mädchen wurden direkt in ein Tabellenkalkulationsprogramm eingegeben.
Im Menü „Formeln“ wurden dann unter dem Menüpunkt „Funktion einfügen (f_x)“ die zugehörigen Kenngrößen bestimmt.

a) Gib die Ergebnisse im Kugelstoßen der Mädchen in ein Tabellenkalkulationsprogramm ein. Bestimme dann das arithmetische Mittel $\overline{x}$ und den Median $\tilde{x}$.
b) Bestimme das Maximum, das Minimum und berechne die Spannweite.
c) Verfahre genauso mit den Ergebnissen im Kugelstoßen der Jungen.
d) Vergleiche Mittelwerte und die Spannweiten miteinander.

Kugelstoßen 9. Jahrgang Mädchen
Weiten (m)

5,14	5,24	5,36	4,86	4,54	4,80	4,76
4,10	4,88	5,26	6,14	6,24	5,87	6,05
5,74	5,38	6,74	7,45	5,94	6,01	5,97
5,56	5,73	5,24	5,37	5,88	5,04	5,89
5,41	5,08	5,00	4,97	4,51	5,52	5,46

Kugelstoßen 9. Jahrgang Jungen
Weiten (m)

9,20	10,51	10,22	7,50	6,80	8,39
7,90	7,70	7,90	7,80	9,20	6,50
8,75	8,95	7,90	8,95	9,50	8,20
9,95	9,15	7,95	8,50	8,70	7,90
9,20	7,70	6,84	10,20	7,50	10,55
8,40	7,90	7,70	7,90	7,80	9,20
6,50	8,70	8,55	8,87	8,94	7,94
8,92	9,55	8,22	9,90	9,24	8,05
8,50	8,74	7,92	8,45	8,56	6,45
7,86	8,32	9,44	7,05	10,23	

Die Spannweite lässt sich mit dem Programm nicht direkt berechnen.

	A	B	C	D	E	F
1	Kugelstoßen Mädchen – Weiten (m)					
2	9. Jahrgang					
3	5,14					
4	5,24					
5	5,36					
6	4,68		Arithmetisches Mittel	MITTELWERT	5,461	
7	4,55		Median	MEDIAN	5,380	
8	4,80		Modalwert	MODALWERT	5,240	
9	4,76		Maximum	MAX	7,450	
10	4,10		Minimum	MIN	4,100	
11	4,88		Spannweite	MAX-MIN	3,350	
12	5,26		Mittlere lineare Abweichung	MITTELABW	0,503	
13	6,14					

e) Werte auch die Ergebnisse der Jungen des 9. Jahrgangs im 100-m-Lauf mithilfe eines Tabellenkalkulationsprogrammes aus.

100-m-Lauf 9. Jahrgang Jungen
Zeit (s)

13,4	13,7	14,7	14,2	14,3	15,4	15,5
14,0	13,5	16,2	17,1	16,1	16,4	15,5
14,7	13,4	13,7	14,7	14,2	14,3	15,4
15,5	14,0	13,5	16,2	16,8	16,3	16,5
15,6	14,6	13,7	13,8	14,4	14,7	14,8
15,2	15,1	14,8	13,6	16,1	17,1	16,2

Täuschen mit Statistik

1 Eine Jugendzeitschrift lässt in einer Untersuchung erfragen, wie bekannt die Zeitschrift bei den Jugendlichen ist.

Das Ergebnis wird mithilfe von Piktogrammen (bildliche Zeichen) dargestellt.

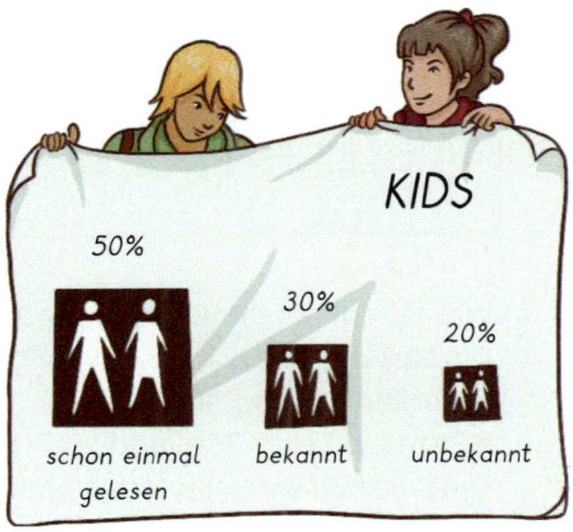

Vergleiche die beiden Darstellungen miteinander. Was stellst du fest?

2 Die Darstellung zeigt, wie viele E-Bikes pro Jahr in Deutschland verkauft wurden.

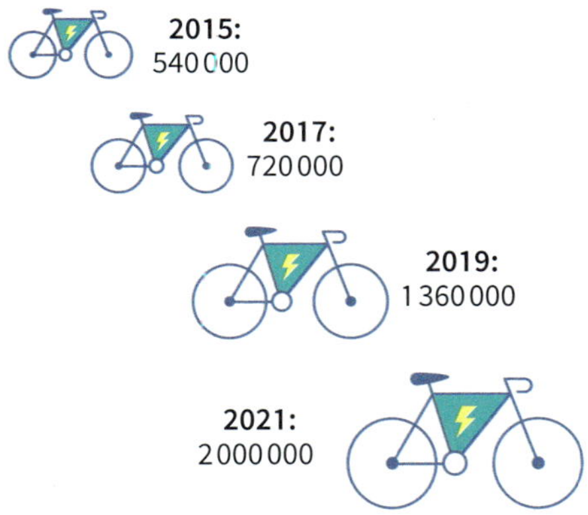

a) Stelle die Häufigkeiten in einem Säulendiagramm dar.
b) Vergleiche beide Darstellungen. Was stellst du fest?

3 Die Grafik zeigt die Güterbeförderung in der deutschen Binnenschifffahrt in Millionen Tonnen.

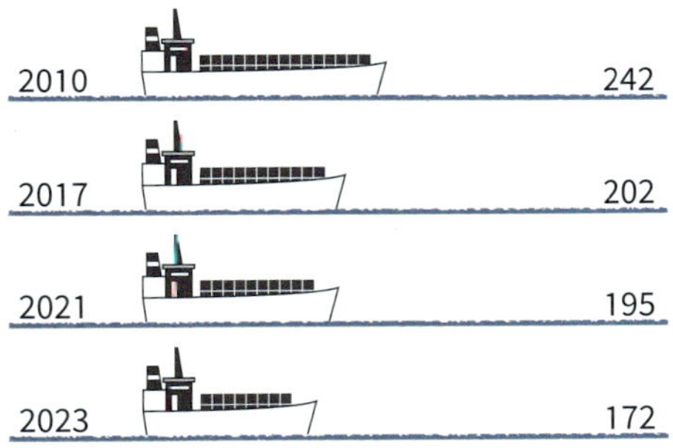

Stelle die Häufigkeiten in einem Balkendiagramm dar und vergleiche.

> Bei der Verwendung von Piktogrammen in statistischen Darstellungen ist zu beachten:
>
> Es wirkt die Fläche der Figur. Die Häufigkeit muss deshalb dem Flächeninhalt entsprechen, nicht der Höhe.
>
> Werden die Figuren hintereinander angeordnet, entsteht ein räumlicher Eindruck. Kleinere Figuren im Hintergrund wirken dabei so groß wie größere Figuren im Vordergrund.

Täuschen mit Statistik

4 Ein Unternehmen begründet betriebsbedingte Kündigungen mit dem deutlichen Gewinnrückgang. Dazu wird die folgende grafische Darstellung präsentiert.

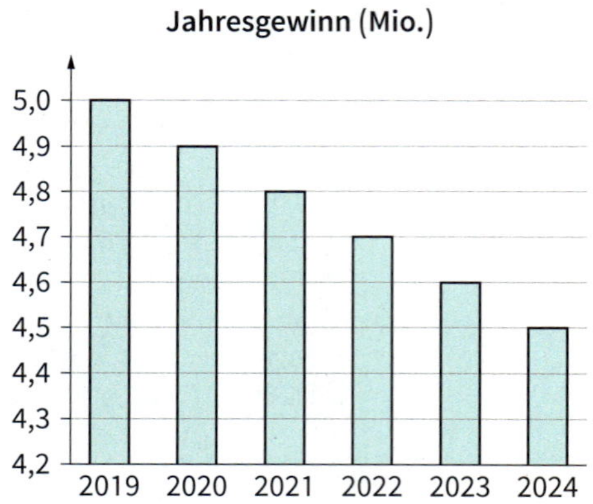

a) Zeichne ein Säulendiagramm, dass die Entwicklung des Jahresgewinns darstellt.
b) Vergleiche beide Darstellungen miteinander.

5 Die Grafik zeigt die Entwicklung der Straßenverkehrsunfälle in Deutschland in den letzten 24 Jahren.

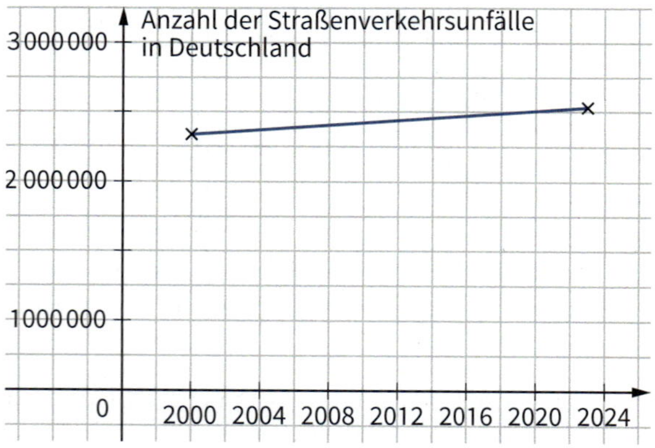

a) Welche Fehler werden hier bei der grafischen Darstellung gemacht?
b) Ermittle anhand des Graphen die Anzahl der Straßenverkehrsunfälle für das Jahr 2020.
c) Im Jahr 2020 betrug die Anzahl der Verkehrsunfälle 2 245 245. Begründe, warum sich diese Zahl von der von dir in Aufgabe b) ermittelten Zahl unterscheidet.

6 Die grafische Darstellung zeigt die Neuzulassungen von E-Autos pro Kalenderjahr.

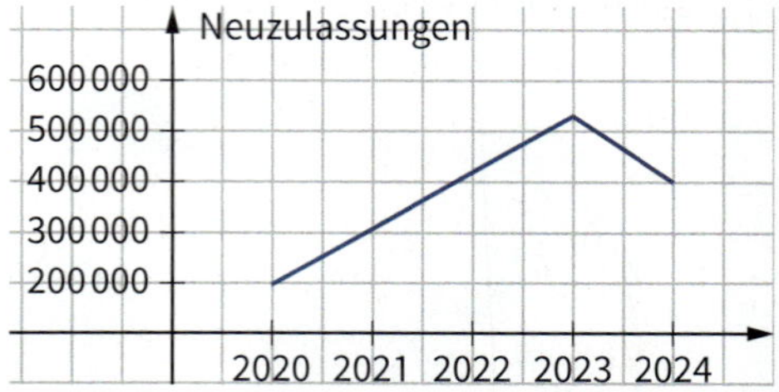

Kannst du anhand der Darstellung die Anzahl der im Jahre 2022 neu zugelassenen E-Autos ermitteln? Begründe.

7 Die Jungen der 9 a haben ihre Ergebnisse im Kugelstoßen grafisch dargestellt.

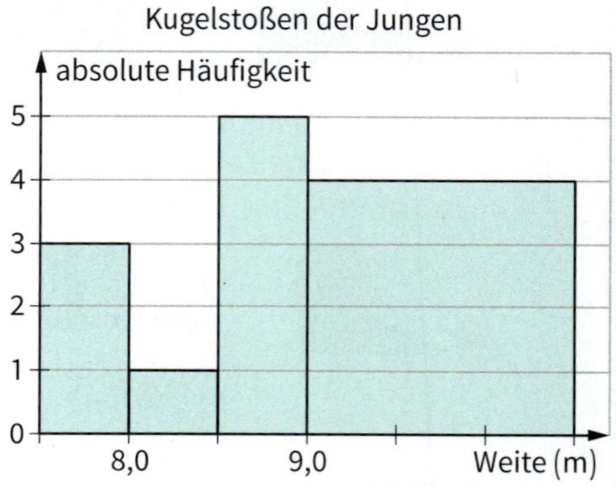

a) Was fällt dir an der Darstellung auf?
b) Die Messwerte der Klasse „von 9,00 m bis unter 10,50 m“ sind: 9,35 m, 9,12 m, 9,76 m und 10,33 m. Teile die Klasse in drei gleich breite Klassen ein. Zeichne ein neues Histogramm.
c) Vergleiche beide Darstellungen.

Bei statistischen Darstellungen ist zu beachten:

Beginnt die y-Achse bei einem größeren Wert als 0, wirken kleine Unterschiede viel größer.

Werden einzelne Punkte verbunden, entsteht der Eindruck, dass auch Zwischenwerte möglich und richtig sind.

Bei Histogrammen wirkt immer die Fläche des Rechtecks über der Klasse.

Statistische Darstellungen beurteilen

1 Beurteile die abgebildeten grafischen Darstellungen. Beantworte dazu die aufgeführten Fragen.
Die Aufgabe kannst du auch in Partner- oder Gruppenarbeit bearbeiten.

1. Welches Thema wird dargestellt?
2. Welche Diagrammform wird benutzt?
3. Was kannst du dem Diagramm entnehmen?
4. Ist die Darstellung so richtig?

A Statistik der Vergiftungsunfälle in Deutschland (%)

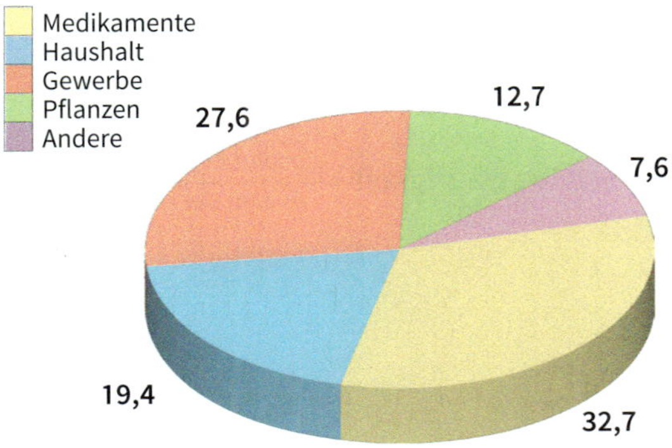

B Den Deutschen geht es immer besser!

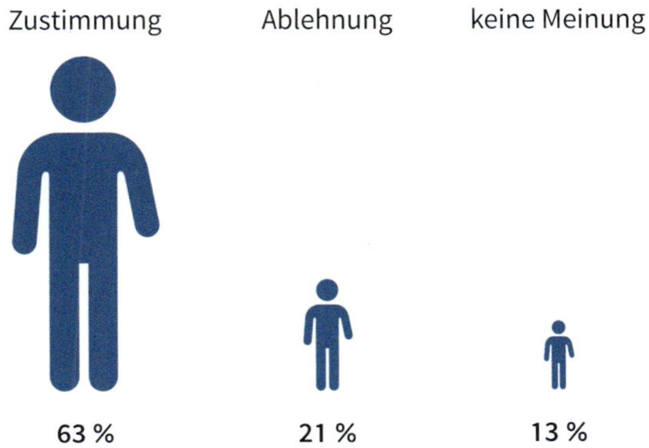

C Kriminalstatistik einer Großstadt

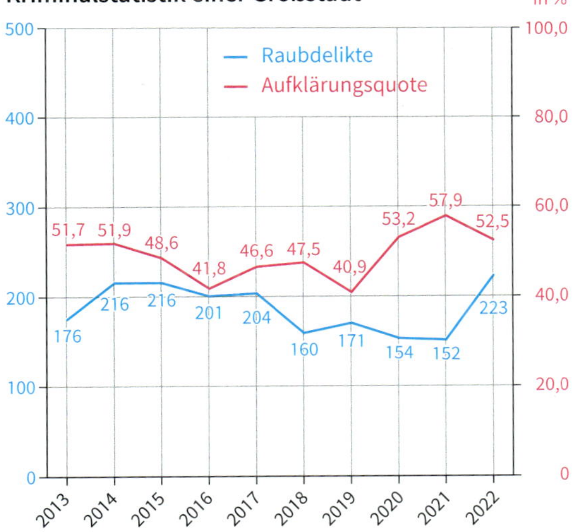

D Das finde ich bei der Internetnutzung gefährlich!

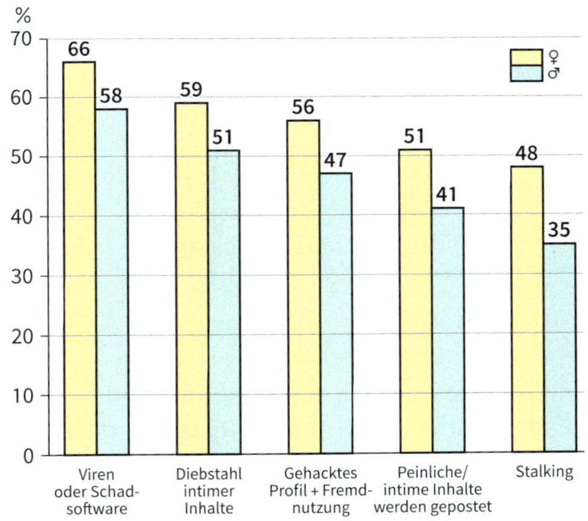

E Body Mass Index

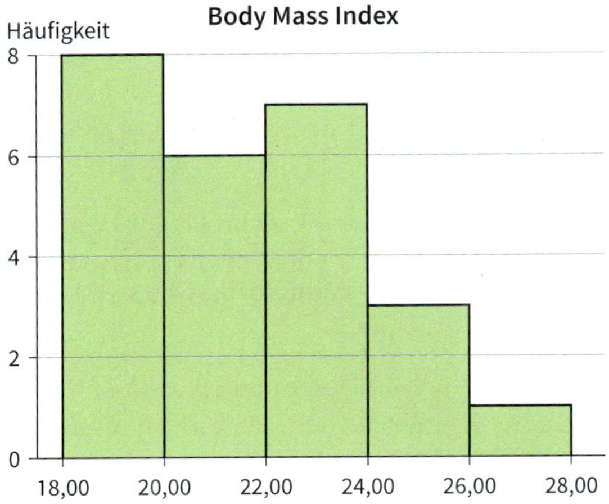

F Wo besonders häufig lange gearbeitet wird (in %)

Anteil der Beschäftigten, die im Schnitt 50 oder mehr Std./Woche arbeiten

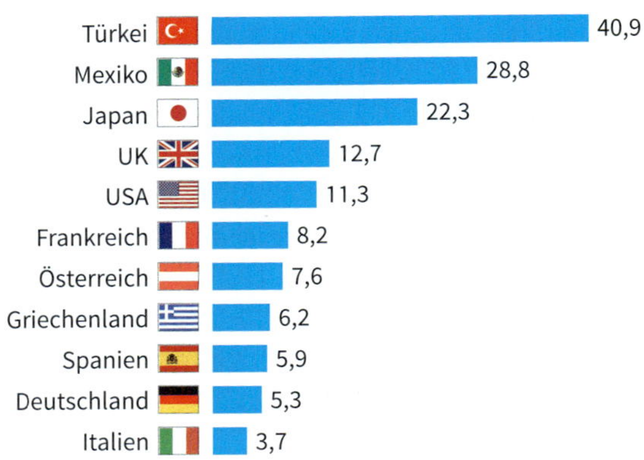

WISSEN KOMPAKT

Bei **statistischen Untersuchungen** werden **Daten** durch Befragung, Beobachtung oder Experiment gesammelt.
Die in einer **Urliste** gesammelten Daten können mithilfe einer **Strichliste** geordnet und dann in einer **Häufigkeitstabelle** dargestellt werden.

Häufigkeitstabelle

Lebensalter (Jahre)	absolute Häufigkeit	relative Häufigkeit	
12	23	0,23	23 %
13	26	0,26	26 %
14	19	0,19	19 %
15	18	0,18	18 %
16	14	0,14	14 %
Summe	100	1,00	100 %

Die **relative Häufigkeit** jedes Ergebnisses gibt den Anteil dieses Ergebnisses an allen gesammelten Daten an.
Die relative Häufigkeit kann als Bruch, Dezimalbruch oder in Prozent angegeben werden.

relative Häufigkeit $= \frac{\text{absolute Häufigkeit}}{\text{Anzahl der Daten}}$

Die in der Häufigkeitstabelle aufbereiteten Daten können in verschiedenen Diagrammformen grafisch dargestellt werden.

Säulendiagramm

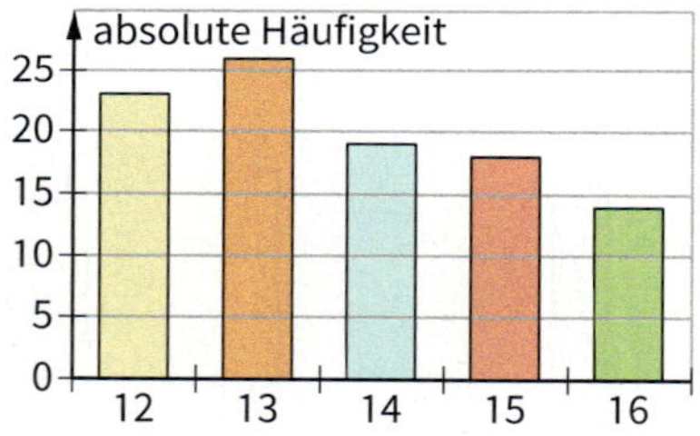

Streifendiagramm

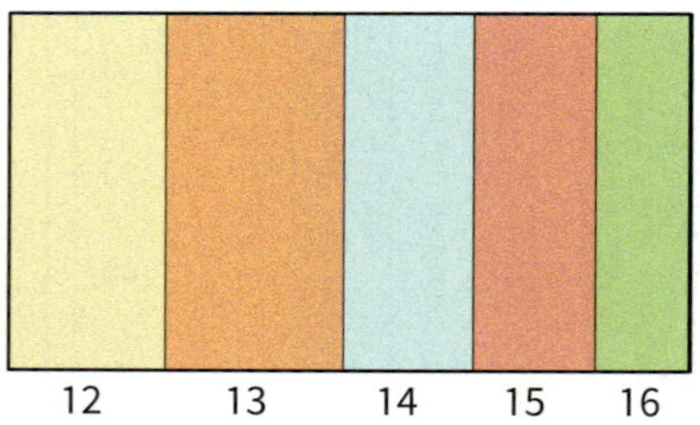

Kreisdiagramm

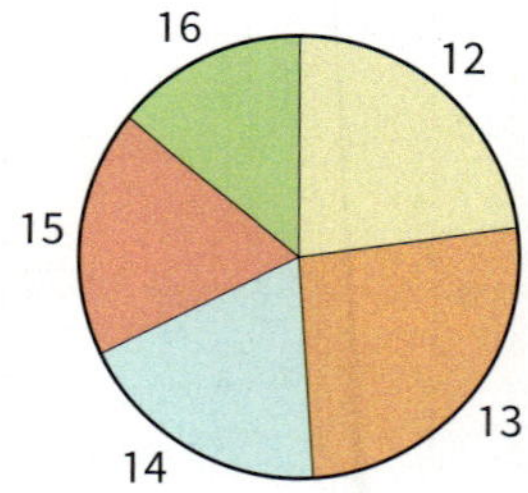

Handelt es sich bei den Daten um Zahlen, kannst du sie der Größe nach in einer Rangliste sortieren und folgende Kenngrößen bestimmen:
arithmetisches Mittel, Median, Modalwert, Maximum und Minimum, Spannweite, mittlere lineare Abweichung.

Urliste

100-Meter-Zeiten (s)					
13,7	14,6	14,8	14,8	14,6	14,9
14,1	14,2	14,8			

arithmetisches Mittel: $\overline{x} = \frac{\textbf{Summe der Daten}}{\textbf{Anzahl der Daten}}$

$\overline{x} = \frac{13{,}7 + 14{,}6 + 14{,}8 + 14{,}8 + 14{,}6 + 14{,}9 + 14{,}1 + 14{,}2 + 14{,}8}{9}\,\text{s} = 14{,}5\,\text{s} \qquad \overline{x} = 14{,}5\,\text{s}$

Rangliste (in s): 13,7 14,1 14,2 14,6 14,6 14,8 14,8 14,8 14,9

Median: $\tilde{x} = 14{,}6\,\text{s}$ **Modalwert (häufigster Wert):** 14,8 s

Maximum: 14,9 s **Minimum:** 13,7 s **Spannweite = Maximum – Minimum:** 14,9 s – 13,7 s = 1,2 s

Mittlere lineare Abweichung: $\overline{s} = \frac{\textbf{Summe der Abweichungen von } \overline{x}}{\textbf{Anzahl der Daten}}$

$\overline{s} = \frac{0{,}8 + 0{,}1 + 0{,}3 + 0{,}3 + 0{,}1 + 0{,}4 + 0{,}4 + 0{,}3 + 0{,}3}{9}\,\text{s} \approx 0{,}3\,\text{s} \qquad \overline{s} \approx 0{,}3\,\text{s}$

WISSEN KOMPAKT

Maximum, **Minimum**, **Spannweite** und **Median** lassen sich in einem **Boxplot (Kastenschaubild)** veranschaulichen.
Durch den Median wird die Rangliste in eine Teilliste der kleineren und eine Teilliste der größeren Daten geteilt.

Teilliste der größeren Daten: 14,8 s [14,8 s 14,8 s] 14,9 s

Teilliste der kleineren Daten: 13,7 s [14,1 s 14,2 s] 14,6 s

Der Median der Teilliste der größeren Daten wird **oberes Quartil** genannt, der Median der Teilliste der kleineren Daten **unteres Quartil**.

oberes Quartil: 14,8 s

unteres Quartil: $\frac{14{,}1\,\text{s} + 14{,}2\,\text{s}}{2} = 14{,}15\,\text{s}$

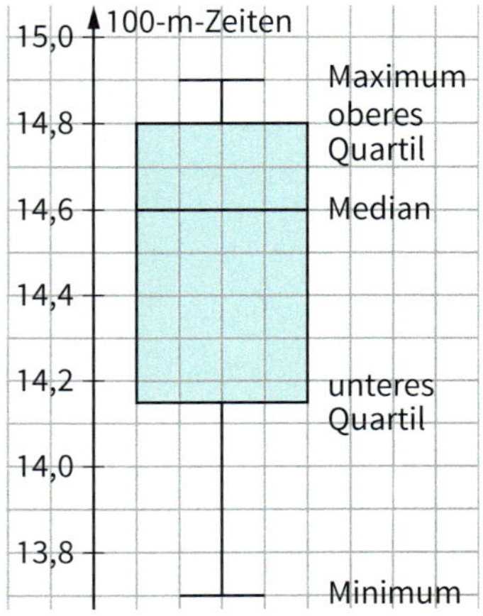

Bei der grafischen Darstellung von Daten kannst du auch getäuscht werden.

Beginnt die y-Achse bei einem größeren Wert als 0, wirken kleine Unterschiede viel größer.

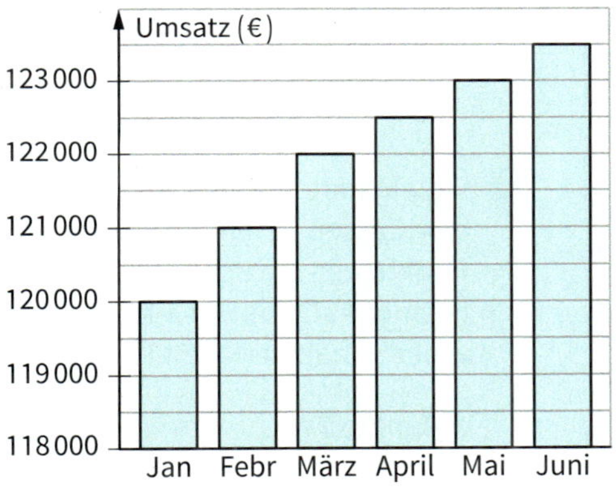

Es wirkt die Fläche der Figur. Die Häufigkeit muss deshalb dem Flächeninhalt entsprechen, nicht der Höhe.

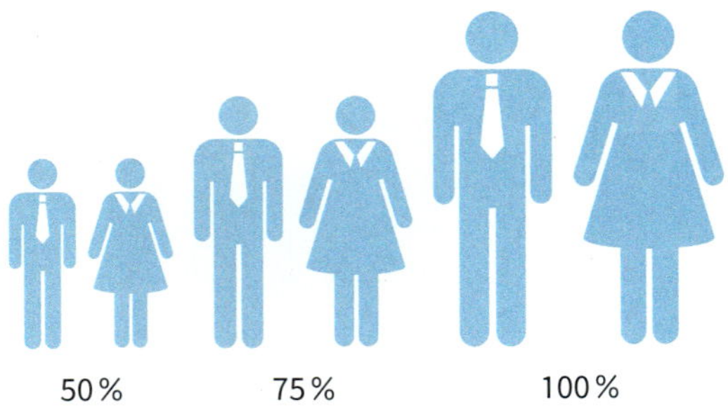

Werden Figuren hintereinander angeordnet, wirken kleinere Figuren im Hintergrund wie größere Figuren im Vordergrund.

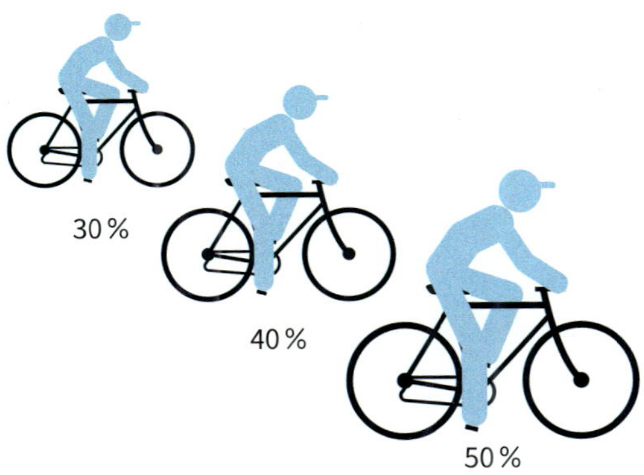

Verbindet man in einer statistischen Darstellung einzelne Punkte, entsteht der Eindruck, dass auch Zwischenwerte möglich sind.

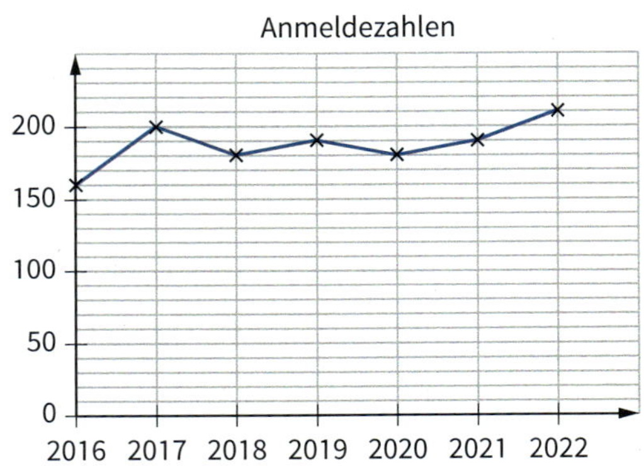

ÜBEN

Arithmetisches Mittel, Median, Modalwert, Spannweite, mittlere lineare Abweichung, oberes und unteres Quartil werden als **Kenngrößen** bezeichnet.

1 In der Wetterkunde-AG wurden die Tageshöchsttemperaturen für den Monat Juni gemessen und in einer Tabelle notiert.

Tageshöchsttemperaturen (°C) Juni									
21	23	24	24	24	25	24	25	25	25
25	24	23	22	24	23	24	26	24	23
23	24	23	24	24	23	24	24	24	25
26	27	25							

a) Bestimme die absoluten Häufigkeiten und stelle sie in einer Tabelle dar.
b) Stelle die absoluten Häufigkeiten grafisch dar.
c) Berechne das arithmetische Mittel mithilfe der absoluten Häufigkeiten.
d) Bestimme den Median und den Modalwert und vergleiche.

2 Frau Newman arbeitet in der Personalabteilung eines Dienstleistungsunternehmens.

Sie hat in einer Urliste erfasst, wie viele Mitarbeiterinnen und Mitarbeiter eines Betriebes an zehn aufeinanderfolgenden Tagen fehlten.

Anzahl der fehlenden Mitarbeiterinnen und Mitarbeiter									
6	5	8	10	5	3	2	12	2	4

Berechne das arithmetische Mittel und die mittlere lineare Abweichung.
Was geben die beiden Kenngrößen hier an?

3 Ella und Nikola haben 10 Tage lang jeweils die Bildschirmzeiten ihres Smartphones notiert. Die Daten wurden in zwei Urlisten zusammengefasst.

Bildschirmzeiten (min) Ella					
225	165	183	246	275	126
98	244	106	205		

Bildschirmzeiten (min) Nikola					
196	165	118	176	184	196
200	206	168	196		

a) Wie viele Minuten verbringen Ella und Nikola jeweils durchschnittlich pro Tag an ihrem Smartphone? Berechne jeweils das arithmetische Mittel und bestimme den Median.
b) Bestimme für Ella und Nikola auch jeweils die Spannweite und die mittlere lineare Abweichung der Bildschirmzeiten. Was sagen diese Kenngrößen aus?

4 Frau Markhoff ist Mathematiklehrerin der Klassen 9 a und 9 b. Sie vergleicht die Punkte, die die Schülerinnen und Schüler in einer Aufgabe der letzten Mathematikarbeit erhalten haben.

Punkte 9 a									
12	4	5	7	8	10	6	5	8	10
11	12	3	6	8	9	8	9	10	11
9	8	9	9	9					

Punkte 9 b									
10	5	6	6	7	9	9	8	7	11
10	11	9	8	6	5	5	6	8	8
10	11	10	9						

a) Lege für jede Klasse eine Häufigkeitstabelle an.
b) Bestimme jeweils arithmetisches Mittel, Median, Spannweite und mittlere lineare Abweichung.
c) Vergleiche die Leistungen beider Klassen miteinander.

ÜBEN

5 Die Mädchen der Klassen 9 a und 9 b haben ihre Ergebnisse im Kugelstoßen jeweils in einem Boxplot dargestellt.

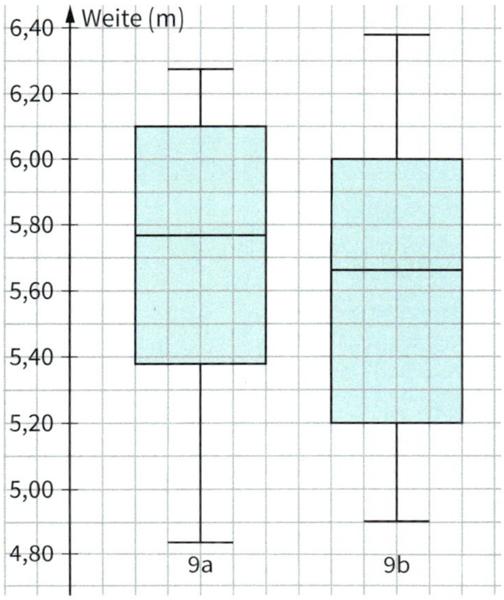

a) Bestimme für jede Klasse Minimum, Maximum, Median, unteres und oberes Quartil.
b) Berechne für jede Klasse die Spannweite.
c) Vergleiche die Leistungen beider Gruppen im Kugelstoßen mithilfe der dargestellten Kenngrößen.

6 Vergleiche auch die Ergebnisse der Jungen der Klassen 9 a und 9 b im Kugelstoßen.

Kugelstoßen 9 a	Jungen	Weite (m)		
9,26	7,92	8,94	7,60	6,88
8,26	8,35	9,40	10,25	7,32
8,74	9,40	6,70		

Kugelstoßen 9 b	Jungen	Weite (m)		
7,56	7,84	8,96	8,50	10,15
7,94	8,64	9,85	8,44	7,06
8,56	7,96			

a) Lege dazu jeweils eine Rangliste an und bestimme Minimum, Maximum, Median, Spannweite und oberes und unteres Quartil.
b) Stelle die Ergebnisse in zwei Boxplots dar.

7 In der Urliste findest du die Zeiten der Mädchen des 9. Jahrgangs im 100-m-Lauf.

100-m-Zeiten (s)		Mädchen		
16,4	17,1	16,4	16,3	16,6
16,9	17,5	16,0	16,2	16,4
16,3	16,8	~~15,6~~	~~15,8~~	16,3
~~15,9~~	16,6	17,2	17,4	16,5
16,8	17,1	17,4	16,7	~~15,6~~
16,7	16,4	16,8	16,7	16,9
~~15,7~~	16,5	16,2	16,3	16,0

a) Vervollständige in deinem Heft die Häufigkeitstabelle zu der vorgegebenen Klasseneinteilung.

Klasse	absolute Häufigkeit
über 15,5 s bis 15,9 s	5
über 15,9 s bis 16,3 s	

b) Zeichne das zugehörige Histogramm.

8 Die Wetterkunde-AG hat den Niederschlag der ersten acht Monate des Jahres 2024 gemessen.

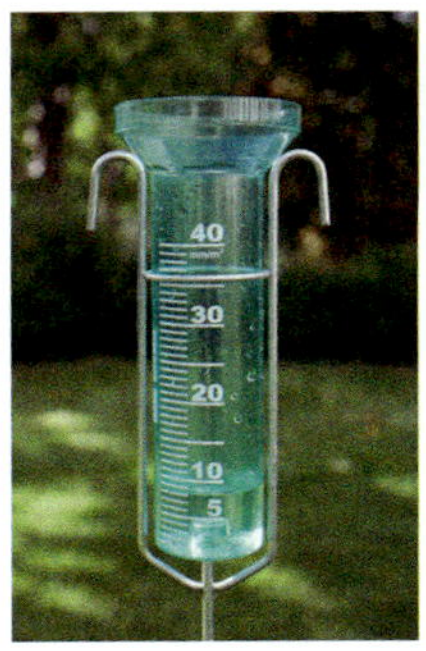

Monat	Niederschlag in Liter pro m^2
Januar	45,7
Februar	71,2
März	35,3
April	26,0
Mai	34,5
Juni	48,5
Juli	102,4
August	31,6

a) Stelle den monatlichen Niederschlag in einem Säulendiagramm dar.
b) Berechne das arithmetische Mittel.
c) Zeichne das arithmetische Mittel als waagerechte Gerade in das Säulendiagramm ein. Was stellst du fest?

ÜBEN: Statistische Darstellungen beurteilen

1 a) Welche Informationen kannst du den Schaubildern entnehmen?
b) Werden die Informationen verständlich dargestellt?
c) Überprüfe, ob die dargestellten Informationen aktuell richtig sind. Vergleiche dazu mit aktuellen Umfrageergebnissen.

A Wie Jugendliche Medien nutzen (Angaben in %)

Anteil der 10- bis 27-Jährigen nach täglicher Mediennutzung

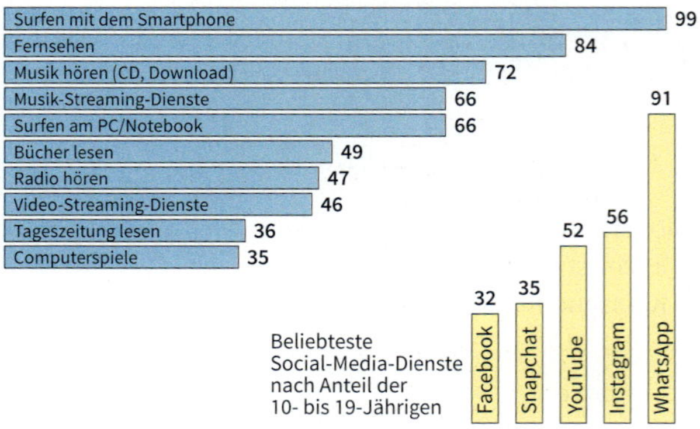

Quelle: Young Traveller Kompass / Bravo Jugendmedienstudie

B Wichtigste Apps: Vergleich 2022–2023 (Angaben in %)

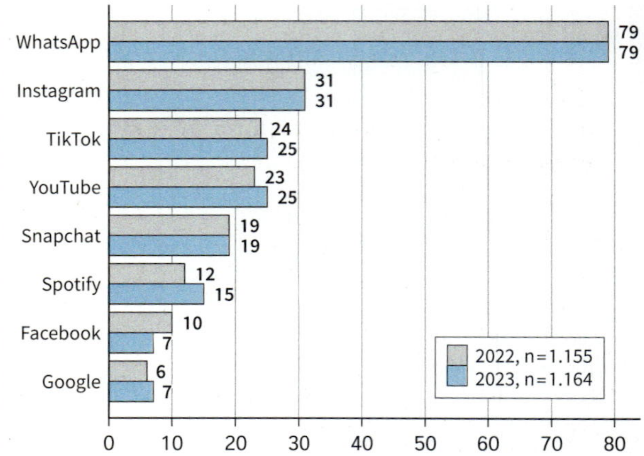

C Wovon fühlst du dich gestresst? (Anteil der Kinder in %)

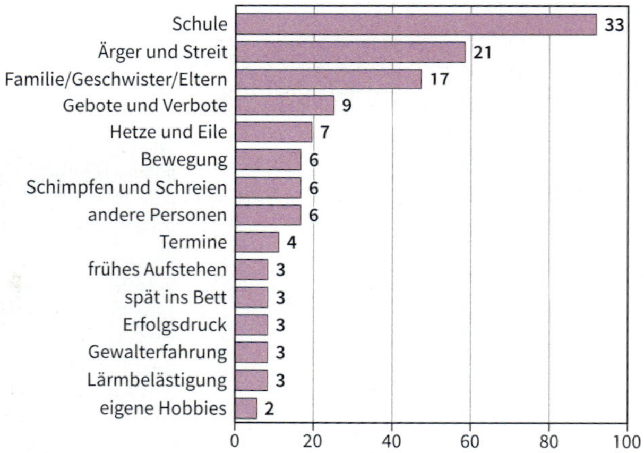

D Jugendliche treiben wieder mehr Sport

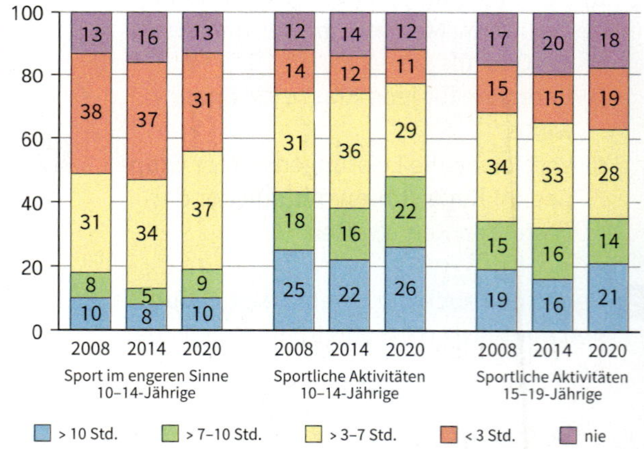

E So sind Jugendliche in Deutschland politisch eingestellt

Befragte, die sich folgenden politischen Kategorien zuordnen lassen

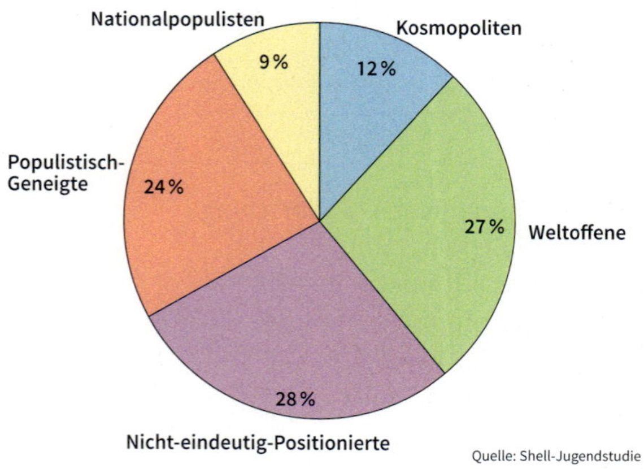

Quelle: Shell-Jugendstudie

F Ansichten der Kinder/Jugendlichen zur Politik allgemein

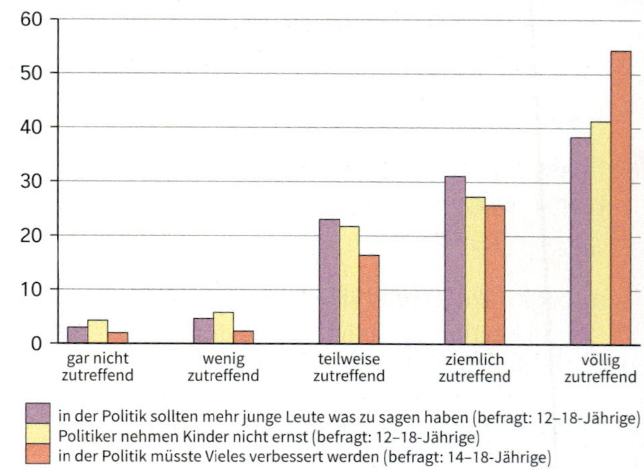

VERTIEFEN: Mittlere quadratische Abweichung und Standardabweichung

1 Bei der Berechnung der mittleren linearen Abweichung hat Julian immer Schwierigkeiten, weil er bei der Berechnung der Abweichung erst überlegen muss, ob der einzelne Wert oder das arithmetische Mittel größer ist.
Wenn Julian aber jede Differenz quadriert, spielt die Reihenfolge keine Rolle, denn das Quadrat der Differenz ist immer positiv. Julian erhält ein weiteres Maß für die Streuung, die **mittlere quadratische Abweichung s^2 (Varianz).**

100-Meter-Zeiten (s)
13,8   14,5   14,3   14,0   14,4

$\overline{x} = 14{,}2\,s$

Zeiten (s)	quadratische Abweichung von $\overline{x}$
13,8	$(13{,}8 - 14{,}2)^2 = 0{,}16$
14,5	$(14{,}5 - 14{,}2)^2 = 0{,}09$
14,3	$(14{,}3 - 14{,}2)^2 = 0{,}01$
14,0	$(14{,}0 - 14{,}2)^2 = 0{,}04$
14,4	$(14{,}4 - 14{,}2)^2 = 0{,}04$

$$s^2 = \frac{0{,}16 + 0{,}09 + 0{,}01 + 0{,}04 + 0{,}04}{5}$$

$$s^2 = 0{,}068$$

a) Berechne für die Daten in der unten angegebenen Urliste die mittlere quadratische Abweichung s^2.

100-Meter-Zeiten (s)
14,6   14,4   13,8   14,2   14,5

b) Vergleiche die mittlere quadratische Abweichung s^2 mit der mittleren linearen Abweichung s.

2 In der Urliste findest du die Weiten, die Jana beim Kugelstoßen erzielt hat.

Weite (m)
5,70   5,80   5,95   6,15   5,75   5,40   5,85

a) Berechne das arithmetische Mittel $\overline{x}$ und die mittlere lineare Abweichung $\overline{s}$.
b) Berechne die mittlere quadratische Abweichung s^2. Ziehe die Wurzel aus s^2. Vergleiche mit s.

Neben der Spannweite und der mittleren linearen Abweichung s ist auch die **mittlere quadratische Abweichung s^2 (Varianz)** ein Maß für die Streuung der einzelnen Werte.

100-Meter-Zeiten (s)
14,1   14,3   14,6   14,7   14,8

Zeiten (s)	quadratische Abweichung von $\overline{x} = 14{,}5$
14,1	$(14{,}1 - 14{,}5)^2 = 0{,}16$
14,3	$(14{,}3 - 14{,}5)^2 = 0{,}04$
14,6	$(14{,}6 - 14{,}5)^2 = 0{,}01$
14,7	$(14{,}7 - 14{,}5)^2 = 0{,}04$
14,8	$(14{,}8 - 14{,}5)^2 = 0{,}09$

$$s^2 = \frac{0{,}16 + 0{,}04 + 0{,}01 + 0{,}04 + 0{,}09}{5} = 0{,}068$$

Die **Standardabweichung s** ist die Wurzel aus der mittleren quadratischen Abweichung s^2.

$$s = \sqrt{0{,}068} \approx 0{,}26$$

3 In der Urliste findest du die von Leon und Max beim Kugelstoßen erzielten Weiten.

Weite (m)
Leon: 8,39   7,87   8,12   8,40   8,16
Max: 8,45   7,64   8,03   8,68   8,14

a) Berechne jeweils das arithmetische Mittel $\overline{x}$, die mittlere quadratische Abweichung s^2 und die Standardabweichung s.
b) Wer von beiden erbringt die konstanteren Leistungen?

4 Die Urliste enthält die Weiten, die von Amelie und Jasmin beim Weitspringen erzielt worden sind.

Sprungweite (m)
Amelie: 4,75   4,34   4,08   4,55
Jasmin: 3,98   4,88   4,30   4,76   4,23

Berechne jeweils die Standardabweichung s und vergleiche.

AUSGANGSTEST 1

1 In der Urliste findest du die Fehltage einer Klasse des 9. Jahrgangs im Mai.

Fehltage

2 3 3 4 2 3 4 4 5 5 3 3 2 6 3 3 4 4 4 4 4 4
3 1 3 2 2

a) Lege eine Strichliste und eine Häufigkeitstabelle an. Berechne auch die relativen Häufigkeiten.
b) Bestimme Modalwert, Median und arithmetisches Mittel.

2 Die Urliste gibt die Weiten an, die von den Jungen der Klasse 9 a im Weitsprung erzielt wurden.

Sprungweiten (m)

4,31 4,65 4,05 4,29 4,25 4,65 3,86 3,51
4,50 4,55 4,02 4,03 3,58 4,95

a) Berechne das arithmetische Mittel.
b) Bestimme den Median.
c) Vergleiche arithmetisches Mittel und Median miteinander.

3 In der Urliste findest du die von Jasper beim Kugelstoßen erzielten Weiten.

erzielte Weiten (m)

7,89 8,56 8,05 8,73 5,32 7,95

a) Berechne das arithmetische Mittel $\bar{x}$ und bestimme den Median $\tilde{x}$.
b) Welchen Mittelwert hältst du für sinnvoller? Begründe deine Antwort.

4 In einem Experiment wird bei mehreren Durchläufen jeweils die Stromstärke gemessen.

Stromstärke (mA)

414 418 406 403 421 413 415 418

Bestimme die Spannweite und die mittlere lineare Abweichung $\bar{s}$ der in der Urliste angegebenen Werte.

5 Das abgebildete Diagramm zeigt die Wahlbeteiligung bei den Landtagswahlen in Brandenburg.

Wahlbeteiligung Landtagswahlen Brandenburg

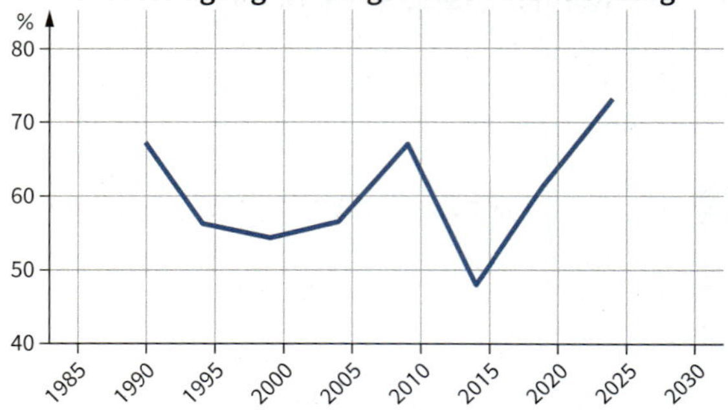

a) Zeichne das zugehörige Säulendiagramm und vergleiche.
b) Welche Fehler werden bei dieser grafischen Darstellung gemacht?

Ich kann …

	Aufgabe	Hilfen und Aufgaben	
Strichlisten und Häufigkeitstabellen erstellen.	1	Seite 199	I
relative Häufigkeiten berechnen.	1	Seite 199	
den Modalwert bestimmen.	1	Seite 100	II
das arithmetische Mittel und den Median berechnen.	2, 3	Seite 110, 111	
entscheiden, ob das arithmetische Mittel oder der Median als Mittelwert geeigneter ist.	3	Seite 110, 111	
Spannweite und mittlere lineare Abweichung berechnen.	4	Seite 112	
Fehler bei grafischen Darstellungen erkennen.	5	Seite 117, 118	

AUSGANGSTEST 2

1 In der Urliste findest du Zeiten, die Schülerinnen und Schüler des 9. Jahrgangs täglich vor dem Computer verbringen.

Zeiten (h)							
1,0	1,5	2,0	2,5	2,0	0,5	0,0	1,5
1,0	3,0	3,5	2,5	4,5	4,0	5,5	6,0
5,0	4,5	4,0	3,0	2,0	0,5	1,5	0,5
0,0	0,5	0,5	3,5				

a) Wähle eine Klasseneinteilung und lege dazu eine Häufigkeitstabelle an.
b) Berechne auch die relativen Häufigkeiten der einzelnen Klassen. Runde sinnvoll.
c) Zeichne das zugehörige Histogramm.
d) Bestimme den Median $\tilde{x}$ und berechne das arithmetische Mittel $\bar{x}$.

2 a) Welcher Fehler wird bei dieser grafischen Darstellung gemacht?
b) Zeichne das zugehörige Balkendiagramm und vergleiche.

Entwicklung der Einwohnerzahlen in Erfurt

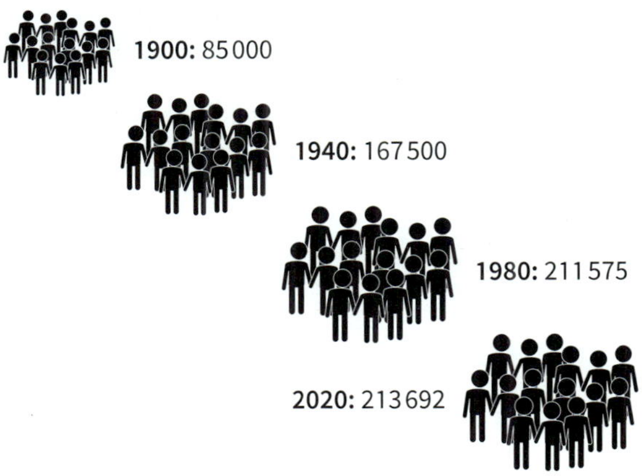

3 a) Stelle für die Jungen der 9 a und 9 b die Ergebnisse im 100-m-Lauf jeweils in einem Boxplot grafisch dar.

100-m-Lauf Jungen 9 a					Zeiten (s)			
13,5	13,7	14,6	14,2	14,4	15,2	15,4	14,0	13,4
16,1	13,4	13,8						

100-m-Lauf Jungen 9 b					Zeiten (s)			
14,6	13,5	13,8	14,8	14,2	14,3	15,5	15,6	14,0
13,4	16,2	16,5	16,4					

b) Vergleiche anhand der Boxplots die Ergebnisse miteinander.

4 Johana und Gülistan trainieren in ihrem Verein regelmäßig für einen 1 000-Meter-Lauf und notieren ihre Ergebnisse in der Rangliste.

Zeiten von Johana (in min)							
4:01	4:10	4:07	4:15	4:09	4:20	4:07	4:11

Zeiten von Gülistan (in min)							
4:06	4:05	4:00	4:25	4:17	4:09	4:01	4:08

Nur eine der beiden Sportlerinnen soll beim 1 000-Meter-Lauf antreten.
a) Bestimme Minimum, Maximum und Spannweite.
b) Berechne das arithmetische Mittel und den Median.
c) Bestimme die mittlere lineare Abweichung.
d) Vergleiche die Ergebnisse miteinander und begründe, welche Sportlerin antreten soll.

Ich kann …

	Aufgabe	Hilfen und Aufgaben	
zu gegebenen Daten eine Klasseneinteilung anlegen und das zugehörige Histogramm zeichnen.	1	Seite 109	I
relative Häufigkeiten, das arithmetische Mittel und den Median berechnen.	1	Seite 110, 111, 199	
Fehler bei grafischen Darstellungen entdecken.	2	Seite 117, 118	II
das Minimum, das Maximum und die Spannweite berechnen.	3, 4	Seite 112, 200	
das untere und obere Quartil berechnen und Boxplots zeichnen.	3	Seite 113	
die mittlere lineare Abweichung berechnen.	4	Seite 112	
Entscheidungen mithilfe von Kenngrößen begründen.	4	Seite 112	III

6 Pyramiden, Kegel, Kugeln

Das Glas der Louvre-Pyramide wird mit einem Roboter gereinigt.

Bist du fit für dieses Kapitel?
Eingangstest auf Seite 175

In diesem Kapitel ...

- *lernst du Pyramiden, Kegel und Kugeln kennen.*
- *zeichnest du Schrägbilder und Zweitafelbilder von Pyramiden und Kegeln.*
- *berechnest du Volumen und Oberflächeninhalt von Pyramiden, Kegeln und Kugeln sowie zusammengesetzten Körpern.*

Pyramiden, Kegel und Kugeln in der Umwelt

Der in der Sandgrube geförderte Sand wird zu einem Schüttkegel aufgehäuft.
Die erlaubte Zuladung eines Kipplastwagens beträgt 11,5 t.

Der kugelförmige Bau aus Glas und Beton wird als Restaurant genutzt.
Der Durchmesser der Kugel beträgt 12 m.

- Beschreibe die Eigenschaften der in den Abbildungen dargestellten geometrischen Körper.
- Formuliere zu jeder Abbildung eine Sachaufgabe, in der der Flächeninhalt des Mantels, der Oberflächeninhalt oder das Volumen des Körpers berechnet werden muss.

Teste dein Raumvorstellungsvermögen

Aufgabe 1:
Wie viele Flächen hat der Körper?

Hinweis:
Eine neue Fläche beginnt an einer Kante.

Beispiel:

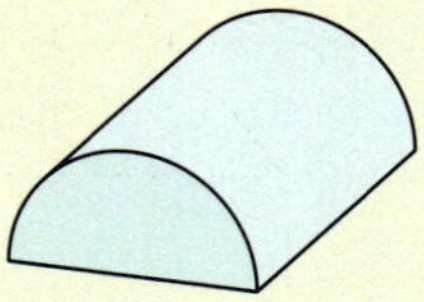

Lösung: 4 Flächen

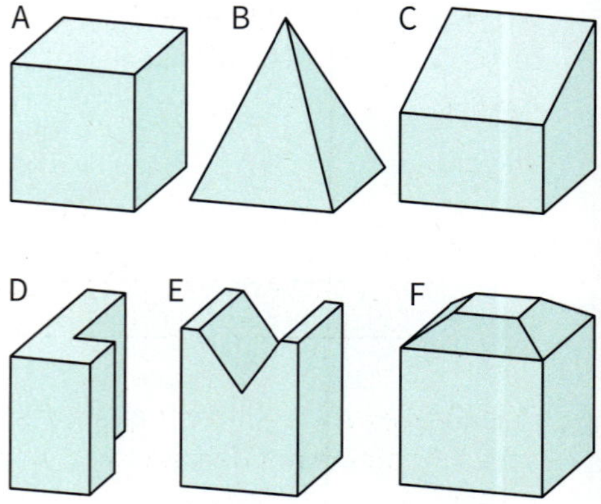

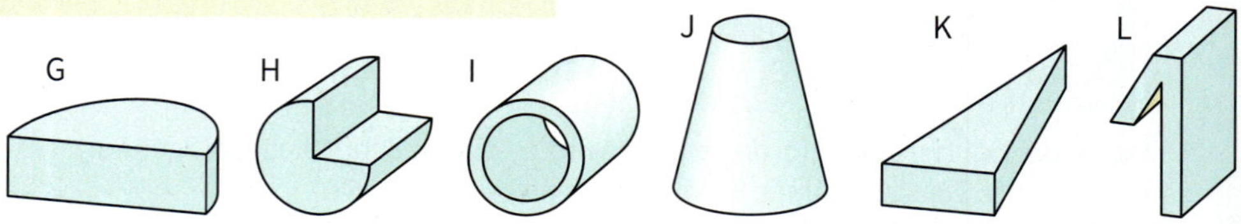

Lösungen: A 6, B 5, C 6, D 8, E 9, F 10, G 4, H 5, I 4, J 3, K 5, L 9

Aufgabe 2:
Kann einer der Körper 1, 2 oder 3 aus dem abgebildeten Stück Karton gefaltet werden?

Hinweis:
Die gestrichelten Linien zeigen an, wo du den Karton knicken kannst.

Beispiel:

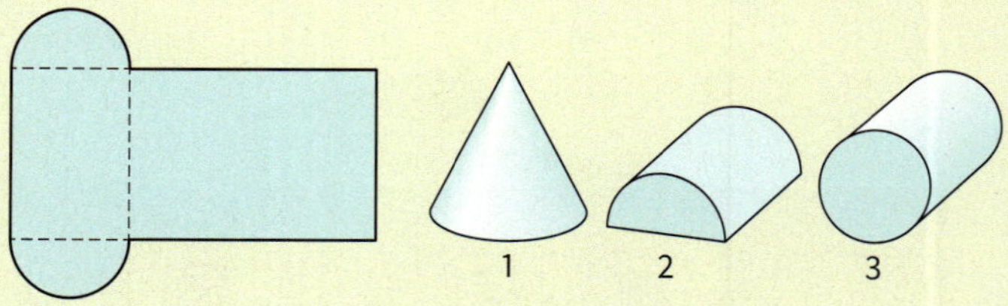

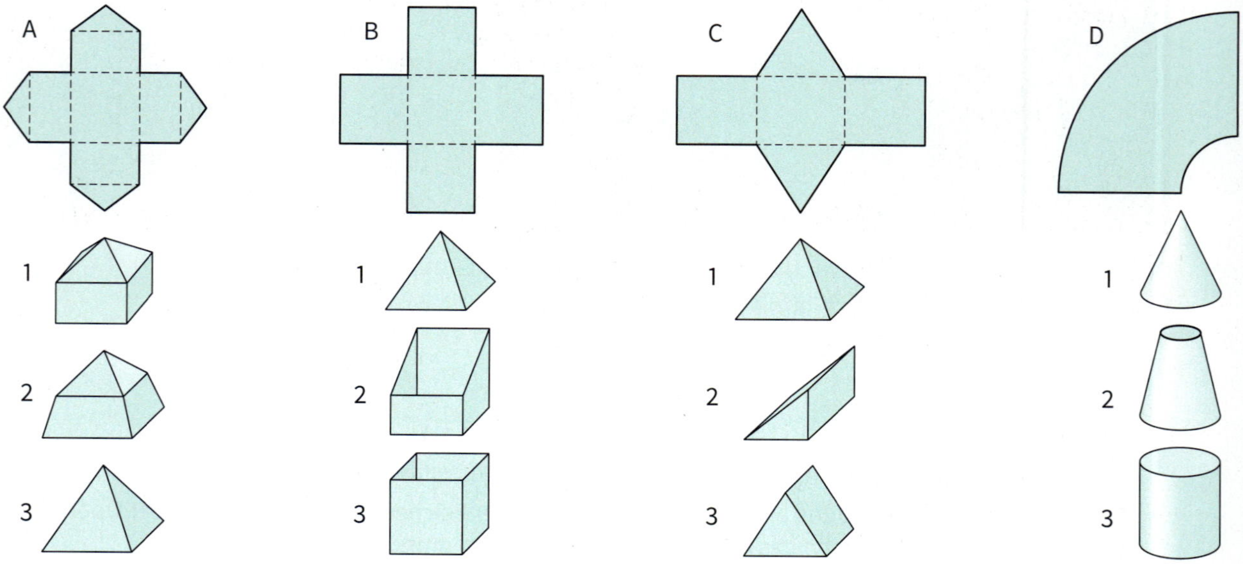

Lösungen: A 1, B 3, C 3, D 2

Darstellungen von Pyramide und Kegel

1 Beschreibe anhand der Abbildungen, wie du das Schrägbild einer Pyramide mit quadratischer Grundfläche zeichnen kannst.

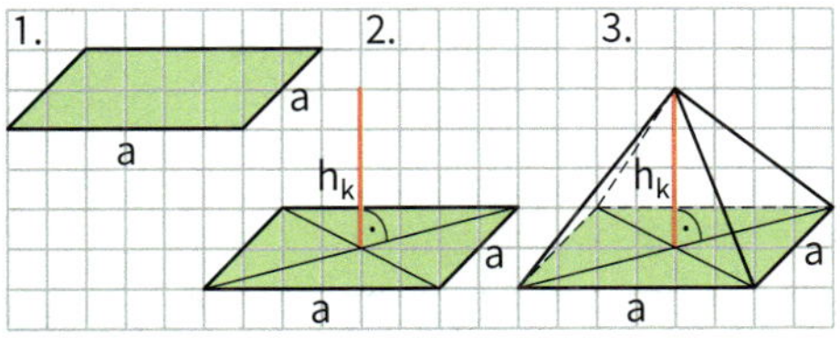

2 Zeichne das Schrägbild der quadratischen Pyramide mit den angegebenen Maßen.

	a)	b)	c)	d)
a	5 cm	5,6 cm	4,2 cm	6,2 cm
h_k	4 cm	4,8 cm	5,0 cm	3,4 cm

3 Die abgebildete Pyramide hat als Grundfläche ein Rechteck.

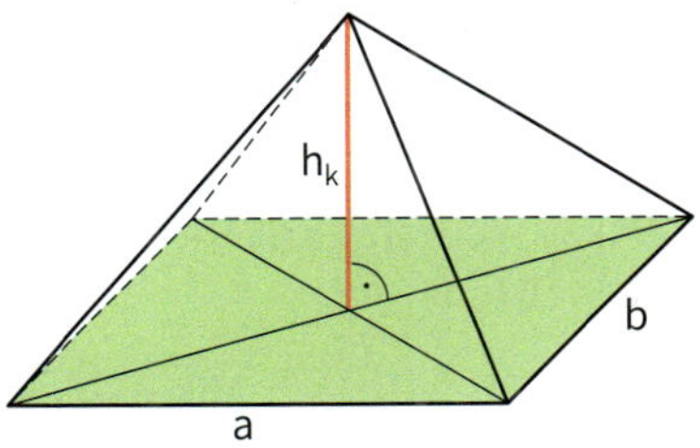

Zeichne das Schrägbild einer rechteckigen Pyramide mit a = 5 cm, b = 3 cm und h_k = 4 cm (a = 6,4 cm, b = 4,8 cm und h_k = 5,2 cm).

4 In der Abbildung wird das Schrägbild eines Kegels skizziert.

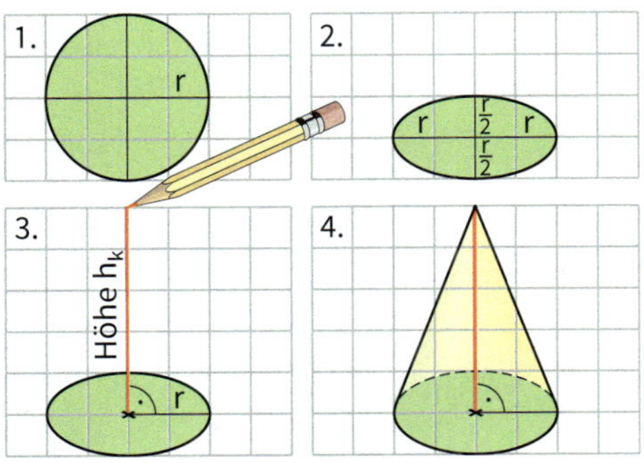

Skizziere das Schrägbild eines Kegels mit d = 4 cm und h_k = 5 cm (r = 2,5 cm und h_k = 5,5 cm).

5 Die Abbildung zeigt das Zweitafelbild einer Pyramide. Zeichne ein Schrägbild des Körpers.
Notwendige Maße entnimm der Zeichnung (1 Kästchenlänge ≙ 1 cm).

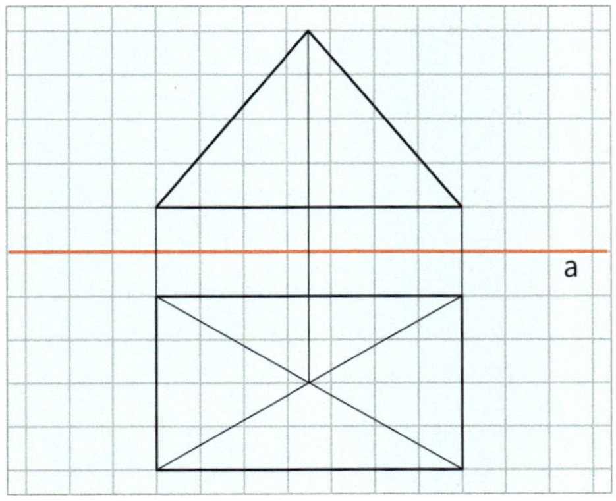

6 Zeichne das Zweitafelbild der abgebildeten Pyramide in einem geeigneten Maßstab. Gib diesen auch an.

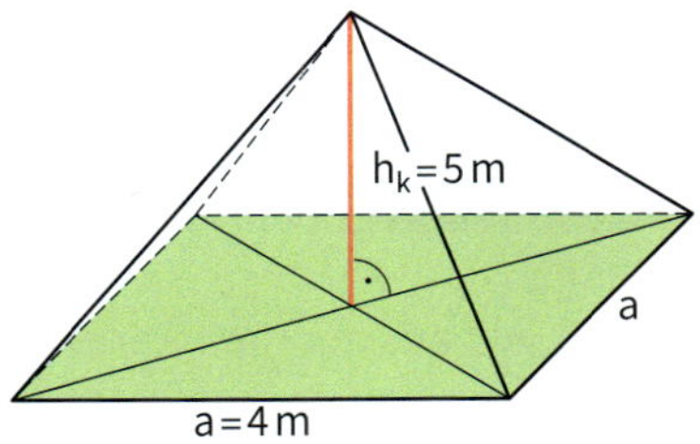

7 a) Die Abbildung zeigt das Zweitafelbild eines Kegels.
Miss den Radius r, die Körperhöhe h_k und die Länge der Mantellinie s.
b) Zeichne ein Zweitafelbild des Kegels.

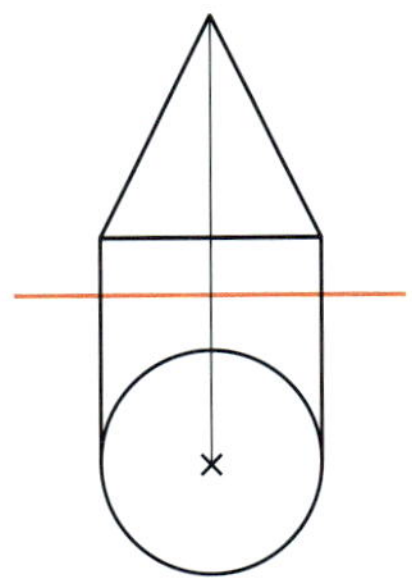

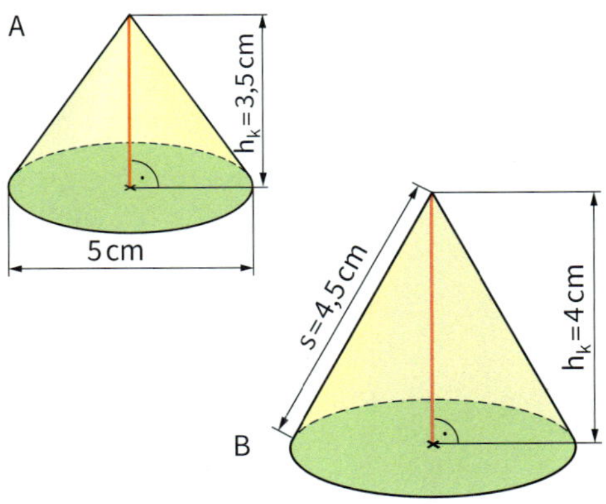

Körper herstellen

1 Leni fertigt wie abgebildet aus dünnem Karton einen Körper an. Welchen geometrischen Körper hat sie erhalten? Beschreibe seine Eigenschaften.

2 Robert will aus dünnem Karton einen Zylinder mit den angegebenen Maßen herstellen.

Beschreibe, wie er vorgehen muss, um einen vollständigen Zylinder zu erhalten.

3 Zeichne zunächst das Netz der Pyramide mit den angegebenen Maßen auf dünnen Karton.

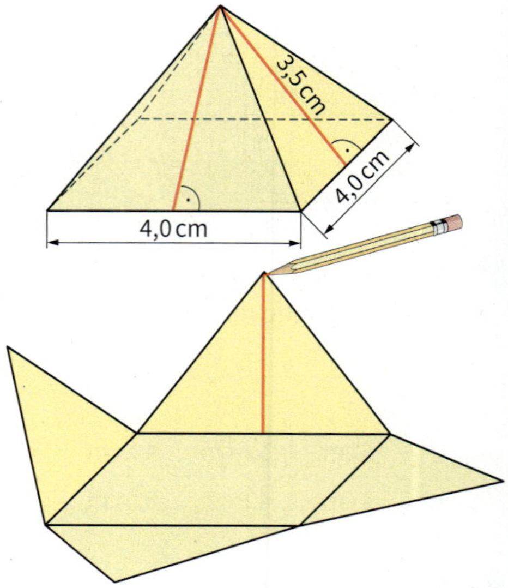

Falte anschließend das Netz zu einer Pyramide. Kanten kannst du mit einem Klebeband zusammenkleben.

4 Jonas hat auf Bastelkarton einen Kreisausschnitt gezeichnet und ausgeschnitten.

Anschließend formt er den Kreisausschnitt zu einem Kegelmantel.

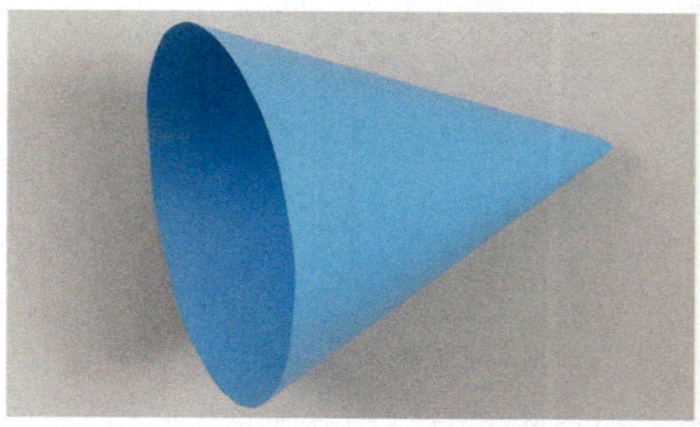

Beschreibe, wie Jonas danach die kreisförmige Grundfläche des Kegels anfertigen kann.

Volumen einer Pyramide

1 Beschreibe die einzelnen Pyramiden (Form der Grundfläche, Anzahl und Form der Seitenflächen).

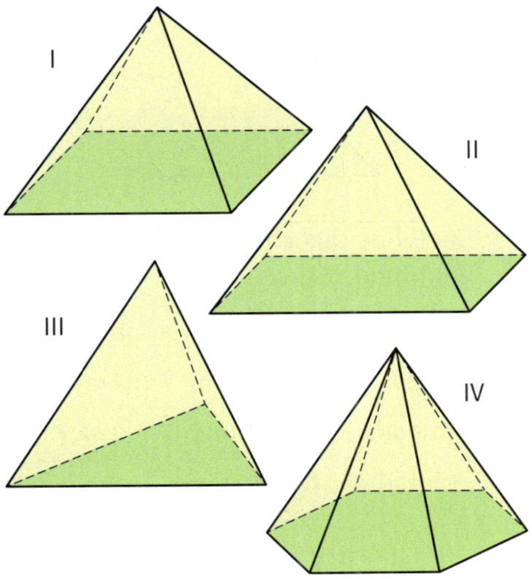

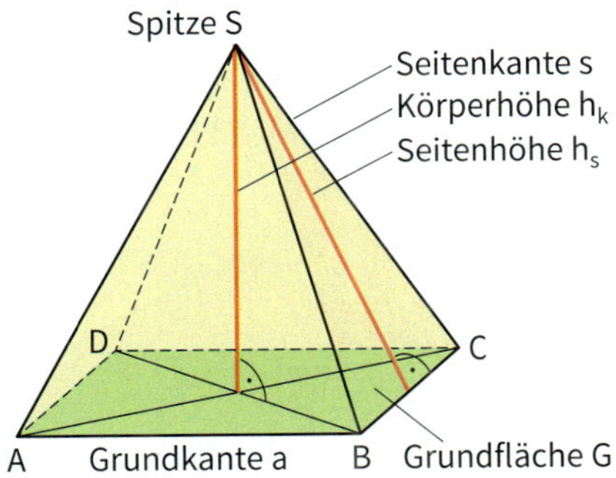

Die **Grundfläche** einer Pyramide ist ein **Vieleck**, ihre **Seitenflächen** sind **Dreiecke**.

Eine Pyramide mit einem Quadrat (Rechteck) als Grundfläche heißt quadratische (rechteckige) Pyramide.

Die Verbindung einer Ecke der Grundfläche mit der Spitze S der Pyramide heißt **Seitenkante s**.

Die Senkrechte von der Spitze S auf eine Grundkante heißt **Seitenhöhe h_s**.

Der Abstand der Spitze S von der Grundfläche heißt **Körperhöhe h_k**.

2 Emily möchte das Volumen einer Pyramide bestimmen.
Dazu benutzt sie wie abgebildet eine Pyramide und einen Quader. Die Grundfläche G und die Körperhöhe h_k der Pyramide und des Quaders sind jeweils gleich groß.

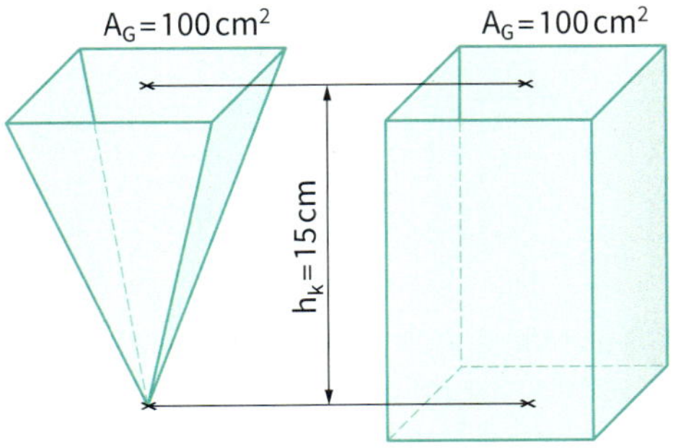

Emily füllt die Pyramide zunächst vollständig mit Wasser. Anschließend gießt sie das Wasser in den Quader.

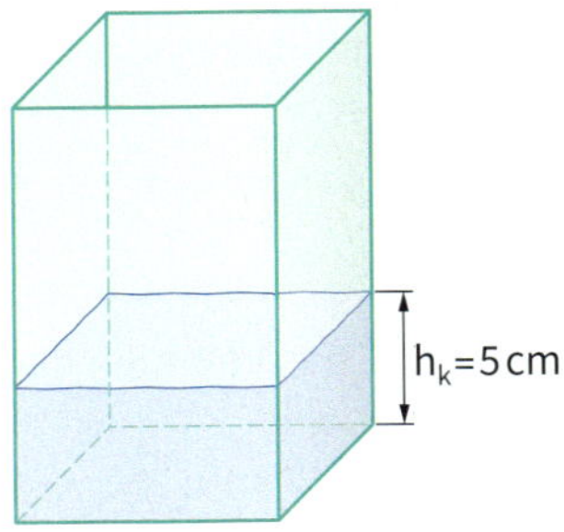

Wie viele Pyramidenfüllungen benötigt sie, um den Quader vollständig zu füllen?

Beschreibe, wie Emily jetzt das Volumen der Pyramide bestimmen kann.

Volumen einer Pyramide

Volumen einer Pyramide

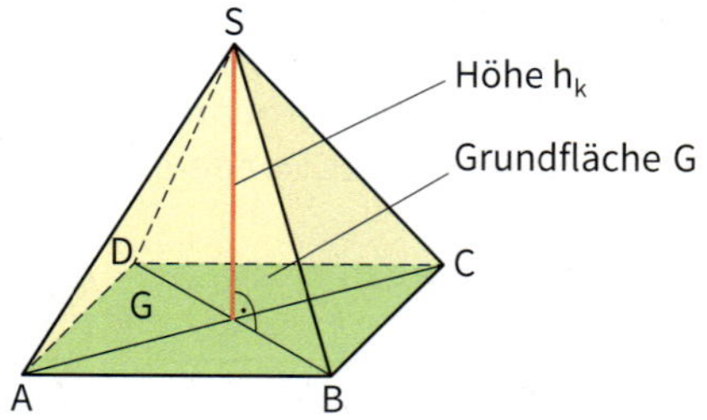

$$V = \frac{1}{3} \cdot A_G \cdot h_k$$

3 Im folgenden Beispiel wird das Volumen einer Pyramide berechnet.

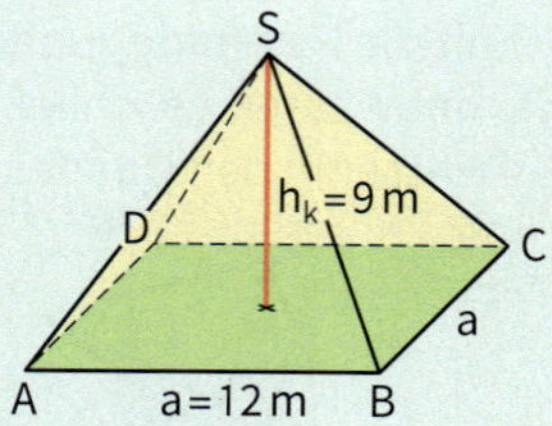

1. Inhalt der Grundfläche
   $A_G = a^2$
   $A_G = 12\,m \cdot 12\,m$
   $A_G = 144\,m^2$

2. Volumen der Pyramide
   $V = \frac{1}{3} \cdot A_G \cdot h_k$
   $V = \frac{1}{3} \cdot 144\,m^2 \cdot 9\,m$
   $V = 432\,m^3$

Bestimme das Volumen der Pyramide.

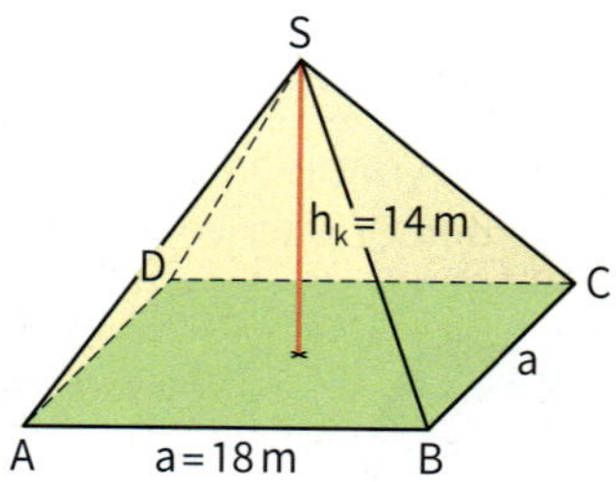

4 Bestimme das Volumen der quadratischen Pyramide mit den angegebenen Maßen.
a) $a = 4{,}8\,cm$; $h_k = 7{,}2\,cm$
b) $a = 14{,}40\,m$; $h_k = 18{,}50\,m$

5 Die abgebildete Pyramide hat als Grundfläche G ein Rechteck.

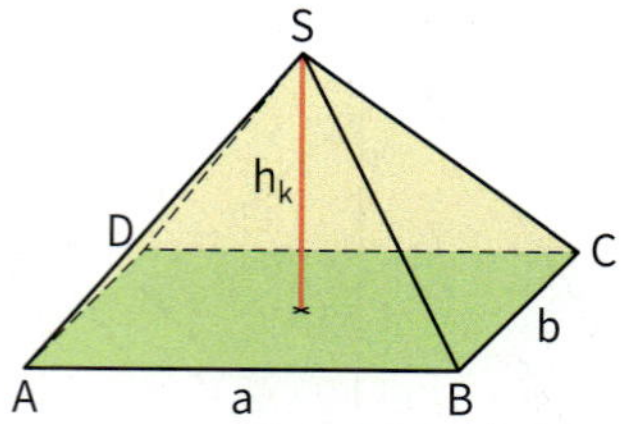

Berechne das Volumen der rechteckigen Pyramide.

	a)	b)	c)
Grundkante a	24 cm	1,4 m	10,8 cm
Grundkante b	120 cm	1,9 m	7,2 cm
Körperhöhe h_k	100 cm	2,1 m	9,6 cm

6 Beim Neubau werden die voraussichtlichen Baukosten anhand des umbauten Raumes (Volumen des Hauses) ermittelt.
a) Die Grundfläche des abgebildeten pyramidenförmigen Dachraumes ist ein Quadrat.

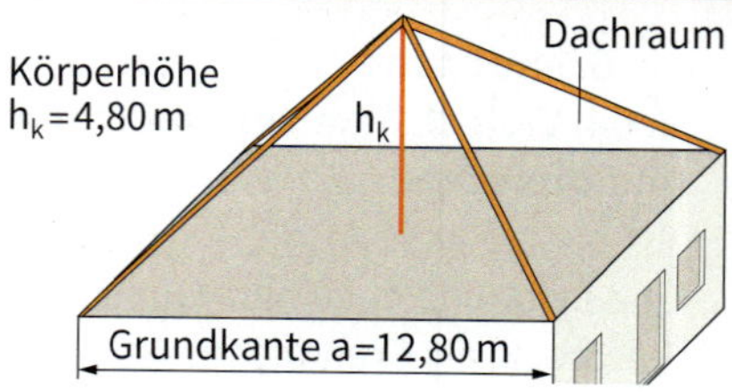

Für den Dachraum werden 140 € für einen Kubikmeter veranschlagt. Berechne die voraussichtlichen Baukosten.

b) Für einen ausgebauten pyramidenförmigen Dachraum mussten 17 424 € bezahlt werden.
Die Grundfläche der Pyramide ist ein Quadrat mit a = 11,00 m. Die Höhe der Pyramide beträgt 4,80 m.
Wie viel Euro mussten für einen Kubikmeter bezahlt werden?

Oberflächeninhalt einer Pyramide

1 Die Abbildungen zeigen das Schrägbild und das Netz einer quadratischen Pyramide.

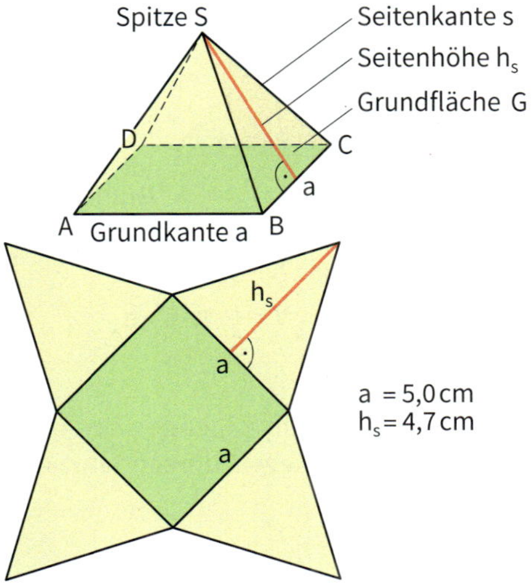

a) Beschreibe die Flächen, aus denen sich die Oberfläche der Pyramide zusammensetzt.

b) Erläutere, wie im Beispiel der Oberflächeninhalt der Pyramide berechnet wird.

1. Inhalt der Grundfläche
$A_G = 5{,}0\,\text{cm} \cdot 5{,}0\,\text{cm}$
$A_G = 25\,\text{cm}^2$

2. Flächeninhalt des Mantels
$A_M = 4 \cdot \frac{5{,}0\,\text{cm} \cdot 4{,}7\,\text{cm}}{2}$
$A_M = 4 \cdot 11{,}75\,\text{cm}^2$
$A_M = 47\,\text{cm}^2$

3. Oberflächeninhalt der Pyramide
$A_O = A_G + A_M$
$A_O = 25\,\text{cm}^2 + 47\,\text{cm}^2$
$A_O = 72\,\text{cm}^2$

Oberflächeninhalt einer Pyramide

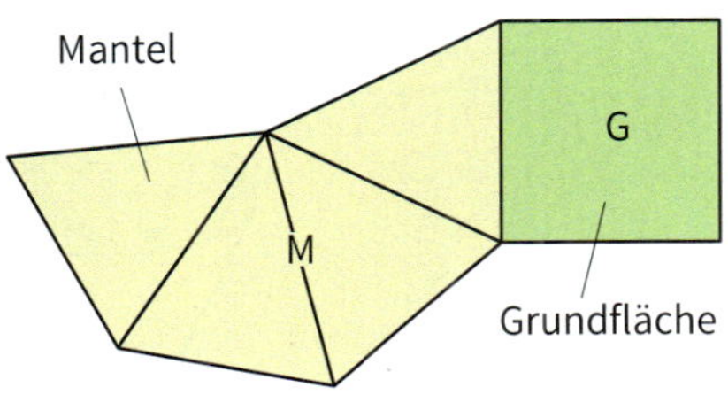

$$A_O = A_G + A_M$$

2 Berechne den Oberflächeninhalt der abgebildeten Pyramide.

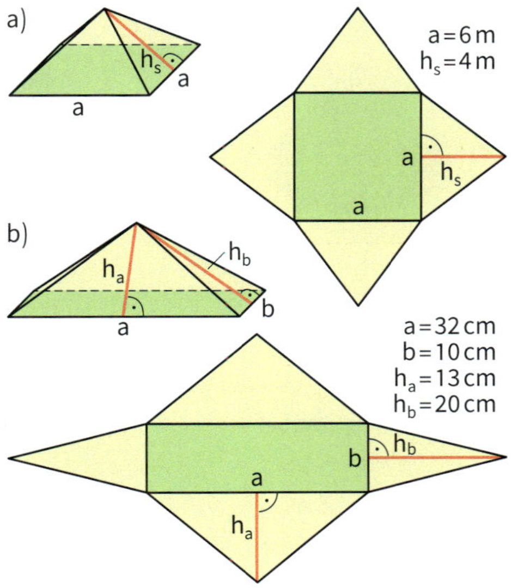

3 Bestimme den Oberflächeninhalt der Pyramide.

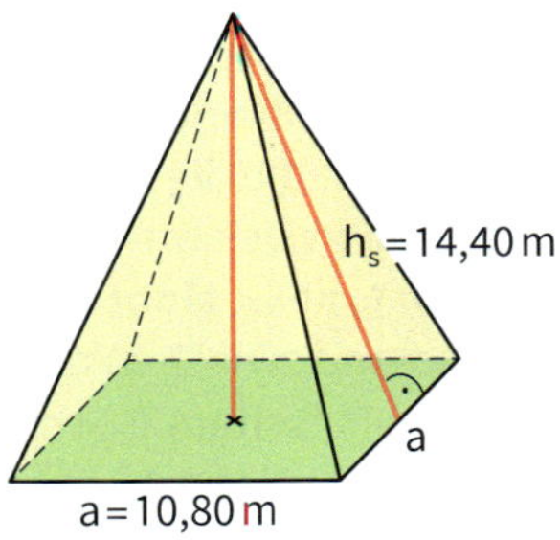

4 Ein pyramidenförmiges Turmdach hat als Grundfläche ein Quadrat. Seine Seitenlänge beträgt 9,00 m. Die Seitenhöhe einer dreieckigen Dachfläche ist 10,50 m lang.

Das Dach soll neu eingedeckt werden. Für einen Quadratmeter werden 16 Ziegel benötigt. Wie viele Ziegel müssen für die gesamte Dachfläche mindestens eingekauft werden?

Volumen eines Kegels

1 Die Abbildung zeigt mehrere Kegel.

Nenne Gegenstände in deiner Umwelt, die die Form eines Kegels haben.

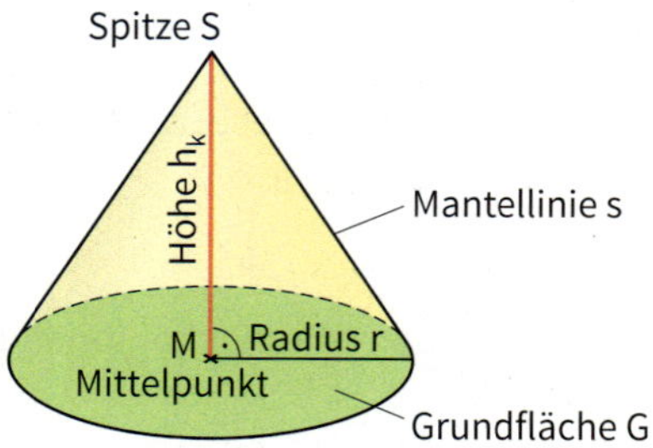

Die **Grundfläche** eines geraden Kreiskegels ist eine **Kreisfläche**. Die Strecke, die die Spitze S mit einem Punkt des Grundkreises verbindet, heißt **Mantellinie s**. Der Abstand zwischen der Spitze S und dem Mittelpunkt M des Grundkreises heißt **Höhe h_k** des Kegels.

2 Die Grundfläche G und die Höhe h_k des Kegels und des Zylinders sind gleich groß. Der Kegel wird mit Wasser gefüllt. Danach wird das Wasser in den Zylinder gegossen.

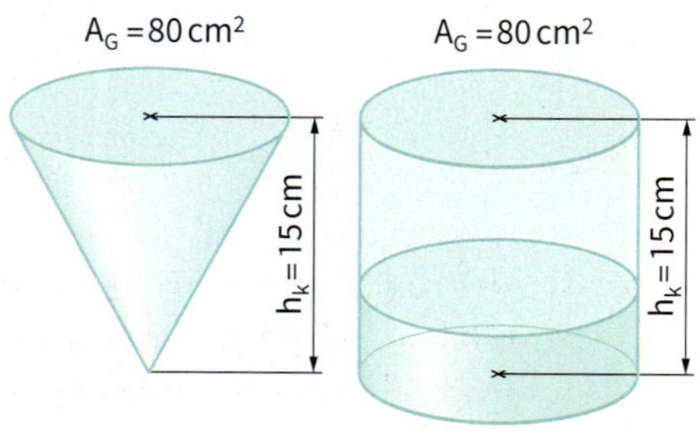

Um den Zylinder vollständig zu füllen, muss dieser Vorgang zweimal wiederholt werden.
Bestimme das Volumen des Kegels.
Erläutere deinen Lösungsweg.

Volumen eines Kegels

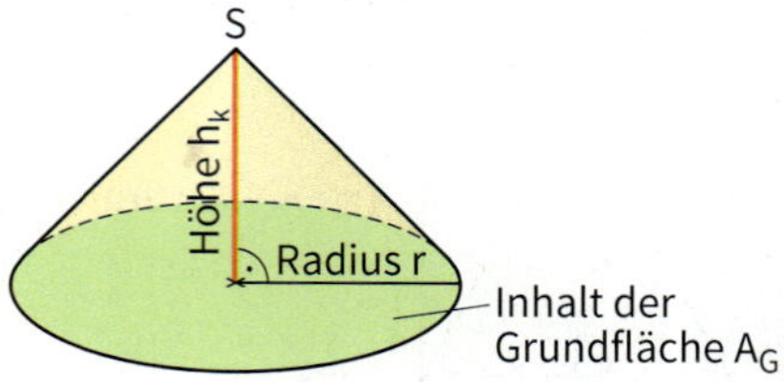

$$V = \frac{1}{3} \cdot A_G \cdot h_k$$
$$V = \frac{1}{3} \cdot \pi \cdot r^2 \cdot h_k$$

3 Erläutere, wie im folgenden Beispiel das Volumen des Kegels berechnet wird.

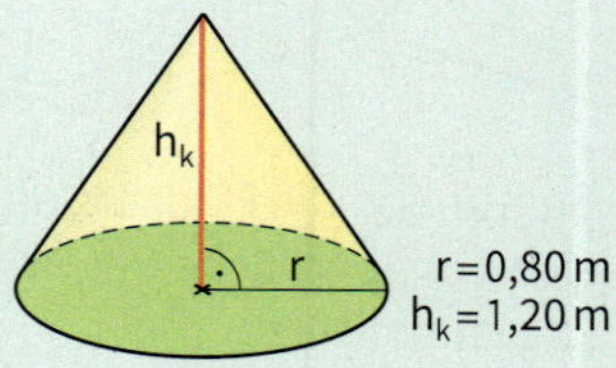

1. Inhalt der Grundfläche
   $A_G = \pi \cdot r^2$
   $A_G = \pi \cdot (0{,}80\,m)^2$
   $A_G \approx 2{,}011\,m^2$
2. Volumen des Kegels
   $V = \frac{1}{3} \cdot A_G \cdot h_k$
   $V = \frac{1}{3} \cdot 2{,}011\,m^2 \cdot 1{,}20\,m$
   $V \approx 0{,}804\,m^3$

Das Volumen beträgt ungefähr $0{,}80\,m^3$.

4 Berechne das Volumen des Kegels.

a)
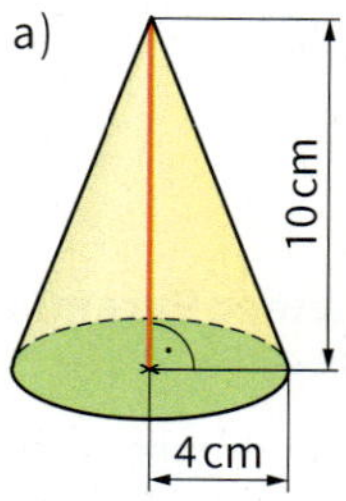

b)
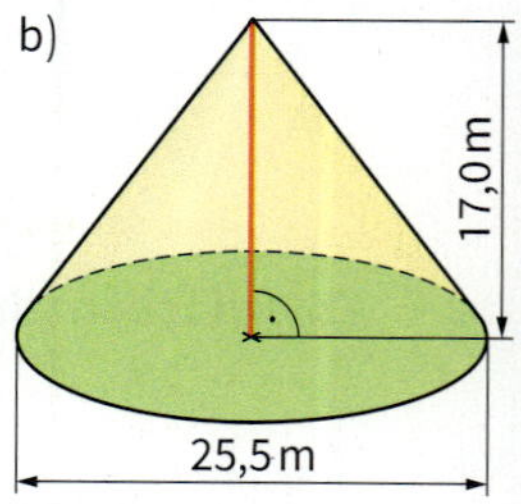

c)
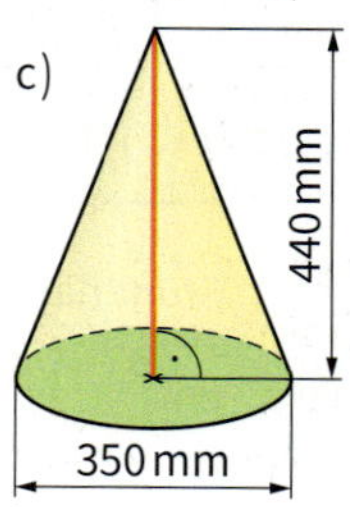

d)
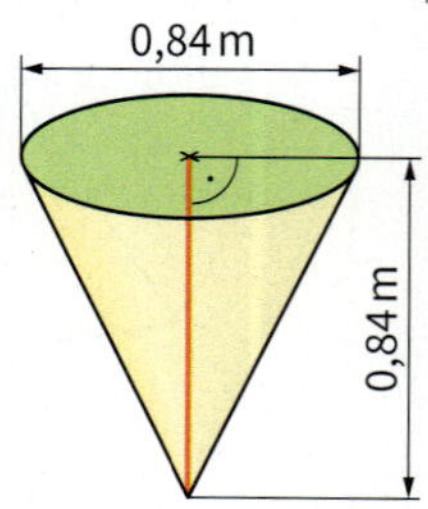

Oberflächeninhalt eines Kegels

1 Wird der **Mantel** eines Kegels längs einer Mantellinie aufgeschnitten und abgerollt, so entsteht ein **Kreisausschnitt**.

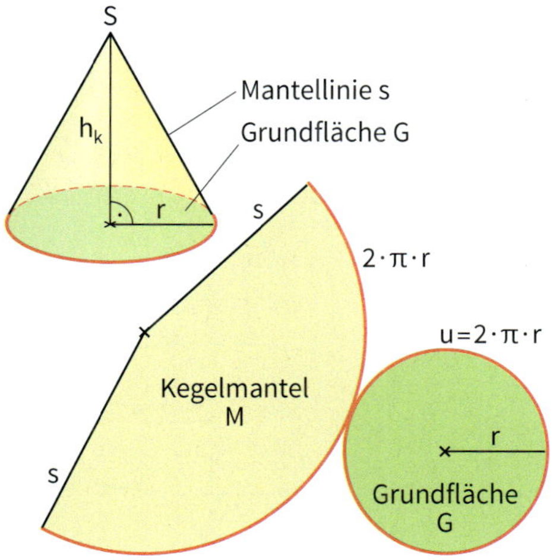

a) Beschreibe, wie in den folgenden Abbildungen der Kegelmantel zerlegt und anschließend wieder zusammengesetzt wird.

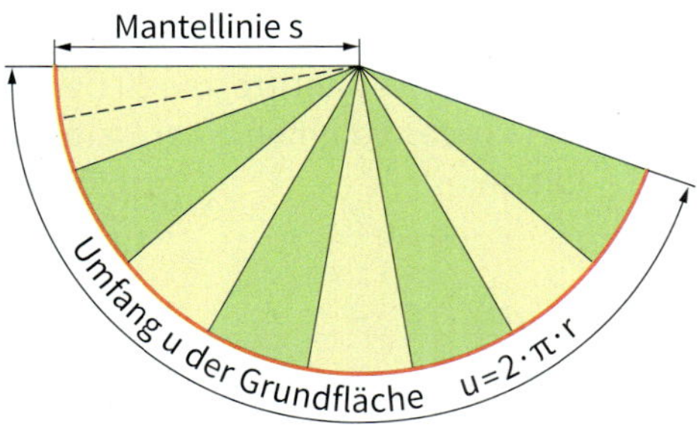

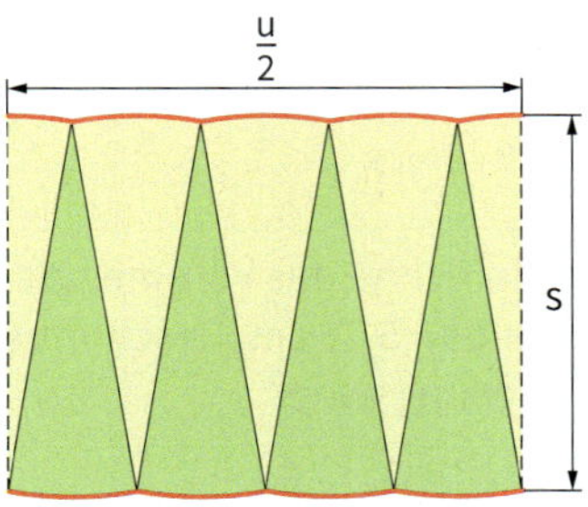

b) Führe in Gedanken diese Zerlegung des Mantels in immer mehr Teile durch. Welcher geometrischen Figur nähert sich dann die zusammengesetzte Figur? Leite eine Formel für den Flächeninhalt des Mantels her.

c) Der Radius r eines Kegels beträgt 3,4 cm, seine Mantellinie s misst 7,6 cm. Berechne den Flächeninhalt des Mantels und den Oberflächeninhalt des Kegels.

Flächeninhalt des Kegelmantels
$A_M = \pi \cdot r \cdot s$

Oberflächeninhalt eines Kegels
$A_O = A_G + A_M$
$A_O = \pi \cdot r^2 + \pi \cdot r \cdot s$

2 Erläutere, wie der Oberflächeninhalt des Kegels berechnet wird.

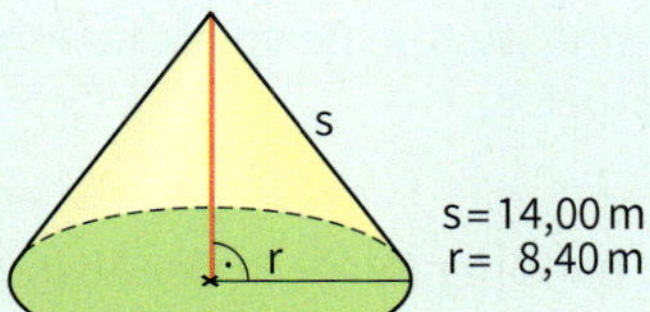

1. Inhalt der Grundfläche
$A_G = \pi \cdot r^2$
$A_G = \pi \cdot (8{,}40\,m)^2 \approx 221{,}67\,m^2$

2. Flächeninhalt des Mantels
$A_M = \pi \cdot r \cdot s$
$A_M = \pi \cdot 8{,}40\,m \cdot 14{,}00\,m \approx 369{,}45\,m^2$

3. Oberflächeninhalt des Kegels
$A_O \approx 221{,}67\,m^2 + 369{,}45\,m^2$
$A_O \approx 591{,}12\,m^2$

Der Oberflächeninhalt beträgt ungefähr 591 m².

3 Berechne den Flächeninhalt des Mantels und den Oberflächeninhalt des Kegels.

a)

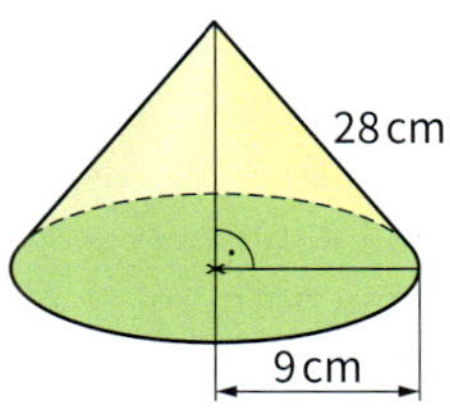

b)

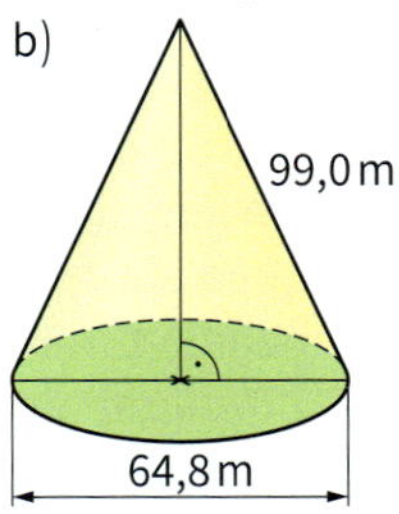

4 a) Skizziere zunächst das Schrägbild des Kegels mit d = 4,8 cm, h_k = 3,2 cm und s = 4,0 cm. Zeichne auch das Zweitafelbild des Kegels.

b) Berechne anschließend den Oberflächeninhalt des Kegels.

Volumen einer Kugel

1 Viele Gegenstände in deiner Umwelt haben die Form einer Kugel.

Nenne weitere Beispiele für kugelförmige Körper.

Bei einer Kugel ist der Abstand vom Mittelpunkt zu einem beliebigen Punkt P der Oberfläche der Kugelradius r.

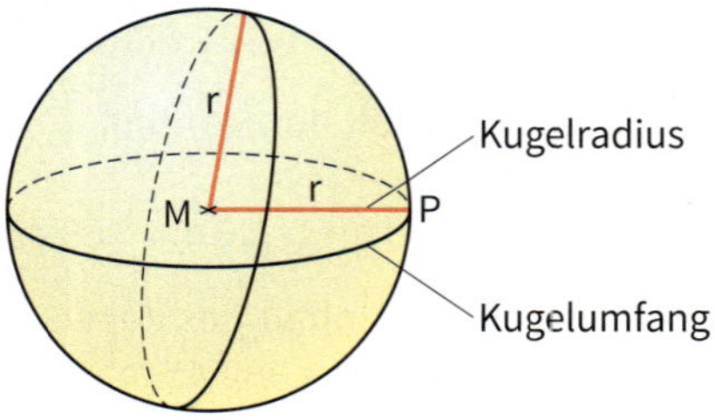

Die Kreise auf der Kugeloberfläche, deren Mittelpunkte jeweils mit dem Kugelmittelpunkt zusammenfallen, heißen **Großkreise**.
Als **Umfang einer Kugel** bezeichnet man den Umfang eines Großkreises.

2 Ein kugelförmiger Fesselballon fasst ungefähr 5 600 m^3 Gas. Der Kugelgasbehälter in Wuppertal kann bis zu 270 000 m^3 Erdgas speichern.

Nenne weitere Beispiele, in denen Volumenangaben von kugelförmigen Körpern wichtig sind.

3 Der Radius des abgebildeten Kegels, seine Höhe und der Radius der abgebildeten Halbkugel sind gleich groß.

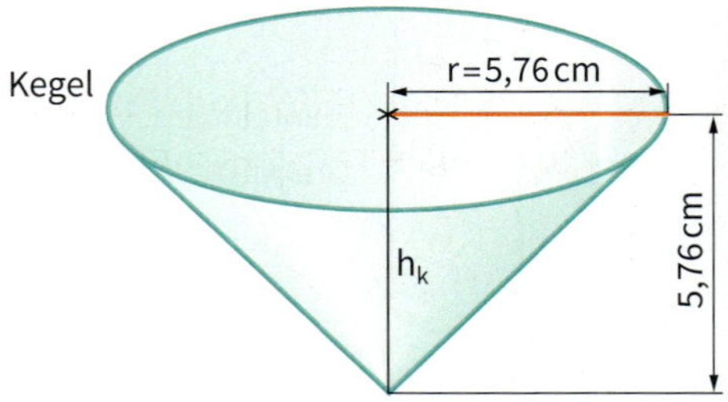

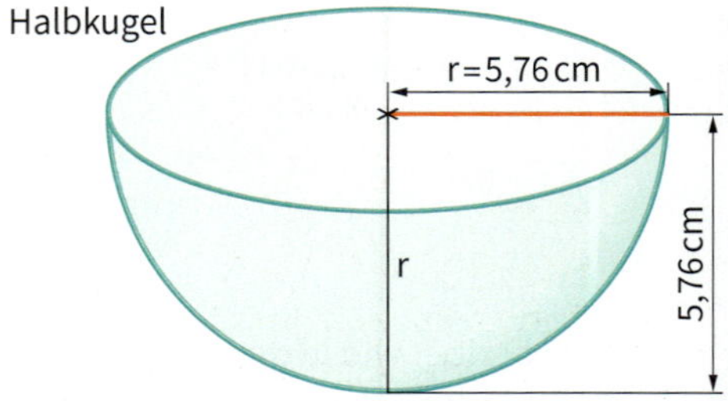

Der Kegel wird mit Wasser gefüllt. Durch Umgießen kannst du zeigen, dass der Inhalt des Kegels zweimal in die Halbkugel passt.

a) Erläutere die Schritte, die zu der Formel für das Volumen einer Halbkugel führen.

$V_{Halbkugel} = 2 \cdot \underbrace{\frac{1}{3} \cdot \pi \cdot r^2 \cdot h_k}_{Kegelvolumen}$

$V_{Halbkugel} = \frac{2}{3} \cdot \pi \cdot r^2 \cdot r$

$V_{Halbkugel} = \frac{2}{3} \cdot \pi \cdot r^3$

b) Berechne das Volumen der Kugel mit r = 5,76 cm. Beschreibe deinen Lösungsweg.

4 Berechne das Volumen der Kugel mit dem angegebenen Radius (Durchmesser).
a) r = 5,4 cm b) r = 3,8 dm c) r = 76 mm
d) d = 9,8 cm e) d = 1,2 m f) d = 0,80 m

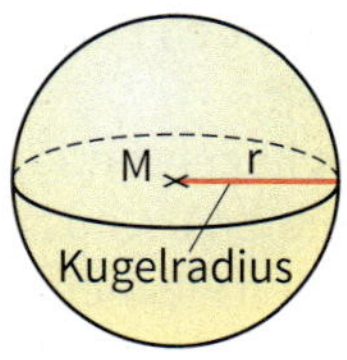

Volumen einer Kugel

$V = \frac{4}{3} \cdot \pi \cdot r^3$

Oberflächeninhalt einer Kugel

1 a) Eine Kugel lässt sich wie abgebildet in Körper zerlegen, die wie Pyramiden aussehen. Wodurch unterscheiden sich diese Zerlegungskörper von richtigen Pyramiden?
b) Wie groß sind die Grundflächen dieser Zerlegungskörper zusammen?

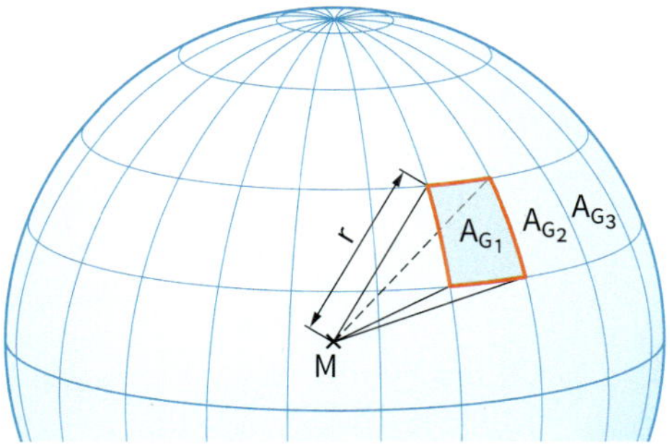

c) Lässt du in Gedanken die Grundfläche eines Zerlegungskörpers immer kleiner werden, so kannst du dir diesen Körper als eine Pyramide mit ebener Grundfläche vorstellen. Die Höhe h_k dieser Pyramide nähert sich dabei dem Radius r der Kugel.
Erläutere, wie im Folgenden die Formel $A_O = 4 \cdot \pi \cdot r^2$ für den Inhalt der Kugeloberfläche hergeleitet wird.

1. $h_k = r$

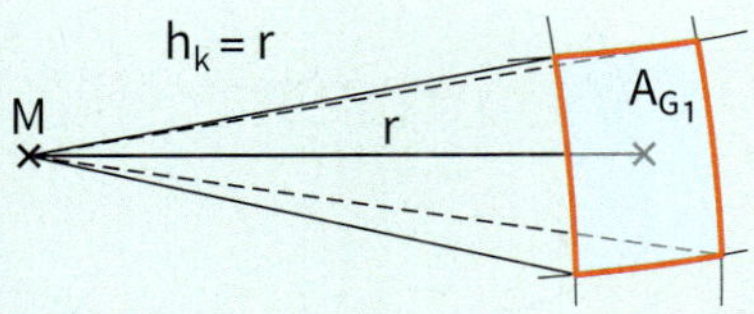

$V_{Pyr} = \frac{1}{3} \cdot A_{G_1} \cdot r$

2. $V = \frac{1}{3} \cdot A_{G_1} \cdot r + \frac{1}{3} \cdot A_{G_2} \cdot r + \frac{1}{3} \cdot A_{G_3} \cdot r + \ldots$
$V = \frac{1}{3} \cdot r \cdot (A_{G_1} + A_{G_2} + A_{G_3} + \ldots)$

3. $V = \frac{1}{3} \cdot r \cdot (A_{G_1} + A_{G_2} + A_{G_3} + \ldots)$
$V = \frac{1}{3} \cdot r \cdot A_O$

4. $V = \frac{1}{3} \cdot r \cdot A_O$
$\frac{4}{3} \cdot \pi \cdot r^3 = \frac{1}{3} \cdot r \cdot A_O \quad | : \left(\frac{1}{3} \cdot r\right)$
$4 \cdot \pi \cdot r^2 = A_O$
$A_O = 4 \cdot \pi \cdot r^2$

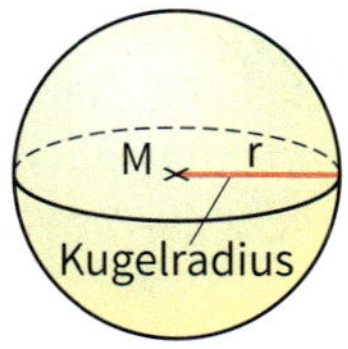

Oberflächeninhalt einer Kugel

$A_O = 4 \cdot \pi \cdot r^2$

2 Berechne den Oberflächeninhalt der Kugel mit dem angegebenen Radius (Durchmesser).
a) r = 25 cm b) r = 6,4 m c) r = 100 m
d) d = 46,4 cm e) d = 0,78 m f) d = 0,5 m

3 In dem Beispiel wird mit Hilfe des Taschenrechners aus dem Oberflächeninhalt einer Kugel ihr Radius berechnet.

Gegeben: $A_O = 310\,m^2$
Gesucht: r

$A_O = 4 \cdot \pi \cdot r^2 \quad | : (4 \cdot \pi)$
$\frac{A_O}{4 \cdot \pi} = r^2$
$r = \sqrt{\frac{A_O}{4 \cdot \pi}}$
$r = \sqrt{\frac{310}{4 \cdot \pi}}\,m$

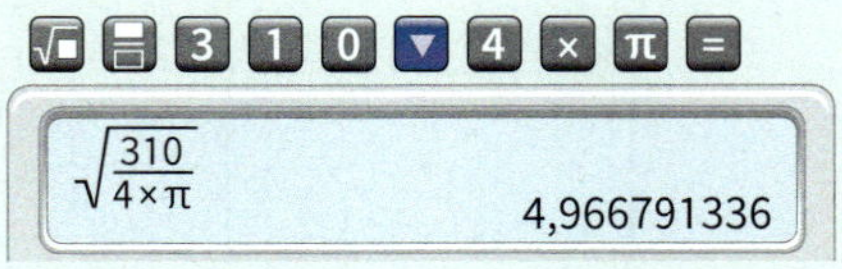

Der Radius ist ungefähr 4,97 m lang.

Berechne die fehlenden Größen der Kugel.

	a)	b)	c)
r	0,74 m	■	■
d	■	■	■
A_O	■	$78{,}54\,m^2$	$366{,}44\,m^2$

	d)	e)	f)
r	■	■	■
d	3,24 m	■	■
A_O	■	$12{,}57\,m^2$	$80\,425\,km^2$

Lösungen zu Aufgabe 3:
5,00 10,80 2,00 160,000 32,98 6,88
80,000 5,40 1,48 2,50 1,00 1,62

Zusammengesetzte Körper

Hinweise zur Berechnung von Volumen und Oberflächeninhalt von Zylindern und Prismen findest du auf den Seiten 194 und 195.

1 Berechne den Oberflächeninhalt und das Volumen des zusammengesetzten Körpers. Beachte, dass bei zusammengesetzten Körpern Begrenzungsflächen, die aufeinander liegen, nicht zur Oberfläche gehören.

a)

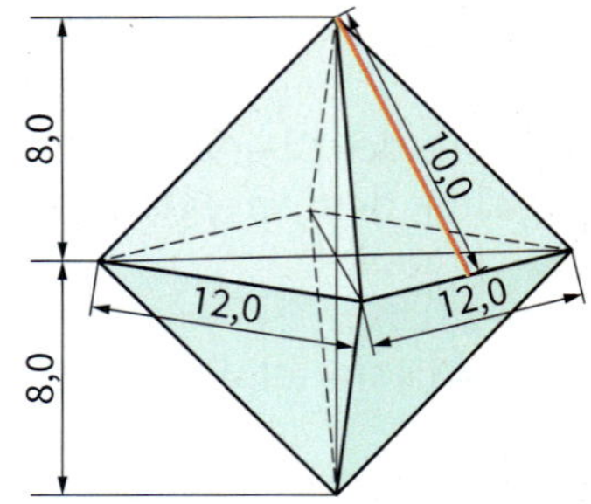

b)

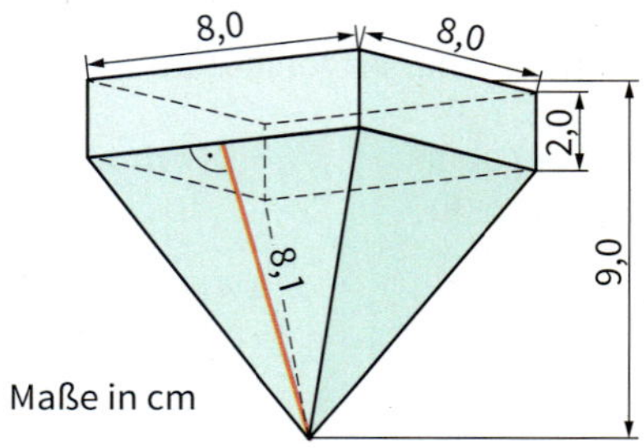

c)

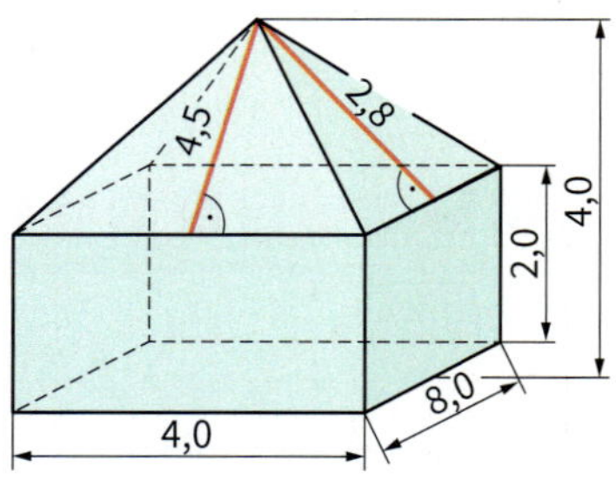

2 Ein Oktaeder wird von acht gleichseitigen kongruenten Dreiecken begrenzt. Die Kantenlänge eines Oktaeders beträgt 12 cm (20 cm). Berechne seinen Oberflächeninhalt. Hier brauchst du den Satz des Pythagoras.

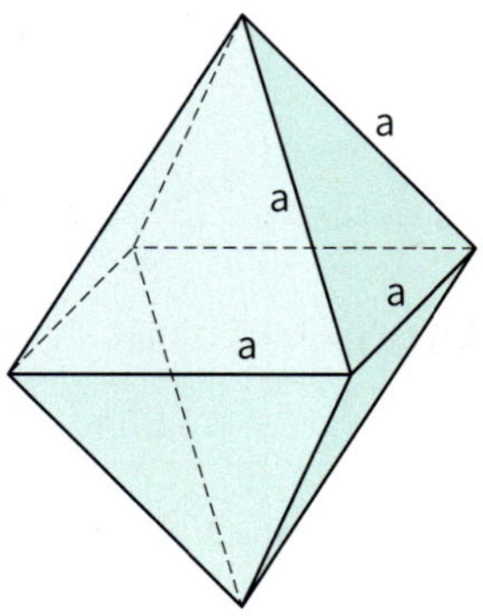

3 Berechne den Oberflächeninhalt und das Volumen des zusammengesetzten Körpers.

a)

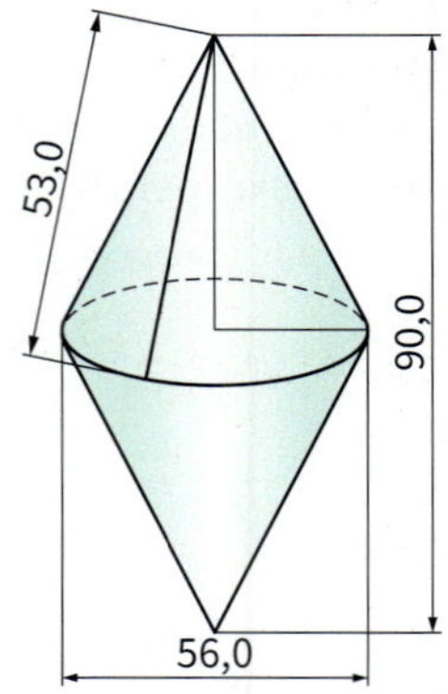

b)

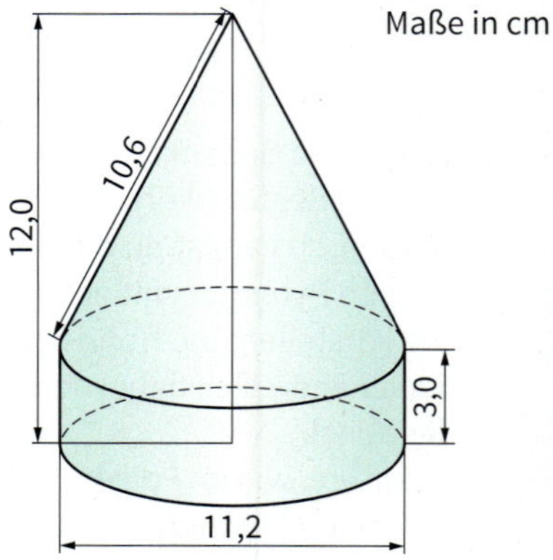

c)

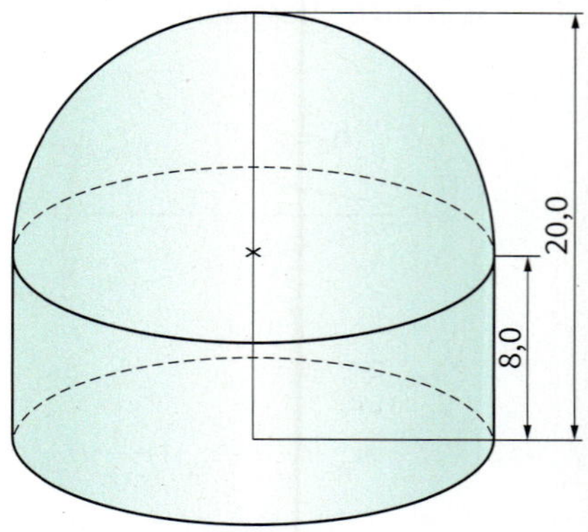

d)

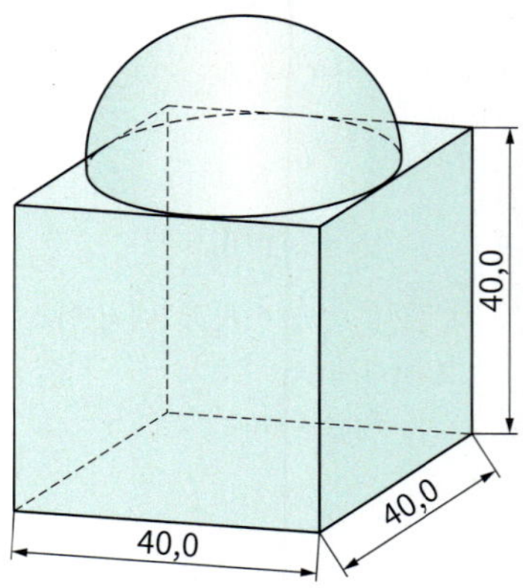

WISSEN KOMPAKT

Pyramide

Schrägbild

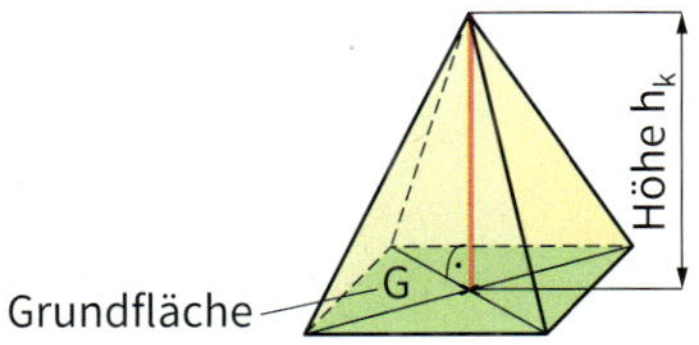

Netz

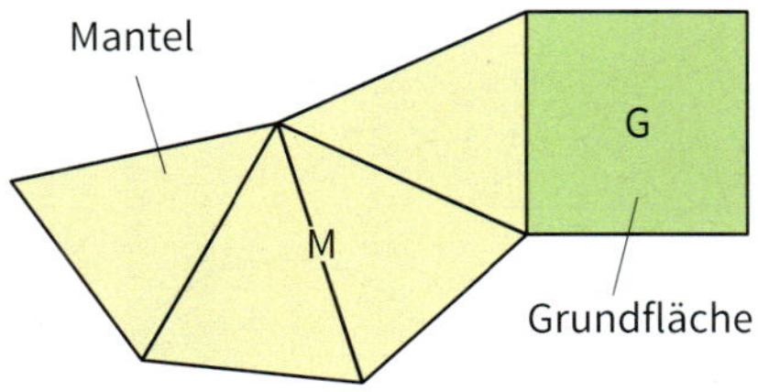

Zweitafelbild

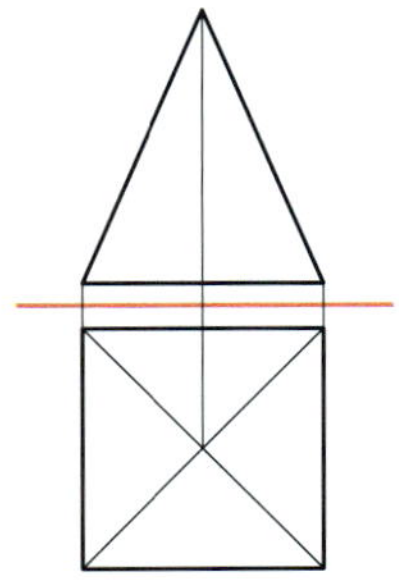

Volumen: $V = \frac{1}{3} \cdot A_G \cdot h_k$

Oberflächeninhalt: $A_O = A_G + A_M$

Kegel

Schrägbild

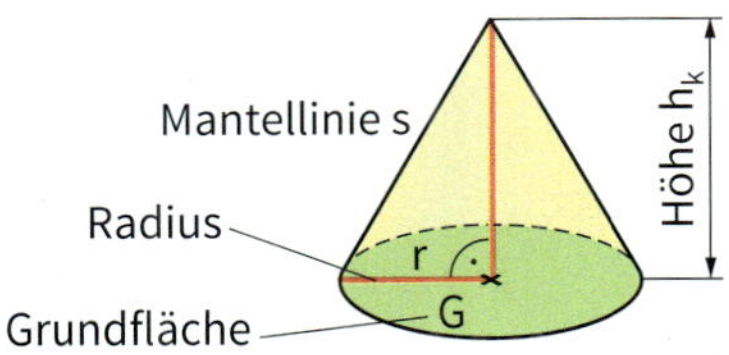

Netz

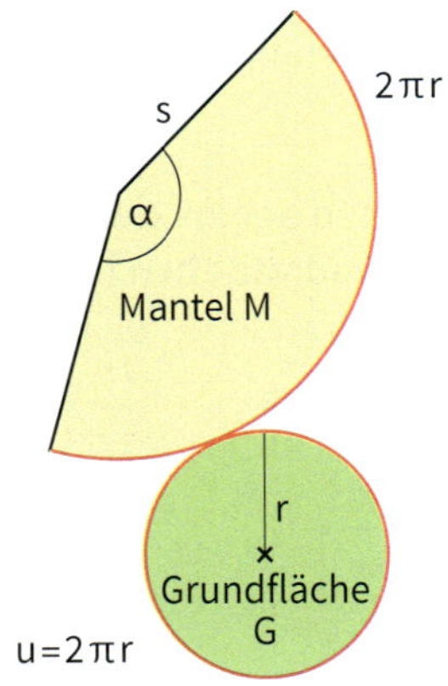

Zweitafelbild

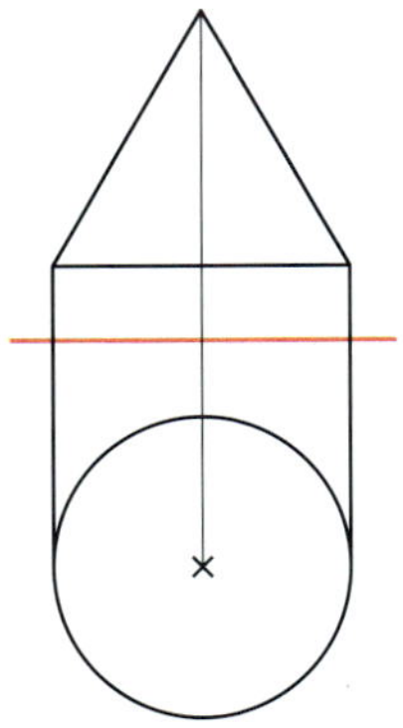

Volumen: $V = \frac{1}{3} \cdot A_G \cdot h_k$

$V = \frac{1}{3} \cdot \pi \cdot r^2 \cdot h_k$

Flächeninhalt des Mantels: $A_M = \pi \cdot r \cdot s$

Oberflächeninhalt: $A_O = A_G + A_M$

$A_O = \pi \cdot r^2 + \pi \cdot r \cdot s$

Kugel

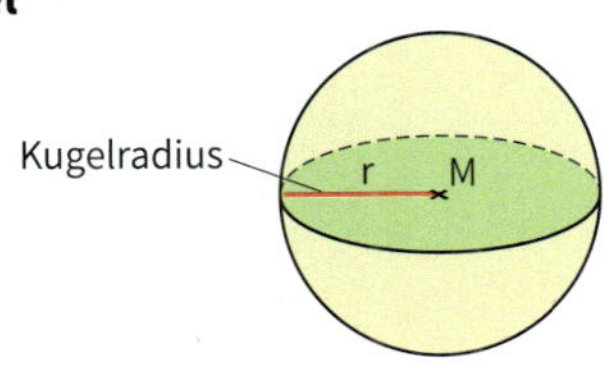

Volumen: $V = \frac{4}{3} \cdot \pi \cdot r^3$

Oberflächeninhalt: $A_O = 4 \cdot \pi \cdot r^2$

ÜBEN

1 Berechne das Volumen und den Oberflächeninhalt des Körpers.

a)

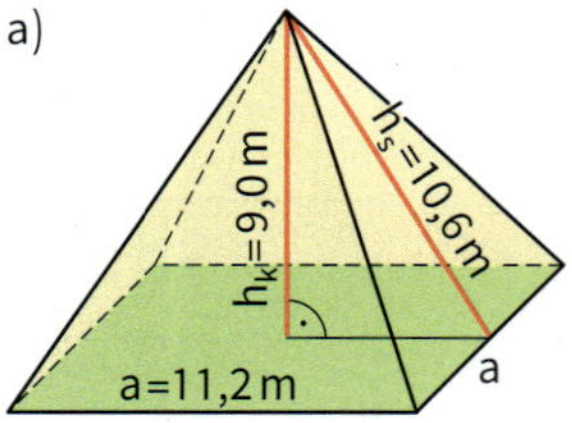

b)

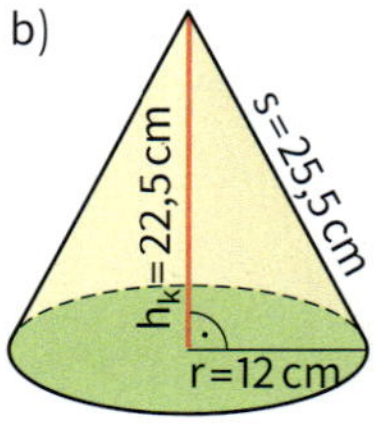

c)

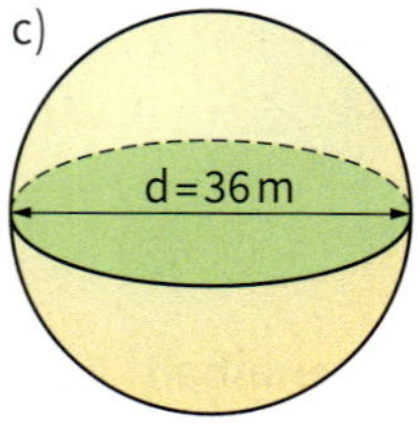

2 a) Zeichne zunächst das Schrägbild der quadratischen Pyramide mit $a = 6\,cm$, $h_k = 4\,cm$ und $h_s = 5\,cm$ ($a = 5{,}4\,cm$; $h_k = 3{,}6\,cm$; $h_s = 4{,}5\,cm$).

b) Berechne anschließend das Volumen und den Oberflächeninhalt der Pyramide.

3 Berechne das Volumen der im Zweitafelbild dargestellten quadratischen Pyramide.

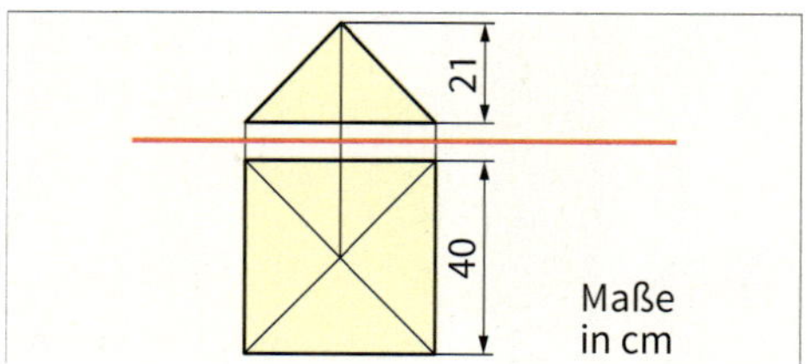

4 a) Skizziere zunächst das Schrägbild des Kegels mit $d = 4{,}8\,cm$, $h_k = 3{,}2\,cm$ und $s = 4{,}0\,cm$ ($d = 7{,}2\,cm$; $h_k = 4{,}8\,cm$; $s = 6{,}0\,cm$). Zeichne auch das Zweitafelbild des Kegels.

b) Berechne anschließend das Volumen und den Oberflächeninhalt des Kegels.

5 a) Bestimme das Volumen der rechteckigen Pyramide mit $a = 2{,}8\,m$, $b = 3{,}5\,m$ und $h_k = 4{,}2\,m$.

b) Berechne den Oberflächeninhalt der rechteckigen Pyramide mit $a = 24{,}5\,m$, $b = 16{,}8\,m$, $h_a = 15{,}5\,m$ und $h_b = 17{,}9\,m$.

6 Die Grundfläche der abgebildeten Pyramide ist ein rechtwinkliges Dreieck. Bestimme das Volumen.

a)

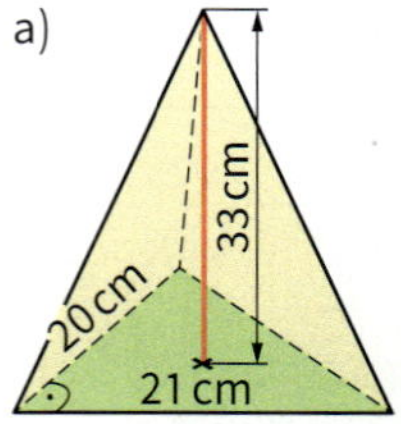

b)

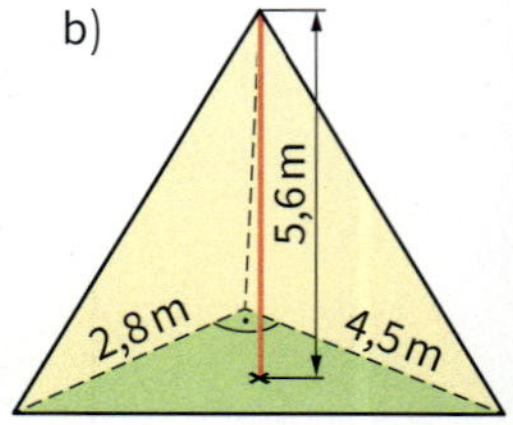

7 Der Umfang der Grundfläche der quadratischen Pyramide beträgt 148,80 m. Berechne das Volumen und den Oberflächeninhalt des Körpers.

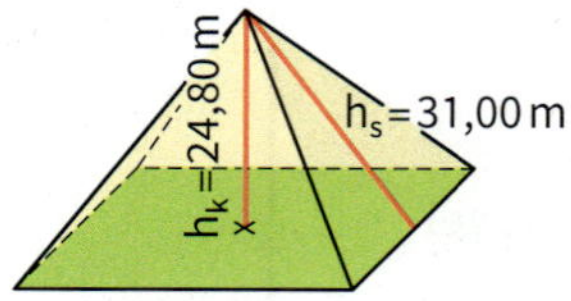

8 In dem Beispiel wird aus dem Umfang der Grundfläche des Kegels der Radius bestimmt.

Gegeben: $u = 37{,}70\,m$
Gesucht: r

$$u = 2 \cdot \pi \cdot r \quad |:(2 \cdot \pi)$$
$$\frac{u}{2 \cdot \pi} = r$$
$$r = \frac{37{,}70\,m}{2 \cdot \pi} \approx 6{,}00\,m$$

Der Umfang u der Grundfläche eines Kegels beträgt 50,27 m (94,28 m), $h_k = 6\,m$. Berechne das Volumen und den Oberflächeninhalt des Kegels.

9 In dem Beispiel wird aus dem Oberflächeninhalt einer Kugel ihr Radius bestimmt.

Gegeben: $A_O = 804\,m^2$
Gesucht: r

$$A_O = 4 \cdot \pi \cdot r^2 \quad |:(4 \cdot \pi)$$
$$\frac{A_O}{4 \cdot \pi} = r^2$$
$$r = \sqrt{\frac{A_O}{4 \cdot \pi}}$$
$$r = \sqrt{\frac{804}{4 \cdot \pi}}\,m \approx 8{,}00\,m$$

Berechne die fehlenden Größen (r, d und V) der Kugel.

a) $A_O = 2\,124\,m^2$ b) $A_O = 1\,810\,m^2$

ÜBEN

10 In dem Beispiel wird mithilfe des Satzes des Pythagoras die Mantellinie s eines Kegels berechnet.

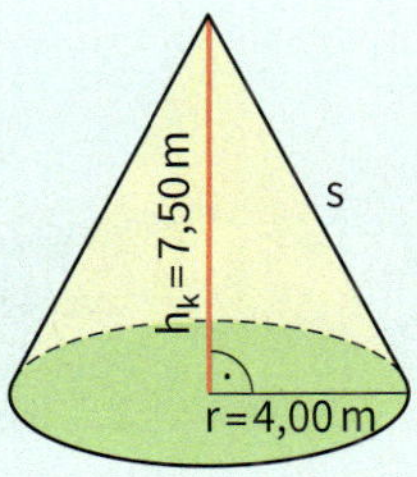

Gegeben: $h_k = 7{,}50\,m$; $r = 4{,}00\,m$
Gesucht: s

$$h_k^2 + r^2 = s^2$$
$$s = \sqrt{h_k^2 + r^2}$$
$$s = \sqrt{7{,}50^2 + 4{,}00^2}\,m$$
$$s = 8{,}50\,m$$

Bestimme das Volumen und den Oberflächeninhalt des Kegels.

a)

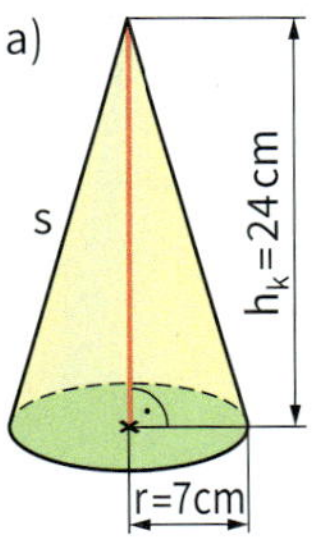

b)

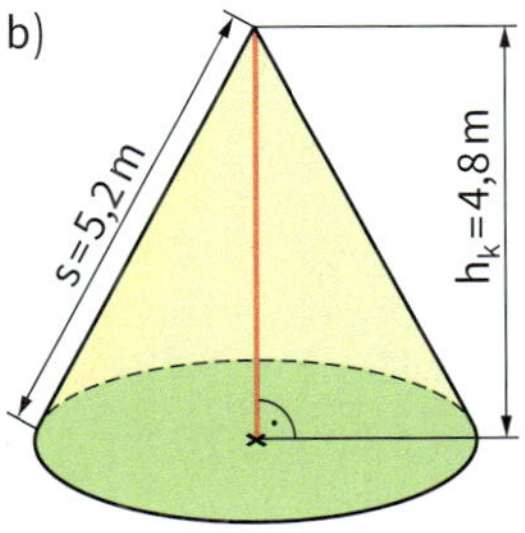

11 Berechne das Volumen und den Oberflächeninhalt der Pyramide.

a) $a = 80\,m$
$h_k = 42\,m$

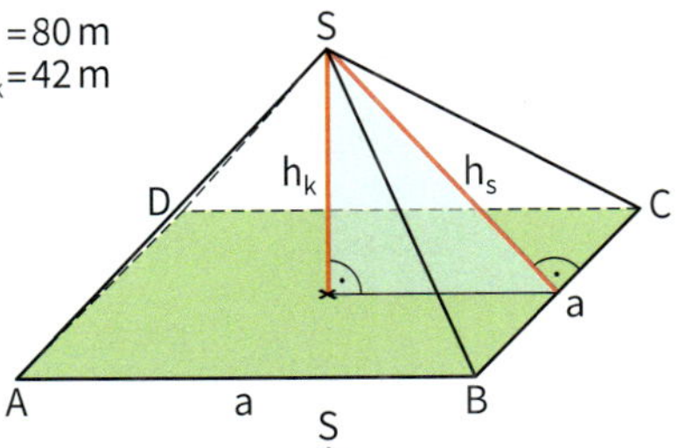

b) $a = 14{,}40\,m$
$h_s = 12{,}00\,m$

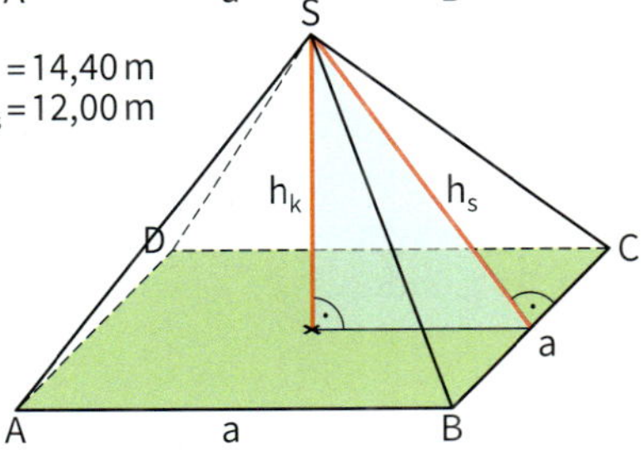

12 Bestimme das Volumen und den Oberflächeninhalt der abgebildeten rechteckigen Pyramide.

$a = 8{,}40\,m$
$b = 3{,}84\,m$

$h_a = 2{,}40\,m$
$h_b = 4{,}44\,m$

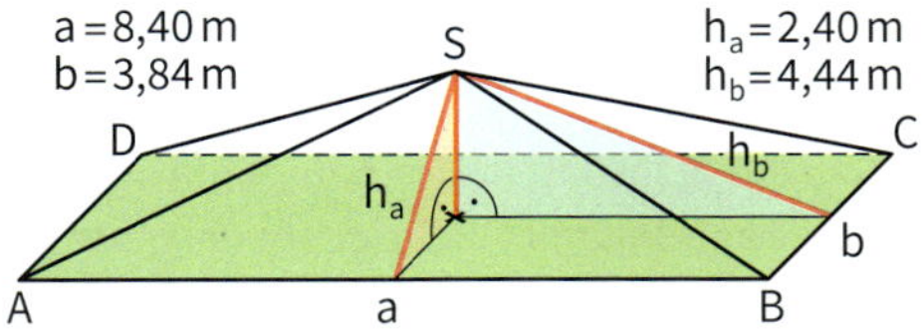

13 Berechne das Volumen und den Oberflächeninhalt des abgebildeten Körpers.

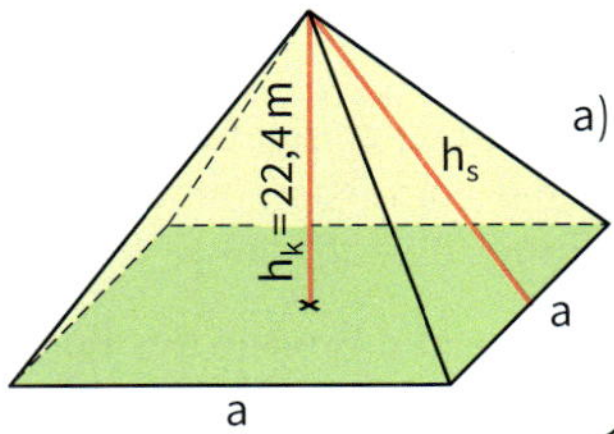

a) Umfang der Grundfläche: $u = 134{,}4\,m$

b) Umfang der Grundfläche: $u = 45{,}24\,cm$

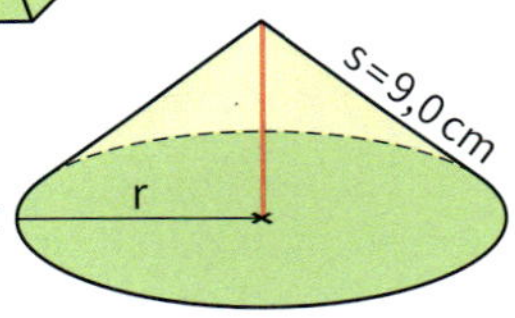

14 Bestimme das Volumen des zusammengesetzten Körpers.

a)

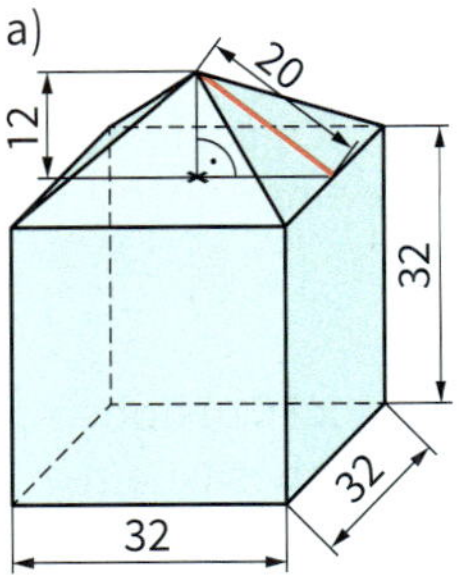

b) Maße in m

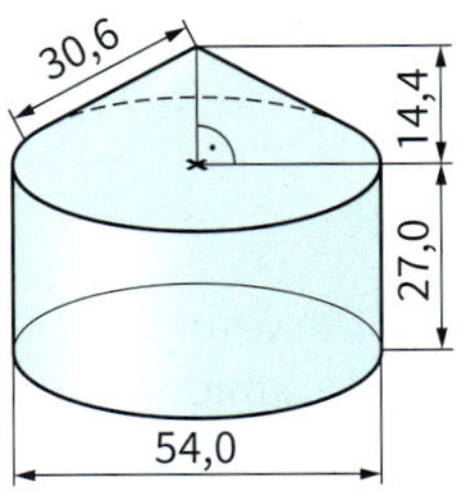

15 Berechne das Volumen und den Oberflächeninhalt des Körpers.

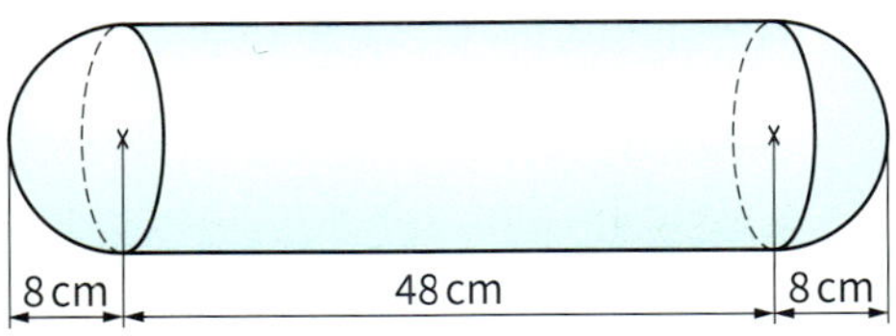

ÜBEN: Sachaufgaben

Mathematisch modellieren

Sachaufgaben zur Körperberechnung

Aufgabe:
Ein 3,20 m hohes pyramidenförmiges Dach soll mit Dachziegeln eingedeckt werden. Die Grundfläche des Daches ist ein Quadrat mit einer Seitenlänge von 12,00 m. Für einen Quadratmeter Fläche werden 15 Dachziegel benötigt.
Wie viele Dachziegel werden für das Dach mindestens benötigt?

1. Stelle fest, welche Angaben und Informationen du brauchst, um die Aufgabenstellung zu bearbeiten.

Geometrischer Körper: quadratische Pyramide
Grundkante: $a = 12{,}00\,\text{m}$
Körperhöhe: $h_k = 3{,}20\,\text{m}$
Anzahl der Ziegel pro m^2: 15

2. Überlege, welche Größen des Körpers du berechnen musst. Notiere die zugehörige Formel.

Inhalt der Mantelfläche
$A_M = 4 \cdot \frac{a \cdot h_s}{2}$

3. Bestimme fehlende Stücke gegebenenfalls durch eine Zwischenrechnung. Fertige zunächst eine Skizze an.

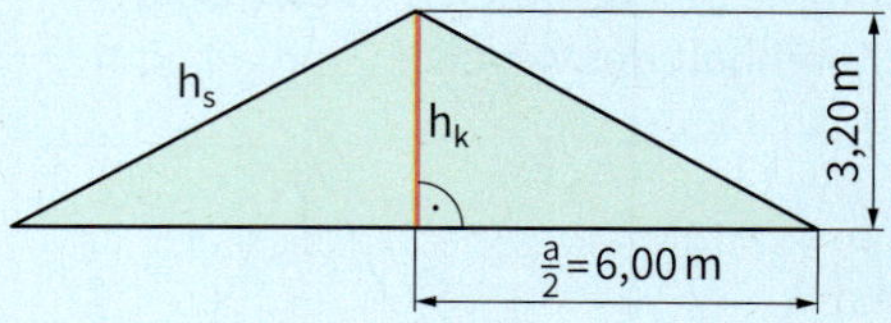

$\left(\frac{a}{2}\right)^2 + h_k^2 = h_s^2$
$h_s^2 = (6{,}00\,\text{m})^2 + (3{,}20\,\text{m})^2$
$h_s = \sqrt{6{,}00^2 + 3{,}20^2}\,\text{m}$
$h_s = 6{,}80\,\text{m}$

4. Führe die notwendigen Berechnungen durch.

1. $A_M = 4 \cdot \frac{12{,}00\,\text{m} \cdot 6{,}80\,\text{m}}{2}$
   $A_M = 163{,}2\,\text{m}^2$
2. $163{,}2 \cdot 15 = 2\,448$

5. Überprüfe, ob dein Ergebnis sinnvoll ist und formuliere eine Antwort.

Mindestens 2 448 Ziegel werden zum Eindecken des Daches benötigt.

1 Die Grundfläche eines 2,80 m hohen pyramidenförmigen Daches ist ein Quadrat. Der Umfang der Grundfläche beträgt 76,80 m.
Das Dach soll einen Belag aus Kupferblech erhalten. Der Dachdecker rechnet für das Eindecken mit 280 € pro Quadratmeter Dachfläche. Berechne die Gesamtkosten.

2 Ein Sandkegel ist 4,20 m hoch. Sein Umfang beträgt 56,55 m.
Wie oft muss ein Lastwagen fahren, um den Sandkegel vollständig abzutragen?
Die Dichte von Sand beträgt $1{,}6\,\frac{g}{cm^3}$.
Der Lastwagen kann eine Masse von 9 t zuladen.

ÜBEN: Sachaufgaben

3 Für den ausgebauten Dachraum des abgebildeten Hauses mussten 25 920 € bezahlt werden.

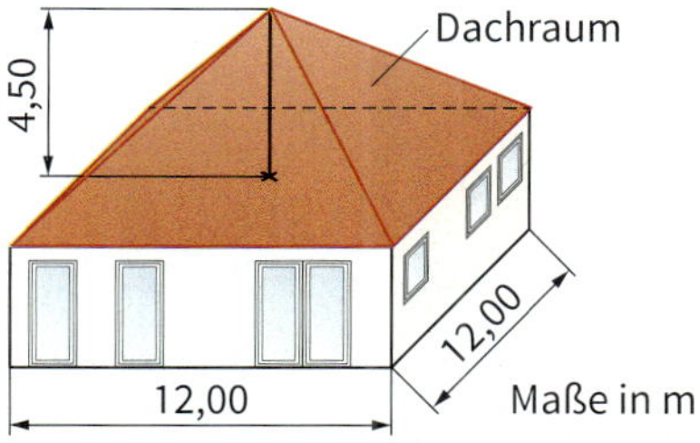

Wie viel Euro wurden für einen Kubikmeter bezahlt?

4 Das aufgespannte Dach eines Sonnenschirms hat die Form eines Kegels mit d = 2,20 m. Die Mantellinie s des Kegels ist 1,15 m lang.
Das Dach des Sonnenschirms besteht aus einem Kunststoff. Ein Quadratmeter dieses Stoffes wiegt 285 g. Wie schwer ist der Stoff des Sonnenschirms?

5 Aus dem abgebildeten Holzwürfel soll eine möglichst große Kugel gedrechselt werden.

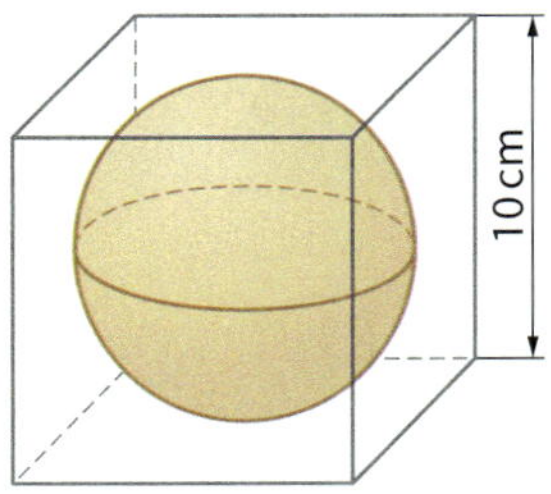

Die fertiggestellte Holzkugel erhält einen Farbanstrich. Wie viel Quadratzentimeter Fläche müssen gestrichen werden?

6 Ein Baumarkt bietet für den Garten Kugeln aus Granit ($\rho = 2{,}8\,\frac{g}{cm^3}$) an.
Familie Peters beabsichtigt zwei kleine Kugeln (d = 20 cm) und eine große Kugel (d = 40 cm) zu kaufen. Sie wollen die Kugeln im Kofferraum ihres Autos transportieren.

7 Ein kugelförmiger Gasbehälter hat einen inneren Durchmesser von 16,50 m.

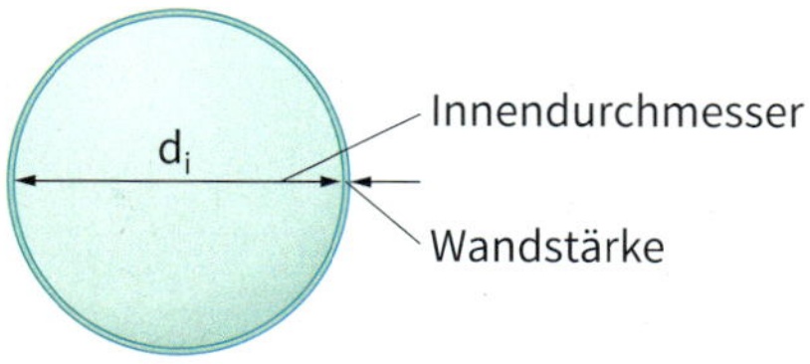

Die Wandstärke des Behälters beträgt 20 mm. Der Gasbehälter erhält einen neuen Außenanstrich. Wie viel Quadratmeter müssen gestrichen werden?

8 Berechne die Masse des zusammengesetzten Körpers in Gramm.

I Zink: $\rho = 7{,}1\,\frac{g}{cm^3}$ II Eisen: $\rho = 7{,}8\,\frac{g}{cm^3}$

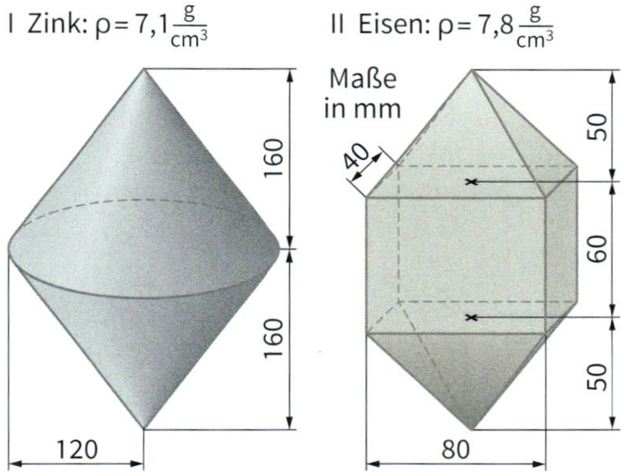

9 In der abgebildeten freitragenden Halle befindet sich ein tropischer Freizeitpark. Betrachte die Halle als einen zusammengesetzten Körper, der aus einem Halbzylinder und zwei Viertelkugeln besteht.

a) Zeichne ein Zweitafelbild der Halle. Wähle dafür einen geeigneten Maßstab.
b) Wie viel Kubikmeter Luft enthält die Halle?

VERTIEFEN: Schätzen, Messen und Überschlagen

1 Das pyramidenförmige Dach der Stadtbibliothek in Ulm besteht aus vier dreieckigen Seitenflächen.

Schätze, wie groß der Inhalt der gesamten Dachfläche ist.

2 Das Transportunternehmen gibt die Ladelänge des abgebildeten Fahrzeugs mit 20 m an.

Schätze zunächst die Größe des Durchmessers und die Länge des Hohlzylinders. Bestimme anschließend das Volumen des Zylinders.

3

Kann die Aussage über die Masse der Kugel zutreffen?

4 In südlichen Ländern wird Salz durch das Verdunsten von Meerwasser gewonnen.

Schätze die Masse eines Salzkegels (Salz: $\rho = 2{,}16\,\frac{g}{cm^3}$).

Problemlösen Schätzen, Messen und Überschlagen

1. Überlege, welche Angaben du für eine Überschlagsrechnung benötigst.
2. Prüfe, ob du alle Angaben den vorhandenen Informationen entnehmen kannst. Wenn nötig, verschaffe dir weitere Angaben, zum Beispiel durch eine Messung oder eine Schätzung.
3. Führe die Überschlagsrechnung aus. Wähle dazu ein geeignetes Rechenverfahren.
4. Überlege, ob das Ergebnis deiner Rechnung sinnvoll ist.

VERTIEFEN: Schätzen, Messen und Überschlagen

5 Im September 1966 wurde bei Baggerarbeiten zur Fahrrinnenvertiefung der Elbe ein großer Findling gefunden.

Der Findling ist aus Granit. Ein Kubikmeter Granit hat eine Masse 2,8 Tonnen. Schätze die Masse des Findlings.

6 Die Glockenmänner auf dem Hochhaus werden von einem Techniker gewartet.

Wie groß könnten die Glockenmänner sein? Schätze den Flächeninhalt des Glockenmantels.

7 Die Abbildung zeigt einen kugelförmigen Gasbehälter.

Schätze, wie viel Quadratmeter Stahlblech für seine Herstellung verarbeitet wurden.

8 Das abgebildete Gebäude erhält ein pyramidenförmiges Dach.

Schätze das Volumen des Gebäudes.

9 Lenas Eltern haben in ihrem Garten einen Teich angelegt.
Der Gartenteich ist in der Mitte 1,1 m tief, am Rand 0,5 m. Die Säule im Teich ist 1 m hoch.

Lena möchte wissen, wie viel Liter Wasser der Teich etwa enthält.

10

Schätze die Masse des Eichenstamms.
Rechne mit einer Dichte von $0{,}67\,\frac{g}{cm^3}$.

AUSGANGSTEST 1

1 Berechne das Volumen und den Oberflächeninhalt des abgebildeten Körpers.

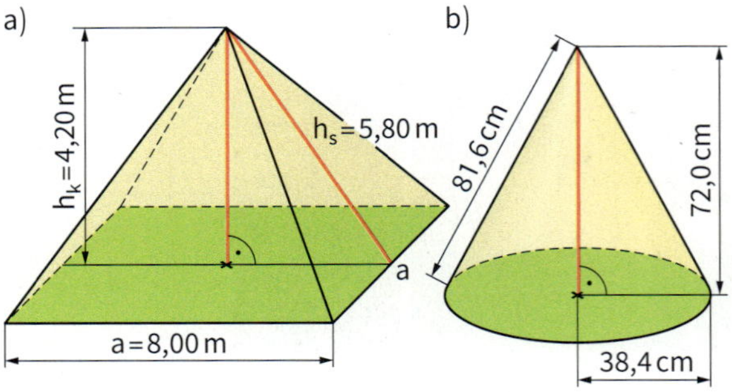

2 Berechne das Volumen und den Oberflächeninhalt der Kugel.
a) r = 20 cm b) d = 9,00 m

3 Berechne den Oberflächeninhalt der rechteckigen Pyramide mit a = 44 m, b = 26 m, $h_a = 23$ m und $h_b = 29$ m.

4 Der Umfang eines 2,80 m hohen kegelförmig aufgeschütteten Kieshaufens wird mit 9,40 m gemessen. Berechne sein Volumen.

5 Die abgebildete Steinkugel aus Granit hat einen Durchmesser von 1,50 m.

Berechne die Masse der Kugel (Granit: $\rho = 2{,}8\,\frac{g}{cm^3}$).

6 Ein Pyramidendach mit einem Quadrat als Grundfläche soll einen Belag aus Kupferblech erhalten. Eine Seite der quadratischen Grundfläche ist 4,60 m lang. Die Seitenhöhe einer dreieckigen Dachfläche beträgt 5,40 m.
Der Dachdecker verlangt für das Eindecken 180 € pro Quadratmeter Dachfläche. Wie viel Euro kostet das Eindecken der gesamten Dachfläche?

7 Berechne das Volumen und den Oberflächeninhalt des abgebildeten Körpers.

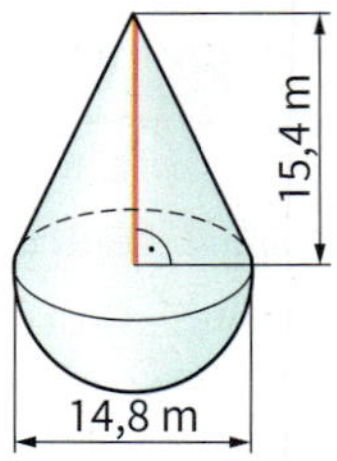

Ich kann ...

	Aufgabe	Hilfen und Aufgaben	
das Volumen und den Oberflächeninhalt einer Pyramide und eines Kegels berechnen.	1	Seite 133 – 137, 142, 143	I
das Volumen und den Oberflächeninhalt einer Kugel berechnen.	2	Seite 138, 139, 142	
den Oberflächeninhalt einer rechteckigen Pyramide bestimmen.	3	Seite 135, 142, 143	
fehlende Größen eines geometrischen Körpers durch Umstellen von Formeln bestimmen.	4	Seite 142, 143	II
Sachaufgaben zum Volumen eines geometrischen Körpers lösen.	4, 5	Seite 144, 145	
Sachaufgaben zum Oberflächeninhalt eines geometrischen Körpers lösen.	6	Seite 144, 145	
das Volumen und den Oberflächeninhalt eines zusammengesetzten Körpers bestimmen.	7	Seite 140, 143	

AUSGANGSTEST 2

1 Berechne das Volumen und den Oberflächeninhalt des Körpers.
a) Rechteckige Pyramide: $a = 40\,cm$; $b = 28\,cm$; $h_a = 100\,cm$; $h_b = 104\,cm$; $h_k = 48\,cm$
b) Kegel: $d = 25{,}92\,m$; $s = 21{,}60\,m$; $h_k = 17{,}28\,m$
c) Kugel: $d = 0{,}40\,m$

2 Berechne das Volumen und den Oberflächeninhalt der Pyramide.

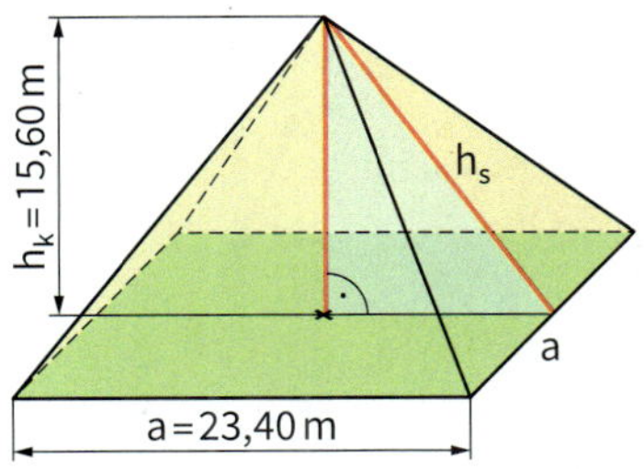

3 Bestimme das Volumen und den Oberflächeninhalt des Kegels.

a)

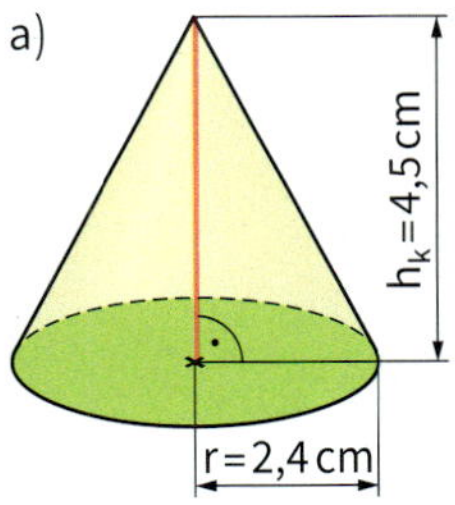

b)

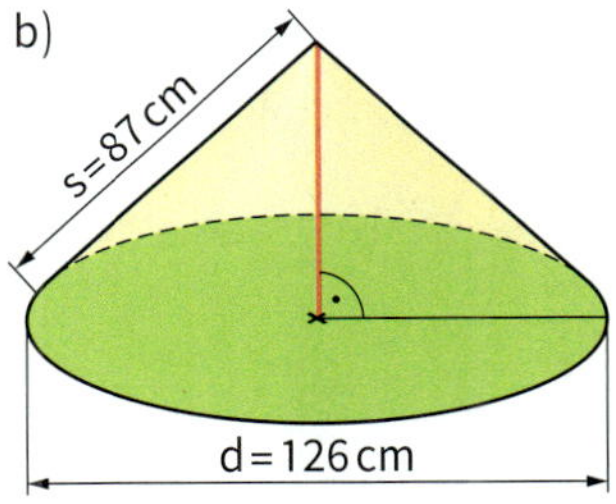

4 Berechne das Volumen und den Oberflächeninhalt eines Kegels mit $A_G = 2{,}01\,m^2$ und $h_k = 1{,}50\,m$.

5 Eine Kugel hat einen Oberflächeninhalt von $314{,}16\,m^2$. Berechne das Volumen der Kugel.

6 Der abgebildete Metallkörper ist ein Oktaeder. Er setzt sich aus zwei gleich großen Pyramiden zusammen. Die Grundflächen der Pyramiden sind Quadrate.

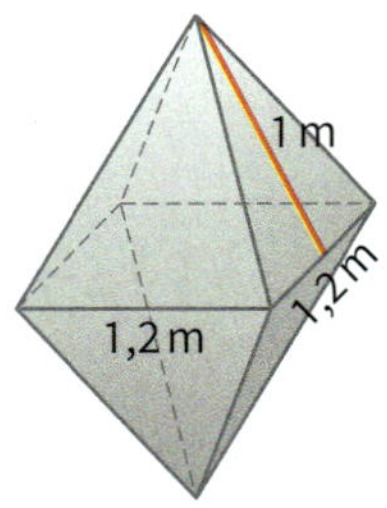

Der Metallkörper wird mit einer Rostschutzfarbe gestrichen. Für einen Quadratmeter Fläche werden 0,07 l Farbe benötigt.

7 Das im abgebildeten Zweitafelbild dargestellte Werkstück besteht aus Zink ($\rho = 7{,}1\,\frac{g}{cm^3}$). Bestimme seine Masse.

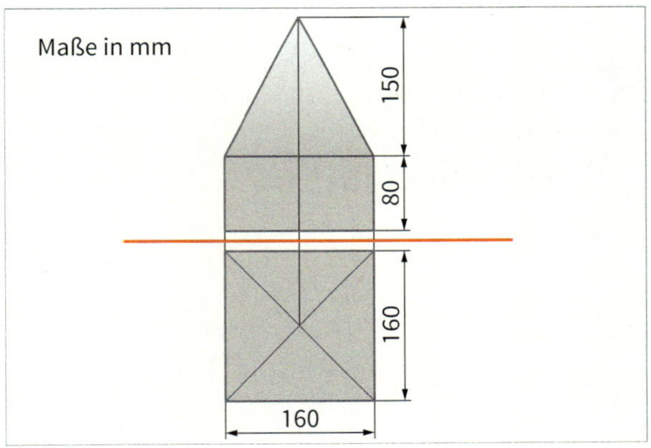

Ich kann ...

Ich kann ...	Aufgabe	Hilfen und Aufgaben	
das Volumen und den Oberflächeninhalt geometrischer Körper berechnen.	1	Seite 134 – 138, 142, 143	I
fehlende Größen eines geometrischen Körpers mithilfe des Satzes des Pythagoras berechnen.	2, 3	Seite 143, 144	II
fehlende Größen eines geometrischen Körpers durch Umstellen von Formeln bestimmen.	4, 5	Seite 138, 142, 143	
Sachaufgaben zum Oberflächeninhalt und zum Volumen eines geometrischen Körpers lösen.	6, 7	Seite 144, 145	
die Masse eines im Zweitafelbild dargestellten geometrischen Körpers bestimmen.	7	Seite 142, 145	III

7 Sachaufgaben aus der Berufsausbildung

Die Klasse 9b führt eine Betriebsbesichtigung in einem grafischen Betrieb durch. Die Lernenden erfahren, dass hier für eine Ausbildung gute mathematische Kenntnisse erforderlich sind.

In diesem Kapitel …

- *bereitest du dich auf einen Berufseingangstest vor.*
- *wiederholst du Strategien für das Lösen von Sachaufgaben und wendest sie in verschiedenen Themenfeldern der Berufsausbildung an.*

Betriebsbesichtigung

Vergleiche den Papierverbrauch in Südafrika mit dem Papierverbrauch in der Schweiz.

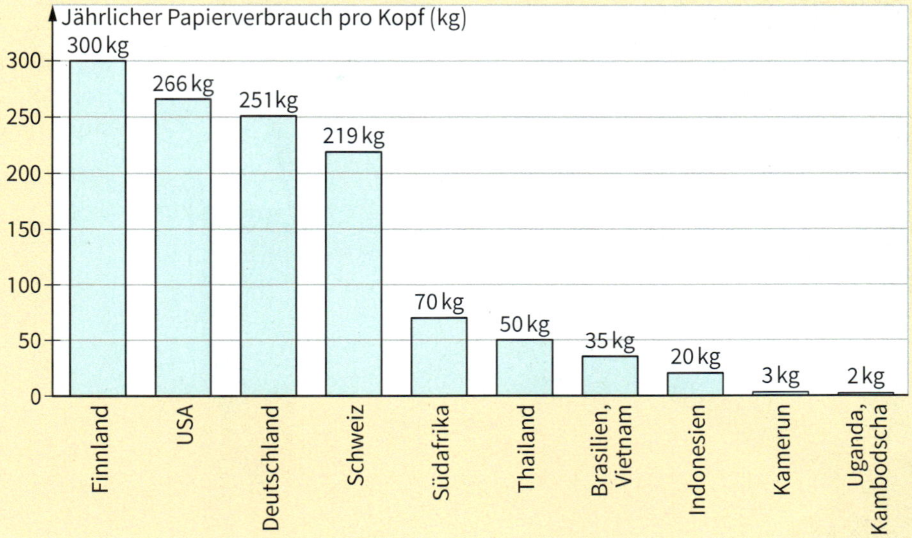

Der neu angeschaffte Gabelstapler wurde mit einem Kredit finanziert. Bei einem Zinssatz von 4 % müssen 720 € Jahreszinsen gezahlt werden.

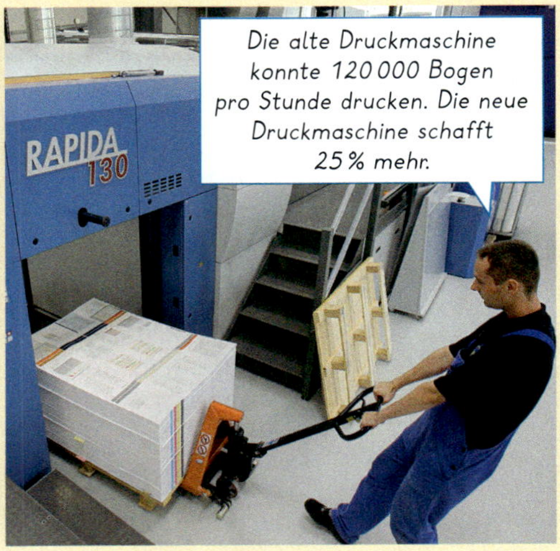

Direkt und indirekt proportionale Zuordnungen

1 Eine Druckmaschine braucht zum Druck von 15 000 Flyern sechs Stunden. Der Ausbildungsleiter fragt Marcel, wie viele Flyer er dann in vier Stunden drucken kann. Marcel rechnet:

	Druckerdauer (h)	Anzahl Flyer	
	6	15 000	
:6	1	2 500	:6
·4	4	10 000	·4

In 4 Stunden können 10 000 Flyer gedruckt werden.

a) Wie viele Flyer kann die Maschine in 5 (7, 10) Stunden drucken?
b) Die 15 000 Flyer wiegen 18 kg. Wie viel Kilogramm wiegen 8 500 (12 000, 23 000) Flyer?
c) 10,5 kg Druckfarbe kosten 199,50 €. Wie viel Euro kosten 4 kg (7 kg, 11 kg, 25 kg)?

2 28 000 Exemplare einer Zeitung wiegen 7 000 kg. Wie viel wiegen 11 000 (7 500, 2 500, 33 000, 51 000) Exemplare?

3 Zwei Druckmaschinen benötigen zum Druck von 57 000 Zeitungsbeilagen sechs Stunden. Isabel berechnet, wie lange drei Druckmaschinen bei gleicher Stundenleistung für den gleichen Auftrag brauchen:

	Anzahl Druckmaschinen	Zeit (h)	
	2	6	
:2	1	12	·2
·3	3	4	:3

Drei Druckmaschinen benötigen bei gleicher Stundenleistung vier Stunden.

a) Wie viel Zeit benötigen sechs (vier) Druckmaschinen bei gleicher Stundenleistung für den gleichen Auftrag?
b) Wie viele Stunden benötigen zwei Druckmaschinen bei einer Auflage von 76 000 Zeitungsbeilagen?
c) Von der Zeitungsbeilage sollen 133 000 Exemplare gedruckt werden. Wie lange brauchen zwei (drei, fünf, vier) Druckmaschinen bei gleicher Stundenleistung für diesen Auftrag?

4 Drei Druckmaschinen gleicher Stundenleistung drucken 240 000 Bogen in 12 Stunden.
a) Wie viel Zeit benötigen vier Druckmaschinen bei gleicher Stundenleistung?
b) Wie viele Bogen drucken drei (vier, fünf) Druckmaschinen in 15 (18, 20) Stunden?

Direkt und indirekt proportionale Zuordnungen

Mathematisch modellieren

Sachaufgaben mit dem Dreisatz lösen

So kannst du bei Dreisatzaufgaben vorgehen:

1. Überlege zunächst, ob zwischen den Größen die Beziehung „je mehr – desto mehr“ oder „je mehr – desto weniger“ vorliegt.
2. Überlege dann, ob dem Doppelten das Doppelte, dem Dreifachen das Dreifache, … oder dem Doppelten die Hälfte, dem Dreifachen ein Drittel, … zugeordnet wird.
3. Ist die Zuordnung direkt proportional oder indirekt proportional, lege eine Tabelle an. Trage das gegebene Größenpaar ein und berechne die gesuchte Größe.
4. Formuliere eine Antwort.

7 kg Druckfarbe kosten 129,50 €.
Wie viel Euro kosten 9 kg Druckfarbe?

1. Je mehr Farbe gekauft wird, desto mehr muss bezahlt werden.
2. Wird die Masse der Farbe verdoppelt, verdoppelt sich auch der Preis. Die Zuordnung ist direkt proportional.
3.

	Masse (kg)	Preis (€)	
:7	7	129,50	:7
·9	1	18,50	·9
	9	166,50	

4. 9 kg Druckfarbe kosten 166,50 €.

Für einen Auftrag benötigen zwei Druckmaschinen 15 Stunden. Wie lange brauchen drei Druckmaschinen?

1. Je mehr Druckmaschinen arbeiten, desto weniger Zeit wird benötigt.
2. Wird die Anzahl der Druckmaschinen verdoppelt, halbiert sich die Arbeitszeit. Die Zuordnung ist indirekt proportional.
3.

	Anzahl Druckmaschinen	Zeit (h)	
:2	2	15	·2
·3	1	30	:3
	3	10	

4. Drei Druckmaschinen benötigen für den Auftrag 10 Stunden.

Viele Zuordnungen sind nur in bestimmten Bereichen direkt oder indirekt proportional.

Bei einer großen Bestellung erhält ein Betrieb häufig einen Mengenrabatt.
Der Preis für 1 000 kg Druckfarbe beträgt dann nicht $1\,000 \cdot 18{,}50\,€ = 18\,500\,€$.

Die Anzahl Druckmaschinen, die aufgestellt und eingesetzt werden können, ist begrenzt.
1 800 Druckmaschinen benötigen dann nicht $30\,\text{h} : 1\,800 = \frac{1}{60}\,\text{h} = 1\,\text{min}$.

Prozentrechnung

1 Bei einem Druckauftrag wird zusätzliches Papier für Probedrucke zum Einrichten der Druckmaschine und zum Andrucken benötigt. Dieser Anteil wird Zuschuss genannt.

Ein Drucker erhält für den Druck einer Auflage von 18 000 Bogen einen Zuschuss von 2,5 %. Wie viele Bogen Zuschuss erhält er? Julian rechnet:

Gegeben: G = 18 000 Bogen
p % = 2,5 %

Gesucht: W

$W = \frac{G \cdot p}{100}$

$W = \frac{18\,000 \cdot 2{,}5}{100}$

$W = 450$

Er erhält 450 Bogen Zuschuss.

a) Der Zuschuss bei einer Auflage von 23 000 (34 000; 43 000) Bogen beträgt 1,8 %. Wie viele Bogen werden zusätzlich bereitgestellt?

b) Bei einem anderen Auftrag beträgt der Zuschuss bei einer Auflage von 22 000 Bogen 2,6 % (1,9 %; 2,4 %; 2,7 %). Berechne die Anzahl der zusätzlich bereitgestellten Bogen.

2 Für eine Auflage von 15 000 Bogen werden 420 Bogen als Zuschuss bereitgestellt. Johanna berechnet, wie viel Prozent Zuschuss eingerechnet worden sind:

Gegeben: G = 15 000 Bogen
W = 420 Bogen

Gesucht: p %

$p = \frac{W \cdot 100}{G}$

$p = \frac{420 \cdot 100}{15\,000}$

$p = 2{,}8$

p % = 2,8 %

Der Zuschuss beträgt 2,8 %.

a) Bei einer Auflage von 21 000 Bogen werden zusätzlich 420 (378; 462; 525) Bogen als Zuschuss bereitgestellt. Berechne den Zuschuss in Prozent.

b) Für eine Auflage von 20 000 Bogen werden insgesamt 20 440 (20 460; 20 420) Bogen bereitgestellt. Wie viel Prozent Zuschuss wurden berücksichtigt?

3 Bei einem Druckauftrag wird mit einem Zuschuss von 2,5 % (2,0 %; 1,6 %) gerechnet. Das sind 400 (480; 320; 420) Bogen zusätzlich. Berechne die Höhe der Auflage.

Mathematisch modellieren

Sachaufgaben mithilfe der Prozentrechnung lösen

So kannst du bei Aufgaben zur Prozentrechnung vorgehen:

1. Überlege zunächst, welcher der drei Werte Prozentwert (W), Grundwert (G) oder Prozentsatz (p %) gesucht ist und welche beiden Werte gegeben sind.
   Der Grundwert entspricht immer 100 %, der Prozentwert p %.
2. Setze dann die gegebenen Werte in die zugehörige Formel ein oder lege eine Tabelle an und berechne den gesuchten Wert.
3. Formuliere eine Antwort.

Prozentwert gesucht

Der Zuschuss bei einer Auflage von 15 000 Bogen beträgt 2,5 %. Wie viele Bogen werden zusätzlich bereit gestellt?

Gegeben: G = 15 000; p % = 2,5 %   Gesucht: W

%	Anzahl Bogen
100	15 000
1	$\frac{15\,000}{100}$
2,5	$\frac{15\,000 \cdot 2{,}5}{100} = 375$

$W = \frac{G \cdot p}{100}$

$W = \frac{15\,000 \cdot 2{,}5}{100}$

$W = 375$

Es werden 375 Bogen Zuschuss gegeben.

Prozentsatz gesucht

Bei einer Auflage von 17 500 Bogen werden 420 Bogen Zuschuss gegeben. Wie hoch ist der Prozentsatz?

Gegeben: W = 420; G = 17 500   Gesucht: p %

Anzahl Bogen	%
17 500	100
1	$\frac{100}{17\,500}$
420	$\frac{420 \cdot 100}{17\,500} = 2{,}4$

$p = \frac{W \cdot 100}{G}$

$p = \frac{420 \cdot 100}{17\,500}$

$p\,\% = 2{,}4\,\%$

Der Zuschuss beträgt 2,4 %.

Grundwert gesucht

Bei einem Druckauftrag wird mit einem Zuschuss von 2,3 % gerechnet. Das sind 368 Bogen zusätzlich. Berechne die Höhe der Auflage.

Gegeben: W = 368; p % = 2,3 %   Gesucht: G

%	Anzahl Bogen
2,3	368
1	$\frac{368}{2{,}3}$
100	$\frac{368 \cdot 100}{2{,}3} = 16\,000$

$G = \frac{W \cdot 100}{p}$

$G = \frac{368 \cdot 100}{2{,}3}$

$G = 16\,000$

Die Auflage hat eine Höhe von 16 000 Bogen.

Zinsrechnung

1 Herr Lange muss für die Erweiterung seiner Druckerei einen Kredit über 50 000 € zu einem Zinssatz von 4,8 % aufnehmen.

Isabel berechnet die jährlichen Zinsen:

Gegeben: K = 50 000 €
p % = 4,8 %

Gesucht: Z

$$Z = \frac{K \cdot p}{100}$$

$$Z = \frac{50\,000\,€ \cdot 4{,}8}{100}$$

$$Z = 2\,400\,€$$

Die Jahreszinsen betragen 2 400 €.

a) Berechne die Jahreszinsen bei einem Kredit über 70 000 € (96 000€; 125 000 €) und einem Zinssatz von 4,4 % (4,0 %; 3,9 %; 3,5 %).
b) Bei einem Jahreszinssatz von 3,5 % (4,2 %; 4,25 %; 4,0 %) betragen die Jahreszinsen 6 300 € (9 900 €; 13 500 €). Berechne die Höhe des Kredits.
c) Für einen Kredit von 75 000 € müssen Jahreszinsen in Höhe von 3 150 € (3 225 €; 3 375 €; 3 187,50 €) gezahlt werden. Berechne den Jahreszinssatz.
d) Erkundige dich nach den aktuellen Bedingungen für einen Kredit. Berechne dann die Jahreszinsen bei einem Kredit über 80 000 €.

Informiere dich über die aktuellen Zinssätze.

2 Beim Kauf einer Druckmaschine kann ein Restbetrag von 18 000 € erst nach 210 Tagen an den Hersteller überwiesen werden. Es wird ein Zinssatz von 4,5 % vereinbart.

Marc berechnet die fälligen Zinsen.

Gegeben: K = 18 000 €
p % = 4,5 %
n = 210 (Anzahl der Tage)

Gesucht: Z

$$Z = \frac{K \cdot p}{100} \cdot \frac{n}{360}$$

$$Z = \frac{18\,000\,€ \cdot 4{,}5}{100} \cdot \frac{210}{360}$$

$$Z = 472{,}50\,€$$

Für 210 Tage werden 472,50 € Zinsen gezahlt.

Berechne die Zinsen für eine Restsumme von 23 000 € für einen Zeitraum von 21 (23, 19) Tagen bei einem Zinssatz von 12,5 %.

3 Der Reingewinn eines grafischen Betriebes betrug im letzten Jahr 24 500 €. Die Besitzer wollen diesen Gewinn nicht sofort investieren, sondern ihn bei einer Bank zu einem Zinssatz von 2,8 % fest anlegen.
Berechne das Guthaben nach drei (vier, fünf) Jahren. Beachte, dass die jeweiligen Jahreszinsen im kommenden Jahr auch verzinst werden.

Zinsrechnung

Mathematisch modellieren

Sachaufgaben mithilfe der Zinsrechnung lösen

So kannst du bei Aufgaben zur Zinsrechnung vorgehen:

1. Überlege zunächst, ob Jahreszinsen oder Tageszinsen zu berechnen sind oder ob sogar mit Zinseszinsen gerechnet werden muss.
2. Setze dann die gegebenen Werte in die zugehörige Formel ein oder lege eine Tabelle an und berechne den gesuchten Wert.
3. Formuliere eine Antwort.

Jahreszinsen

Für die Erweiterung einer Druckerei ist ein Kredit **(Kapital K)** in Höhe von 60 000 € erforderlich. Das Kreditunternehmen verlangt dafür einen Jahreszinssatz von 4,5 % (**Zinssatz p %**). Wie viel Euro **Zinsen (Z)** sind jährlich zu zahlen?

Gegeben: K = 60 000 €; p % = 4,5 %   Gesucht: Z

$$\mathbf{Z = \frac{K \cdot p}{100}} \qquad Z = \frac{60\,000\,€ \cdot 4{,}5}{100}$$

$$Z = 2\,700\,€$$

Es sind jährlich 2 700 € Zinsen zu zahlen.

Jahreszinsen: $\mathbf{Z = \frac{K \cdot p}{100}}$ $\mathbf{p = \frac{Z \cdot 100}{K}}$ $\mathbf{K = \frac{Z \cdot 100}{p}}$

Tageszinsen

Das Geschäftskonto einer Druckerei wird für 16 Tage um 12 000 € überzogen. Die Bank berechnet 13,5 % Zinsen. Wie viel Euro Zinsen muss die Druckerei für diesen Zeitraum zahlen?

Gegeben: K = 12 000 €; p % = 13,5 %; n = 16   Gesucht: Z

Tageszinsen: $\mathbf{Z = \frac{K \cdot p}{100} \cdot \frac{n}{360}}$ $Z = \frac{12\,000\,€ \cdot 13{,}5}{100} \cdot \frac{16}{360}$

$$Z = 72\,€$$

Die Druckerei zahlt 72 € Zinsen.

Zinseszinsen

Der Reingewinn einer Setzerei betrug im letzten Jahr 10 000 €. Die Besitzerin legt dieses Kapital (K_0) bei einer Bank zu einem Zinssatz von 2 % an. Wie groß ist das Kapital nach drei Jahren?

Zinsen für das 1. Jahr: $Z = \frac{10\,000\,€ \cdot 2}{100} = 200\,€$ $K_1 = 10\,000\,€ + 200\,€ = 10\,200\,€$

Zinsen für das 2. Jahr: $Z = \frac{10\,200\,€ \cdot 2}{100} = 204\,€$ $K_2 = 10\,200\,€ + 204\,€ = 10\,404\,€$

Zinsen für das 3. Jahr: $Z = \frac{10\,404\,€ \cdot 2}{100} = 208{,}08\,€$ $K_3 = 10\,404\,€ + 208{,}08\,€ = 10\,612{,}08\,€$

Das Kapital nach drei Jahren beträgt 10 612,08 €.

Statistik

1 Die Personalabteilung eines grafischen Betriebes hat die Fehlzeiten der Beschäftigten in einem Diagramm dargestellt.

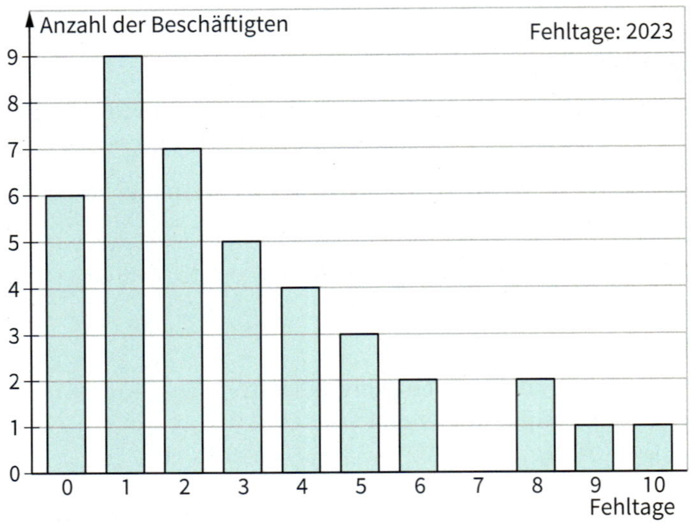

a) Wie viele Beschäftigte hat der Betrieb?
b) Wie viel Prozent der Mitarbeiter hatten 2023 weniger als drei Fehltage?

2 Im Diagramm wird der Monatsverdienst während einer Ausbildung dargestellt.

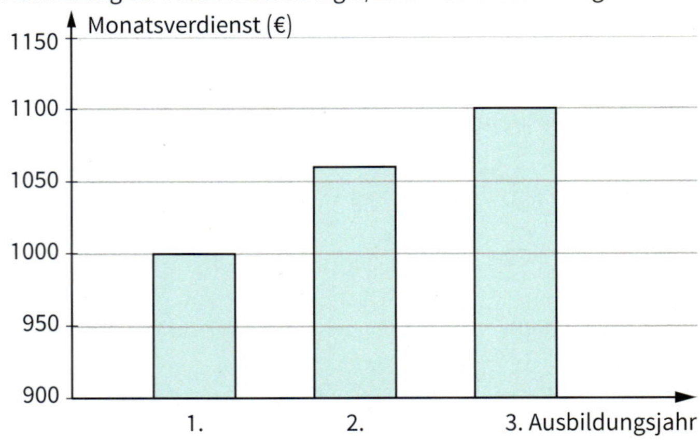

a) Überprüfe, ob der Monatslohn im dritten Ausbildungsjahr doppelt so hoch ist wie im ersten? Was stellst du fest?
b) Berechne den durchschnittlichen Monatslohn während der Ausbildung.

3 In der Tabelle siehst du die Monatsgehälter, die in einem grafischen Betrieb gezahlt werden. Dabei sind die Gehälter für ungelernte und ausgebildete Arbeitskräfte unterschiedlich.

Lohngruppe	mit Ausbildung Gehalt (€)	ohne Ausbildung Gehalt (€)
1	3450	2150
2	3500	2250
3	3600	2350
4	3800	2450
5	3900	2700
6	4000	2950
7	4100	3200

a) Stelle die Daten aus der Tabelle in einem geeigneten Diagramm dar.
b) Begründe, warum sich eine Ausbildung lohnt.

4 Der Papierverbrauch in Deutschland betrug im Jahr 2023 rund 19 Millionen Tonnen. Davon waren 36 % grafisches Papier, 51 % Verpackung, 8 % Hygienepapier und 5 % Spezialpapier.

a) Stelle die Anteile in einem geeigneten Diagramm dar.
b) Wie viel Tonnen Hygienepapier wurden 2023 in Deutschland verbraucht?
c) Ein Stapel aus 500 Blatt DIN-A4-Papier wiegt 2,5 kg und ist etwa 5 cm hoch. Wie hoch wäre ein Stapel DIN-A4-Papier, der genau so schwer ist wie das 2023 in Deutschland verbrauchte Papier?

Statistik

Mathematisch modellieren

Daten mithilfe der Statistik aufbereiten

So kannst du Daten mithilfe der Statistik aufbereiten:

1. Stehen die Daten in einer Urliste, ordne sie mithilfe einer Strichliste und bestimme die absoluten Häufigkeiten. Lege eine Häufigkeitstabelle an und berechne die relativen Häufigkeiten als Bruch, Dezimalbruch oder in Prozent.
2. Stelle die so aufbereiteten Daten in einem geeigneten Diagramm dar.
3. Handelt es sich bei den Daten um Zahlen, kannst du den Modalwert, das arithmetische Mittel, den Median und die Spannweite berechnen.

Urliste

Anzahl der Fehltage

4 6 7 8 5
4 6 4 6 6
4 5 4 7 4
5 5 5 4 7

Strichliste

Anzahl der Fehltage

4 |||| ||
5 ||||
6 ||||
7 |||
8 |

Häufigkeitstabelle

Fehltage	absolute Häufigkeit	relative Häufigkeit
4	7	$\frac{7}{20} = 0{,}35 = 35\,\%$
5	5	$\frac{5}{20} = 0{,}25 = 25\,\%$
6	4	$\frac{4}{20} = 0{,}20 = 20\,\%$
7	3	$\frac{3}{20} = 0{,}15 = 15\,\%$
8	1	$\frac{1}{20} = 0{,}05 = 5\,\%$
Summe	20	$\frac{20}{20} = 1{,}00 = 100\,\%$

Strichliste

Häufigkeitstabelle

Säulendiagramm

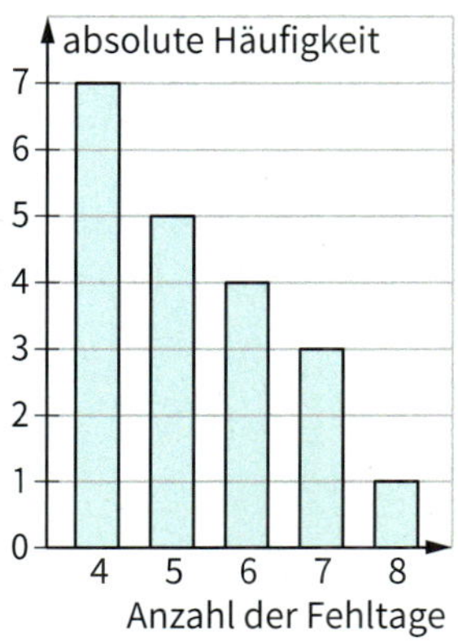

Balkendiagramm

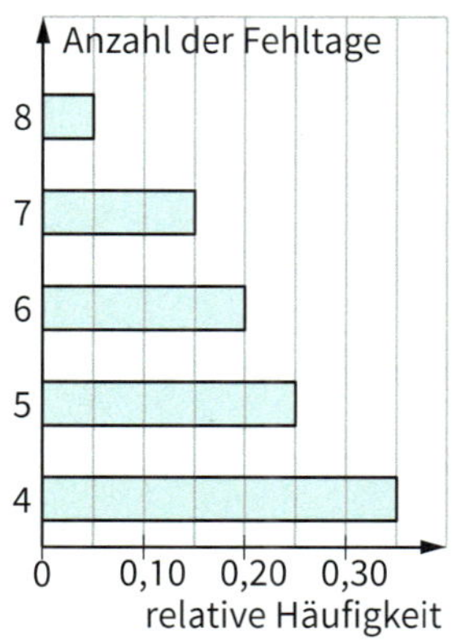

Kreisdiagramm

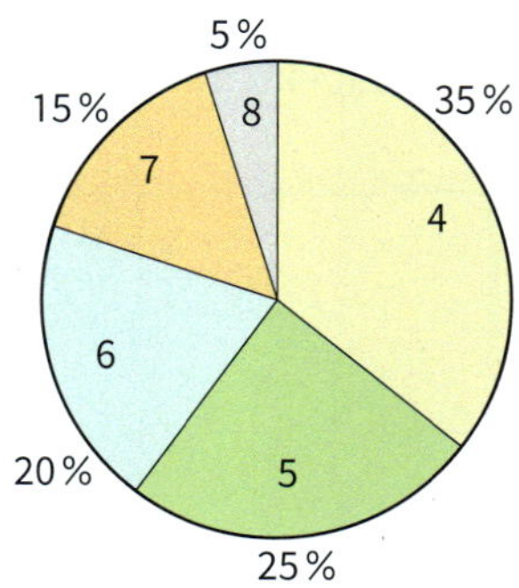

Diagramme

Modalwert (häufigster Wert): 4

arithmetisches Mittel: $\bar{x} = \frac{7 \cdot 4 + 5 \cdot 5 + 4 \cdot 6 + 3 \cdot 7 + 8}{20} = 5{,}3$

Rangliste: 4 4 4 4 4 4 4 5 5 5 5 5 6 6 6 6 7 7 7 8

Median $\tilde{x}$: $\tilde{x} = \frac{5+5}{2} = 5$

Maximum: 8 **Minimum:** 4 **Spannweite:** $8 - 4 = 4$

Kenngrößen

In der Druckerei

1 Für einen Druckauftrag fallen Gesamtkosten in Höhe von 2100 € an. Hinzu kommen 7 % Mehrwertsteuer. Wie viel Euro muss der Kunde einschließlich Mehrwertsteuer bezahlen?

2 Die in der Druckerei hergestellten Prospekte sollen an die Haushalte in einer Kleinstadt verteilt werden. Bei sechs beschäftigten Personen muss jede Person 600 Prospekte verteilen.

a) Die Druckerei beauftragt fünf (vier, drei) Personen mit der Verteilung. Wie viele Prospekte muss jede Person nun verteilen?
b) Das Verteilen von 300 Prospekten dauert durchschnittlich 5 Stunden. Wie lange dauert das Verteilen von 500 Prospekten?

3 Für den Einkauf von Papier wurde das Geschäftskonto einer Druckerei für 30 Tage überzogen. Bei einem Zinssatz von 12,5 % fallen dabei Zinsen in Höhe von 93,75 € an.
Um wie viel Euro wurde das Konto überzogen?

4 Frau Heye verkauft einen Teil ihres Firmengeländes für 120 000 €. Sie legt das Geld bei einer Bank zu einem Zinssatz von 4,5 % fest an. Berechne das Guthaben einschließlich Zinseszinsen nach drei (vier, fünf) Jahren.

5 Für die Herstellung von 5 Tonnen Papier werden 35 000 *l* Frischwasser und 11 500 kWh Energie benötigt. Bei der Herstellung werden 7,15 t CO_2 freigesetzt. Durch Umstellung der Produktion gelingt es einer Druckerei, jährlich 4,5 t Papier einzusparen.
Berechne die Einsparungen an Energie, Wasser und CO_2-Emissionen.

6 Die Druckerei möchte an die Werkshalle eine Lagerhalle anbauen.
a) Zeige, dass für die Bauzeichnung unten der Maßstab 1 : 200 gilt.
b) Bestimme mithilfe der Zeichnung die Breite der Durchgangstür und den Flächeninhalt der Lagerhalle.

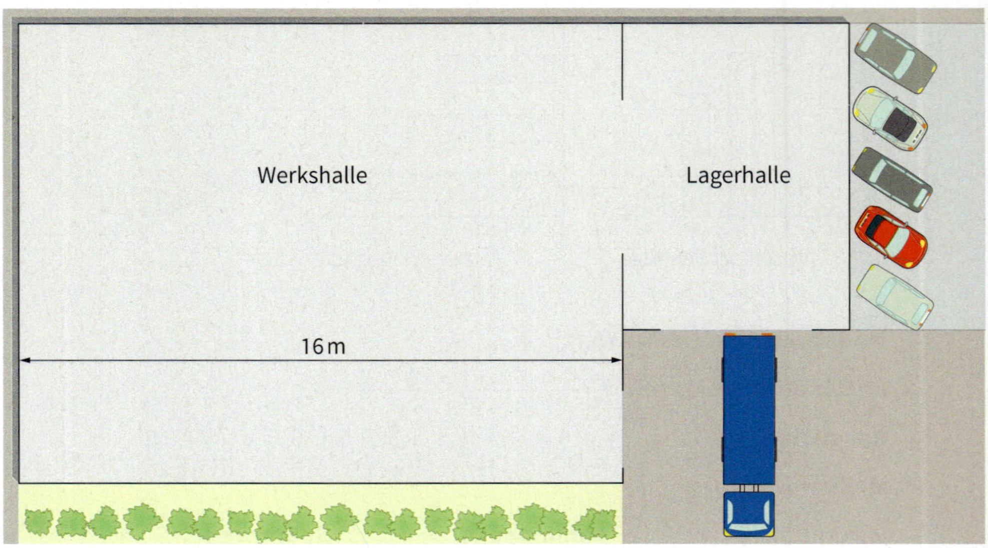

In der Fleischerei

1 Thilo macht eine Ausbildung als Fleischer.

Für einen Großkunden stellt er die folgende Lieferung zusammen:

120 Bratwürste	(0,75 € pro Stück)
16,4 kg Bratenfleisch	(6,98 € pro kg)
8,9 kg Schinken	(9,90 € pro kg)
11,3 kg Roastbeef	(15,30 € pro kg)

Berechne den Gesamtpreis einschließlich 7 % Mehrwertsteuer.

2 Eine Wurstschneidemaschine kostet nach Katalog 2 650 €. Ein Vertreter bietet dem Meister ein Vorführmodell für 1 722,50 € an. Berechne die Preisermäßigung in Euro und in Prozent.

3 Beim Kauf einer neuen Maschine erhielt Thilos Meister einen Preisnachlass von 15 %. Er musste für die Maschine nur noch 1 606,50 € bezahlen. Wie hoch war der ursprüngliche Kaufpreis?

4 Thilos Meister legt den Gewinn des letzten Jahres zu einem Zinssatz von 2,5 % fest an. Sein Kapital beträgt 11 400 €. Wie groß ist das Guthaben nach drei (vier, fünf) Jahren?

5 Um die Reparaturrechnung für eine Kühltheke zu bezahlen, musste das Konto für 150 Tage überzogen werden. Der Rechnungsbetrag war auf 698,70 € ausgestellt. Es werden zusätzlich 12,3 % Verzugszinsen berechnet. Wie hoch ist der Gesamtbetrag?

6 Thilo hat aufgeschrieben, was er für die Herstellung von 88 Fleischspießen benötigt.

8,7 kg Schweinefleisch	(8,60 € pro kg)
4,6 kg Rindfleisch	(12,80 € pro kg)
3,6 kg Zwiebeln	(3,60 € pro kg)
2,1 kg Paprika	(3,90 € pro kg)
1,24 kg Lauch	(1,70 € pro kg)

a) Berechne das Durchschnittsgewicht pro Spieß.
b) Berechne den Durchschnittspreis pro Spieß. Runde sinnvoll.

Lösungen zu den Aufgaben 1 bis 6:
734,51 498,06 35 927,50 12 898,05
0,230 12 276,55 1 890 1,78
12 583,47

7 62 % des in Deutschland im Jahre 2023 produzierten Fleisches ist Schweinefleisch, 24 % Geflügelfleisch, der Rest Rindfleisch. Stelle die Anteile in einer geeigneten Diagrammform grafisch dar.

8 Landwirt Harms hat das Lebendgewicht der von ihm verkauften Schweine in einer Urliste festgehalten.

Lebendgewicht (kg)							
112	111	108	110	112	112	113	107
107	108	110	110	112	113	109	110
108	108	109	110	111	112	111	109

a) Lege eine Häufigkeitstabelle an. Berechne auch die relativen Häufigkeiten.
b) Stelle die Häufigkeiten in einem geeigneten Diagramm grafisch dar.
c) Bestimme Median und arithmetisches Mittel und vergleiche.

Beim Bäcker

1 Isabel wird zur Fachverkäuferin in einer Bäckerei ausgebildet.

Sie nimmt die folgende Bestellung für eine Betriebsfeier auf:

4 Sahnetorten	zu je 45,00 €
5 Obsttorten	zu je 40,00 €
5 bunte Platten	zu je 20,00 €
60 belegte Brötchen	zu je 2,75 €

Der Bäckermeister gewährt dem Betrieb einen Preisnachlass von 9,5 %. Berechne den zu zahlenden Betrag.

2 Bei der Herstellung von Brot werden dem Mehl Flüssigkeit und andere Backzutaten zugesetzt. Dadurch entsteht eine Gewichtserhöhung von 30 % bezogen auf die eingesetzte Mehlmenge. Wie viel Kilogramm Mehl sind erforderlich, um 325 kg Brot herzustellen?

3 Zur Herstellung von 45 Teilchen aus Blätterteig benötigt ein Bäckermeister 1 500 g Blätterteig und 350 g Zucker. Für ein Kilogramm Blätterteig muss er 1,75 €, für ein Kilogramm Zucker 0,91 € bezahlen. Um den Ladenpreis für ein Teilchen zu ermitteln, rechnet er mit 30 Minuten Herstellzeit für 45 Teilchen. Die Betriebskosten für eine Minute setzt er mit 0,95 € an. Dazu kommt ein Gewinn von 24 %, dazu die Mehrwertsteuer von 7 %. Berechne nach diesen Angaben den Ladenpreis für ein Blätterteigteilchen.

4 Die Bäckerei hat eine sofort fällige Rechnung später bezahlt, sodass für 26 Tage Zinsen anfallen. Der Rechnungsbetrag war auf 823,50 € ausgestellt. Es werden 13,25 % Verzugszinsen berechnet. Wie hoch ist dann der Gesamtbetrag inklusive Zinsen?

5 Auf eine Rechnung über 380 € erhält die Bäckerei 2,5 % Skonto. Wie viel Euro sind noch zu zahlen?

6 Ein Bäckergeselle erhielt bisher einen Lohn von 2 100 € (2 250 €, 2 320 €). Berechne den neuen Lohn nach einer Lohnerhöhung von 3,5 %.

7 Für das Formen von 40 Brezeln werden 25 Minuten benötigt. Wie viele Minuten braucht man, um 64 Brezeln zu formen?

8 Für die Anschaffung einer neuen Knetmaschine muss die Bäckerei einen Kredit aufnehmen.

Bei einem Zinssatz von 4,75 % sind dafür pro Jahr 266 € Zinsen zu bezahlen. Berechne die Höhe des Kredits.

Lösungen zu den Aufgaben 1 bis 8:
2 173,50 370,50 583,73 0,93 5 600
2 401,20 40 250 831,38 2 328,75

Im Friseursalon

1 Marcel macht eine Ausbildung als Friseur. Für eine Haarwäsche muss er ein Teil Shampookonzentrat und zwei Teile Wasser mischen und daraus 60 ml Shampoolösung herstellen.
a) Wie viel Milliliter Shampoo und wie viel Milliliter Wasser muss er nehmen?
b) Wie teuer sind 60 ml Shampoolösung, wenn ein Liter Shampookonzentrat 38 € kostet?

2 Marcel hat sein Girokonto 18 Tage lang um einen festen Betrag überzogen. Dafür berechnet ihm seine Bank bei einem Zinssatz von 12,5 % Zinsen in Höhe von 1,25 €. Berechne, um wie viel Euro Marcel sein Konto überzogen hat.

3 Ein Hersteller bietet die 75-ml-Flasche eines Mittels für Dauerwellen zum Listenpreis von 8,45 € an. Die 75-ml-Flasche eines Spezialmittels ist 225 % teurer.
a) Wie viel Euro kostet die 75-ml-Flasche des Spezialmittels? Runde sinnvoll.
b) Bei Abnahme von mehr als zehn Flaschen des günstigeren Mittels gewährt der Hersteller einen Preisnachlass von 25 %. Berechne den Endpreis pro Flasche, wenn auf den reduzierten Listenpreis noch 19 % Mehrwertsteuer kommen.

4 Eine 400-g-Packung Blondierpulver enthält 180 g Persulfate. Bestimme den Anteil in Prozent.

5 Für eine Modernisierung der Inneneinrichtung rechnet die Friseurmeisterin mit Gesamtkosten von 33 500 €. Sie muss dazu einen Kredit in gleicher Höhe aufnehmen.
a) Berechne die Jahreszinsen bei einem Zinssatz von 4,4 %.
b) Berechne den Zinssatz, wenn für den Kredit jährlich 2 127,25 € Zinsen anfallen.

6 Marcels Schwester hilft in ihrer Freizeit im Friseursalon aus. Im letzten Monat erhielt sie für 17 Arbeitsstunden 210,97 €. Wie viel Euro bekommt sie in diesem Monat für 19 Arbeitsstunden?

7 Wenn nur einzelne Haarsträhnen blondiert werden, muss ein Blondierungsmittel ohne Wärmezufuhr 45 Minuten einwirken. Diese Zeit kann durch den Einsatz eines Infrarotgerätes um 40 % verringert werden.

8 Nach einer Mieterhöhung von 7 % muss für den Friseursalon nun 1 733,40 € Miete monatlich gezahlt werden. Berechne den alten Mietpreis.

Lösungen zu den Aufgaben 1 bis 8:
200 235,79 27 45 40 20 27,46
0,76 1 620,00 1 474,00 6,35 7,54

In der Lackiererei

1 Arne macht eine Ausbildung in einer Lackiererei. Dort soll ein Fahrzeugaufbau eine Erstlackierung erhalten.

Die zu lackierende Gesamtfläche beträgt 58 m². Die zu leistende Arbeit wird mit 18 Minuten pro Quadratmeter angesetzt, als Lohnkosten für eine Minute werden 0,89 € berechnet.
Berechne die Lohnkosten für die Lackierarbeiten.

2 Für eine Lackierung beträgt der Zeitaufwand sechs Stunden und 45 Minuten. Für die Arbeitsstunde werden 47,30 € angesetzt. Die Materialkosten betragen 133,85 €. Berechne den Preis für die Beschichtung. Addiere anschließend 19 % Mehrwertsteuer.

3 Ein Lackierer erhält einen Bruttolohn von 2 538,00 € im Monat. Das Diagramm zeigt dir, wie viel Prozent Steuern und Abgaben er davon zu zahlen hat. Berechne den Nettolohn.

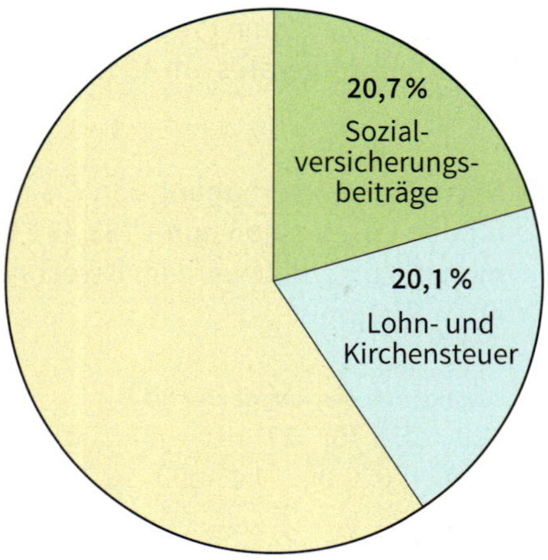

4 Es sollen 680 m² Stahlplatten im Spritzverfahren lackiert werden. Davon werden 20 % in Gelb, ein Viertel in Rosa und der Rest der Fläche in Rot gespritzt. Der Lackverbrauch beträgt 180 ml pro Quadratmeter. Wie viel Liter Lack werden für die einzelnen Farbtöne jeweils benötigt?

5 Arne erhält in seinem ersten Lehrjahr eine Ausbildungsvergütung von 750 €, im zweiten Lehrjahr 825 € und im dritten Lehrjahr 990 €. Um wie viel Prozent steigt die Ausbildungsvergütung vom ersten zum zweiten (vom zweiten zum dritten) Lehrjahr?

6 Für eine Sonderlackierung macht die Lackiererei einen Kostenvoranschlag.

Sonderlackierung	
1 500 g Spezialfarbe	694,20 €
Anbauteile ab- u. anbauen	500,00 €
Vorabarbeiten	500,00 €
Lackierarbeiten (4 Schicht-Perleffekt)	750,00 €
Lackiermaterialien	125,00 €

Dazu kommen noch 19 % Mehrwertsteuer. Berechne die Kosten für die Sonderlackierung.

7 Neun 1-Liter-Dosen Lack kosten 693 €. Wie viel kosten sechs 1-Liter-Dosen?

Lösungen zu den Aufgaben 1 bis 7:
1 502,50   3 057,35   929,16   24,48   10
30,6   20   67,32   462,00   539,22

Auf der Baustelle

1 Emma macht eine Maurerlehre. Für den Rohbau eines Hauses benötigen zehn Maurer 24 Arbeitstage.

Für einen ähnlichen Rohbau stehen nur acht Maurer zur Verfügung. Wie viele Arbeitstage sind jetzt notwendig?

2 Ein Teil einer Fußgängerzone soll neu gepflastert werden. Dazu werden 4 000 Gehwegplatten mit den Abmessungen 60 cm x 30 cm benötigt.
Wie viele Gehwegplatten mit den Abmessungen 40 cm x 40 cm würden für die gleiche Fläche benötigt?

3 Für den Abtransport von Bauschutt sind 18 Fahrten mit einem Lkw erforderlich, der acht Tonnen Ladegewicht hat.
Wie oft muss ein Lkw mit sechs Tonnen Ladegewicht fahren?

4 Weil ein Auftrag nicht ordnungsgemäß ausgeführt wurde, gewährt eine Baufirma dem Kunden einen Preisnachlass von 10 %. Wie hoch war der ursprüngliche Auftragswert, wenn der Kunde 76 500 € zahlt?

5 Für einen Holzfußboden werden 66 Bretter mit jeweils 9 cm Breite benötigt.
Wie viele 11 cm breite Bretter würden für den Holzfußboden gebraucht?

6 Der Fußbodenbelag eines Raumes von 8 m x 9 m kostet 1 584 €. Wie viel Euro kostet der gleiche Fußbodenbelag für einen Raum mit einer Grundfläche von 6 m x 7 m?

7 Für eine 165 m lange neue Wohnstraße werden 181,5 m^3 Schotter benötigt. Wie viel Kubikmeter Schotter werden für eine Wohnstraße von 135,5 m (257,8 m) Länge benötigt?

8 Ein quadratischer Platz mit einer Seitenlänge von 25 m soll gepflastert werden. Dazu benötigen vier Arbeiter neun Arbeitstage.

a) Wie viele Arbeiter werden benötigt, wenn der Platz in sechs Arbeitstagen gepflastert werden soll?
b) Wie lang ist ein 20 m breiter Platz, der mit der gleichen Anzahl von Steinen gepflastert wird?

9 Für Montagearbeiten auf einer Baustelle sollen sechs Handwerker eingesetzt werden. Bei einer täglichen Arbeitszeit von acht Stunden wird mit 18 Arbeitstagen gerechnet. Auf wie viele Arbeitstage kann die vorgesehene Montagezeit verkürzt werden, wenn zusätzlich zwei Monteure eingesetzt werden und alle täglich eine Überstunde machen?

Lösungen zu den Aufgaben 1 bis 9:
18 250 6 12 31,25 149,05 924
54 85 000 283,58 30 24

Auf der Baustelle

10 Die Ausbildung in Handwerksberufen wird mit der Gesellenprüfung abgeschlossen.

Im Sommer haben im Bereich einer Handwerkskammer von 520 Auszubildenden 442 die Gesellenprüfung bestanden. Im Winter konnten sich 261 von 300 Auszubildenden über eine bestandene Gesellenprüfung freuen. Stelle die Anteile der erfolgreichen Abschlüsse im Sommer und im Winter grafisch dar und vergleiche.

11 In der Tabelle wird den angegebenen Jahren die Anzahl der in Deutschland im Handwerk beschäftigten Lehrlinge zugeordnet.

Jahr	Anzahl der beschäftigten Lehrlinge
1993	568 000
2003	502 000
2013	384 000
2023	342 000

a) Stelle die in der Tabelle angegebenen Daten in einem geeigneten Diagramm dar.
b) Was stellst du fest?

12 Die Lagerhalle eines grafischen Betriebes ist 40 m lang.
a) Zeige, dass für die Zeichnung der Maßstab 1 : 500 gilt.
b) Berechne den Flächeninhalt des Parkplatzes.
c) Schätze, wie viele Autos dort parken können. Begründe deine Schätzung.

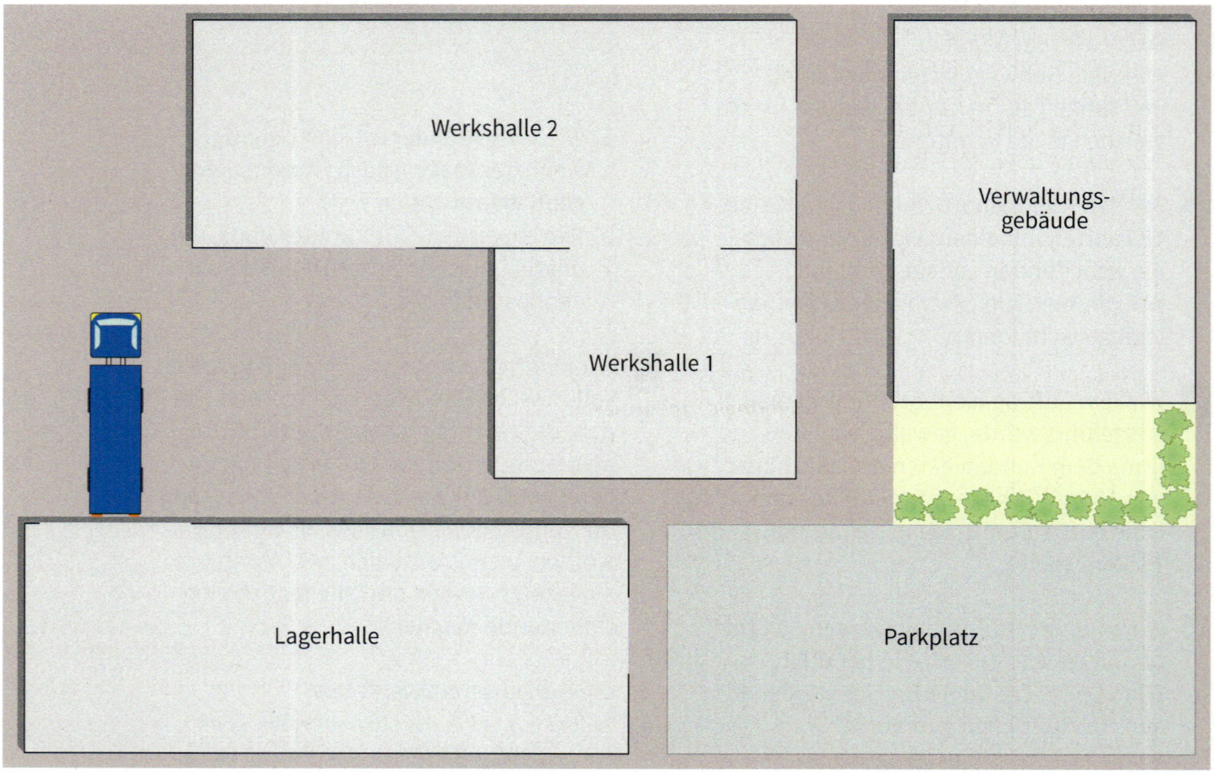

Arbeiten mit dem Computer: Tabellenkalkulation

1 Frau Wiebusch besitzt eine Bäckerei in einer mittleren Großstadt. Um den Umsatz der Bäckerei zu steigern, führt sie eine Kundenbefragung durch.

Kundenbefragung
Bäckerei Wiebusch

Alter: ______
Geschlecht: m ▢ w ▢ d ▢
Wie häufig kaufen Sie bei uns ein?
- täglich ▢
- mehrmals in der Woche ▢
- mehrmals im Monat ▢
- mehrmals im Jahr ▢
- seltener ▢

Wie finden Sie unser Angebot?
- gut ▢
- befriedigend ▢
- ausreichend ▢
- nicht ausreichend ▢

Was sollte in unserem Angebot ergänzt werden?

a) Warum lässt sich die letzte Frage nicht mithilfe einer Tabellenkalkulation auswerten? Begründe.
b) Schreibe alle Informationen aus dem Tabellenblatt über die Person auf, die Fragebogen Nr. 4 ausgefüllt hat.
c) In der Zelle H10 steht die Formel „=SUMME(H4:H8)". Was gibt der Wert in H10 an?
d) Gib für die Zelle D11 eine geeignete Formel an, mit der du das Durchschnittsalter ermitteln kannst.
e) In der Zelle L4 steht die Formel „=ZÄHLENWENN(C4;"w")". Was gibt der Wert in L4 an?
f) Bei 250 Fragebögen wurden die Antworten auf die Frage „Wie finden Sie unser Angebot?" ausgewertet und in einem Kreisdiagramm dargestellt.

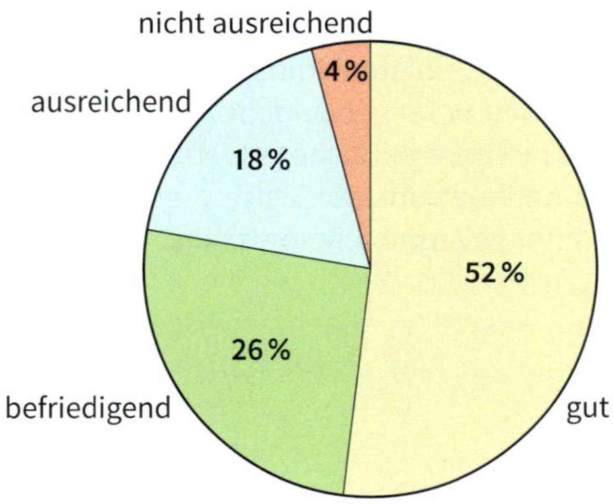

Wie viele Kunden haben bei der Frage „gut" angekreuzt?

Start | Layout | Tabellen | Diagramme | SmartArt | Formeln | Daten | Überprüfen

A11

	A	B	C	D	E	F	G	H	I	J	K	L
1	Nr.	Alter	Geschlecht	Anzahl der Ladenbesuche				Angebote				
2					mehrmals	mehrmals					nicht	
3				täglich	pro Woche	im Monat	seltener	gut	befriedigend	ausreichend	ausreichend	
4	1	34	w		1			1				1
5	2	56	w			1			1			1
6	3	28	m	1				1				0
7	4	37	w	1					1			1
8	5	68	w				1			1		1
9												
10	Summen							2				
11	Durchschnittsalter											

Vorbereitung auf den Einstellungstest

Wenn du die Absicht hast, nach dem 9. oder 10. Schuljahr eine berufliche Ausbildung zu beginnen, musst du dich bei einer oder mehreren Firmen bewerben.
Dort werden deine Bewerbungsunterlagen geprüft und du wirst von manchen Firmen zu einem Einstellungs- oder Eignungstest eingeladen.

In diesem Test möchte der Arbeitgeber deine Fähigkeiten auf verschiedenen Gebieten überprüfen und feststellen, ob du für den Beruf geeignet bist.
Es werden meistens mehrere Bereiche getestet:

- Teamfähigkeit, Konzentrationsfähigkeit …
- räumliches Vorstellungsvermögen, logisches Schlussfolgern …
- Sprachverständnis, Ausdruck, Allgemeinwissen, Kenntnisse in Fremdsprachen, mathematische Kenntnisse …

Finden Sie die Figur, die aus der Reihe tanzt.

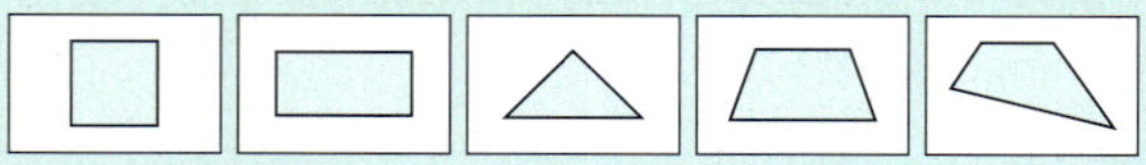

a b c d e

Ein Kaufmann kauft für 1200 € Tee. Diesen verkauft er für 1500 €. An jedem Sack Tee verdient er 50 €.

Wie viele Säcke Tee hatte er?

Frage 1: Wann endete der Zweite Weltkrieg?

- ○ 1943
- ○ 1945
- ○ 1949
- ○ 1944

Auf den folgenden Seiten findest du jeweils den mathematischen Teil **zweier Einstellungstests.** Zu jeder Testaufgabe gibt es vier mögliche Lösungen, von denen nur eine richtig ist. Löse die Aufgaben zügig und sorgfältig. Eine Zeitvorgabe gibt es nicht.
Notiere die Aufgabennummer und den Lösungsbuchstaben auf einem Zettel. Auf Seite 171 findest du die richtigen Lösungen.
Die Benutzung des Taschenrechners ist nur für den zweiten Test erlaubt.

Den Wiederholungsteil im Anschluss an die Tests kannst du nutzen, um dich auf die Einstellungstests vorzubereiten.

Einstellungstest 1 (ohne Taschenrechner)

1 Berechne.
$23{,}4 + 0{,}04 + 16$

a	25,4	c	39,44
b	39,8	d	25,04

2 Berechne.
$23 \cdot 1{,}9$

a	437	c	4,37
b	43,7	d	0,437

3 Berechne. Achte auf die Rechenregeln.
$3 + (12 - 6) \cdot 2$

a	18	c	15
b	19	d	12

4 Gib die Zahl an, die dem Ergebnis am nächsten kommt.
$0{,}61 \cdot 451{,}2$

a	2 700	c	27
b	2,7	d	270

5 Berechne.
$34{,}7 - 5{,}2$

a	28,5	c	31,5
b	29,5	d	29,05

6 Wie viel Millimeter sind 0,43 m?

a	43 mm	c	430 mm
b	4 300 mm	d	4,3 mm

7 Wie sieht der Körper aus, wenn du ihn aus der Pfeilrichtung anschaust?

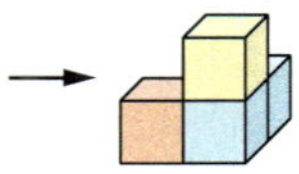

a	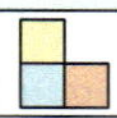	c	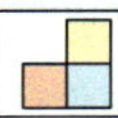
b	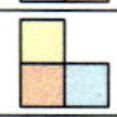	d	

8 Bestimme den Flächeninhalt der Figur.

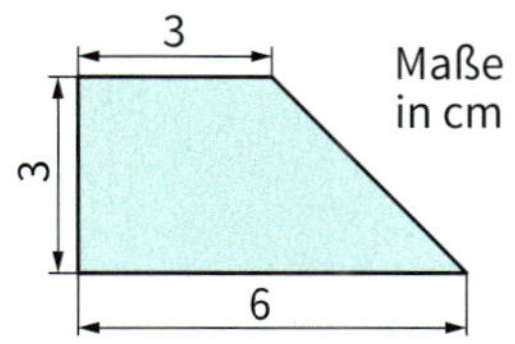

a	$18\,cm^2$	c	$13{,}5\,cm^2$
b	$12\,cm^2$	d	$4{,}5\,cm^2$

9 Der Pizza-Lieferservice wirbt mit einem Rabatt von 20 %. Paul möchte eine Pizza für 8 € bestellen. Wie hoch wäre die Ersparnis?

a	2 €	c	1,60 €
b	0,16 €	d	2,50 €

10 Ein Dachdecker braucht für ein $200\,m^2$ großes Dach 3 600 Dachziegel. Wie viele Dachziegel benötigt er für ein Dach mit einer Fläche von $150\,m^2$?

a	4 800	c	1 800
b	2 700	d	2 600

11 Wie viel Kubikmeter Sand passen in den Behälter?

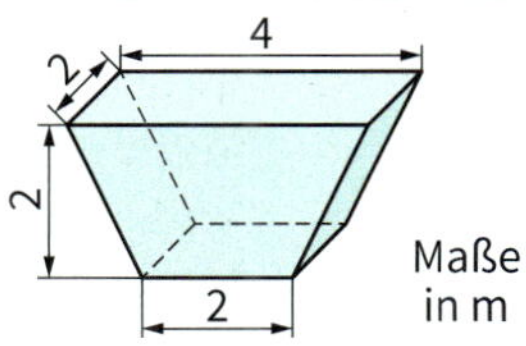

a	$12\,m^3$	c	$8\,m^3$
b	$16\,m^3$	d	$32\,m^3$

12 Bestimme die Lösung der Gleichung.
$2x - 3 = 25$

a	11	c	22
b	26	d	14

Einstellungstest 2 (mit Taschenrechner)

1 Wie viel Liter sind $0{,}6\,m^3$?

a	6 *l*	c	60 *l*
b	600 *l*	d	6 000 *l*

2 Der Preis eines Computers wurde von 1 100 € auf 1 000 € gesenkt. Um wie viel Prozent wurde reduziert?

a	20 %	c	≈ 11,1 %
b	10 %	d	≈ 9,1 %

3 Anton hat seinem Freund Max 30 € geliehen. Max gibt das Geld nach 30 Tagen zurück. Wie viel Zinsen müsste Max bei einem Zinssatz von 2 % bezahlen?

a	5 Cent	c	3 €
b	0,60 €	d	6 Cent

4 Ein Kapital von 1 000 € wird zu einem Zinssatz von 1% fest angelegt. Auf welchen Betrag wächst das Kapital nach zwei Jahren an? Beachte die Zinseszinsen.

a	1 020 €	c	1 020,10 €
b	1 010 €	d	1 200 €

5 Ein Maler streicht in 6 Tagen eine Fläche von $396\,m^2$. Welche Fläche kann er in 8 Tagen streichen?

a	$628\,m^2$	c	$452\,m^2$
b	$352\,m^2$	d	$528\,m^2$

6 Bei 25 beteiligten Schülerinnen und Schülern betragen die Kosten für eine Busfahrt pro Person 20 €. Wie viel Euro muss jeder bezahlen, wenn 15 weitere Schüler mitfahren, die Gesamtkosten für den Bus sich aber nicht ändern?

a	25 €	c	11,50 €
b	12,50 €	d	35 €

7 Bestimme die Lösung der Gleichung.
$-3x = -10(x - 14)$

a	20	c	28
b	– 20	d	1,4

8 Ein Unternehmen zahlt folgende Gehälter: Acht Angestellte erhalten 2 200 €, vier Angestellte erhalten 1 950 € und vier Angestellte erhalten 2 600 €. Berechne das durchschnittliche Gehalt, das in diesem Betrieb gezahlt wird.

a	2 250 €	c	2 200,50 €
b	26 050 €	d	2 237,50 €

9 Ein Auto kostet einschließlich Mehrwertsteuer 17 255 €. Wie hoch ist die Mehrwertsteuer (19 %)?

a	3 278,45 €	c	190 €
b	2 755 €	d	2 950,50 €

10 Gib die Lösungsmenge für die Gleichung an.
$2x^2 - 98 = 0$

a	$L = \{7\}$	c	$L = \{-7, 7\}$
b	$L = \{\ \}$	d	$L = \{-7\}$

11 Berechne den Flächeninhalt der abgebildeten Figur.

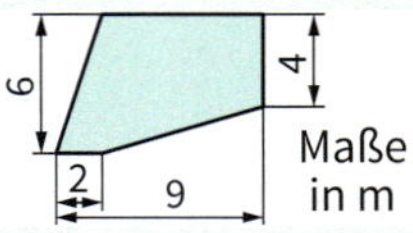

a	$51\,m^2$	c	$47\,m^2$
b	$42\,m^2$	d	$41\,m^2$

12 Berechne das Volumen des Körpers.

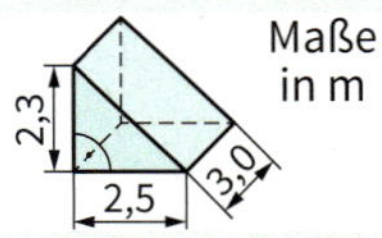

a	$17{,}25\,m^3$	c	$4{,}3125\,m^3$
b	$8{,}625\,m^3$	d	$18\,m^3$

Lösungen und Kompetenztabellen

Einstellungstest 1

Lösungen

1c, 2b, 3c, 4d, 5b, 6c, 7d, 8c, 9c, 10b, 11a, 12d

Ich kann …	Aufgabe	Hilfen und Aufgaben
Dezimalbrüche addieren.	1	Seite 178
Dezimalbrüche multiplizieren.	2	Seite 179
die Regeln „Punkt- vor Strichrechnung“ und „Klammern zuerst“ anwenden.	3	Seite 181
Ergebnisse bei Multiplikationen schätzen.	4	Seite 179
Dezimalbrüche im Kopf subtrahieren.	5	Seite 178
Längen in anderen Einheiten angeben.	6	Seite 182
einem geometrischen Körper die richtige Seitenansicht zuordnen.	7	Seite 194
Flächeninhalte ebener Figuren berechnen.	8	Seite 191, 192
Sachaufgaben zur Prozentrechnung lösen.	9	Seite 185, 186, 187
den Dreisatz bei direkt proportionalen Zuordnungen anwenden.	10	Seite 183
das Volumen eines Prismas berechnen.	11	Seite 194
einfache Gleichungen lösen.	12	Seite 190

Einstellungstest 2

Lösungen

1b, 2d, 3a, 4c, 5d, 6b, 7a, 8d, 9b, 10c, 11d, 12b

Ich kann …	Aufgabe	Hilfen und Aufgaben
Volumen in anderen Einheiten angeben.	1	Seite 182
Sachaufgaben zur Prozentrechnung lösen.	2	Seite 185, 186, 187
Tageszinsen berechnen.	3	Seite 188
Zinseszinsen berechnen.	4	Seite 188
Sachaufgaben mit dem Dreisatz lösen.	5, 6	Seite 183, 184
Gleichungen lösen.	7	Seite 190
das arithmetische Mittel berechnen.	8	Seite 200
bei gegebenem Verkaufspreis die Mehrwertsteuer berechnen.	9	Seite 185, 186
die Lösungsmenge einer quadratischen Gleichung angeben.	10	Seite 84
den Flächeninhalt einer zusammengesetzten Figur berechnen.	11	Seite 191, 192
das Volumen eines Prismas berechnen.	12	Seite 194

EINGANGSTEST

Zu Kapitel 1 bis Kapitel 6 in diesem Buch wird jeweils ein Eingangstest angeboten.
Damit kannst du überprüfen, ob du über die Voraussetzungen verfügst, die du für die erfolgreiche Bearbeitung des jeweiligen Kapitels benötigst.
Die Ergebnisse der Aufgaben findest du auf den Seiten 210 – 211.

Kommst du mithilfe der Tabelle zur Selbsteinschätzung zu dem Ergebnis, dass dir bestimmte Voraussetzungen fehlen, benutze die angegebenen Hilfen und bearbeite die angegebenen Aufgaben.

1 Vergrößern und Verkleinern

1 Gib jeweils die Koordinaten der Punkte im Koordinatensystem an.

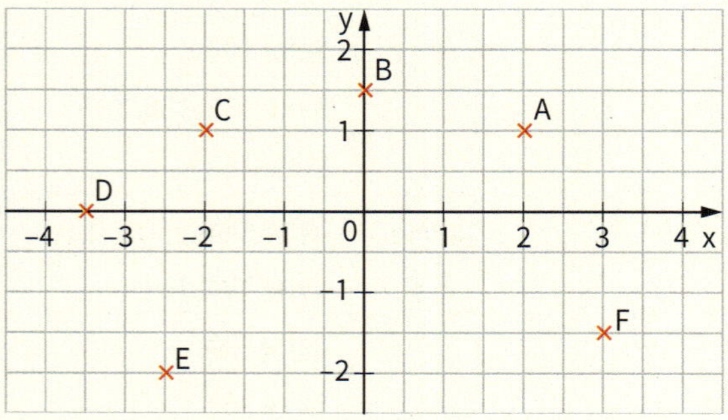

2 Zeichne die Figur ABCD mit A(– 1 | – 2), B(3 | – 2), C(3 | 1), D(– 1 | 1) in ein Koordinatensystem (Einheit: 1 cm) und berechne ihren Flächeninhalt.

3 Löse die Gleichungen.
a) $\frac{x}{4} = \frac{3}{5}$ b) $\frac{8}{5} = \frac{x}{3}$ c) $\frac{x}{2{,}4} = \frac{5}{6}$

4 Schreibe in der angegebenen Einheit.

a) 4 m (cm)
5 m (mm)
3,45 m (cm)
8 km (m)

b) 350 cm (m)
45 cm (m)
75 000 cm (m)
560 000 cm (km)

Ich kann …

	Aufgabe	Hilfen und Aufgaben
Koordinaten von Punkten im Koordinatensystem bestimmen.	1	Seite 180
den Flächeninhalt von Rechtecken berechnen.	2	Seite 191
Gleichungen lösen.	3	Seite 190
Längen in anderen Einheiten schreiben.	4	Seite 182

2 Lineare Gleichungssysteme

1 Forme die Gleichungen um und bestimme x.

a) $3x + 10 = 22$
$4{,}8 - 3x = -6$

b) $15 - x = 2x - 18$
$2{,}8 - 5x = 17{,}2 + 3x$

c) $3x + 7{,}6 - 5x = 13x + 20 - 9x - 13$
$-2{,}4x + 16{,}5 + 3{,}8x - 12{,}8 = 4x + 11{,}2 - 2{,}5x$

2 Zeichne die Graphen folgender Funktionen in ein Koordinatensystem und bestimme die Koordinaten des Schnittpunktes.
f: $y = 0{,}5x + 2{,}5$ g: $y = -x + 7$

3 Überprüfe, ob der Punkt auf dem Graphen der Funktion f mit der angegebenen Funktionsgleichung liegt.
$P(12 | 27)$; f: $y = 3x - 8$ $Q(-5 | 17)$; f: $y = -4x + 3$

Ich kann ...

	Aufgabe	Hilfen und Aufgaben
Gleichungen mit x auf beiden Seiten lösen.	1	Seite 190
Graphen linearer Funktionen in ein Koordinatensystem zeichnen.	2	Seite 198
die Koordinaten eines Punktes im Koordinatensystem bestimmen.	2	Seite 198
durch eine Rechnung überprüfen, ob ein Punkt auf dem Graphen einer Funktion liegt.	3	Seite 198

3 Reelle Zahlen

1 Berechne.
a) $5 \cdot 5$
$11 \cdot 11$
b) $0{,}2 \cdot 0{,}2$
$0{,}1 \cdot 0{,}1 \cdot 0{,}1$
c) 7^2
12^2
d) 4^3
8^3

2 Gib fünf rationale Zahlen an,
a) die zwischen 4 und 5 liegen.
b) die zwischen 7,11 und 7,12 liegen.

3 Ordne die Zahlen der Größe nach.
2,24 2,42 2,22 2,44 2,242 2,424

4 Runde auf Hundertstel (Tausendstel).
a) 0,5632 b) 2,4867 c) 11,9755

5 a) Die Seitenlänge eines Quadrats beträgt 12 cm (23 cm). Berechne den Flächeninhalt.
b) Ein Rechteck ist 9 cm lang und 4 cm breit. Gib die Seitenlänge des Quadrats an, das denselben Flächeninhalt wie das Rechteck hat.

6 a) Welche der angegebenen rationalen Zahlen sind natürliche Zahlen?
b) Welche der angegebenen rationalen Zahlen sind keine ganzen Zahlen?

$6 \quad -7 \quad 12{,}5 \quad 101 \quad \frac{3}{4} \quad 2\frac{1}{2}$

$-\frac{1}{5} \quad 0{,}3 \quad 9 \quad -11 \quad -3{,}5$

Ich kann ...

	Aufgabe	Hilfen und Aufgaben
Produkte mit zwei und drei gleichen Faktoren berechnen.	1	Seite 179
rationale Zahlen ordnen.	2, 3	Seite 180
rationale Zahlen runden.	4	Seite 177
mithilfe der Seitenlänge eines Quadrats den Flächeninhalt berechnen.	5	Seite 191
bei einfachen Aufgaben mithilfe des Flächeninhalts eines Quadrats die Seitenlänge bestimmen.	5	Seite 191
natürliche, ganze und rationale Zahlen unterscheiden.	6	Seite 180

EINGANGSTEST

4 Quadratische Funktionen und Gleichungen

1 Gegeben ist die lineare Funktion f durch ihre Funktionsgleichung $y = -1{,}5x + 3$.

a) Vervollständige die Wertetabelle in deinem Heft.

x	−3	−1,5	0	2	4,5
y	■	■	■	■	■

b) Trage die Wertepaare als Punkte in ein Koordinatensystem ein.

c) Zeige, dass die eingezeichneten Punkte auf einer Geraden liegen.

2 Wende die binomischen Formeln an.

a) $(a-5)^2$ b) $(x+6)^2$ c) $(x-y)^2$ d) $(b+7)^2$

3 Ergänze den fehlenden Summanden, so dass du die Summe mithilfe einer binomischen Formel als Produkt schreiben kannst.

a) $a^2 + 6a +$ ■ b) $x^2 - 8x +$ ■ c) $b^2 + 18b +$ ■

4 Berechne.

a) 7^2 b) 11^2 c) $1{,}5^2$ d) $0{,}6^2$ e) $\left(\frac{1}{2}\right)^2$ f) $\left(\frac{3}{2}\right)^2$

5 Bestimme die Quadratwurzel.

a) $\sqrt{25}$ b) $\sqrt{49}$ c) $\sqrt{225}$ d) $\sqrt{8\,100}$ e) $\sqrt{0{,}16}$

Ich kann ...

Ich kann ...	Aufgabe	Hilfen und Aufgaben
zu einem x-Wert mithilfe der Funktionsgleichung den zugehörigen Funktionswert bestimmen.	1	Seite 36, 37, 38, 198
Wertepaare als Punkte in ein Koordinatensystem eintragen.	1	Seite 38, 198
die binomischen Formeln anwenden.	2, 3	Seite 189
das Quadrat einer Zahl bestimmen.	4	Seite 179
einfache Quadratwurzeln bestimmen.	5	Seite 59, 67, 68

5 Statistische Erhebungen

1 In der Urliste findest du das Lebensalter befragter Schülerinnen und Schüler.

Lebensalter
15 15 16 16 15 15 16 17 15 15 15 16 17 15
16 15 16 15 14 15 14 15 16 16 15

a) Bestimme zu den in der Urliste angegebenen Daten die absoluten Häufigkeiten und die relativen Häufigkeiten.

b) Gib die relativen Häufigkeiten auch als Dezimalbruch und in Prozent an.

2 In dem Diagramm wird das Ergebnis einer Befragung in mehreren Haushalten dargestellt.

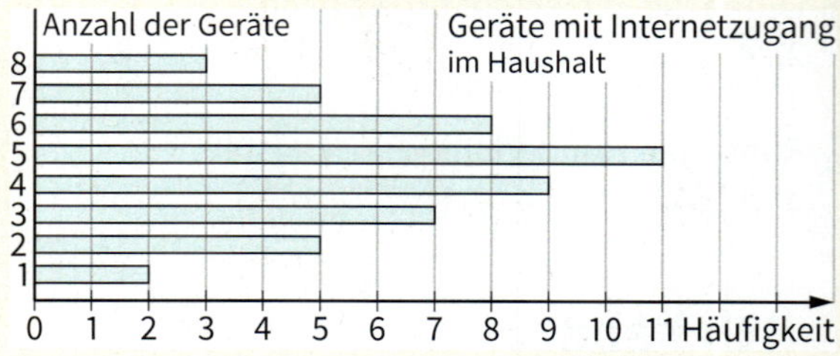

Berechne die relativen Häufigkeiten und trage sie in eine Tabelle ein.

Ich kann ...

Ich kann ...	Aufgabe	Hilfen und Aufgaben
absolute und relative Häufigkeiten bestimmen.	1, 2	Seite 199
relative Häufigkeiten auch als Dezimalbruch und in Prozent angeben.	1	Seite 199
Häufigkeiten aus Diagrammen ablesen.	2	Seite 199

6 Pyramiden, Kegel, Kugeln

1 Bestimme den Flächeninhalt der Figur.
a) Rechteck: $a = 12\,m$; $b = 5\,m$
b) Quadrat: $a = 25\,cm$
c) Dreieck: $g = 24\,cm$; $h_g = 8\,cm$

2 Berechne den Flächeninhalt und den Umfang des Kreises.
a) $r = 2{,}50\,m$ b) $d = 6{,}40\,m$

3 Berechne das Volumen und den Oberflächeninhalt des geometrischen Körpers.

a)
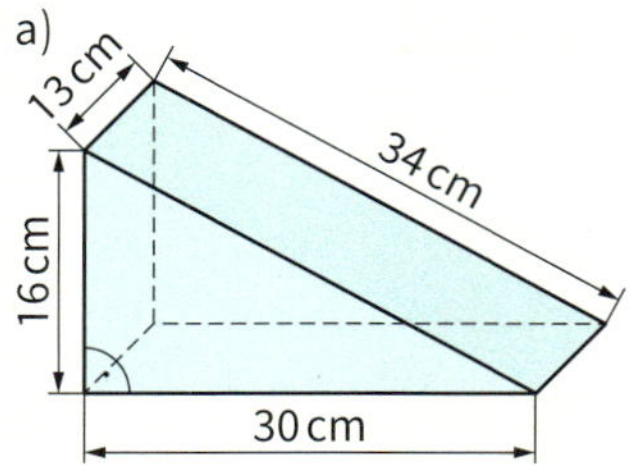

b)
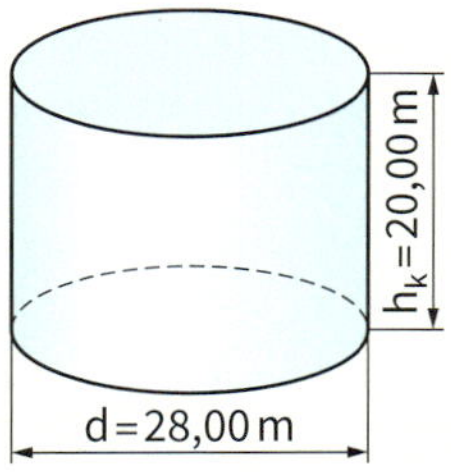

Ich kann …

Ich kann …	Aufgabe	Hilfen und Aufgaben
den Flächeninhalt von einem Rechteck, einem Quadrat und einem Dreieck bestimmen.	1	Seite 191
den Flächeninhalt und den Umfang eines Kreises berechnen.	2	Seite 192
das Volumen und den Oberflächeninhalt eines Prismas und eines Zylinders berechnen.	3	Seite 194, 195

Jede Schülerin und jeder Schüler kann einen Eingangstest für sich bearbeiten und fehlende Kompetenzen dann mithilfe der angegebenen Seiten erwerben.
Es kann aber auch die ganze Lerngruppe den Eingangstest machen. Die Diagnose ergibt dann, ob nur einzelne Schülerinnen oder Schüler fehlende Kompetenzen erwerben müssen oder die ganze Lerngruppe.

WIEDERHOLUNG
Brüche und Dezimalbrüche

Brüche

Der **Nenner** eines **Bruches** gibt an, in wie viele gleich große Teile das Ganze eingeteilt wurde.
Der **Zähler** gibt an, wie viele Teile genommen werden.

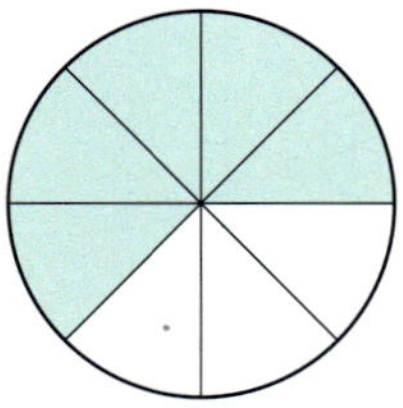

Bruch $\frac{5}{8}$ — Zähler, Bruchstrich, Nenner

Erweitern von Brüchen

$\frac{5}{8} = \frac{5 \cdot 3}{8 \cdot 3} = \frac{15}{24}$

Zähler und Nenner werden mit der gleichen Zahl multipliziert.

Kürzen von Brüchen

$\frac{15}{24} = \frac{15:3}{24:3} = \frac{5}{8}$

Zähler und Nenner werden durch die gleiche Zahl dividiert.

Dezimalbrüche

Ein Dezimalbruch ist ein Bruch mit dem Nenner 10, 100, 1 000, …

$0{,}9 = \frac{9}{10}$ $0{,}37 = \frac{37}{100}$ $0{,}231 = \frac{231}{1\,000}$

$0{,}4 = \frac{4}{10} = \frac{2}{5}$ $0{,}2 = \frac{2}{10} = \frac{1}{5}$

$0{,}25 = \frac{25}{100} = \frac{1}{4}$ $0{,}75 = \frac{75}{100} = \frac{3}{4}$

$\frac{7}{50} = \frac{14}{100} = 0{,}14$ $\frac{13}{25} = \frac{52}{100} = 0{,}52$

$\frac{3}{20} = \frac{15}{100} = 0{,}15$ $\frac{3}{8} = \frac{375}{1\,000} = 0{,}375$

1 Welcher Bruchteil ist gefärbt (weiß)?

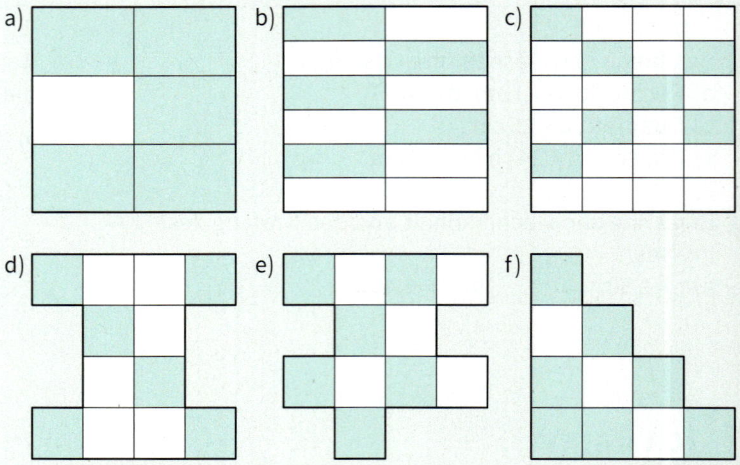

2 Erweitere mit 4 (5, 6, 7).

a) $\frac{6}{7}$ b) $\frac{3}{8}$ c) $\frac{7}{9}$ d) $\frac{1}{12}$ e) $\frac{7}{13}$ f) $\frac{6}{11}$

3 Erweitere auf den angegebenen Nenner.

a) $\frac{2}{3} = \frac{\square}{24}$ $\frac{3}{4} = \frac{\square}{32}$ $\frac{4}{7} = \frac{\square}{35}$

b) $\frac{5}{6} = \frac{\square}{36}$ $\frac{7}{16} = \frac{\square}{64}$ $\frac{4}{15} = \frac{\square}{90}$

4 Kürze so weit wie möglich.

a) $\frac{16}{24}$ $\frac{20}{32}$ $\frac{16}{64}$ $\frac{20}{24}$ $\frac{18}{32}$

b) $\frac{36}{64}$ $\frac{32}{128}$ $\frac{27}{90}$ $\frac{72}{144}$ $\frac{51}{85}$

5 Schreibe als Bruch.

a) 0,7   0,6   0,31   0,67   0,07

b) 0,71   0,23   0,462   0,486   0,071

c) 0,5179   0,0407   0,0358   0,0061   0,0307

6 Schreibe als Dezimalbruch.

a) $\frac{1}{10}$ $\frac{7}{10}$ $\frac{23}{100}$ $\frac{9}{100}$ $\frac{107}{1\,000}$

b) $\frac{17}{1\,000}$ $\frac{3}{1\,000}$ $\frac{149}{1\,000}$ $\frac{77}{100}$ $\frac{77}{1\,000}$

7 Erweitere und schreibe als Dezimalbruch.

a) $\frac{1}{2}$ $\frac{4}{5}$ $\frac{11}{50}$ $\frac{3}{20}$ $\frac{13}{50}$

b) $\frac{17}{20}$ $\frac{5}{8}$ $\frac{9}{25}$ $\frac{101}{500}$ $\frac{117}{200}$

c) $\frac{9}{200}$ $\frac{6}{125}$ $\frac{11}{40}$ $\frac{1}{250}$ $\frac{39}{40}$

WIEDERHOLUNG
Brüche und Dezimalbrüche

8 Schreibe als Bruch.

a) $3\frac{1}{3}$ $4\frac{2}{5}$ $6\frac{4}{5}$ $7\frac{3}{8}$ $9\frac{7}{100}$

b) 3,7 4,37 5,723 6,019 5,003

9 Schreibe als gemischte Zahl.

a) $\frac{17}{3}$ $\frac{25}{4}$ $\frac{31}{9}$ $\frac{42}{5}$ $\frac{100}{9}$

b) 2,3 7,07 19,301 17,051 22,001

10 Bestimme den Dezimalbruch durch eine Division.

a) $\frac{3}{4}$ $\frac{1}{8}$ $\frac{7}{8}$ $\frac{23}{40}$ $\frac{9}{16}$

b) $\frac{11}{16}$ $\frac{10}{32}$ $\frac{19}{20}$ $\frac{47}{200}$ $\frac{97}{125}$

c) $\frac{15}{32}$ $\frac{33}{80}$ $\frac{7}{80}$ $\frac{1}{32}$ $\frac{77}{80}$

d) $\frac{5}{3}$ $\frac{1}{6}$ $\frac{7}{11}$ $\frac{11}{9}$ $\frac{10}{7}$

11 Vergleiche die Dezimalbrüche. Setze <, > oder = ein.

a) 1,29 ■ 1,3
0,101 ■ 1,010
1,4 ■ 1,40
2,05 ■ 2,0501

b) 0,029 ■ 0,0209
0,010 ■ 0,0100
2,41 ■ 2,401
2,041 ■ 2,0401

c) $0,\overline{3}$ ■ 0,3
$0,\overline{6}$ ■ 0,67
$1,\overline{1}$ ■ $1,\overline{10}$
$2,\overline{3}$ ■ $2,\overline{31}$

12 Ordne die Dezimalbrüche der Größe nach. Benutze das Zeichen <.
4,1023; 4,02; 40,0023; 4,0012; 4,01; 4,0011

13 Runde auf Zehntel.

a) 0,46 0,73 0,654 0,736 0,59

b) 1,64 2,97 1,849 3,048 3,9914

c) 21,787 34,949 21,691 25,95 59,97

d) $0,0\overline{3}$ $0,0\overline{8}$ 0,007 5,099 1,999

14 Runde auf Hundertstel.

a) 0,515 0,376 0,613 0,739 0,544

b) 2,776 3,828 3,565 7,795 4,444

c) 26,976 6,9449 7,9051 6,8838 6,9949

d) $0,\overline{5}$ $0,\overline{7}$ $3,\overline{4}$ $2,\overline{59}$ $11,\overline{51}$

15 Runde auf Tausendstel.

a) 0,7345 0,87646 0,96251 0,66654

b) 2,45791 3,90953 0,00033 8,699522

c) 9,99952 0,00349 $6,\overline{6}$ $0,\overline{7}$

Eine **gemischte Zahl** besteht aus einer **natürlichen Zahl** und einem **echten Bruch.**

$2\frac{5}{9}$
natürliche Zahl — echter Bruch
gemischte Zahl

$\frac{17}{40}$ = 17 : 40 = ■

17 : 40 = 0,425
170
160
100
80
200
200
0

$\frac{7}{11}$ = 7 : 11 = ■

7 : 11 = 0,6363… = $0,\overline{63}$
70
66
40
33
70
66
40…

Vergleichen von Dezimalbrüchen

Schreibe die Dezimalbrüche stellenrichtig untereinander und vergleiche die Ziffern, die genau untereinander stehen:

0,3253
0,326

0,3253 < 0,326

Runden von Dezimalbrüchen

Beim Runden eines Dezimalbruchs auf eine bestimmte Stelle kommt es nur auf die nachfolgende Stelle an.
Steht dort die Ziffer 0, 1, 2, 3, 4, wird **ab**gerundet.
Steht dort die Ziffer 5, 6, 7, 8, 9, wird **auf**gerundet.

Runden auf Zehntel:
0,248 ≈ 0,2 0,951 ≈ 1,0

Runden auf Hundertstel:
0,4239 ≈ 0,42 0,7462 ≈ 0,75

WIEDERHOLUNG

Brüche und Dezimalbrüche addieren und subtrahieren

Addition (Subtraktion) von Brüchen

$\frac{3}{11}+\frac{7}{11}=\frac{10}{11}$

$\frac{5}{8}+\frac{1}{3}=\frac{15}{24}+\frac{8}{24}=\frac{23}{24}$

$\frac{7}{11}-\frac{3}{11}=\frac{4}{11}$

$\frac{5}{8}-\frac{1}{3}=\frac{15}{24}-\frac{8}{24}=\frac{7}{24}$

Die Brüche müssen vor dem Addieren (Subtrahieren) so erweitert werden, dass sie den gleichen Nenner haben. Dann werden die Zähler addiert (subtrahiert). Der Nenner ändert sich nicht.

Addition (Subtraktion) von Dezimalbrüchen

Beim schriftlichen Addieren (Subtrahieren) gilt:
Komma unter Komma.

46,3 – 12,4 + 8,09 – 0,461 + 5 = ■

$46{,}3 - 12{,}4 + 8{,}09 - 0{,}461 + 5$
$= \underbrace{46{,}3 + 8{,}09 + 5}_{} \quad - \underbrace{12{,}4 - 0{,}461}_{}$
$= 59{,}39 \quad - 12{,}861$
$= 46{,}529$

46,3 – 12,4 + 8,09 – 0,461 + 5 = 46,529

Nebenrechnungen:

$46{,}3 + 8{,}09 + 5 = 59{,}39$ (Übertrag 1)

$12{,}4 + 0{,}461 = 12{,}861$

$59{,}390 - 12{,}861 = 46{,}529$ (Überträge 1, 1)

1 Bestimme den gemeinsamen Nenner und addiere. Kürze das Ergebnis, wenn möglich.

a) $\frac{8}{15}+\frac{2}{15}$ $\quad\frac{3}{20}+\frac{7}{20}$ $\quad\frac{1}{2}+\frac{1}{3}$

b) $\frac{2}{3}+\frac{1}{4}$ $\quad\frac{3}{16}+\frac{1}{4}$ $\quad\frac{3}{8}+\frac{5}{12}$

c) $2\frac{5}{8}+3\frac{1}{6}$ $\quad4\frac{7}{12}+\frac{2}{3}$ $\quad5\frac{5}{6}+2\frac{7}{9}$

2 Bestimme den gemeinsamen Nenner und subtrahiere. Kürze das Ergebnis, wenn möglich.

a) $\frac{8}{15}-\frac{2}{15}$ $\quad\frac{7}{20}-\frac{3}{20}$ $\quad\frac{1}{2}-\frac{1}{3}$

b) $\frac{2}{3}-\frac{1}{4}$ $\quad\frac{7}{8}-\frac{5}{12}$ $\quad\frac{7}{9}-\frac{5}{8}$

c) $3\frac{1}{3}-2\frac{1}{3}$ $\quad12\frac{3}{5}-4\frac{1}{10}$ $\quad4\frac{1}{4}-2\frac{2}{3}$

3 Schreibe richtig untereinander und addiere.

a) 8,35 + 4,09 + 1,74
2,47 + 3,35 + 4,84
3,88 + 4,51 + 3,87

b) 3,77 + 6,4 + 0,561
0,753 + 1,76 + 2,6
2,8 + 0,786 + 4,55

4 Schreibe richtig untereinander und subtrahiere.

a) 12,7 – 7,3
27,5 – 8,9
47,8 – 18,8

b) 6,46 – 2,89
3,52 – 2,39
5,36 – 4,59

c) 5,3 – 3,18
6,8 – 4,94
10,3 – 6,28

5 Berechne. Ordne zunächst nach positiven und negativen Zahlen und fasse dann zusammen.

a) 38,6 – 6,095 + 0,07 – 5,469 + 6

b) 120 – 13,8 + 22,04 – 0,3258 + 5

c) 19,45 – 13,67 + 4,306 – 7,435 + 1,04

d) 653 – 8,45 – 94,7 – 0,648 + 30

e) 357,07 – 5,077 – 61,08 + 0,6735

f) 5,09 + 53,795 + 0,061 – 43,009 – 9,040

6 Bestimme den Platzhalter.

a) ■ + 2,3 = 10,34

b) ■ – 1,71 = 9,23

c) 231,1 – ■ = 1,9

d) 12,8 – ■ + 56,2 – 6,3 = 45

e) 140,8 – 12,589 + ■ = 150,17

f) 0,0001 + ■ – 1 = 0

WIEDERHOLUNG

Brüche und Dezimalbrüche multiplizieren, dividieren und potenzieren

1 Berechne. Kürze vor dem Ausrechnen.

a) $\frac{4}{9}\cdot\frac{1}{4}$ $\frac{5}{9}\cdot\frac{3}{10}$ $\frac{7}{8}\cdot\frac{4}{21}$ $\frac{4}{9}\cdot\frac{18}{19}$ $\frac{1}{4}\cdot 12$

b) $\frac{5}{11}\cdot\frac{11}{20}$ $\frac{6}{13}\cdot\frac{26}{33}$ $\frac{7}{12}\cdot\frac{9}{14}$ $\frac{8}{9}\cdot\frac{7}{12}$ $\frac{7}{9}\cdot 6$

2 Berechne. Kürze vor dem Ausrechnen.

a) $\frac{5}{9}:\frac{5}{6}$ $\frac{7}{8}:\frac{5}{12}$ $\frac{4}{11}:\frac{8}{33}$ $\frac{2}{9}:\frac{8}{15}$ $36:\frac{9}{10}$

b) $\frac{7}{24}:\frac{3}{8}$ $\frac{32}{35}:\frac{10}{21}$ $\frac{33}{49}:\frac{11}{14}$ $\frac{14}{25}:\frac{21}{40}$ $24:\frac{12}{17}$

3 Multipliziere im Kopf.

a) 0,7 · 4
0,3 · 6
0,6 · 9

b) 2,5 · 2
1,5 · 3
4,5 · 6

c) 0,6 · 11
0,4 · 10
0,35 · 2

d) 0,6 · 0,7
0,7 · 0,8
0,5 · 0,8

e) 0,06 · 0,4
0,07 · 0,4
0,13 · 0,3

f) 0,006 · 0,3
0,002 · 0,16
0,014 · 0,5

4 Multipliziere schriftlich.

a) 5,8 · 7
6,5 · 8
7,8 · 5

b) 4,97 · 7
3,65 · 9
7,06 · 9

c) 4,65 · 28
7,38 · 35
5,89 · 97

d) 5,6 · 7,4
4,8 · 8,7
2,6 · 8,3

e) 0,86 · 7,8
3,72 · 4,5
5,4 · 0,76

f) 0,76 · 7,6
0,48 · 7,95
2,47 · 0,944

5 Berechne im Kopf.

a) 57,4 : 10
5,67 : 10
6,06 · 10
0,2 · 10

b) 334,5 : 100
4,559 : 100
55,421 · 100
0,045 · 100

c) 53,45 : 1 000
6,79 : 1 000
0,43 · 1 000
0,097 · 1 000

6 Dividiere.

a) 2,492 : 0,7
8,912 : 1,6
0,0896 : 3,2

b) 0,8675 : 0,25
13,398 : 0,29
0,0282 : 0,015

c) 0,10572 : 0,04
333,4 : 0,5
0,60214 : 0,023

7 Schreibe als Potenz.

a) 1,2 · 1,2
0,7 · 0,7 · 0,7
0,9 · 0,9 · 0,9 · 0,9

b) $\frac{1}{3}\cdot\frac{1}{3}$
$\frac{1}{7}\cdot\frac{1}{7}\cdot\frac{1}{7}\cdot\frac{1}{7}$

8 Berechne.

a) $0{,}2^4$
$0{,}3^3$
$0{,}5^5$

b) $\left(\frac{3}{10}\right)^4$
$\left(\frac{2}{100}\right)^3$

c) $\left(\frac{1}{4}\right)^2$
$\left(\frac{1}{6}\right)^3$

d) $0{,}05^2$
$0{,}02^3$
$0{,}04^4$

Multiplizieren von Brüchen

$\frac{5}{8}\cdot\frac{4}{15} = \frac{\cancel{5}^{1}\cdot\cancel{4}^{1}}{\cancel{8}_{2}\cdot\cancel{15}_{3}} = \frac{1}{6}$

Der Zähler wird mit dem Zähler und der Nenner mit dem Nenner multipliziert.

Dividieren von Brüchen

$\frac{5}{8}:\frac{7}{16} = \frac{5\cdot\cancel{16}^{2}}{\cancel{8}_{1}\cdot 7} = \frac{10}{7} = 1\frac{3}{7}$

Wir dividieren durch einen Bruch, indem wir mit seinem Reziproken (Kehrwert) multiplizieren.

Multiplizieren von Dezimalbrüchen

		3 Stellen					2 Stellen		
	0,	0	5	7	·	0,	7	9	
					3	9	9		
						5	1	3	
					1	1			
			0,	0	4	5	0	3	
					5 Stellen				

0,057 · 0,79 = 0,04503

Dividieren von Dezimalbrüchen

Bei beiden Zahlen wird das Komma um so viele Stellen nach rechts verschoben, dass die zweite Zahl eine ganze Zahl wird.

1,932 : 0,14 = ▒

193,2 : 14 = 13,8
<u>14</u>
 53
 <u>42</u>
 112
 <u>112</u>
   0

Beim Überschreiten des Kommas wird im Ergebnis das Komma gesetzt.

Potenzieren von Dezimalbrüchen und Brüchen

$0{,}5^3 = 0{,}5\cdot 0{,}5\cdot 0{,}5 = 0{,}125$

$\left(\frac{1}{6}\right)^2 = \frac{1}{6}\cdot\frac{1}{6} = \frac{1\cdot 1}{6\cdot 6} = \frac{1}{36}$

WIEDERHOLUNG
Rationale Zahlen

Auf der **Zahlengeraden** lassen sich **ganze** und **rationale Zahlen** darstellen.

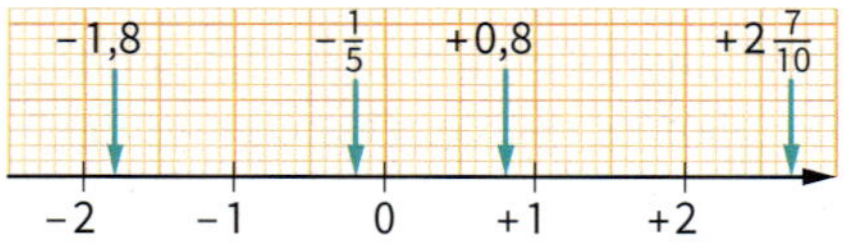

Zahlen wie +5; −3; +2; −44; 0; −19 sind **ganze Zahlen**.

Der **Abstand** einer Zahl **von Null** heißt **Betrag.**
|−5| = 5 *Lies:* Der Betrag von −5 ist 5.

Zu der Menge der **rationalen Zahlen** ℚ gehören die **positiven rationalen Zahlen**, die **negativen rationalen Zahlen** und die **Null**.

Die ganzen Zahlen (ℤ) sind eine **Teilmenge** der rationalen Zahlen (ℚ).

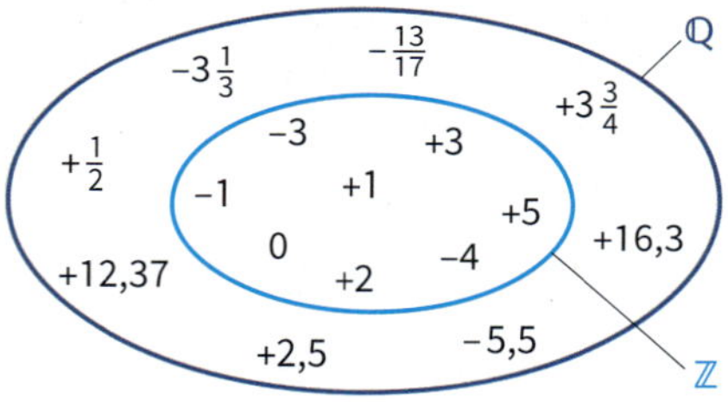

Oft wird auf das **Vorzeichen** Plus (+) verzichtet und statt z. B. +4 nur 4 geschrieben.

Koordinatensystem
Die waagerechte x-Achse und die senkrechte y-Achse bilden ein Koordinatensystem.

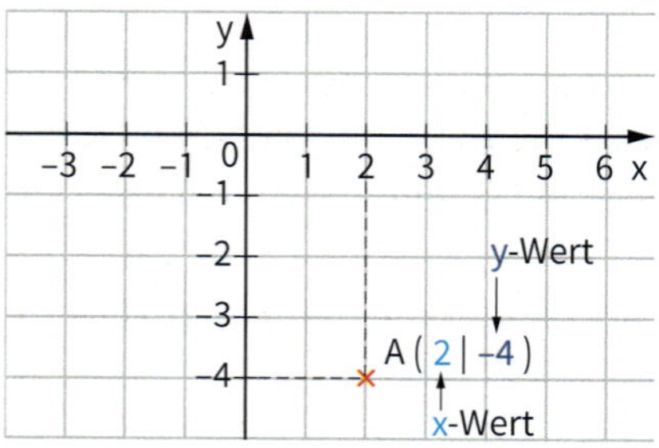

Der Punkt A hat die Koordinaten 2 und −4.

1 Lies die markierten Zahlen ab.

a)
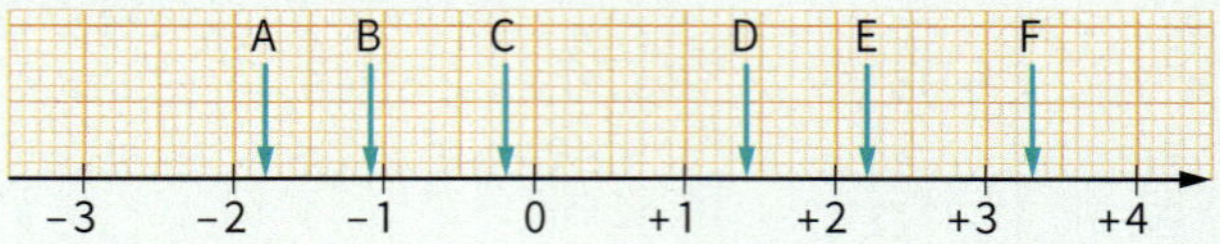

b)
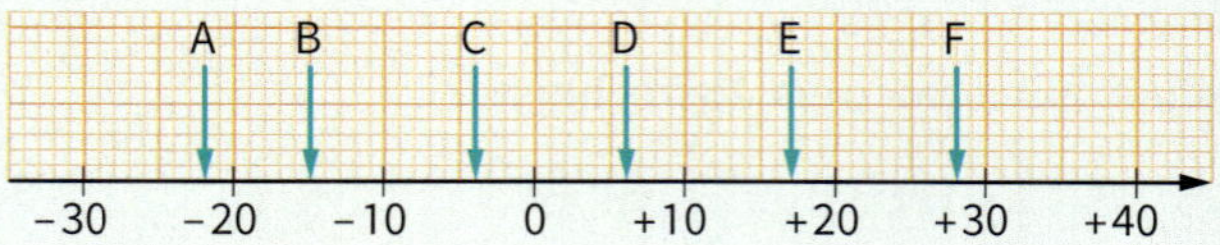

c)
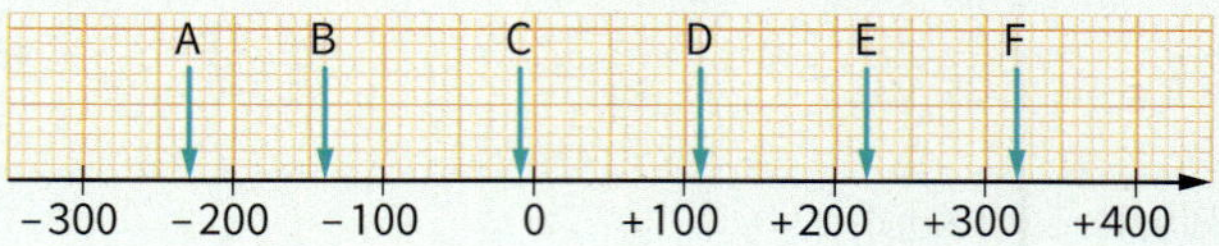

2 Trage die Zahlen auf einer Zahlengeraden ein.

a) +4,5; −3; −2,5; +4; −0,5; −4; −3,5; −5,5

b) −14; +5; +12; −7; −10; +4,5; +9,5; −12,5

c) +0,6; −1,8; +1,7; −0,9; −1,6; +0,3; −2,5

3 a) Nenne alle ganzen Zahlen zwischen 2 und 9 (−4 und 2, 11 und −2).

b) Nenne fünf rationale Zahlen zwischen 0 und −7 (−8 und 6, −3,5 und −3,4).

c) Nenne alle negativen ganzen Zahlen, die größer als −6 sind.

d) Nenne fünf rationale Zahlen, die negativ sind und nicht zu den ganzen Zahlen gehören.

4 Kleiner, größer oder gleich (<, >, =)?

a) +6 ■ +4
+7 ■ −4

b) +11 ■ −23
−5 ■ −6

c) −3 ■ +3
−7 ■ −9

d) −3,5 ■ −3,6
−0,8 ■ −0,08

e) +5,7 ■ +5,5
+2,1 ■ +1,2

f) +8,1 ■ +8,01
−2 ■ −2,0

g) −2,01 ■ −1,9
−0,7 ■ −0,07

h) 1,89 ■ 1,889
−1,1 ■ −1,09

i) 2,303 ■ 2,033
2,010 ■ 2,01

5 Ordne die Zahlen in einer Ungleichheitskette mithilfe des <-Zeichens.

a) −11; +25; 0; −8; +4; +18; −14; +2; −16

b) −5,8; 6,9; −6,9; −6,09; 7,1; 7,01; 7,001

c) $2\frac{2}{3}$; $-3\frac{1}{5}$; 2,5; −3,6; $1\frac{1}{2}$; 1,1; $1\frac{1}{4}$

6 Zeichne die Punkte in ein Koordinatensystem (Einheit 1 cm).
A (3 | 4), B (0 | 5), C (6,5 | 0), D (−2,5 | 1), E (−4 | −6,5), F (5,5 | −3)

WIEDERHOLUNG

Rechnen mit rationalen Zahlen

1 Berechne.

a) $(-5{,}4) + (-2{,}7)$
$(+6{,}2) + (+3{,}9)$
$(-8{,}7) + (-9{,}9)$

b) $(-3{,}4) + (-8{,}7)$
$(+13{,}2) + (+7{,}9)$
$(-0{,}7) + (+0{,}06)$

2 Berechne.

a) $-54 + 68$
$-62 - 39$
$71 - 99$

b) $84 - 117$
$-52 - 79$
$112 - 350$

c) $44 - 53$
$-53 - 44$
$-44 + 53$

d) $-4{,}1 - 8$
$-6{,}2 + 7{,}5$
$7{,}1 + 9{,}9$

e) $-3{,}2 - 8{,}9$
$6{,}8 - 7{,}9$
$-5{,}1 + 4{,}9$

f) $2 - 3{,}7$
$-3{,}7 - 2$
$3{,}7 - 20$

g) $\frac{1}{2} - \frac{3}{4}$
$-\frac{1}{2} + \frac{2}{3}$

h) $\frac{3}{8} - \frac{3}{4}$
$-\frac{5}{6} - \frac{2}{3}$

i) $\frac{5}{7} - \frac{3}{5}$
$-\frac{11}{15} - \frac{17}{45}$

3 Berechne.

a) $(-54) \cdot (-2)$
$(+62) \cdot (-5)$
$(-18) \cdot (-9)$
$(+23) \cdot (+19)$

b) $(+7{,}5) \cdot (+9)$
$(+1{,}4) \cdot (-2)$
$(-1{,}1) \cdot (+8)$
$(-2{,}2) \cdot (-11)$

4 Berechne.

a) $(-51) : (-2)$
$(+65) : (-5)$
$(-36) : (+9)$
$(+72) : (+12)$

b) $(-5{,}6) : (+4)$
$(+12{,}5) : (-2{,}5)$
$(+7{,}8) : (+2)$
$(-3{,}9) : (0{,}3)$

5 Berechne.

a) $-60 : 12$
$121 : (-11)$
$-8{,}4 \cdot 5{,}0$
$13{,}3 \cdot (-4)$

b) $90 : (-18)$
$-64 : (-0{,}8)$
$11{,}4 \cdot (-5)$
$-16{,}3 \cdot (-3)$

6 Berechne. Beachte die Regel „Punkt- vor Strichrechnung“.

a) $60 + (-5) \cdot 2$
$60 - (-5) \cdot 2$
$-60 + (-5) \cdot (-2)$

b) $9{,}8 + (-5{,}8) : 2$
$5{,}1 - 5{,}2 : (-2) - 1$
$8{,}8 : (-2) - 5 \cdot 8{,}2$

7 Berechne. Achte auf die Klammern.

a) $100 - (40 - 60)$
$100 - (-40 - 60)$

b) $-3{,}7 \cdot (5{,}3 - 0{,}3)$
$22{,}5 : (8 - 9{,}5)$

8 a) Subtrahiere das Produkt aus $-2{,}5$ und 15 von der Zahl 70.
b) Dividiere die Summe aus 10 und -5 durch die Differenz dieser beiden Zahlen.

Addition und Subtraktion
Vereinfachte Schreibweise

Sind die Rechen- und Vorzeichen der zweiten Zahl gleich, so schreibe +.

Sind die Rechen- und Vorzeichen der zweiten Zahl verschieden, so schreibe −.

$(-8) + (-13) = -8 - 13 = -21$

$(-8) - (-13) = -8 + 13 = 5$

$(+8) + (+13) = +8 + 13 = 21$

$(+8) - (+13) = +8 - 13 = -5$

Addieren und Subtrahieren

Beide Zeichen gleich: Addiere die Beträge und setze das gemeinsame Zeichen:

$-8 - 13 = -21$

$+8 + 13 = +21$

Verschiedene Zeichen: Subtrahiere den kleineren vom größeren Betrag und setze das Zeichen vor der Zahl mit dem größeren Betrag.

$-8 + 13 = +5$

$+8 - 13 = -5$

Multiplikation (Division) zweier rationaler Zahlen mit gleichem Vorzeichen: Multipliziere (Dividiere) die Beträge und setze das Vorzeichen +.

$(+3{,}5) \cdot (+3) = +10{,}5$
$(-3{,}5) \cdot (-3) = +10{,}5$

$(+7{,}5) : (+3) = +2{,}5$
$(-7{,}5) : (-3) = +2{,}5$

Multiplikation (Division) zweier rationaler Zahlen mit verschiedenen Vorzeichen: Multipliziere (Dividiere) die Beträge und setze das Vorzeichen −.

$(-4{,}2) \cdot (+6) = -25{,}2$
$(+4{,}2) \cdot (-6) = -25{,}2$

$(-4{,}2) : (+6) = -0{,}7$
$(+4{,}2) : (-6) = -0{,}7$

WIEDERHOLUNG
Größen

Masseeinheiten

1 t = 1 000 kg 1 kg = 0,001 t
1 kg = 1 000 g 1 g = 0,001 kg
1 g = 1 000 mg 1 mg = 0,001 g

Im Alltag ist der Begriff „Gewicht“ an Stelle von Masse gebräuchlich.

15 kg + 560 g + 480 mg
= 15 000 g + 560 g + 0,48 g
= 15 560,48 g

8,2 t + 360 kg + 4 t
= 8,2 t + 0,36 t + 4 t
= 12,56 t

Längeneinheiten

1 km = 1 000 m 1 m = 0,001 km
1 m = 10 dm 1 dm = 0,1 m
1 dm = 10 cm 1 cm = 0,1 dm
1 cm = 10 mm 1 mm = 0,1 cm

13,86 km + 34 m
= 13 860 m + 34 m
= 13 894 m

18 km + 1 450 m + 125 dm
= 18 km + 1,450 km + 0,0125 km
= 19,4625 km

Flächeneinheiten

1 km² = 100 ha 1 ha = 0,01 km²
1 ha = 100 a 1 a = 0,01 ha
1 a = 100 m² 1 m² = 0,01 a
1 m² = 100 dm² 1 dm² = 0,01 m²
1 dm² = 100 cm² 1 cm² = 0,01 dm²
1 cm² = 100 mm² 1 mm² = 0,01 cm²

Hektar (ha), Ar (a)

Raumeinheiten (Volumeneinheiten)

1 m³ = 1 000 dm³ 1 dm³ = 0,001 m³
1 dm³ = 1 000 cm³ 1 cm³ = 0,001 dm³
1 cm³ = 1 000 mm³ 1 mm³ = 0,001 cm³

Liter 1 *l* = 1 dm³ = 1 000 ml = 100 cl

Milliliter 1 ml = $\frac{1}{1000}$ *l* = 1 cm³

Zentiliter 1 cl = $\frac{1}{100}$ *l*

1 Schreibe in der in Klammern angegebenen Einheit.

a) 13 kg (g); 43 g (mg); 11 t (kg)
b) 26 g (mg); 65 t (kg); 3 kg (g)
c) 7 000 g (kg); 33 000 mg (g); 87 000 kg (t)
d) 2,4 kg (g); 3,5 t (kg); 13,2 g (mg)
e) 3,87 t (kg); 4,06 g (mg); 4,75 kg (g)
f) 0,123 kg (g); 0,0465 t (kg); 0,0034 t (kg)
g) 1 245 g (kg); 7 632 kg (t); 4 310 g (kg)
h) 255 g (kg); 200 kg (t); 340 mg (g)
i) 46 kg (t); 77 g (kg); 8 g (kg)

2 Berechne.

a) 12 kg + 870 g + 540 g; 1 450 g + 17 kg + 6 kg; 4 t + 3 500 kg + 870 kg
b) 33 kg – 2 480 g; 7 t – 580 kg; 1 t – 45 kg

3 Schreibe in der in Klammern angegebenen Einheit.

a) 27 cm (mm); 2,35 m (cm); 5,30 m (cm); 73 cm (m)
b) 61 dm (cm); 230 mm (cm); 18 mm (cm); 5,34 m (dm)
c) 5 m (cm); 3,4 km (m); 450 m (km); 5,4 cm (mm)

4 Berechne.

a) 6,3 m + 45 cm; 4,9 cm + 22 mm; 3,67 m + 8 cm
b) 12 km + 1 256 m + 2,1 km; 4,72 m + 99 cm + 1 m; 7,89 km + 563 m + 0,6 km

5 Schreibe in der in Klammern angegebenen Einheit.

a) 132 dm² (cm²); 5 ha (a); 7 km² (ha)
b) 4 cm² (mm²); 3,82 m² (dm²); 3,67 m² (cm²)
c) 6,5 a (m²); 3,94 ha (a); 5,6 ha (m²)

6 Schreibe in der nächstgrößeren Einheit.

a) 20 000 cm²; 12 438 mm²; 6,853 dm²
b) 3 467 dm²; 45,9 a; 156,89 ha
c) 23,8 ha; 7,5 mm²; 31,8 cm²

7 Schreibe in der in Klammern angegebenen Einheit.

a) 5 dm³ (cm³); 13 cm³ (mm³); 5,3 m³ (cm³)
b) 3 cm³ (mm³); 1,8 m³ (dm³); 0,453 m³ (dm³)
c) 1 100 dm³ (m³); 3 000 cm³ (dm³); 800 mm³ (cm³)
d) 4,1 cm³ (mm³); 0,04 km³ (m³); 0,013 m³ (dm³)
e) 1,02 dm³ (m³); 0,2 dm³ (mm³); 0,0031 m³ (dm³)
f) 0,03 m³ (dm³); 0,01 m³ (cm³); 0,071 m³ (cm³)

8 Schreibe in der in Klammern angegebenen Einheit.

a) 3 dm³ (*l*); 2 *l* (ml); 5 *l* (cl)
b) 31 cm³ (ml); 0,5 *l* (ml); 0,02 *l* (cl)
c) 400 ml (*l*); 2 000 ml (*l*); 5 cl (ml)

WIEDERHOLUNG

Direkt proportionale Zuordnungen

1 Die folgenden Zuordnungen sind direkt proportional. Berechne die fehlenden Werte.

a)

kg	€
4	34,72
2	■
8	■

b)

kg	€
3	17,97
6	■
9	■

c)

l	km
2	45
4	■
6	■
1	■

d)

l	km
8	156
4	■
2	■
1	■

e)

kg	€
2,5	21,5
1	■
3,5	■
7,6	■

f)

l	km
46,8	1 053
1	■
12,8	■
33,7	■

2 Eine Mauer von 15 m Länge kann in 10 Tagen errichtet werden. Wie viele Tage werden für eine gleich starke Mauer von 21 m Länge benötigt?

3 Torben legt mit seinem Fahrrad eine Strecke von 8,5 km in 34 Minuten zurück. Wie weit fährt er bei gleicher Durchschnittsgeschwindigkeit in 42 (50, 8, 120) Minuten?

4 Anna möchte für den Urlaub in der Schweiz 45 Euro in Franken einwechseln. Ihre Mutter erhielt für 600 Euro auf der Bank 924 Franken. Wie viele Franken bekommt Anna?

5 500 g Schinken kosten beim Schlachter 8,50 €. Frau Hechler kauft für 3,74 Euro Schinken. Wie viel Gramm Schinken hat sie erhalten?

6 Ein Dachdecker bestellt für ein 150 m² großes Dach 2 700 Dachziegel. Wie viele Dachziegel benötigt er für ein Dach von 240 m²?

7 18 Kiwis kosten 3,60 €. Trage das Zahlenpaar als Punkt in ein Koordinatensystem ein und zeichne durch den Punkt die zugehörige Ursprungsgerade.
Bestimme anhand der Geraden den Preis für 10 (5, 2) Kiwis.

8 Ein Flachbildfernseher mit einer Bilddiagonale von 55 Zoll hat einen Jahresstromverbrauch von 108 kWh bei einer durchschnittlichen täglichen Nutzung von 4 Stunden.
a) Berechne den Stromverbrauch pro Tag (Monat, Stunde).
b) Eine kWh kostet 28 Cent. Berechne die Kosten pro Tag (Monat, Stunde).
c) Berechne die Jahreskosten bei einer täglichen Nutzung von durchschnittlich 3 Stunden.

12 Hefte kosten 7,80 €.

Anzahl → Preis

Anzahl	Preis (€)
12	7,80
24 (·2)	15,60 (·2)
36 (·3)	23,40 (·3)
12	7,80
6 (:2)	3,90 (:2)
4 (:3)	2,60 (:3)

doppelte Anzahl → **doppelter** Preis
dreifache Anzahl → **dreifacher** Preis

Hälfte d. Anzahl → **Hälfte** d. Preises
Drittel d. Anzahl → **Drittel** d. Preises

Diese Zuordnung ist **direkt proportional**.

Dreisatz

12 Hefte kosten 7,80 €.
Wie viel kosten 7 Hefte?

Anzahl	Preis (€)
12	7,80
1 (:12)	0,65 (:12)
7 (·7)	4,55 (·7)

12 Hefte kosten 7,80 €.
1 Heft kostet 7,80 € : 12 = 0,65 €.
7 Hefte kosten 0,65 € · 7 = 4,55 €.

Graph

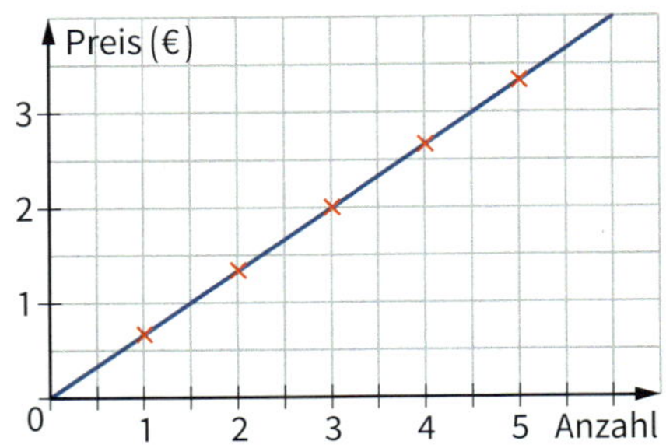

Bei einer direkt proportionalen Zuordnung liegen die Punkte im Koordinatensystem auf einer Geraden durch den Ursprung.

WIEDERHOLUNG

Indirekt proportionale Zuordnungen

Eine Leiste lässt sich in sechs jeweils 0,30 m lange Stücke zersägen.

Anzahl → Länge pro Stück

	Anzahl	Länge (m)	
	6	0,30	
:2	3	0,60	·2
:3	2	0,90	·3
	6	0,30	
·2	12	0,15	:2
·3	18	0,10	:3

Hälfte d. Anzahl → **doppelte** Länge
Drittel d. Anzahl → **dreifache** Länge

doppelte Anzahl → **Hälfte** d. Länge
dreifache Anzahl → **Drittel** d. Länge

Diese Zuordnung ist **indirekt proportional**.

Eine Leiste lässt sich in sechs jeweils 0,30 m lange Stücke zersägen.
Wie lang ist jedes Stück bei fünf gleich langen Stücken?

	Anzahl	Länge (m)	
	6	0,30	
:6	1	1,80	·6
·5	5	0,36	:5

Bei sechs Stücken hat jedes eine Länge von 0,30 m.
Die ganze Leiste hat eine Länge von $6 \cdot 0{,}30\,m = 1{,}80\,m$.
Bei fünf Stücken hat jedes eine Länge von $1{,}80\,m : 5 = 0{,}36\,m$.

Graph einer indirekt proportionalen Zuordnung

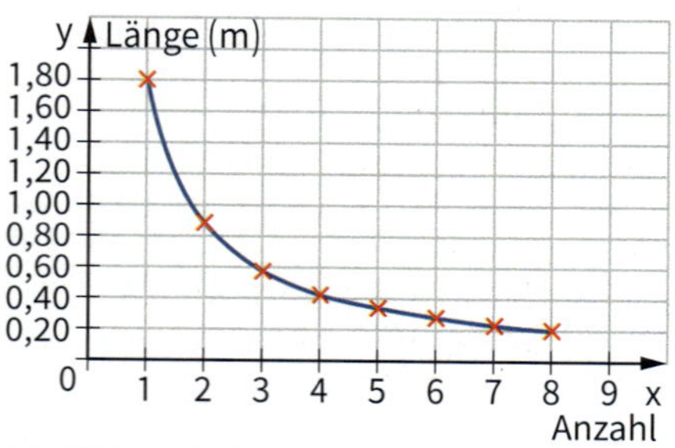

1 Die folgenden Zuordnungen sind indirekt proportional. Berechne die fehlenden Werte.

a)

Anzahl	Tage
3	180
6	■
12	■
15	■

b)

Anzahl	Tage
18	7
6	■
9	■
2	■

c)

Anzahl	Tage
16	13
8	■
2	■
1	■

d)

cm	cm
12	36
24	■
60	■
1	■

e)

cm	cm
33,6	17,5
1	■
60	■

f)

cm	cm
126,4	90,0
1	■
80,0	■

2 Eine Busreise kostet für eine Gruppe von 50 Personen 12 Euro pro Person. Zwei Personen fallen am Abreisetag wegen Krankheit aus. Wie viel Euro muss nun jeder Teilnehmer zahlen?

3 Eine Rolle Schnur lässt sich in sechs jeweils 1,80 m lange Stücke zerschneiden.
Wie viele Stücke erhältst du, wenn jedes Stück 1,20 m lang sein soll?

4 Familie Kurz plant ihren Sommerurlaub. Wenn die täglichen Kosten 120 Euro betragen, reicht das gesparte Urlaubsgeld für 14 Tage.
Wie viel Euro darf Familie Kurz täglich ausgeben, wenn sie drei Wochen in den Urlaub fahren will?

5 Bei einer Durchschnittsgeschwindigkeit von $80\,\frac{km}{h}$ braucht ein Fahrzeug für eine Autobahnstrecke eine Zeit von 3 h 30 min.
Wie lange braucht es für die gleiche Strecke bei einer Durchschnittsgeschwindigkeit von $100\,\frac{km}{h}$?

6 Bei einem Benzinverbrauch von 3,5 Liter auf 100 km kann Frederic mit seinem Motorrad 360 km weit fahren. Fährt eine zweite Person mit, beträgt der Benzinverbrauch 4,5 Liter auf 100 km.
Wie weit kommt Frederic mit einer Tankfüllung?

7 Zu einem Rechteck von 40 cm Länge und 80 cm Breite sollen flächengleiche Rechtecke bestimmt werden.
Lege eine Tabelle an. Trage die Zahlenpaare als Punkte in ein Koordinatensystem ein und zeichne durch die eingezeichneten Punkte eine Kurve. (x-Achse: 1 cm ≙ 20 cm; y-Achse: 1 cm ≙ 50 cm)

WIEDERHOLUNG
Prozentrechnung

1 Grundwert, Prozentwert, Prozentsatz: Was ist gegeben? Was ist gesucht?
a) 25 % der 28 Schüler einer Klasse haben die Grippe.
b) Im Fußballstadion sind nur 65 % der Plätze belegt. Insgesamt sind 8 125 Zuschauer gekommen.
c) 6 von 80 Lehrern kommen mit dem Fahrrad zur Schule.

2 Berechne jeweils den Prozentwert.

a)	b)	c)
20 % von 150 kg	1 % von 50 kg	0,2 % von 200 kg
15 % von 230 €	96 % von 2,50 €	2,5 % von 350 €
86 % von 2 350 g	6 % von 50,5 kg	9,4 % von 8 000 g

3 Berechne jeweils den Grundwert.

a)	b)	c)
20 % sind 15 kg	2 % sind 5 kg	0,2 % sind 2 kg
25 % sind 30 €	4 % sind 2,50 €	2,5 % sind 3,5 €
8 % sind 50 g	12 % sind 3,6 kg	0,4 % sind 6 g

4 Berechne jeweils den Prozentsatz.

a)	b)	c)
3 kg von 15 kg	2,8 kg von 5 kg	56 kg von 200 kg
25 kg von 40 kg	1,20 € von 25 €	37 € von 400 €
12 g von 50 g	8 kg von 12,5 kg	45 g von 5 000 g

5 Frau Kandner verkauft ihr vier Jahre altes Auto für 9 000 €. Das sind 45 % des ursprünglichen Kaufpreises.
Wie teuer war der Neuwagen?

6 Der Reinerlös eines Schulfestes betrug 2 350 €. Für Sportgeräte auf dem Schulhof sind 45 % des Betrages vorgesehen.

7 Von 24 Schülerinnen und Schülern einer Klasse haben 18 eine gute Note für ein Referat erhalten.

8 Peer hat eine Taschengelderhöhung von 15 % erhalten.
Er bekommt jetzt 7,50 € mehr. Berechne sein ursprüngliches Taschengeld.

9 Von den 150 Schülerinnen und Schülern eines Jahrgangs nutzen täglich 86 % das Internet.

10 Bei den Bundesjugendspielen erhalten 36 Teilnehmer eine Ehrenurkunde, das sind 3 % aller teilnehmenden Schülerinnen und Schüler.
a) Wie viele Schülerinnen und Schüler haben insgesamt teilgenommen?
b) 56 % aller Teilnehmer haben eine Siegerurkunde erhalten.
c) Wie viele Teilnehmer haben keine Urkunde erhalten?

11 Berechne.

a)	b)
5 ‰ von 2,5 *l*	0,5 ‰ von 4 *l*
5,6 ‰ von 25 kg	9,9 ‰ von 20 kg
0,4 ‰ von 5 hl	2,1 ‰ von 600 hl

In der Prozentrechnung werden folgende Begriffe verwendet:
Grundwert (G): das Ganze
Prozentwert (W): der Anteil vom Ganzen
Prozentsatz (p %): der Anteil in %
Der Grundwert entspricht immer 100 %.

Prozentwert gesucht

35 % von 320 kg = ■ kg

	%	Masse (kg)	
	100	320	
: 100	1	3,20	: 100
· 35	35	112	· 35

$W = \frac{G \cdot p}{100}$

$W = \frac{320\,kg \cdot 35}{100}$

$W = 112\,kg$

Der Prozentwert beträgt 112 kg.

Grundwert gesucht

40 % ≙ 80 € 100 % ≙ ■ €

	%	Betrag (€)	
	40	80	
: 40	1	2	: 40
· 100	100	200	· 100

$G = \frac{W \cdot 100}{p}$

$G = \frac{80\,€ \cdot 100}{40}$

$G = 200\,€$

Der Grundwert beträgt 200 €.

Prozentsatz gesucht

16 m sind ■ von 25 m

	Strecke (m)	%	
	25	100	
: 25	1	4	: 25
· 16	16	64	· 16

$p\% = \frac{W \cdot 100}{G}\,\%$

$p\% = \frac{16\,m \cdot 100}{25\,m}\,\%$

$p\% = 64\,\%$

Der Prozentsatz beträgt 64 %.

Ein Tausendstel einer Gesamtgröße wird **Promille** genannt.

$\frac{1}{1\,000} = 1\,‰$

$0{,}001 = 1\,‰$

WIEDERHOLUNG
Prozentuale Zu- und Abnahme

Prozentuale Abnahme

Der Preis für ein 60 € teures Kleid wird um 30 % reduziert. Wie teuer ist das Kleid nach der Reduzierung?

60 €
≙ 100 %

alter Preis

42 €	18 €
≙ 70 %	≙ 30 %

reduzierter Preis   Ermäßigung

1. Lösungsweg:
30 % von 60 € sind 18 €.
60 € – 18 € = 42 €

2. Lösungsweg:
Prozentsatz: 100 % – 30 % = 70 %
70 % von 60 € sind 42 €.

Nach der Reduzierung kostet das Kleid 42 €.

Prozentuale Zunahme

Herr Diekmann ist in einem Jahr 15 % schwerer geworden. Sein altes Gewicht betrug 80 kg. Wie schwer ist er jetzt?

80 kg	12 kg
≙ 100 %	≙ 15 %

altes Gewicht   Zunahme

92 kg
≙ 115 %

erhöhtes Gewicht

1. Lösungsweg:
15 % von 80 kg sind 12 kg.
80 kg + 12 kg = 92 kg

2. Lösungsweg:
Prozentsatz: 100 % + 15 % = 115 %
115 % von 80 kg sind 92 kg.

Jetzt wiegt Herr Diekmann 92 kg.

1 Berechne den ermäßigten Preis.

	alter Preis	Ermäßigung		alter Preis	Ermäßigung
a)	23 €	15 %	d)	24 €	15 %
b)	89,90 €	10 %	e)	99,90 €	10 %
c)	4 500 €	4,8 %	f)	4 300 €	2,3 %

2 Frau Dickmann wog 110 kg. Sie konnte ihr Gewicht um 10 % reduzieren.

3 Bens Taschengeld ist um 12 % erhöht worden. Vor der Erhöhung bekam er 40 €.

4 Holzhändler Kaiser gibt bei sofortiger Bezahlung 2 % Rabatt (Skonto). Berechne den Rechnungsbetrag bei sofortiger Bezahlung.
a) 230,50 €   b) 4 900 €   c) 12,30 €

5 Nach 10 Jahren erhöht Herr Meier zum ersten Mal die Miete um 5 %. Bisher mussten seine Mieter 420 € bezahlen.

6 Familie Alsdorf konnte ihren Stromverbrauch in diesem Jahr um 14 % reduzieren. Im vergangenen Jahr verbrauchte die Familie 5 560 Kilowattstunden.

7 Berechne den erhöhten Preis.

	alter Preis	Erhöhung		alter Preis	Erhöhung
a)	400 €	8 %	e)	450 €	6 %
b)	80 €	15 %	f)	302 €	3 %
c)	300 €	9 %	g)	134 €	20 %
d)	125 €	8 %	h)	212 €	3 %

8 Frau Petersdorf kann die Waren für ihr Geschäft im Großhandel einkaufen. Zu den Angaben auf den Preisschildern muss sie noch 19 % Mehrwertsteuer hinzurechnen. Wie viel Euro muss sie an der Kasse des Großhandels bezahlen, wenn 15 Hosen für je 40 € und 10 Pullover für je 30 € im Einkaufswagen liegen?

9 Philipp erhält monatlich 40 € Taschengeld. Sein Vater fragt ihn: „Soll ich dein Taschengeld um 10 % erhöhen oder dir pro Jahr 50 € mehr geben?“

10 Ein Einzelhändler kauft ein Paar Schuhe für 20,94 € ein.
Für die Geschäftskosten und den Gewinn veranschlagt er zusätzlich 120 %.
Anschließend muss er noch 19 % Mehrwertsteuer dazurechnen.
Berechne den Ladenpreis für die Schuhe. Runde auf Cent.

WIEDERHOLUNG
Prozentuale Veränderungen

1 Frau Bader muss für ihr Wohnmobil 28 704 € bezahlen. Der Händler hat ihr einen Rabatt von 8 % gewährt. Wie hoch ist der Listenpreis des Wohnmobils?

2 Berechne den alten Preis.

	neuer Preis	Erhöhung		neuer Preis	Ermäßigung
a)	136,50 €	5 %	e)	564 €	6 %
b)	562,50 €	25 %	f)	11 520 €	4 %
c)	69 €	15 %	g)	56 €	30 %
d)	2,40 €	20 %	h)	4 825 €	3,5 %

3 Herr Kurtz verkauft sein 4 Jahre altes Auto für 10 270 €. Das sind 65 % des Neupreises.
a) Wie teuer war der Neuwagen?
b) Wie hoch ist der Wertverlust?

4 Ein Handballverein konnte die Zahl der Mitglieder um 5 % steigern und hat jetzt 126 Mitglieder. Wie viele waren es vorher?

5 Berechne die fehlenden Werte.

	alter Preis	Erhöhung in %	Erhöhung in Euro	neuer Preis
a)	■	5 %	■	178,50 €
b)	40 €	■	■	42,40 €
c)	80 €	15 %	■	■
d)	■	■	50 €	300 €
e)	■	8 %	5,60 €	■

6 Nach einer Mieterhöhung um 5 % muss Herr Schewe insgesamt 504 € bezahlen. Wie hoch war die Miete vorher?

7 Die Rechnung eines Malers weist einen Mehrwertsteuerbetrag von 85,50 € aus.
a) Wie hoch ist der Rechnungsbetrag ohne Mehrwertsteuer?
b) Was muss der Kunde insgesamt bezahlen?

8 Ein Fahrrad kostet einschließlich Mehrwertsteuer (19 %) 546,21 €. Berechne die Mehrwertsteuer.

9 Ein Fernsehgerät kostet nach einer Preisermäßigung von 15 % noch 1 190 €. Bestimme den alten Preis des Gerätes.

10 Ein Händler macht einen Bruttoumsatz von 10 591 €. Wie viel Euro Mehrwertsteuer muss er an das Finanzamt abführen?

Prozentuale Veränderungen

Ein Paar Schuhe kostet nach einer Preisreduzierung um 30 % noch 63 €. Wie teuer waren die Schuhe vorher?

Ermäßigung ≙ 30 %
Preis vorher ≙ 100 %
Preis nachher ≙ 70 %

$$70\,\% \longrightarrow 63\,€$$
$$1\,\% \longrightarrow \frac{63\,€}{70}$$
$$100\,\% \longrightarrow \frac{63\,€ \cdot 100}{70}$$
$$100\,\% \longrightarrow 90\,€$$

Die Schuhe kosteten vorher 90 €.

Frau Kappel erhält eine Lohnerhöhung von 4 %. Jetzt verdient sie 3 172 € im Monat. Wie viel verdiente sie vor der Erhöhung?

Erhöhung ≙ 4 %
Verdienst vorher ≙ 100 %
Verdienst nachher ≙ 104 %

$$104\,\% \longrightarrow 3\,172\,€$$
$$1\,\% \longrightarrow \frac{3\,172\,€}{104}$$
$$100\,\% \longrightarrow \frac{3\,172\,€ \cdot 100}{104}$$
$$100\,\% \longrightarrow 3\,050\,€$$

Sie hat vorher 3 050 € verdient.

Ein Stuhl kostet im Geschäft 77,35 €. Berechne die Mehrwertsteuer (19 %).

77,35 €
≙ 119 %

65 €	12,35 €
≙ 100 %	≙ 19 %

$$119\,\% \longrightarrow 77{,}35\,€$$
$$1\,\% \longrightarrow \frac{77{,}35\,€}{119}$$
$$19\,\% \longrightarrow \frac{77{,}35\,€ \cdot 19}{119}$$
$$19\,\% \longrightarrow 12{,}35\,€$$

Die Mehrwertsteuer (19 %) beträgt 12,35 €.

WIEDERHOLUNG
Zinsrechnung

Zinsen gesucht

K = 4 500 €, p % = 4 %, Z = ■

100 % ⟶ 4 500 €

1 % ⟶ $\frac{4500\,€}{100}$ $\quad Z = \frac{K \cdot p}{100}$

4 % ⟶ $\frac{4500\,€ \cdot 4}{100}$ $\quad Z = \frac{4500\,€ \cdot 4}{100}$

4 % ⟶ 180 € $\quad$ Z = 180 €

Die Zinsen betragen 180 €.

Zinssatz gesucht

K = 4 000 €, Z = 180 €, p % = ■

4 000 € ⟶ 100 %

1 € ⟶ $\frac{100}{4000}$ % $\quad p\,\% = \frac{Z \cdot 100}{K}\,\%$

180 € ⟶ $\frac{100 \cdot 180\,€}{4000\,€}$ % $\quad p\,\% = \frac{180\,€ \cdot 100}{4000\,€}\,\%$

180 € ⟶ 4,5 % $\quad$ p % = 4,5 %

Der Zinssatz beträgt 4,5 %.

Kapital gesucht

Z = 540 €, p % = 3 %, K = ■

3 % ⟶ 540 €

1 % ⟶ $\frac{540\,€}{3}$ $\quad K = \frac{Z \cdot 100}{p}$

100 % ⟶ $\frac{540\,€ \cdot 100}{3}$ $\quad K = \frac{540\,€ \cdot 100}{3}$

100 % ⟶ 18 000 € $\quad$ K = 18 000 €

Das Kapital beträgt 18 000 €.

Tageszinsen

K = 3 500 €, p % = 12 %, n = 15, Z = ■

Zinsen für n Tage:

$Z = \frac{K \cdot p}{100} \cdot \frac{n}{360}$

$Z = \frac{3500\,€ \cdot 12}{100} \cdot \frac{15}{360}$

Z = 17,50 €

n gibt die Anzahl der Zinstage an. Ein Jahr hat 360 Zinstage.

Die Zinsen für 15 Tage betragen 17,50 €.

Zinseszinsen

K = 200 €, p % = 5 %

Kapital nach 1 Jahr: $K_1 = 200\,€ \cdot 1{,}05$

Kapital nach 2 Jahren: $K_2 = 200\,€ \cdot 1{,}05^2$

Kapital nach 3 Jahren: $K_3 = 200\,€ \cdot 1{,}05^3$

1 Berechne die Zinsen für ein Jahr. Runde auf zwei Stellen nach dem Komma.
a) 400 € (450 €; 1 100 €) zu 3,5 %
b) 720 € (86,50 €; 390 €) zu 4,5 %
c) 1 240 € (2 365 €; 745 €) zu 6,25 %
d) 268 € (346,20 €; 894,10 €) zu 3,2 %

2 Berechne den Zinssatz.

	a)	b)	c)	d)	e)
Kapital (€)	1 200	245	1 680	740	1 580
Zinsen (€)	48	7,35	100,80	37	50,56

	f)	g)	h)	i)	k)
Kapital (€)	280	650	2 170	235	45,80
Zinsen (€)	9,80	16,25	97,65	6,11	2,52

3 Berechne das Kapital.
a) 145 € (28 €; 7,56 €) Zinsen bei 4 %
b) 75 € (43,50 €; 7,74 €) Zinsen bei 3 %
c) 9,80 € (16,10 €; 7 €) Zinsen bei 3,5 %
d) 25,56 € (565,65 €) Zinsen bei 4,5 %

4 Finn hat 300 € auf einem Sparbuch angelegt. Er erhält nach einem Jahr 3 € Zinsen. Berechne den Zinssatz.

5 Frau Kempker erhält für ihr Guthaben 3 % Zinsen. Welches Kapital hat sie angelegt, wenn sie nach einem Jahr 375 € Zinsen bekommt?

6 Herr Dabisch hat 15 000 € zu einem Zinssatz von 2,5 % angelegt. Nach einem Jahr werden ihm die Zinsen gutgeschrieben. Welches Guthaben hat er jetzt auf seinem Konto?

7 Herr Vahle hat eine Hypothek von 60 000 Euro zu einem Zinssatz von 5,5 %. Wie viel Euro Zinsen muss er monatlich bezahlen?

8 Larissa leiht ihrer Freundin Lisa 30 €. Lisa gibt ihr das Geld erst nach 30 Tagen zurück. Wie viel Euro Zinsen müsste Lisa bei einem Zinssatz von 4 % bezahlen?

9 Frau Lamm überzieht 21 Tage lang ihr Konto um 3 200 Euro. Wie viel Euro Zinsen muss sie bei einem Zinssatz von 12,75 % dafür bezahlen?

10 Ein Kapital von 3 500 € wird zu einem Zinssatz von 3 % (4,5 %) fest angelegt. Berechne, auf welchen Wert das Kapital nach 3 (8; 10) Jahren angestiegen ist.

WIEDERHOLUNG
Terme

1 Fasse gleichartige Summanden (Terme) zusammen.

a) $2x - 8 + 7x + 3$
$4x + 14 + 3x + 16$
$43 + 3x - 30 + x$
$3x + 21 + 5x - 15$

b) $7x + 4 - 2x + 1$
$8x + 9 - 5x + 7$
$6x - 12 + 4x - 22$
$11x - 7 - 11 + x$

2 In den Term wird für die Variable jeweils eine Zahl eingesetzt. Bestimme den Wert des Terms.

Term	Einsetzung	Wert des Terms
$3x$	$x = 5$	15
$2a + 3$	$a = -1$	■
$-4y + 11$	$y = 3$	■
$z^2 - 3z$	$z = 6$	■

3 Multipliziere aus. Das Malzeichen vor und hinter einer Klammer darfst du weglassen.

a) $4 \cdot (a + b)$
$6 \cdot (x + y)$
$13 \cdot (c - d)$
$19 \cdot (x - y)$

b) $y(9 - z)$
$z(4 + q)$
$5(4 - r)$
$7(x - 9)$

c) $6(x - y + z)$
$5(n - 11 + p)$
$-2(x + y + 7)$
$-4(a - b - 8)$

4 Wandle um in eine Summe.

a) $b(2a + 4c)$
$-x(3b + x)$
$-y(z + 3x)$

b) $3x(b + 11y)$
$-2b(4 + 2d)$
$-3a(2b - 3x)$

c) $4(3x + 2y - z)$
$-7(2r - 3p + q)$
$(4y - z + 5) \cdot 6$

5 Verwandle in ein Produkt, indem du ausklammerst.

a) $7a + 7c$
$11r + 11p$
$19x - 19y$
$1{,}5s + 1{,}5t$

b) $-12q + 12r$
$-17a - 17c$
$-0{,}2p - 0{,}2q$
$-1{,}4x + 1{,}4y$

c) $8a + 12b$
$12b - 8c$
$63a - 27b$
$16m + 20n$

6 Multipliziere aus und fasse zusammen.

a) $(x - 3)(x + 4)$
$(3 - a)(a + 7)$
$(z - 7)(z - 4)$

b) $(2a + 3)(3a - 6)$
$(3c - 4d)(5c + 2d)$
$(7q + 11)(5 - 9q)$

7 Multipliziere aus, indem du die binomischen Formeln anwendest.

a) $(a + d)^2$
$(n + p)^2$
$(q - z)^2$
$(x - v)^2$

b) $(c - d)(c + d)$
$(u + w)(u - w)$
$(2x - y)(2x + y)$
$(v - 7w)(v + 7w)$

c) $(n + 4m)^2$
$(3x + y)^2$
$(4a - b)^2$
$(a - 7b)^2$

d) $(x + 5)^2$
$(x + 8)^2$
$(x + 11)^2$
$(x + 1{,}5)^2$

e) $(x - 6)^2$
$(x - 9)^2$
$(x - 14)^2$
$(x - 5{,}5)^2$

f) $(2x + 3)^2$
$(3x - 10)^2$
$(4x + 5)^2$
$(1{,}5x - 7)^2$

Zahlen und Variablen sind Terme. Summen, Differenzen, Produkte, Quotienten von Termen sind auch Terme.

$a \qquad 2x - 4 \qquad 45 \qquad b^2 \qquad 2a + 2$

Wenn du bei einem Term für die Variable eine Zahl einsetzt, erhältst du den Wert des Terms.

Term: $3x + 1$

Wert des Terms für $x = 5$:
$3 \cdot 5 + 1 = 16$

Gleichartige Summanden (Terme) kannst du zusammenfassen.

$5x + 3y - 2x - 5 + y$
$= 5x - 2x + 3y + y - 5$
$= 3x + 4y - 5$

Einen Term kannst du mit einer **Summe multiplizieren,** indem du **jeden Summanden mit dem Term** multiplizierst.

$5 \cdot (a + b) = 5a + 5b$
$a \cdot (b - 8) = ab - 8a$
$3 \cdot (x + 4) = 3 \cdot x + 3 \cdot 4 = 3x + 12$

$\mathbf{a \cdot (b + c) = ab + ac}$

Eine Summe wird mit **einer Summe multipliziert,** indem **jeder Summand der ersten Summe** mit **jedem Summanden der zweiten Summe** multipliziert wird.

$\mathbf{(a + b)(c + d) = ac + ad + bc + bd}$
$\mathbf{(a + b)(c - d) = ac - ad + bc - bd}$

Binomische Formeln

1. binomische Formel
$(a + b)^2 = a^2 + 2ab + b^2$

2. binomische Formel
$(a - b)^2 = a^2 - 2ab + b^2$

3. binomische Formel
$(a + b)(a - b) = a^2 - b^2$

WIEDERHOLUNG
Gleichungen

Die Lösung einer Gleichung ändert sich nicht, wenn du auf beiden Seiten dieselbe Zahl (denselben Term) addierst oder auf beiden Seiten dieselbe Zahl (denselben Term) subtrahierst.

$3x + 4 = 2x - 5 \quad | -2x$
$x + 4 = -5 \quad | -4$
$x = -9$

Die Lösung einer Gleichung ändert sich nicht, wenn du beide Seiten mit derselben Zahl (ungleich Null) multiplizierst oder beide Seiten durch dieselbe Zahl (ungleich Null) dividierst.

$\frac{2}{3}x = 5 \quad |:\frac{2}{3}$
$x = \frac{5 \cdot 3}{2}$
$x = 7{,}5$

Gleichungen mit Klammern

$3(x + 1) + 2x = 18$
$3x + 3 + 2x = 18$
$5x + 3 = 18 \quad | -3$
$5x = 15 \quad |:5$
$x = 3$

Gleichungen mit Brüchen

$\frac{x}{4} = \frac{3}{5} \quad | \cdot 4$
$x = \frac{3 \cdot 4}{5}$
$x = \frac{12}{5} = 2{,}4$

Eine Seite eines Rechtecks ist 9 cm länger als die andere. Der Umfang beträgt 42 cm.

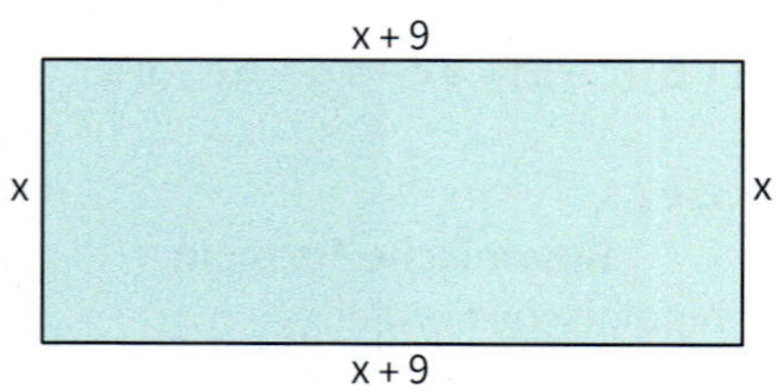

$x + x + x + 9 + x + 9 = 42$
$x = 6$

Die kürzere Seite des Rechtecks ist 6 cm lang. Die längere Seite ist 15 cm lang.

1 Bestimme jeweils die Lösung.

a) $x - 7 = 23$; $x - 11 = 13$; $34 = x - 22$
b) $x + 3 = 12$; $x + 7 = 4$; $13 = x - 14$
c) $3x = 2x + 5$; $6x = 5x - 11$; $-8x = 9x + 8$
d) $6x = 144$; $13x = 143$; $0{,}4x = 20$
e) $-3x = -102$; $-12x = 96$; $-1{,}4x = -70$
f) $\frac{1}{3}x = 19$; $-\frac{1}{4}x = -15$; $32 = \frac{1}{5}x$

2 Löse die Gleichung.

a) $8x + 4 = 5x + 16$; $9x + 3 = 2x + 24$; $4x + 7 = 2x + 25$
b) $4x - 11 = 37 - 8x$; $8x - 12 = 18 - 7x$; $7x - 25 = 55 - 3x$
c) $17x - 41 = 2x - 11$; $-3x + 7 = -7x + 15$; $13x + 34 = 6x - 15$
d) $15 - 6x = 27 - 8x$; $66 - 9x = 78 - 15x$; $11x + 17 = 15x + 29$

3 Fasse gleichartige Summanden zusammen und bestimme die Lösung.

a) $4x - 16 + 14x + 6 = 62$; $8x + 28 + 6x + 32 = 102$; $86 + 6x - 60 + 2x = 50$; $6x + 42 + 10x - 30 = 44$
b) $14x + 8 - 4x + 2 = 0$; $16x + 18 - 10x + 14 = 80$; $3x - 6 + 2x - 11 = 2$; $11x - 18 + 2x - x = 42$

4 Bestimme x.

a) $6(x + 4) = 4x - 14$; $7(2x + 3) = 9x - 4$; $6x - 14 = 7(3x + 8)$; $-7x - 27 = -5(3x - 1)$
b) $5(x - 3) = 3(x + 7)$; $6(x - 7) = 9(x - 5)$; $-2(x + 6) = 4(x + 8)$; $-(3x - 6) = -7(x - 2)$

5 Löse die Gleichung.

a) $\frac{x}{3} = 17$; $\frac{x}{3} = 24$
b) $\frac{x}{10} = \frac{3}{4}$; $\frac{x}{20} = \frac{6}{5}$
c) $\frac{7}{5} = \frac{x}{50}$; $\frac{5}{4} = \frac{x}{8}$
d) $\frac{x-3}{4} = \frac{4}{5}$; $\frac{7}{8} = \frac{x+2}{28}$

6 Die Schenkel eines gleichschenkligen Dreiecks ABC sind 6 cm länger als die Grundseite. Der Umfang des Dreiecks beträgt 60 cm. Wie lang ist die Grundseite, wie lang sind die Schenkel des Dreiecks?

7 Eine Seite eines Rechtecks ist 7,5 cm kürzer als die benachbarte Seite. Das Rechteck hat einen Umfang von 74,2 cm. Wie lang sind die Seiten des Rechtecks?

8 Der Großvater möchte 60 € so auf seine drei Enkel verteilen, dass Celine ein Viertel, Emily ein Drittel und Ben den Rest bekommt. Wie viel Euro erhält jeder?

9 Das Fünffache einer Zahl vermindert um 70 ist gleich dem Dreifachen der Zahl vermehrt um 10.

WIEDERHOLUNG
Ebene Figuren

1 Berechne die fehlenden Werte des Rechtecks.

	a)	b)	c)	d)
a	7 cm	3,40 m	15 cm	8 cm
b	7 cm	1,85 m	■	■
u	■	■	■	50 cm
A	■	■	315 cm²	■

2 Berechne den Umfang eines Quadrats, das einen Flächeninhalt von 156,25 m² hat.

3 Berechne den Umfang und den Flächeninhalt der Figur. Entnimm die Längen der Zeichnung.

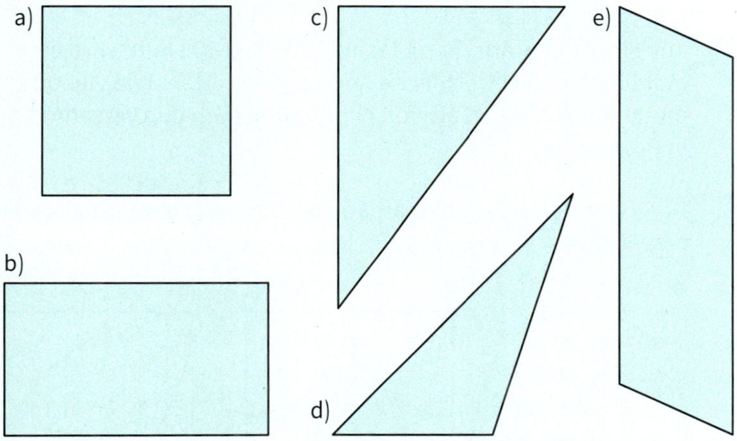

4 Ein 50 m langes und 20 m breites Grundstück wird durch einen Weg in zwei Hälften geteilt. Berechne den Flächeninhalt der Rasenfläche.

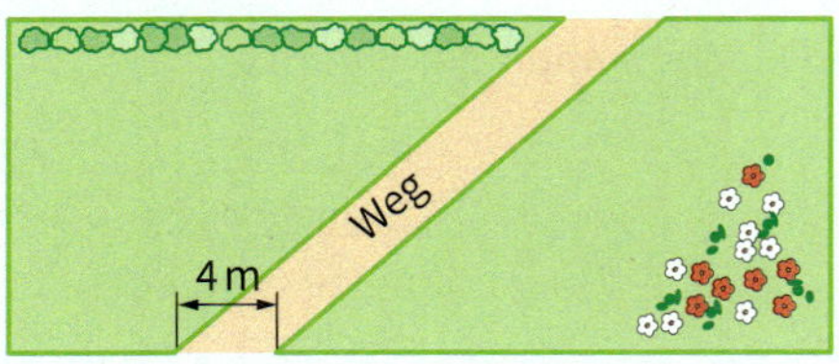

5 Berechne den Flächeninhalt der Figur.

a)

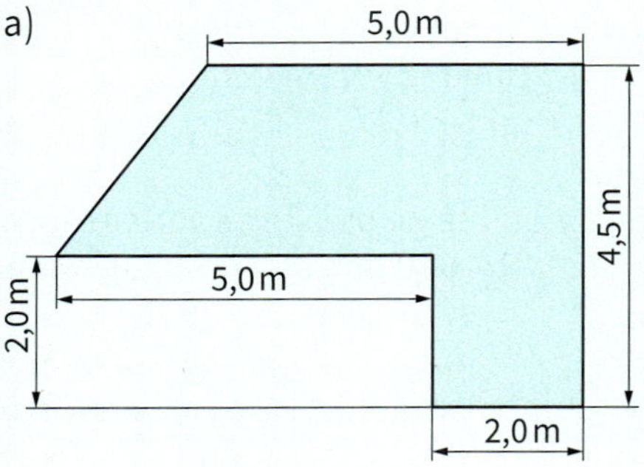

b)

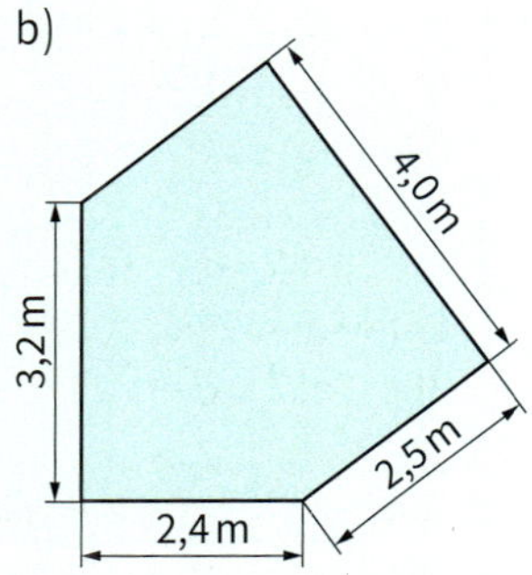

Quadrat

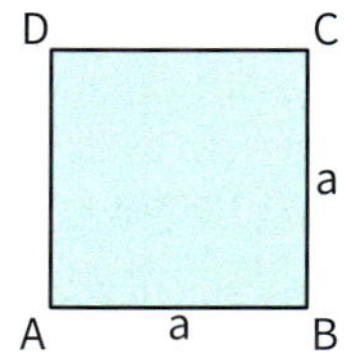

$A = a^2$

$u = 4a$

Rechteck

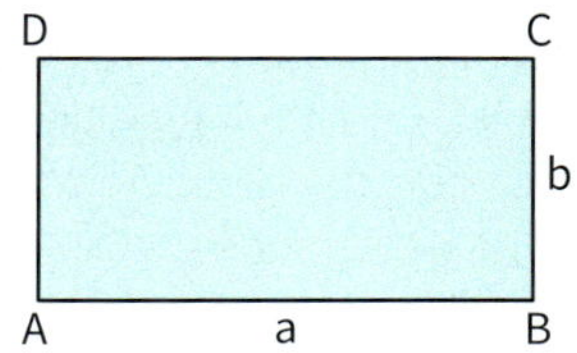

$A = a \cdot b$

$u = 2a + 2b$

Parallelogramm

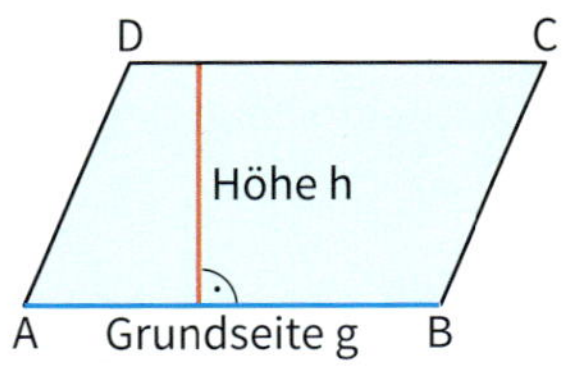

$A = g \cdot h$

Dreieck

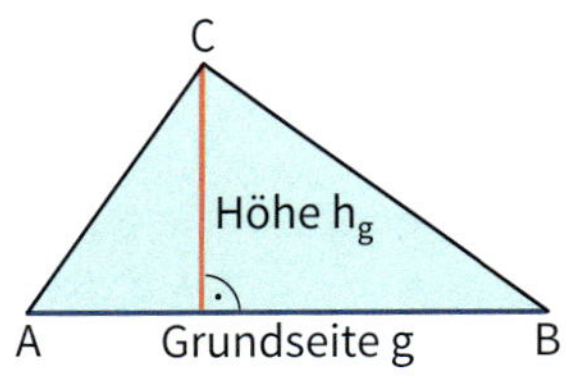

$A = \frac{g \cdot h_g}{2}$

$A = \frac{1}{2} \cdot g \cdot h_g$

Trapez

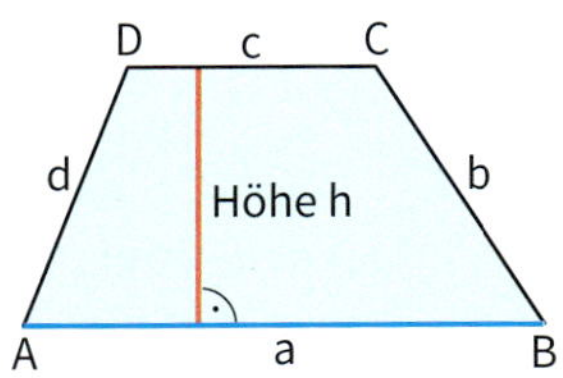

$A = \frac{(a + c) \cdot h}{2}$

$A = \frac{1}{2} \cdot (a + c) \cdot h$

WIEDERHOLUNG
Ebene Figuren

Kreis

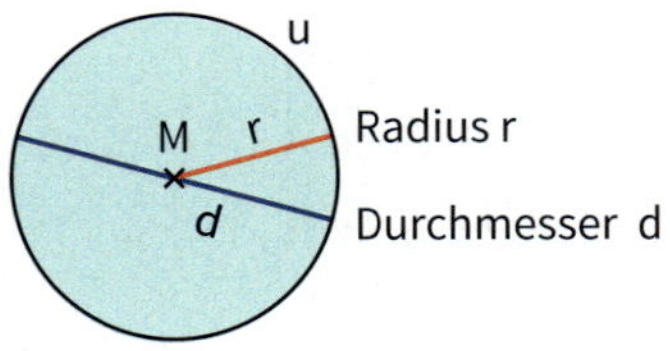

$d = 2r$

Umfang: $u = \pi \cdot d$
$u = 2 \cdot \pi \cdot r$

Flächeninhalt: $A = \pi \cdot r^2$
$A = \pi \cdot \left(\frac{d}{2}\right)^2$

Gegeben: $A = 480\,cm^2$
Gesucht: r

$$A = \pi \cdot r^2 \quad | : \pi$$
$$\frac{A}{\pi} = r^2$$
$$r = \sqrt{\frac{A}{\pi}}$$
$$r = \sqrt{\frac{480}{\pi}}\,cm$$
$$r \approx 12{,}4\,cm$$

Der Radius beträgt ungefähr 12,4 cm.

Kreisring

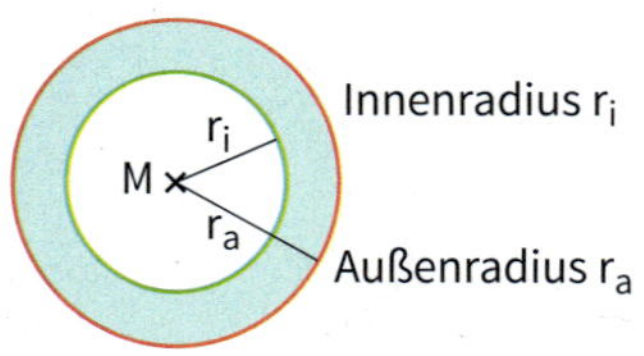

$r_i < r_a$

Flächeninhalt: $A = \pi \cdot r_a^2 - \pi \cdot r_i^2$
$A = \pi \cdot (r_a^2 - r_i^2)$

Kreissektor und Kreisbogen

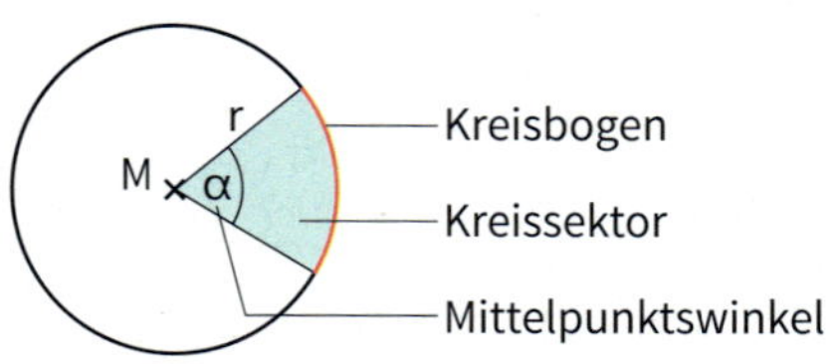

Flächeninhalt eines Kreissektors:
$$A_s = \frac{\pi \cdot r^2}{360°} \cdot \alpha$$

Länge eines Kreisbogens:
$$b = \frac{\pi \cdot r}{180°} \cdot \alpha$$

6 Berechne die fehlenden Größen (r, d, u, A) eines Kreises.
Runde sinnvoll.
a) r = 12,4 cm b) d = 6,82 m c) u = 53,2 cm d) $A = 164\,m^2$

7 a) Die Räder eines Fahrrades haben jeweils einen Außendurchmesser von 650 mm. Bestimme die Länge der Strecke (in km), die das Fahrrad bei 10 000 Umdrehungen eines Rades zurücklegt.
b) Laura legt während einer Fahrradtour eine Strecke von 24 km zurück.
Wie viele Umdrehungen macht dabei jedes Rad (Außendurchmesser eines Rades: 716 mm)?

8 Der Flächeninhalt eines Kreises beträgt $128\,cm^2$.
Berechne seinen Umfang.

9 Aus einer quadratischen Blechplatte (a = 1 600 mm) wird eine möglichst große Kreisfläche herausgeschnitten. Wie viel Quadratmeter Blech bleiben als Verschnitt übrig? Gib den Verschnitt auch in Prozent an.

10 Berechne den Flächeninhalt und den Umfang der farbig markierten Flächen.

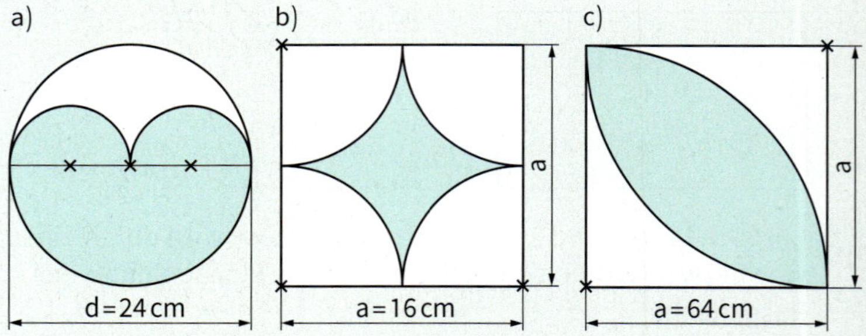

11 Berechne den Flächeninhalt der Figur.

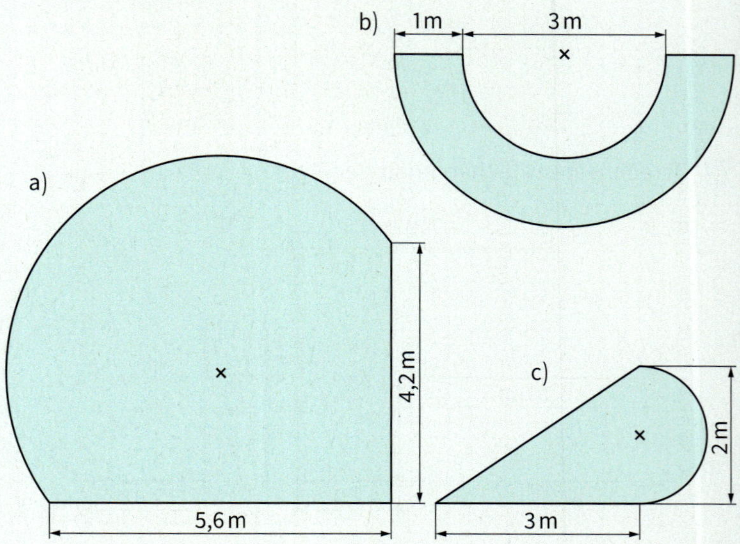

1 Berechne die fehlende Seitenlänge in einem rechtwinkligen Dreieck ABC. Überlege zunächst, welche Seite des Dreiecks die Hypotenuse ist.

a) $a = 12\,cm;\ b = 16\,cm;\ \gamma = 90°$
b) $a = 40\,m;\ c = 96\,m;\ \beta = 90°$
c) $b = 3{,}5\,dm;\ c = 8{,}4\,dm;\ \alpha = 90°$
d) $a = 153\,m;\ b = 72\,m;\ \alpha = 90°$
e) $a = 16{,}8\,cm;\ c = 18{,}2\,cm;\ \gamma = 90°$
f) $b = 10{,}4\,m;\ c = 9{,}6\,m;\ \beta = 90°$
g) $b = 7{,}0\,m;\ c = 16{,}8\,m;\ \alpha = 90°$
h) $b = 25{,}5\,m;\ a = 22{,}5\,m;\ \beta = 90°$

2 Berechne die fehlenden Größen in einem gleichschenkligen Dreieck ABC.

a) $c = 12\,cm;\ h_c = 14\,cm$
b) $a = 29{,}6\,m;\ c = 49{,}2\,m$

3 Berechne Umfang und Flächeninhalt des gleichschenkligen Trapezes ABCD.

a) b=d

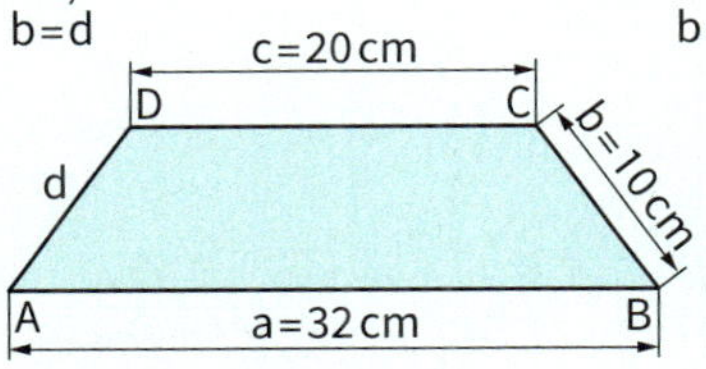

b) b=d

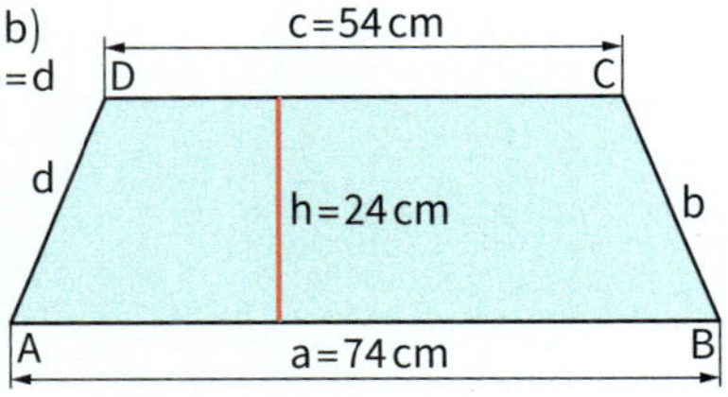

4 Berechne die fehlenden Größen (a, h, A) in einem gleichseitigen Dreieck ABC.

a) $a = 32\,cm$
b) $h = 8\,m$
c) $A = 72\,cm^2$

5 Die Fläche eines Satteldaches soll neu eingedeckt werden. Für wie viel Quadratmeter Dachfläche müssen Dachpfannen bestellt werden?

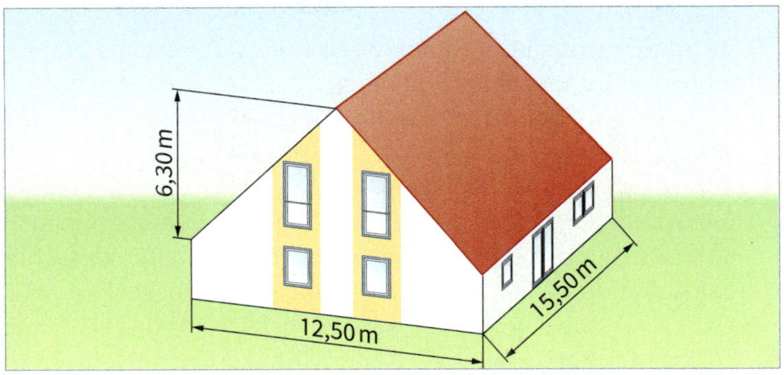

6 Berechne die fehlenden Größen (a, b, c, p, q, h_c) in einem rechtwinkligen Dreieck ABC ($\gamma = 90°$).

a) $a = 16\,cm;\ c = 24\,cm$
b) $a = 12\,dm;\ b = 22\,dm$
c) $c = 170\,cm;\ p = 70\,cm$
d) $c = 12{,}4\,m;\ q = 2{,}4\,m$
e) $a = 5\,cm;\ h_c = 7\,cm$
f) $p = 36\,cm;\ h_c = 52\,cm$
g) $a = 30\,m;\ p = 18\,m$
h) $p = 13\,cm;\ q = 9\,cm$

In einem rechtwinkligen Dreieck heißen die Schenkel des rechten Winkels Katheten. Die dritte Seite heißt Hypotenuse; sie liegt dem rechten Winkel gegenüber.

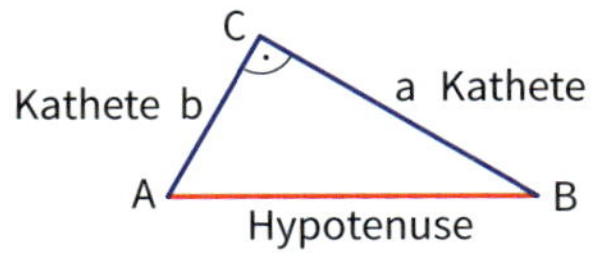

Satz des Pythagoras

In jedem rechtwinkligen Dreieck haben die beiden Kathetenquadrate zusammen den gleichen Flächeninhalt wie das Hypotenusenquadrat.

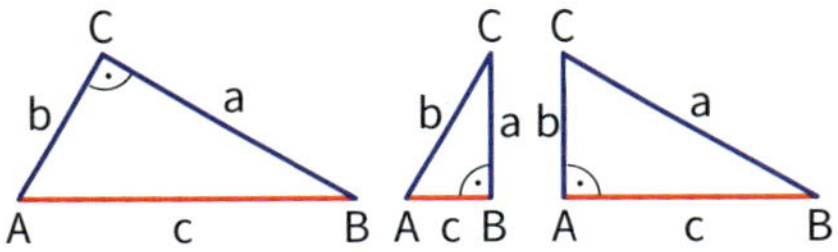

$a^2 + b^2 = c^2$ $\quad a^2 + c^2 = b^2$ $\quad b^2 + c^2 = a^2$

Gegeben: $a = 26\,cm,\ b = 14\,cm,\ \gamma = 90°$
Gesucht: c (Hypotenuse)

$$c^2 = a^2 + b^2$$
$$c = \sqrt{a^2 + b^2}$$
$$c = \sqrt{26^2 + 14^2}\ cm$$
$$c \approx 30\ cm$$

Die Hypotenuse c ist ungefähr 30 cm lang.

Gegeben: $b = 12\,cm,\ c = 4\,cm,\ \beta = 90°$
Gesucht: a (Kathete)

$$b^2 = a^2 + c^2 \qquad | - c^2$$
$$b^2 - c^2 = a^2$$
$$a = \sqrt{b^2 - c^2}$$
$$a = \sqrt{12^2 - 4^2}\ cm$$
$$a \approx 11\ cm$$

Die Kathete a ist ungefähr 11 cm lang.

Kathetensatz und Höhensatz

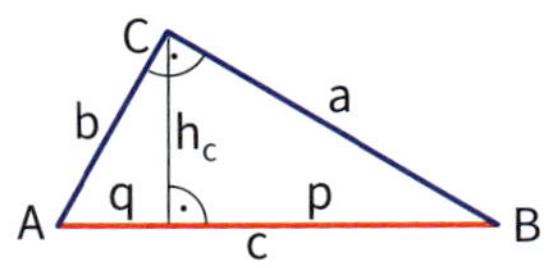

Kathetensatz: $a^2 = c \cdot p$
$b^2 = c \cdot q$

Höhensatz: $h_c^2 = p \cdot q$

WIEDERHOLUNG
Prismen

Würfel

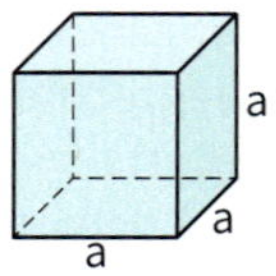

$V = a \cdot a \cdot a = a^3$ $\quad A_O = 6\,a^2$

Quader

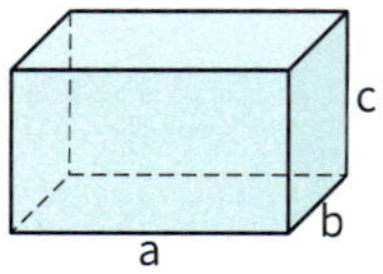

$V = a \cdot b \cdot c$

$A_O = 2 \cdot a \cdot b + 2 \cdot b \cdot c + 2 \cdot a \cdot c$

Prisma

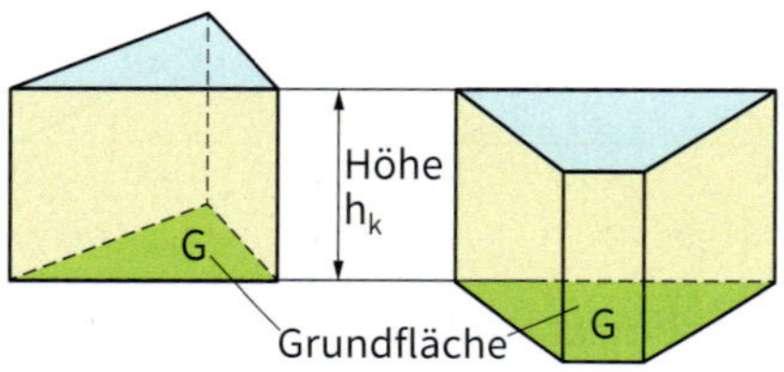

Volumen: $V = A_G \cdot h_k$

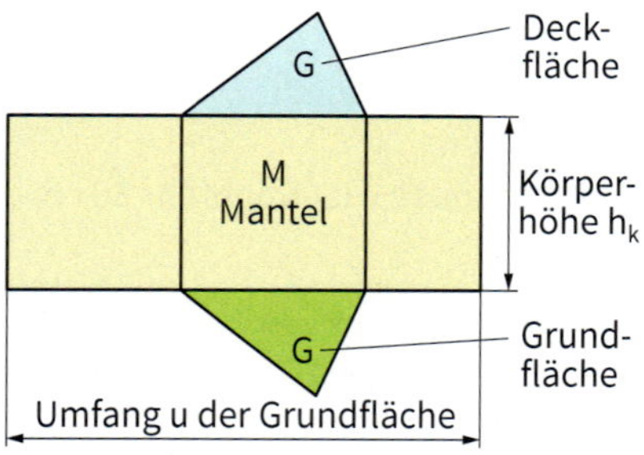

Flächeninhalt des Mantels:
$A_M = u \cdot h_k$

Oberflächeninhalt des Prismas:
$A_O = 2 \cdot A_G + A_M$

Aufriss und Grundriss

Geometrische Körper können in unterschiedlichen Ansichten gezeichnet werden. Die Ansicht von **oben** nennt man **Grundriss**. Die Ansicht von **vorne** heißt **Aufriss**.

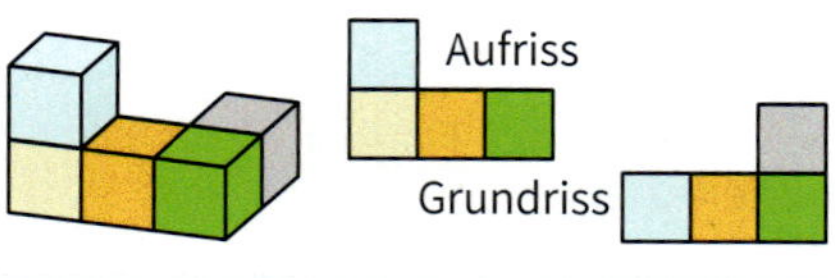

1 Berechne das Volumen und den Oberflächeninhalt eines Würfels mit der Kantenlänge 2,5 m (4,8 dm; 12,6 cm).

2 Ein Würfel hat einen Oberflächeninhalt von 37,5 dm^2 (1 176 cm^2; 34,56 mm^2). Gib die Kantenlänge an.

3 Zeichne das Netz des Quaders. Berechne das Volumen und den Oberflächeninhalt.

a)

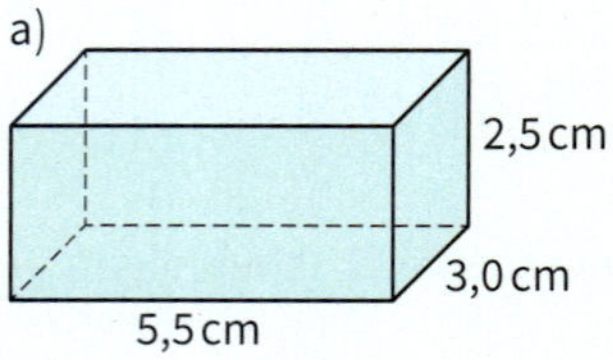

b)

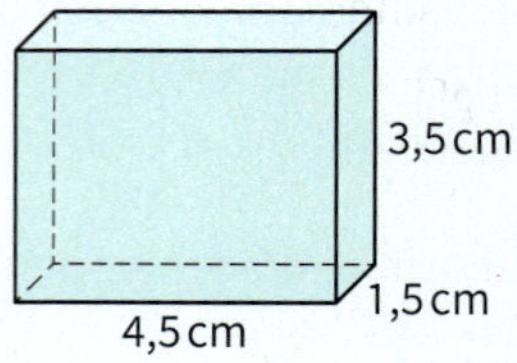

4 Bestimme das Volumen und den Oberflächeninhalt des Prismas.

a)

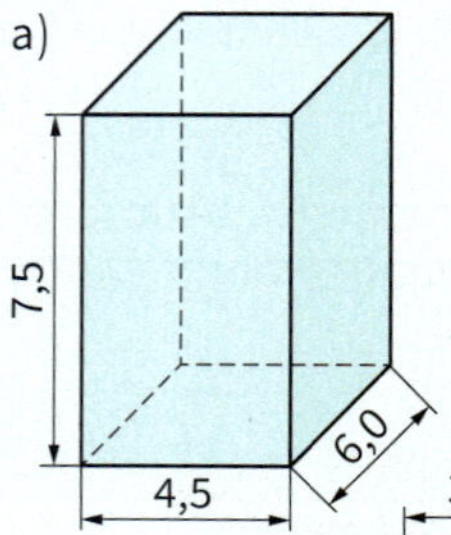

b)

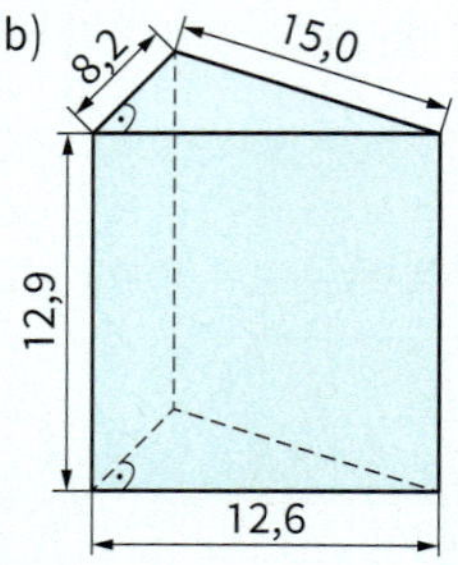

Maße in cm

c)

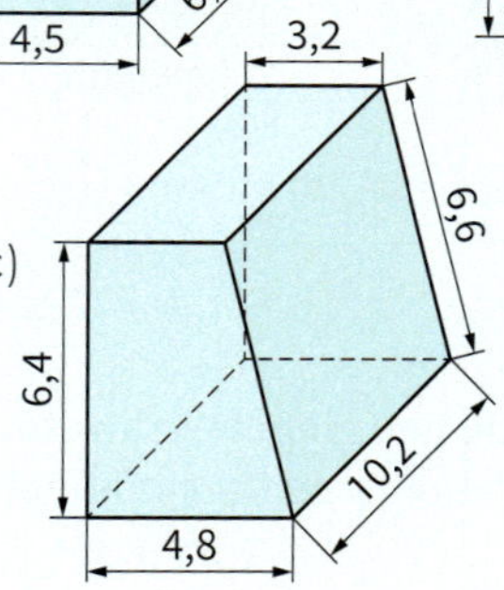

d)

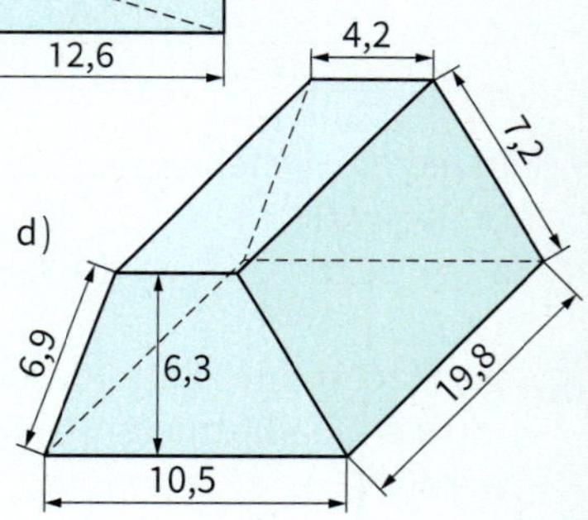

5 Richard möchte das Kantenmodell eines Quaders aus Draht löten. Der Quader soll 4,5 cm lang, 3 cm breit und 2 cm hoch werden. Wie viel Zentimeter Draht braucht er mindestens für sein Modell?

6 Die Grundfläche eines quaderförmigen Aquariums ist innen 60 cm lang und 40 cm breit. Yasmin gießt zwölf Liter Wasser in das Aquarium. Wie hoch steht das Wasser im Becken?

7 Zeichne Grundriss und Aufriss des Würfelkörpers in dein Heft. Denke daran, die Flächen farbig zu gestalten.

a)

b)

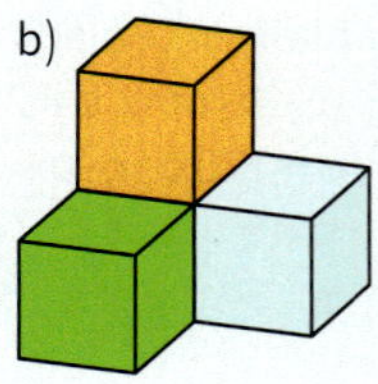

WIEDERHOLUNG
Zylinder

1 Berechne das Volumen und den Oberflächeninhalt eines Zylinders.
a) $r = 7{,}5\,cm$; $h_k = 24{,}8\,cm$ b) $r = 0{,}75\,cm$; $h_k = 4{,}80\,m$

2 Eine zylinderförmige Plakatsäule hat einen Durchmesser von 1,20 m. Die Höhe der zum Bekleben vorgesehenen Fläche beträgt 2,60 m. Wie groß ist diese Fläche?

3 Berechne die Masse des abgebildeten Körpers.

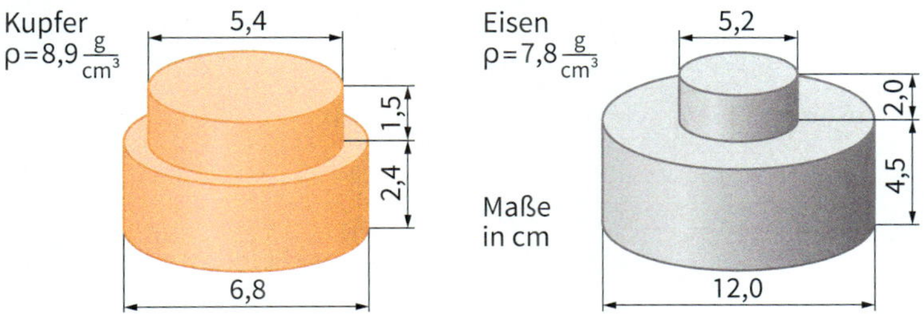

4 a) Ein neuer zylinderförmiger Gasbehälter soll ein Fassungsvermögen von $10\,857{,}60\,m^3$ erhalten. An seinem zukünftigen Standort steht eine $452{,}40\,m^2$ große Grundfläche zur Verfügung.
Berechne Radius und Höhe des Behälters.
b) Der Umfang eines zylinderförmigen Klärschlammbehälters beträgt 57,80 m. Der Behälter kann $1\,329{,}50\,m^3$ Klärschlamm aufnehmen.
Berechne seine Höhe.

5 Ein 3 m hoher zylindrischer Behälter enthält $24\,m^3$ Wasser. Er ist dabei nur zu drei Viertel gefüllt.
Wie groß ist der Innendurchmesser des Behälters?

6 a) Ein Stahlrohr mit einem Außendurchmesser von 500 mm und einer Wandstärke von 10 mm ist 5 000 mm lang. Berechne die Masse des Rohres in Kilogramm (Stahl: $\rho = 7{,}85\,\frac{g}{cm^3}$).
b) Das Rohr soll außen mit einer Kunststoffumhüllung versehen werden. Wie groß ist die Fläche, die beschichtet werden muss?

7 Wie viel Liter Wasser passen ungefähr in das Schwimmbecken?

Volumen

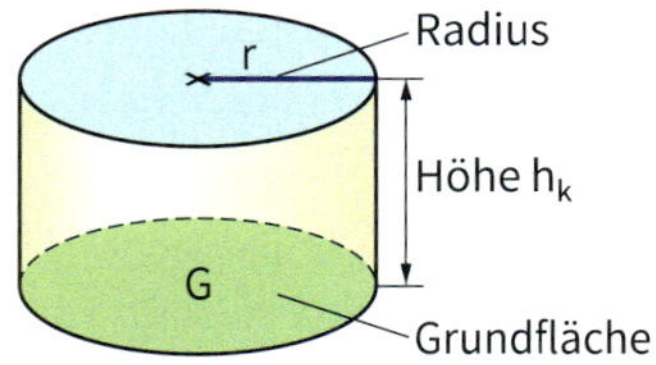

$$V = A_G \cdot h_k$$
$$V = \pi \cdot r^2 \cdot h_k$$

Gegeben: $V = 1\,131\,cm^3$; $h_k = 10\,cm$
Gesucht: r

$$V = \pi \cdot r^2 \cdot h_k \qquad | :(\pi \cdot h_k)$$
$$\frac{V}{\pi \cdot h_k} = r^2$$
$$r = \sqrt{\frac{V}{\pi \cdot h_k}}$$
$$r = \sqrt{\frac{1\,131}{\pi \cdot 10}}\,cm$$
$$r \approx 6{,}0\,cm$$

Der Radius beträgt ungefähr 6 cm.

Mantel- und Oberflächeninhalt

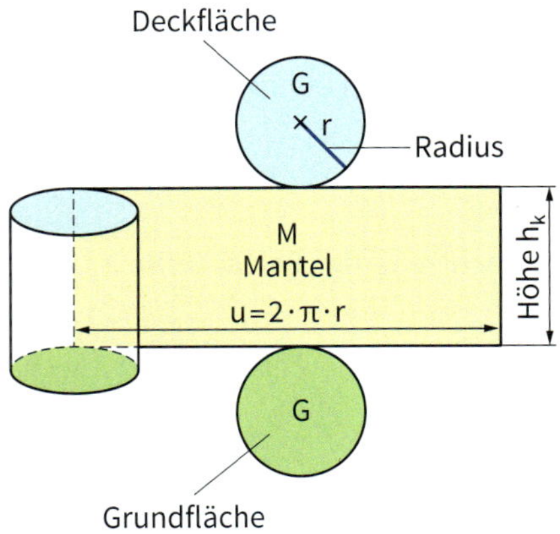

Flächeninhalt des Mantels:
$$A_M = u \cdot h_k$$
$$A_M = 2 \cdot \pi \cdot r \cdot h_k$$

Oberflächeninhalt:
$$A_O = 2 \cdot A_G + A_M$$
$$A_O = 2 \cdot \pi \cdot r^2 + 2 \cdot \pi \cdot r \cdot h_k$$
$$A_O = 2 \cdot \pi \cdot r \cdot (r + h_k)$$

WIEDERHOLUNG
Pyramide

Pyramide

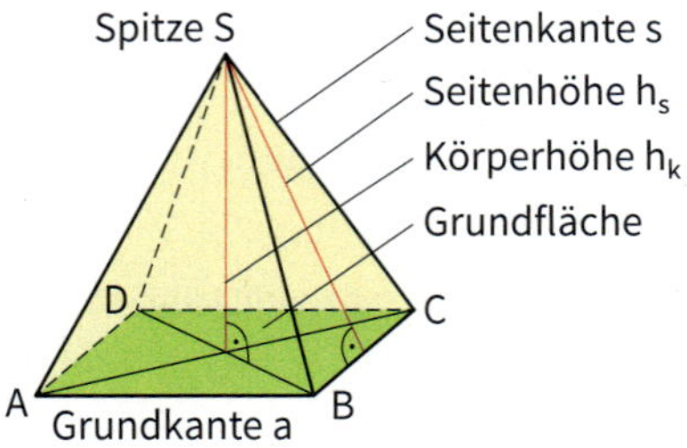

Volumen der Pyramide:
$\mathbf{V = \frac{1}{3} \cdot A_G \cdot h_k}$

Oberflächeninhalt der Pyramide:
$\mathbf{A_O = A_G + A_M}$

Quadratische Pyramide
Gegeben: $V = 960\,cm^3$; $h_k = 20\,cm$
Gesucht: a

$$V = \frac{1}{3} \cdot A_G \cdot h_k$$
$$V = \frac{1}{3} \cdot a^2 \cdot h_k \qquad | \cdot 3 \mid : h_k$$
$$a^2 = \frac{3 \cdot V}{h_k}$$
$$a = \sqrt{\frac{3 \cdot V}{h_k}}$$
$$a = \sqrt{\frac{3 \cdot 960}{20}}\,cm$$
$$a = 12\,cm$$

Die Länge der Grundkante a beträgt 12 cm.

Berechnung der Seitenhöhe h_a

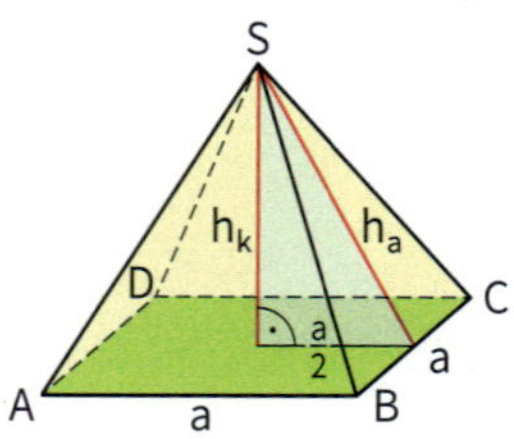

Gegeben: $a = 10\,m$, $h_k = 6\,m$

$h_a^2 = h_k^2 + \left(\frac{a}{2}\right)^2$

$h_a = \sqrt{6^2 + 5^2}\,m$

$h_a \approx 7{,}81\,m$

Die Länge der Seitenhöhe beträgt ungefähr 7,81 m.

1 Ein pyramidenförmiges Turmdach soll neu eingedeckt werden. Es hat als Grundfläche ein Quadrat mit der Seitenlänge 5 m. Die Seitenhöhe einer dreieckigen Dachfläche beträgt 5,30 m. Für einen Quadratmeter werden 16 Ziegel benötigt. Wie viele Ziegel müssen für die gesamte Dachfläche eingekauft werden?

2 Berechne die fehlenden Größen einer quadratischen Pyramide.

	a)	b)	c)	d)
Grundkante a	5,6 cm	2,6 dm	■	2,4 m
Körperhöhe h_k	6,3 cm	4,1 dm	4,4 cm	■
Seitenhöhe h_s	6,9 cm	4,3 dm	4,7 cm	3,7 m
Oberflächeninhalt	■	■	■	■
Volumen	■	■	$16{,}0\,cm^3$	$6{,}72\,m^3$

3 Berechne den Oberflächeninhalt einer rechteckigen Pyramide. Bestimme mithilfe des Satzes von Pythagoras zunächst die Größe der Seitenhöhe h_a bzw. h_b.

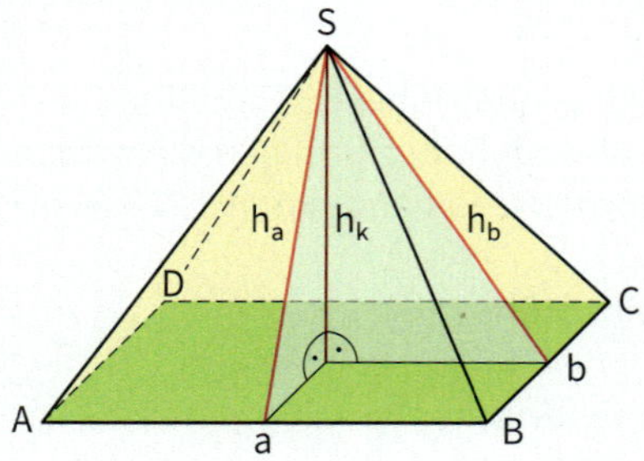

a) $a = 26\,dm$; $b = 92\,dm$; $h_k = 110\,dm$
b) $a = 17{,}4\,m$; $b = 10{,}6\,m$; $h_k = 7{,}5\,m$

4 Die große Glaspyramide am Louvre in Paris hat eine Höhe von ungefähr 22 m und eine Seitenlänge von 35 m. Wie viel Quadratmeter Glas wurden für die äußere Hülle verbaut? Mache eine Überschlagsrechnung.

WIEDERHOLUNG
Kegel und Kugel

1 Berechne das Volumen und den Oberflächeninhalt des Kegels.

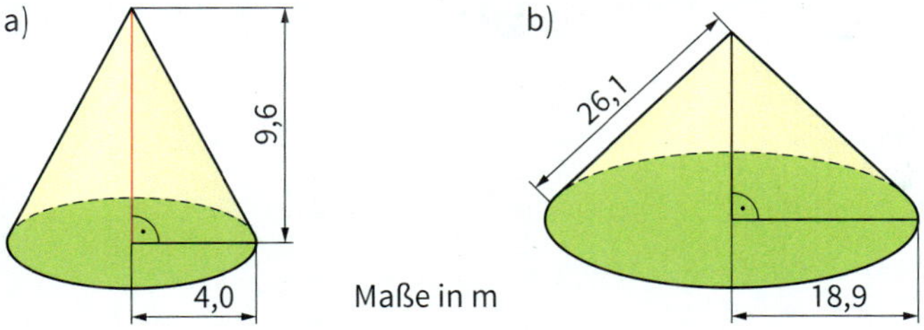

2 Ein Kegel ist 1,5 m hoch. Sein Umfang beträgt 3,14 m. Berechne das Volumen des Kegels.

3 Berechne die Masse des abgebildeten Werkstücks.

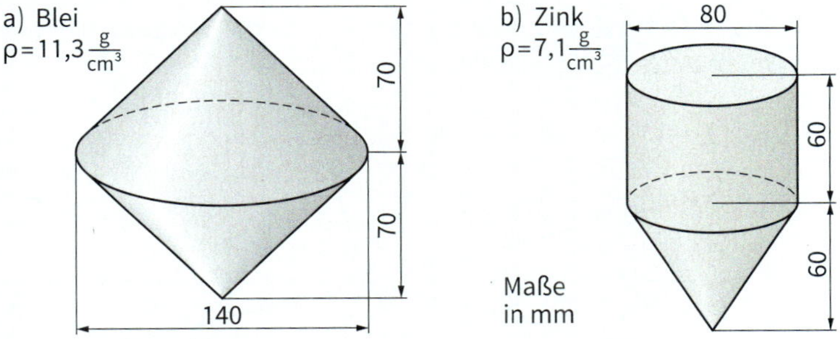

4 Berechne Volumen und Oberflächeninhalt der Kugel.
a) d = 3 m b) d = 1,5 cm

5 a) Eine Kugel hat einen Radius von 5 cm. Berechne ihr Volumen und ihren Oberflächeninhalt.
b) Berechne das Volumen einer Kugel mit dem Oberflächeninhalt $4\,m^2$.

6 Eine Bleikugel mit einem Durchmesser von 20 cm wird eingeschmolzen. Wie viele kleine Kugeln mit einem Durchmesser von 2 cm lassen sich aus der Schmelzmasse herstellen?

7 Wie verändert sich das Volumen einer Kugel, wenn ihr Durchmesser sich verdoppelt (verdreifacht)?

8 Schätze das Volumen des Fesselballons.

Kegel

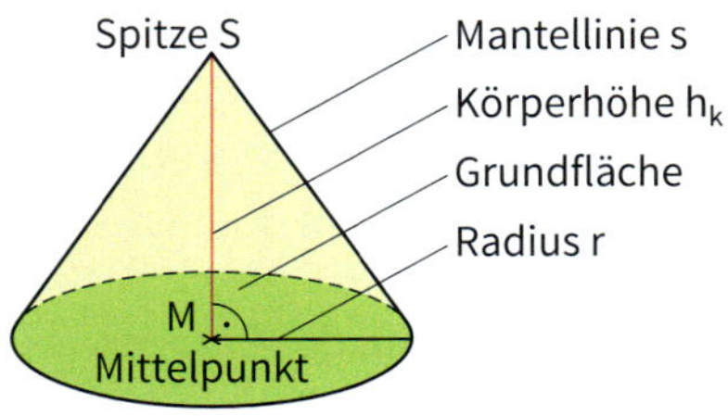

Volumen:
$V = \frac{1}{3} \cdot A_G \cdot h_k = \frac{1}{3} \cdot \pi \cdot r^2 \cdot h_k$

Flächeninhalt des Mantels:
$A_M = \pi \cdot r \cdot s$

Oberflächeninhalt des Kegels:
$A_O = A_G + A_M$
$A_O = \pi \cdot r^2 + \pi \cdot r \cdot s$

Kugel

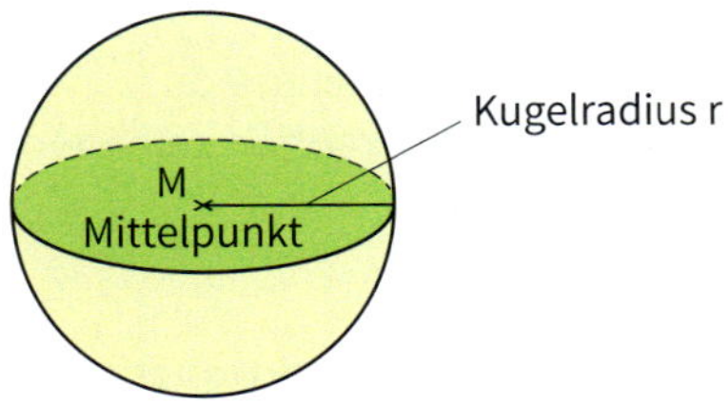

Volumen:
$V = \frac{4}{3} \cdot \pi \cdot r^3$

Oberflächeninhalt:
$A_O = 4 \cdot \pi \cdot r^2$

Gegeben: $V = 2\,000\,cm^3$
Gesucht: r

$$V = \frac{4}{3} \cdot \pi \cdot r^3 \quad \Big| : \frac{4}{3}$$
$$\frac{3 \cdot V}{4} = \pi \cdot r^3 \quad | : \pi$$
$$r = \sqrt[3]{\frac{3 \cdot V}{4 \cdot \pi}}$$
$$r = \sqrt[3]{\frac{3 \cdot 2\,000}{4 \cdot \pi}}\,cm$$
$$r \approx 7{,}8\,cm$$

Der Radius beträgt ungefähr 7,8 cm.

WIEDERHOLUNG
Lineare Funktionen

Lineare Funktionen

Funktionen mit der **Funktionsgleichung y = m x** sind besondere lineare Funktionen. Die **Funktionsgraphen** sind **Geraden** durch den **Ursprung.**
m gibt die **Steigung** der Geraden an.

Funktionsgleichung: $y = 2x$

Steigung: $m = 2$

Wertetabelle

x	−2	−1	0	1	2
y	−4	−2	0	2	4

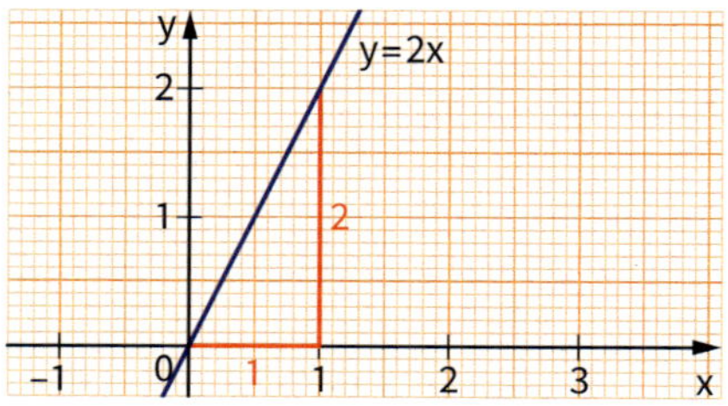

Überlege, wie viele Punkte du brauchst, um den Graphen zeichnen zu können.

Funktionen mit der **Funktionsgleichung y = m x + n** heißen **lineare Funktionen.** Ihre **Funktionsgraphen** sind **Geraden.**
m gibt die **Steigung** der Geraden und **n** den **y-Achsenabschnitt** an.

Funktionsgleichung: $y = -0{,}75x + 1{,}5$

Steigung: $m = -0{,}75$

y-Achsenabschnitt: $n = 1{,}5$

Wertetabelle

x	−2	−1	0	1	2
y	3	2,25	1,5	0,75	0

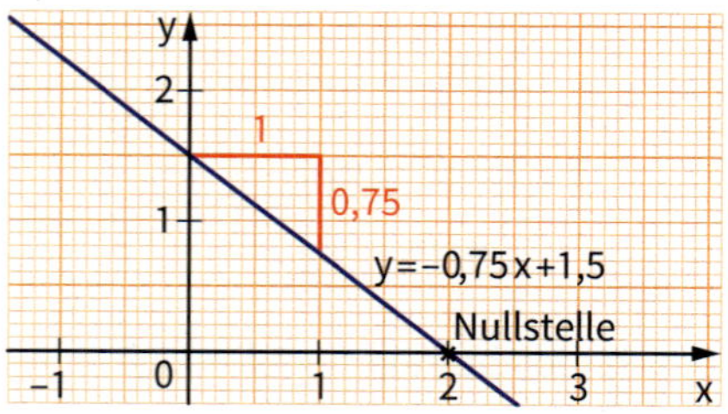

1 Die Funktion f hat die Funktionsgleichung $y = 2{,}5x$ $(y = 2x + 1)$. Lege eine Wertetabelle an. Zeichne den Graphen der Funktion.

2 Berechne die Funktionswerte.
a) $f(x) = 2x - 3$; $f(4), f(-3), f(0{,}5), f(-4{,}5)$
b) $g(x) = -x + 3$; $g(5), g(-3), g(1{,}5), g(-4)$
c) $f(x) = -0{,}5x - 1$; $f(2), f(-2), f(0), f(-4)$

3 Zeichne die Funktionsgraphen mithilfe von Steigungsdreiecken in ein Koordinatensystem (Einheit 1 cm).
a) $f(x) = 2x$
$g(x) = -3x$
b) $f(x) = 0{,}5x$
$g(x) = -2x$
c) $f(x) = 0{,}4x$
$g(x) = -0{,}5x$

4 Lies aus dem Koordinatensystem jeweils die Steigung m der Geraden ab. Gib die Funktionsgleichung an.

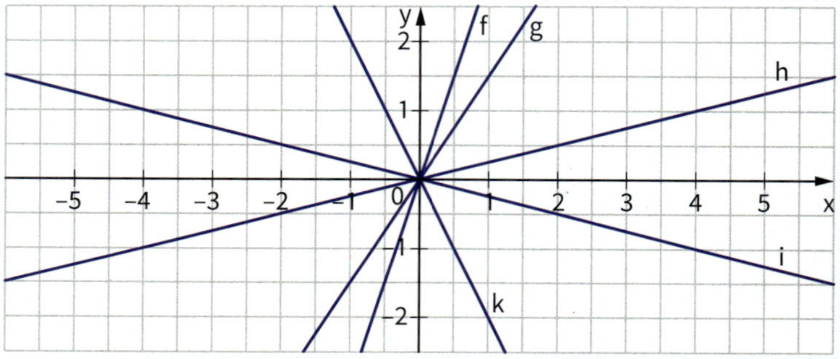

5 Zeichne die Funktionsgraphen mithilfe von Steigungsdreiecken und y-Achsenabschnitt in ein Koordinatensystem (Einheit 1 cm).
a) $f(x) = 2x - 4$
$g(x) = 3x + 0{,}5$
b) $f(x) = 1{,}5x - 2$
$g(x) = -2{,}5x + 3$
c) $f(x) = 0{,}2x + 3$
$g(x) = -0{,}5x - 4$

6 Lies jeweils den y-Achsenabschnitt n und die Steigung m der Geraden ab. Gib die Funktionsgleichung an.

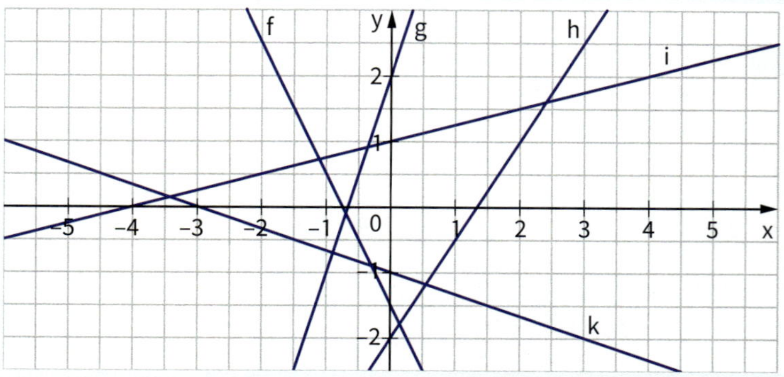

7 Überprüfe durch eine Rechnung, ob der Punkt auf dem Funktionsgraphen von f liegt.
a) $f(x) = 3x - 4$; $P(1\,|-1)$
b) $f(x) = -0{,}5x - 2$; $P(-2\,|-1{,}5)$

WIEDERHOLUNG
Daten erheben und auswerten

1 In der Schule wurde eine Umfrage zum Thema „Freizeitgestaltung“ gemacht. Dabei wurden Schülerinnen und Schüler zunächst nach ihrem Lebensalter gefragt.

Urliste (Lebensalter der befragten Mädchen und Jungen)
12 13 14 13 12 15 16 11 13 12 14 11 15 14 14 15 13
12 15 16 14 15 15 14 14 15 16 14 13 13 13 15 15 16
15 14 13 14 14 15 14 15 16 13 13 14 14 13 16 12

a) Lege zunächst eine Strichliste, dann eine Häufigkeitstabelle an. Berechne auch die relativen Häufigkeiten als Dezimalbruch (in Prozent).
b) Stelle die absoluten Häufigkeiten in einem Säulendiagramm dar.

2 In der Häufigkeitstabelle sind die Antworten auf die Frage „Welche Sportart betreibst du in deiner Freizeit am liebsten?“ zusammengefasst.

Sportart	absolute Häufigkeit
Fußball	18
andere Mannschaftsballspiele	13
Schwimmen	12
Turnen, Tanzen, Gymnastik	17
Leichtathletik	9
Tennis	6

a) Berechne die relativen Häufigkeiten.
b) Stelle das Ergebnis der Umfrage in einem Streifendiagramm (Gesamtlänge 15 cm) grafisch dar.
c) Stelle das Ergebnis in einem Kreisdiagramm (Radius 5 cm) grafisch dar.

3 50 Schülerinnen und Schüler wurden gefragt, welche Art von Spielen (Genres) sie auf dem Computer spielen. Es waren Mehrfachnennungen möglich.
Das Ergebnis der Befragung wird in einem Säulendiagramm dargestellt.

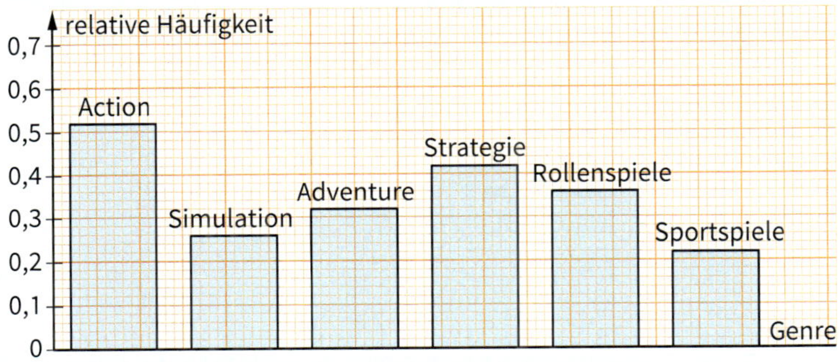

Berechne die zugehörigen absoluten Häufigkeiten und stelle sie in einer Tabelle dar.

Bei **statistischen Untersuchungen** werden **Daten** durch Befragung, Beobachtung oder Experiment gesammelt. Die in einer **Urliste** gesammelten Daten können mithilfe einer **Strichliste** geordnet und dann in einer **Häufigkeitstabelle** dargestellt werden.

Häufigkeitstabelle

Lebensalter (Jahre)	absolute Häufigkeit	relative Häufigkeit	
		Dezimalbruch	Prozent
15	8	0,32	32 %
16	14	0,56	56 %
17	2	0,08	8 %
18	1	0,04	4 %
Summe	25	1,00	100 %

Die **relative Häufigkeit** jedes Ergebnisses gibt den **Anteil** der Versuche mit diesem Ergebnis an.

$$\textbf{rel. Häufigkeit} = \frac{\textbf{absolute Häufigkeit}}{\textbf{Anzahl der Daten}}$$

Die in einer Häufigkeitstabelle aufbereiteten Daten können in verschiedenen Diagrammformen grafisch dargestellt werden.

Säulendiagramm

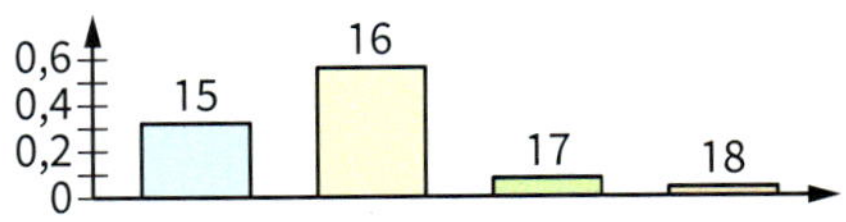

Streifendiagramm

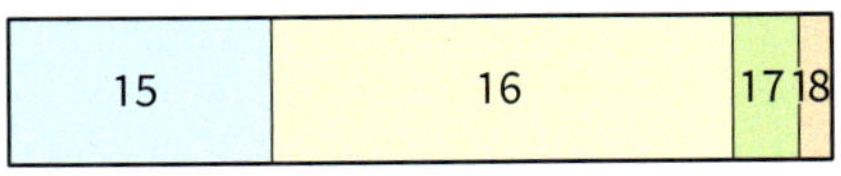

Kreisdiagramm

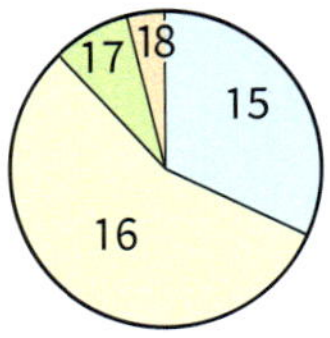

WIEDERHOLUNG

Daten erheben und auswerten

Mittelwerte

Handelt es sich bei den Daten um Zahlen, kannst du das **arithmetische Mittel** $\bar{x}$ berechnen.

$\bar{x} = \frac{\textbf{Summe aller Daten}}{\textbf{Anzahl der Daten}}$

$\bar{x} = \frac{8 \cdot 15 + 14 \cdot 16 + 2 \cdot 17 + 18}{25} = 15{,}84$

Das Durchschnittsalter beträgt 15,84 Jahre.

Insbesondere bei statistischen Untersuchungen mit stark abweichenden Werten (Ausreißern) ist es sinnvoll, als Mittelwert den **Median** $\tilde{x}$ zu wählen.
Bei einer ungeraden Anzahl von Daten ist der Median der mittlere Wert in der geordneten Urliste, bei einer geraden Anzahl von Daten liegt er zwischen den beiden mittleren Werten.

geordnete Urliste:
15, 15, 15, 15, 15, 15, 15, 15, 16, 16, 16, 16, 16, 16, 16, 16, 16, 16, 16, 16, 16, 16, 17, 17, 18

Median: $\tilde{x} = 16$

Streumaße
Die **Spannweite** gibt die Differenz zwischen dem größten und dem kleinsten Stichprobenwert an.

Spannweite: $18 - 15 = 3$

Die **mittlere lineare Abweichung** $\bar{s}$ ist das arithmetische Mittel der Abweichungen von $\bar{x}$.

$\bar{s} = \frac{\textbf{Summe der Abweichungen von } \bar{x}}{\textbf{Anzahl der Daten}}$

$\bar{x} = 15{,}84$

$\bar{s} = \frac{8 \cdot 0{,}84 + 14 \cdot 0{,}16 + 2 \cdot 1{,}16 + 2{,}16}{25}$

$\bar{s} = 0{,}5376$

4 Anton hat an elf Tagen die Zeitdauer aufgeschrieben, die er für seine Hausaufgaben benötigt hat.

Dauer der Hausaufgaben (min)										
37	42	45	39	33	78	51	47	48	50	42

a) Berechne das arithmetische Mittel $\bar{x}$. Runde auf eine Nachkommastelle.
b) Berechne den Median $\tilde{x}$.
c) Welcher Mittelwert kennzeichnet die Dauer der Hausaufgaben besser?

5 Eine Befragung von Schülerinnen und Schülern nach der Länge ihres Schulwegs führte zu den in der Urliste abgebildeten Ergebnissen.

Schulweglänge (km)													
3	11	6	7	7	5	4	13	9	23	1	6	11	5

a) Berechne das arithmetische Mittel $\bar{x}$. Runde sinnvoll.
b) Berechne den Median $\tilde{x}$.
c) Welcher Mittelwert kennzeichnet die Schulweglänge besser?

6 Vergleiche die von Anna und Mia beim Weitsprung erzielten Ergebnisse. Berechne dazu jeweils die Spannweite, das arithmetische Mittel $\bar{x}$ und die mittlere lineare Abweichung $\bar{s}$. Was stellst du fest?

Anna (Sprungweite in m)							
3,65	3,87	3,65	3,77	3,85	3,70	3,73	
Mia (Sprungweite in m)							
3,56	3,89	4,01	3,54	3,77	3,69	3,75	3,51

7 Schülerinnen und Schüler im 9. Jahrgang wurden nach der Höhe ihres monatlichen Taschengeldes befragt.

Monatliches Taschengeld (€)																
25	32	40	36	40	25	32	32	48	36	40	50	80	32	40	36	44
25	32	40	32	25	36	50	32	25								

a) Bestimme das arithmetische Mittel $\bar{x}$, den Median $\tilde{x}$ und die mittlere lineare Abweichung $\bar{s}$.
b) Vergleiche die Mittelwerte miteinander.

WIEDERHOLUNG
Wahrscheinlichkeitsrechnung

1 Welche Ergebnisse sind bei folgenden Zufallsexperimenten möglich?

a) Eine Münze wird einmal geworfen.
b) Ein Würfel wird einmal geworfen.
c) Aus einer Urne mit schwarzen und weißen Kugeln wird eine Kugel gezogen.
d) Ein Glücksrad mit blauen und roten Feldern wird gedreht.
e) Aus einem Kartenspiel mit 32 Karten wird eine Karte gezogen.

2 Aus der abgebildeten Urne soll eine Kugel gezogen werden.

a) Bestimme die Ergebnismenge S.
b) Wie groß ist die Wahrscheinlichkeit für das angegebene Ereignis?
E_1: Es wird eine blaue Kugel gezogen.
E_2: Es wird eine rote Kugel gezogen.
E_3: Es wird eine weiße Kugel gezogen.

3 Das abgebildete Glücksrad wird einmal gedreht:

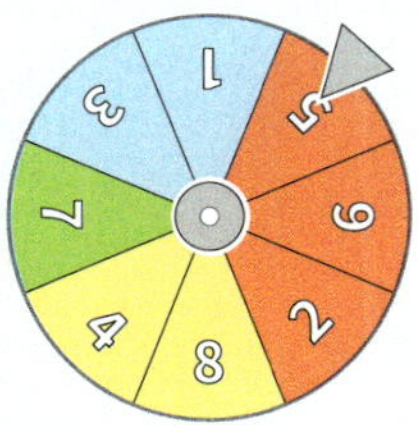

a) Gib die Ergebnismenge S an.
b) Gib das Ereignis E als Teilmenge von S an und berechne seine Wahrscheinlichkeit.
E_1: Der Zeiger zeigt auf ein rotes Feld.
E_2: Die angezeigte Zahl ist ungerade.
E_3: Die angezeigte Zahl ist kleiner als 4.

4 In einer Urne befinden sich 10 gleichartige Kugeln, die die Zahlen von 1 bis 10 tragen. Gib das folgende Ereignis als Teilmenge der Ergebnismenge S an und berechne seine Wahrscheinlichkeit.
E_1: Die Zahl ist kleiner als 6.
E_2: Die Zahl ist gerade.
E_3: Die Zahl ist größer als 4.
E_4: Die Zahl ist durch 3 teilbar.
E_5: Die Zahl ist kleiner als 12.
E_6: Die Zahl ist durch 11 teilbar.
E_7: Die Zahl ist größer als 1 und kleiner als 7.
E_8: Die Zahl ist eine Primzahl.
E_9: Die Zahl ist nicht durch 4 teilbar.

Versuche, bei denen sich die **Ergebnisse** nicht sicher vorhersagen lassen, sondern zufällig zustande kommen, heißen **Zufallsexperimente.**

Zufallsexperiment:
Ziehen einer Kugel aus der Urne

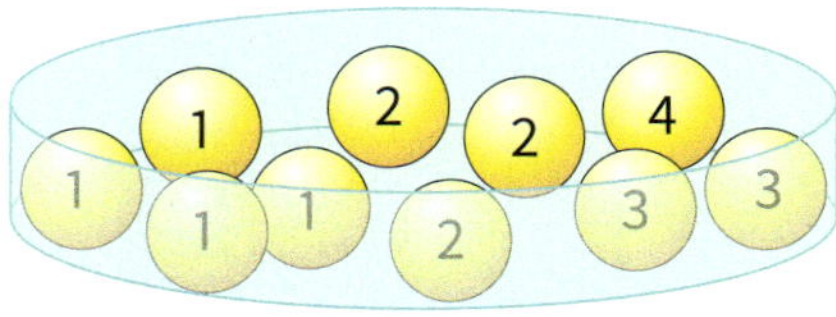

Die Menge aller möglichen Ergebnisse wird **Ergebnismenge S** genannt.

Mögliche Ergebnisse: 1, 2, 3, 4
$S = \{1, 2, 3, 4\}$

Bei einem Zufallsexperiment wird die erwartete relative Häufigkeit eines Ergebnisses die **Wahrscheinlichkeit** des Ergebnisses genannt.

Anteil der Kugeln, die die Ziffer 1 tragen:

$\frac{4}{10} = 0{,}4 = 40\,\%$

Die **Wahrscheinlichkeit** für das Ziehen einer 1: $P(1) = 0{,}4 = 40\,\%$.

Ein **Ereignis** ist eine Teilmenge der Ergebnismenge S.

E: Die gezogene Zahl ist ungerade.
$E = \{1, 3\}$
$P(E) = P(1) + P(3)$
$= 0{,}4 + 0{,}2$
$= 0{,}6 = 60\,\%$
Die Wahrscheinlichkeit für das Ziehen einer ungeraden Zahl:
$P(E) = 0{,}6 = 60\,\%$.

Sind bei einem Zufallsexperiment alle Ergebnisse gleichwahrscheinlich, so beträgt die Wahrscheinlichkeit für jedes Ereignis E:

$$P(E) = \frac{\text{Anzahl der günstigen Ergebnisse}}{\text{Anzahl aller Ergebnisse}}$$

WIEDERHOLUNG
Der Taschenrechner

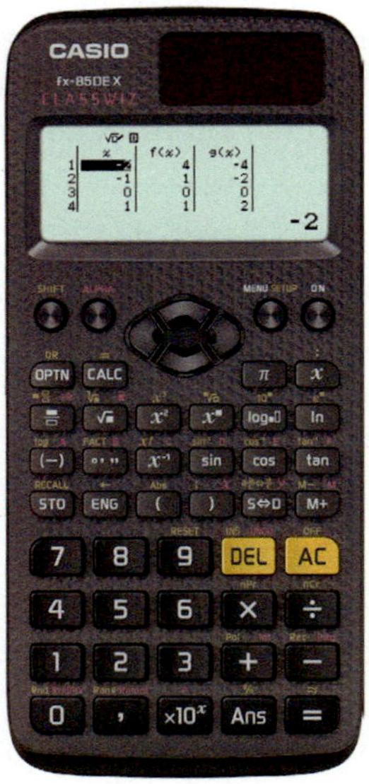

Erstellen von Wertetabellen	
Mit der Taste „Menu“ und der Bewegung des Cursors nach rechts erhältst du folgendes Display:	
Bestätige die Auswahl mit „=“	
Nun kann ein beliebiger Funktionsterm eingegeben werden.	

Im Beispiel wird das Erstellen einer Wertetabelle für die Funktion f mit der Funktionsgleichung $f(x) = x^2 - 1$ gezeigt.

	Tastenfolge	Display
Eingabe des Funktionsterms	ALPHA) x^2 – 1	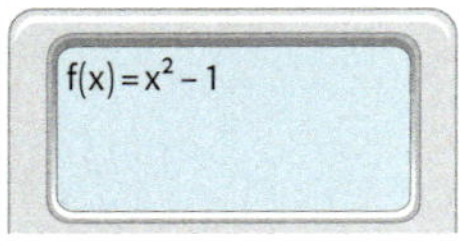
Überspringen des zweiten Funktionsterms	=	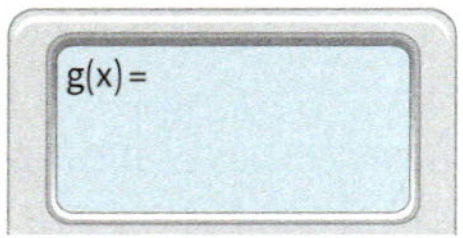
Eingabe des kleinsten und größten x-Wertes im Tabellenbereich	=	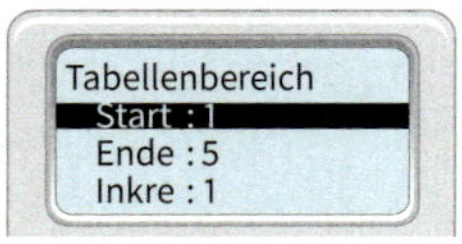
kleinster Wert – 3 größter Wert 3 Schrittweite 0,5	– 3 = 3 = 0 , 5 =	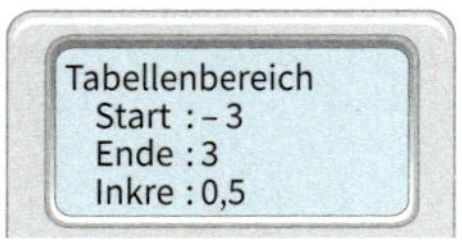
Anzeige der Wertetabelle	=	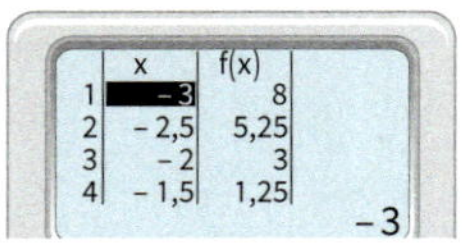
Vollständige Anzeige der Tabelle durch Bewegung des Cursors nach unten		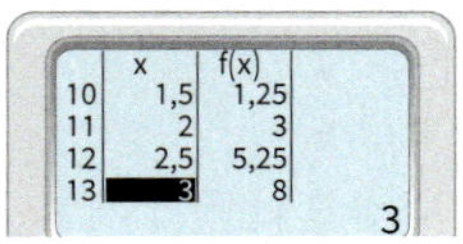

Partnerarbeit

Regeln für die Partnerarbeit

1. Jeder liest zunächst die Aufgabenstellung für sich durch und beachtet dabei die vorgegebenen Arbeitsschritte, Hinweise und Hilfen.
2. Jeder entwickelt einen eigenen Lösungsansatz.
3. Vergleicht eure Lösungsansätze und erarbeitet eine gemeinsame Lösung.
4. Bereitet eine Präsentation eures Ergebnisses vor (Folie, Lernplakat, Vortrag mit Stichwortzettel, ...).

Einem Text Informationen entnehmen

1. Lies den Text im Ganzen durch. Schreibe in einem Satz auf, wovon der Text handelt.
2. Lies jeden einzelnen Abschnitt des Textes langsam und konzentriert.
   Schreibe zu jedem Abschnitt eine Überschrift auf.
3. Schreibe die Aussagen des Textes auf, die du für besonders wichtig hältst.
4. Schreibe die Wörter auf, die du nicht kennst. Kläre ihre Bedeutung, indem du das Internet oder ein Lexikon benutzt oder deine Lehrerin oder deinen Lehrer fragst.
5. Berichte einem Mitschüler oder einer Mitschülerin, was du gelesen hast.

Gruppenarbeit

Regeln für die Gruppenarbeit

1. Der Arbeitsplatz wird eingerichtet. Alle Arbeitsmaterialien werden zurechtgelegt.
2. Die Gruppenarbeit beginnt mit einer gemeinsamen Besprechung der Aufgabenstellung.
3. Der Arbeitsablauf wird organisiert. Dabei werden alle an der Arbeit beteiligt.
4. Alle Gruppenmitglieder notieren die wichtigsten Ergebnisse.
5. Der Vortrag der Ergebnisse wird gemeinsam vorbereitet. Alle sind für die Qualität der Arbeit verantwortlich.

Regeln für die Präsentation

1. Beginne nicht sofort, sondern warte ab, bis Ruhe herrscht.
2. Versuche frei zu sprechen und schaue das Publikum an. Benutze einen Notizzettel als Merkhilfe.
3. Stelle wichtige Informationen besonders heraus.
   Benutze dazu die Tafel, Folien, Plakate.
4. Warte am Ende ab, ob es noch Fragen oder Anmerkungen gibt. Gehe auf Fragen sowie Kritik sachlich und angemessen ein.

Regeln für das Publikum

1. Wenn eine Gruppe ihre Ergebnisse vorträgt, hört das Publikum aufmerksam zu.
2. Jeder überlegt während der Präsentation:
   - Was kann ich bei dieser Präsentation lernen?
   - Welche Fragen habe ich noch?
   - Was hat mir gut gefallen, was könnte noch verbessert werden?
3. Das Publikum nimmt in der Nachbesprechung dazu Stellung. Alle Schülerinnen und Schüler äußern Lob und Kritik konstruktiv.

Arbeitsteilige Gruppenarbeit

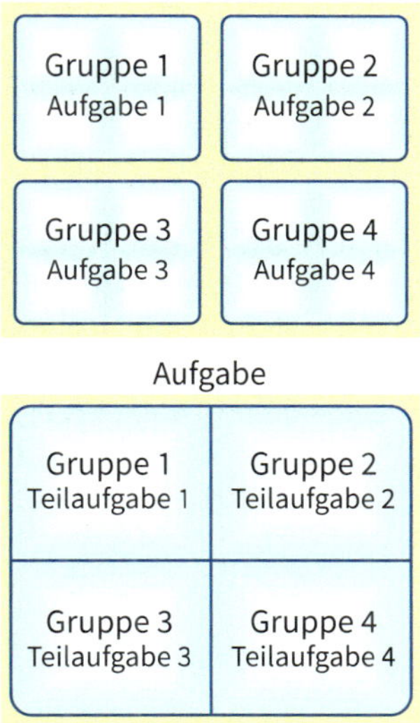

1. In arbeitsteiliger Gruppenarbeit können unterschiedliche Aufgaben behandelt werden, die zu einem gemeinsamen Themenbereich gehören. Es ist aber auch möglich, eine Aufgabe in unterschiedliche Teilaufgaben zu zerlegen.

   Jede Gruppe beschäftigt sich mit einer **anderen Aufgabe** oder **Teilaufgabe.**

2. Je nach Thema kann es vorteilhaft sein, freiwillige Interessengruppen zu bilden. Dabei ordnen sich Schülerinnen und Schüler selbst einer Gruppe zu.
   Die Einteilung der Gruppen kann aber auch nach anderen Gesichtspunkten erfolgen.
   Jede Gruppe bearbeitet ihre Aufgabe und beachtet dabei die Regeln, die für die Gruppenarbeit gelten.
   Die Gruppe bereitet nach einer fest vereinbarten Zeit die Präsentation ihrer Ergebnisse vor.

3. Bei der Präsentation der Ergebnisse hört das Publikum aufmerksam zu.
   Da die Gruppen unterschiedliche Aufgaben bearbeitet haben, sind Notizen zu folgenden Punkten besonders wichtig:
   - Welche Fragen habe ich noch?
   - Welche Ergebnisse muss ich notieren?

   Das Publikum nimmt in der Nachbesprechung zur Präsentation Stellung. Dabei sollte Kritik immer positiv formuliert werden.

Ich-Du-Wir-Aufgaben

Ich: Höre dir die Aufgabenstellung genau an und lies die Aufgabenstellung sorgfältig durch.
Überlege, in welchen Schritten du die Aufgabe lösen kannst.
Notiere, was du dir überlegt hast.

Du: Sprich mit deinem Partner oder deiner Partnerin über die Aufgabe.
Stelle ihm oder ihr deinen Lösungsweg vor.
Höre dir seinen oder ihren Lösungsweg an.
Erarbeitet eine gemeinsame Lösung.

Wir: Informiert eure Klasse in einem kurzen Vortrag über die Aufgabe und euren Lösungsweg.
Aus allen Beiträgen kann dann ein gemeinsames Ergebnis erarbeitet werden.

Ein Lernplakat erstellen

Mögliche Arbeitsschritte

- Überlegt, was auf dem Plakat dargestellt werden soll.
- Erstellt in Partnerarbeit jeweils einen Entwurf auf einem DIN-A4-Blatt.
- Diskutiert die verschiedenen Entwürfe in der Gruppe.
- Verteilt Arbeitsaufträge an die einzelnen Gruppenmitglieder. Jeder Schüler ist für eine Teilaufgabe verantwortlich: Texte, Bilder, Grafiken …

Hinweise für die Erstellung eines Plakates

1. Unterteile das Thema in verschiedene Teilgebiete.
2. Wähle eine klare Überschrift und gliedere das Plakat übersichtlich.
3. Triff eine Auswahl, damit das Plakat nicht überladen wirkt.
4. Die Schriftgröße muss groß genug sein, um das Plakat auch aus größerem Abstand lesen zu können.
5. Bei einer Schriftfarbe sollte man rot, gelb und orange nur sparsam verwenden.

Einen Vortrag halten

1. Beginne nicht sofort, sondern warte ab, bis Ruhe herrscht.
2. Versuche frei zu sprechen und schaue das Publikum an. Benutze einen Notizzettel als Merkhilfe.
3. Stelle wichtige Informationen besonders heraus. Benutze dazu Tafel, Folien, Plakate oder digitale Medien.
4. Warte am Ende, ob es noch Fragen oder Anmerkungen gibt.

Regeln für das Publikum

1. Wenn jemand seine Ergebnisse vorträgt, hört das Publikum aufmerksam zu.
2. Jeder überlegt während der Präsentation:
   - Was kann ich bei dieser Präsentation lernen?
   - Welche Fragen habe ich noch?
   - Was hat mir gut gefallen, was könnte noch verbessert werden?

Probleme erkunden und erfassen

1. Stelle fest, welche Informationen im Text, im Bild oder Diagramm enthalten sind.
2. Überlege, welche mathematischen Aufgabenstellungen in diesem Zusammenhang sinnvoll sind.
3. Formuliere eine Aufgabe.
4. Stelle alle Informationen zusammen, die du zur Lösung der Aufgabe brauchst.

Die Cheopspyramide ist die höchste Pyramide der Welt. Sie wurde vor etwa 4 600 Jahren als Grabmal des ägyptischen Pharaos Cheops errichtet.
Die Seitenlänge ihrer quadratischen Grundfläche betrug ursprünglich 230 m, sie war 147 m hoch.
Die Pyramide besteht aus ungefähr 2,3 Millionen quaderförmigen Steinblöcken mit einem durchschnittlichen Gewicht von 2,5 t.

Mögliche mathematische Aufgabenstellungen:

- Wie viel Quadratmeter beträgt die Grundfläche der Pyramide?
- Wie viel Quadratmeter beträgt eine ihrer Seitenflächen?
- Gib das Volumen der Pyramide an.
- Schätze die gesamte Masse der Pyramide.

Schätzen, Messen und Überschlagen

Schätze den Flächeninhalt der farbigen Fläche.

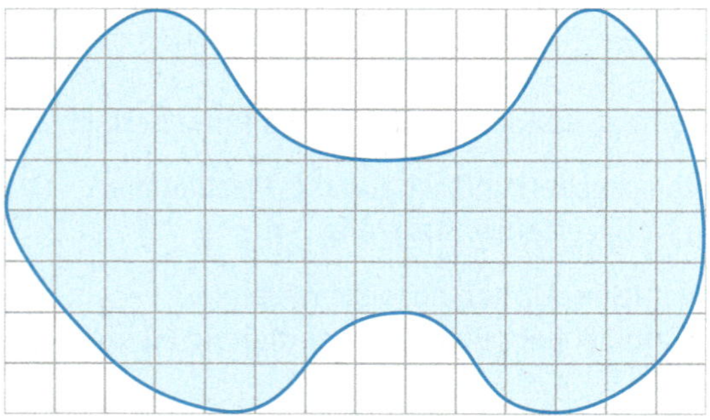

1. Überlege, welche Angaben du für eine Überschlagsrechnung benötigst.
2. Prüfe, welche Angaben du den vorhandenen Informationen entnehmen kannst. Wenn nötig, verschaffe dir weitere Angaben, zum Beispiel durch eine Messung.
3. Führe die Überschlagsrechnung aus. Wähle dazu ein geeignetes Rechenverfahren.
4. Überlege, ob das Ergebnis deiner Rechnung sinnvoll ist.

Lösung:

Bestimme die Anzahl der Kästchen, die von der farbigen Fläche überdeckt werden. Kästchen, die die farbige Fläche nur zum Teil überdeckt, zählen als halbe Kästchen.
Ergebnis: 72 Kästchen

Miss die Seitenlänge eines Kästchens und berechne den Flächeninhalt eines Kästchens.
Ergebnis: $A = 0{,}5\,\text{cm} \cdot 0{,}5\,\text{cm}$
$A = 0{,}25\,\text{cm}^2$

Überschlagsrechnung: $72 \cdot 0{,}25\,\text{cm}^2 = 18\,\text{cm}^2$

Der Flächeninhalt der farbigen Fläche beträgt ungefähr $18\,\text{cm}^2$.

Rückwärtsarbeiten

1. Wenn du zum Endergebnis einer Rechnung den Anfangswert bestimmen sollst, kannst du Rückwärtsarbeiten.
   Überlege dazu, welche Rechenoperationen zum Endergebnis geführt haben.
2. Gehe vom Endergebnis aus und führe in umgekehrter Reihenfolge die Umkehroperationen durch.
3. Bestimme die gesuchte Größe und prüfe, ob du mit dieser Größe das angegebene Endergebnis ermitteln kannst.

Sophie besucht ihre Freundin Melanie, die in einem anderen Stadtteil wohnt. Für den Weg zur Bushaltestelle benötigt sie drei Minuten. Dort muss sie zwei Minuten auf den Bus warten. Die Busfahrt dauert 34 Minuten. Anschließend geht Sophie noch sieben Minuten zu Fuß, bis sie Melanies Wohnung erreicht. Sie kommt dort um 17.53 Uhr an.
Um wie viel Uhr ist Sophie losgegangen?

Lösung:

	■	17.07 Uhr	
+ 3 min	↓	↑	– 3 min
	■	17.10 Uhr	
+ 2 min	↓	↑	– 2 min
	■	17.12 Uhr	
+ 34 min	↓	↑	– 34 min
	■	17.46 Uhr	
+ 7 min	↓	↑	– 7 min
	17.53 Uhr	17.53 Uhr	

Sophie ist um 17.07 Uhr zu Hause losgegangen.

Systematisches Probieren

Wähle aus den angegebenen Zahlen die aus, deren Summe 50 ist.
Wie viele Möglichkeiten gibt es?

37	34	29	21	16	13

Lösung:

~~37 + 34 = 71~~	~~34 + 29 = 63~~	~~21 + 16 = 37~~
~~37 + 29 = 66~~	~~34 + 21 = 55~~	
~~37 + 21 = 58~~	34 + 16 = 50	~~29 + 16 + 13 = 58~~
~~37 + 16 = 53~~		21 + 16 + 13 = 50
37 + 13 = 50	29 + 21 = 50	

Es gibt vier Möglichkeiten.

1. Notiere alle Möglichkeiten, die als Lösung des Problems grundsätzlich in Frage kommen. Häufig hilft dir dabei eine Tabelle.
2. Streiche alle Möglichkeiten, bei denen die besonderen Bedingungen des Problems nicht erfüllt sind.
3. Prüfe, ob die übrigen Möglichkeiten das Problem lösen.

LÖSUNGEN
zu den Eingangstests

Vergrößern und Verkleinern Seite 172

1 A(2|1), B(0|1,5), C(−2|1), D(−3,5|0), E(−2,5|−2), F(3|−1,5)

2

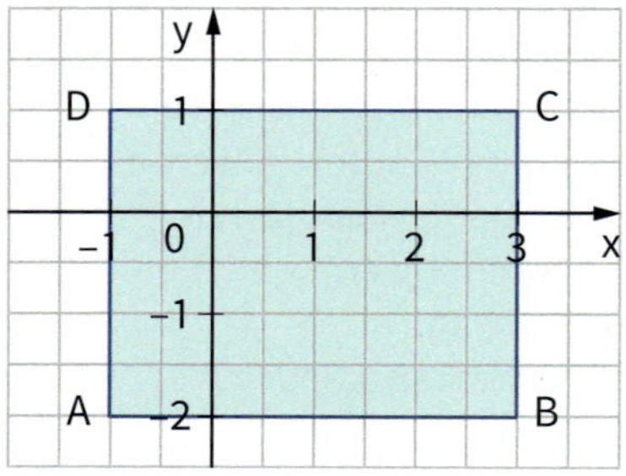

A = 12 cm²

3 a) $x = \frac{12}{5}$ b) $x = \frac{24}{5}$ c) x = 2

4 a) 400 cm
5 000 mm
345 cm
8 000 m

b) 3,5 m
0,45 m
750 m
5,6 km

Lineare Gleichungssysteme Seite 173

1 a) x = 4
x = 3,6

b) x = 11
x = −1,8

c) x = 0,1
x = −75

2

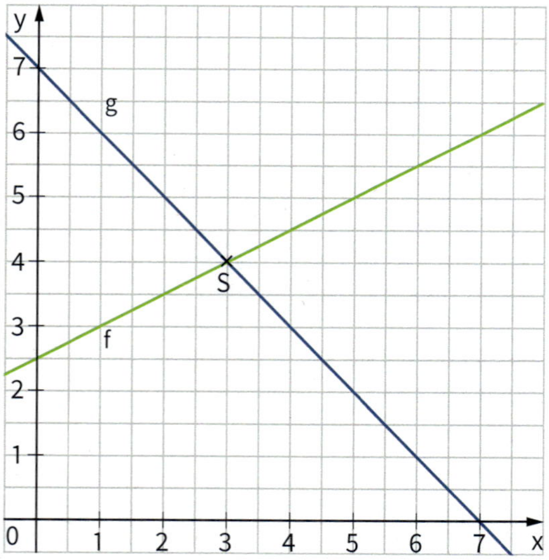

Schnittpunkt S(3|4)

3 P liegt nicht auf dem Graphen.
Q liegt nicht auf dem Graphen.

Reelle Zahlen Seite 173

1 a) 25
121

b) 0,04
0,001

c) 49
144

d) 64
512

2 a) z. B. 4,1 4,2 4,3 4,4 4,5
b) z. B. 7,111 7,112 7,113 7,114 7,115

3 2,22 < 2,24 < 2,242 < 2,42 < 2,424 < 2,44

4 a) 0,56 (0,563) b) 2,49 (2,487) c) 11,98 (11,976)

5 a) A = 144 cm² (A = 529 cm²) b) 6 cm

6 a) 6; 9; 101
b) 12,5; $\frac{3}{4}$; $2\frac{1}{2}$; $-\frac{1}{5}$; 0,3; −3,5

Quadratische Funktionen und Gleichungen Seite 174

1 a)

x	−3	−1,5	0	2	4,5
y	7,5	5,25	3	0	−3,75

b)/c)

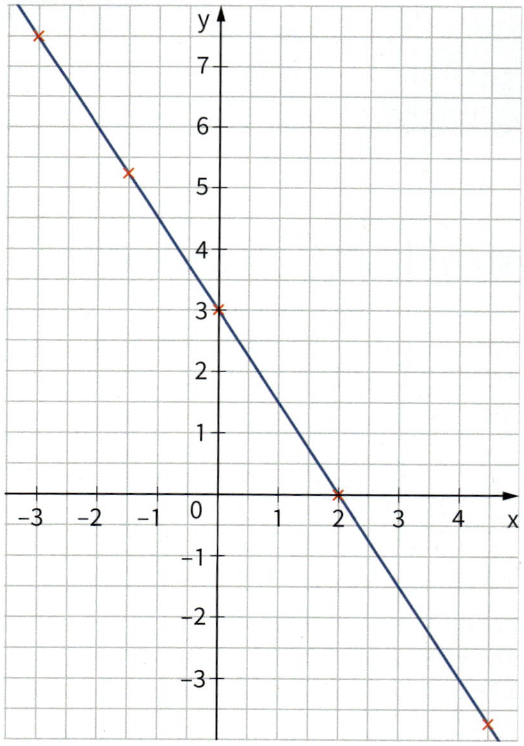

2 a) $a^2 - 10a + 25$ b) $x^2 + 12x + 36$
c) $x^2 - 2xy + y^2$ d) $b^2 + 14b + 49$

3 a) $a^2 + 6a + 9 = (a + 3)^2$
b) $x^2 - 8x + 16 = (x - 4)^2$
c) $b^2 + 18b + 81 = (b + 9)^2$

4 a) 49 b) 121 c) 2,25
d) 0,36 e) $\frac{1}{4}$ f) $\frac{9}{4} = 2\frac{1}{4}$

5 a) 5 b) 7 c) 15 d) 90 e) 0,4

Statistische Erhebungen Seite 174

1

Lebensalter (Jahre)	absolute Häufigkeit	relative Häufigkeit	relative Häufigkeit (%)
14	2	$\frac{2}{25} = 0{,}08$	8 %
15	13	$\frac{13}{25} = 0{,}52$	52 %
16	8	$\frac{8}{25} = 0{,}32$	32 %
17	2	$\frac{2}{25} = 0{,}08$	8 %
Summe	25	1	100 %

2

Anzahl Geräte	relative Häufigkeit
1	$\frac{2}{50} = 0{,}04$
2	$\frac{5}{50} = 0{,}10$
3	$\frac{7}{50} = 0{,}14$
4	$\frac{9}{50} = 0{,}18$
5	$\frac{11}{50} = 0{,}22$
6	$\frac{8}{50} = 0{,}16$
7	$\frac{5}{50} = 0{,}10$
8	$\frac{3}{50} = 0{,}06$
Summe	1

Pyramiden, Kegel, Kugeln Seite 175

1 a) $A = 60\,m^2$ b) $A = 625\,cm^2$ c) $A = 96\,cm^2$

2 a) $A \approx 19{,}63\,m^2$; $u \approx 15{,}71\,m$
b) $A \approx 32{,}17\,m^2$; $u \approx 20{,}11\,m$

3 a) $V = 3\,120\,cm^3$; $O = 1\,520\,cm^2$
b) $V \approx 12\,315\,m^3$; $O \approx 2\,991\,m^2$

LÖSUNGEN
zu den Ausgangstests

zu Seite 32

1 1 : 16

2

	Maßstab	Bild	Original
a)	1 : 100	**5 cm**	500 cm
b)	1 : 1 000	6 cm	**6 000 cm = 60 m**
c)	8 : 1	**24 cm**	3 cm
d)	10 : 1	120 mm	**12 mm**
e)	**1 : 200**	7 cm	1 400 cm
f)	**50 : 1**	2,50 m	5 cm

3 Länge: 2,2 cm; Breite: 1,6 cm
(Länge: 13,2 cm; Breite: 9,6 cm)

4

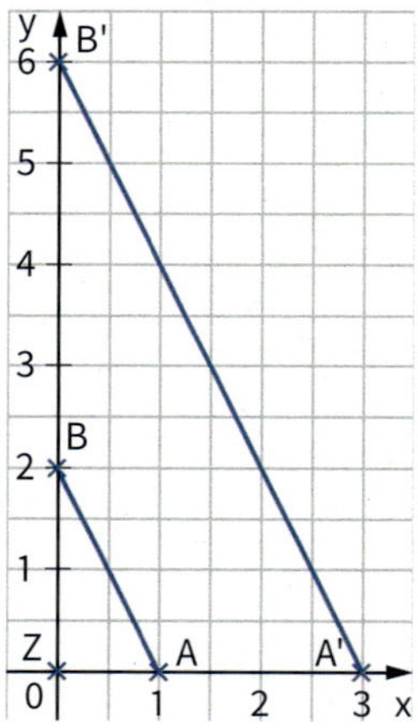

A′(3 | 0), B′(0 | 6)

5

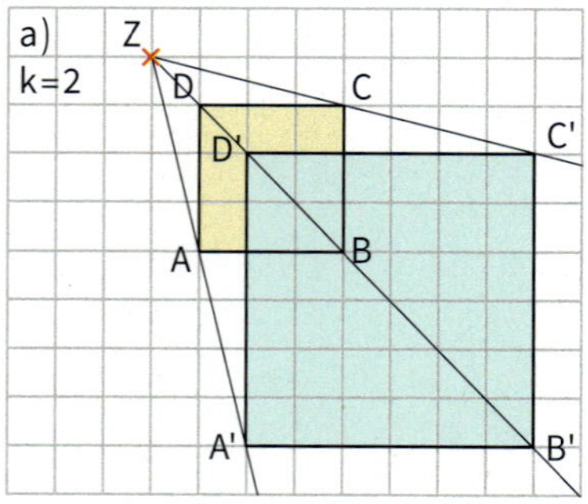

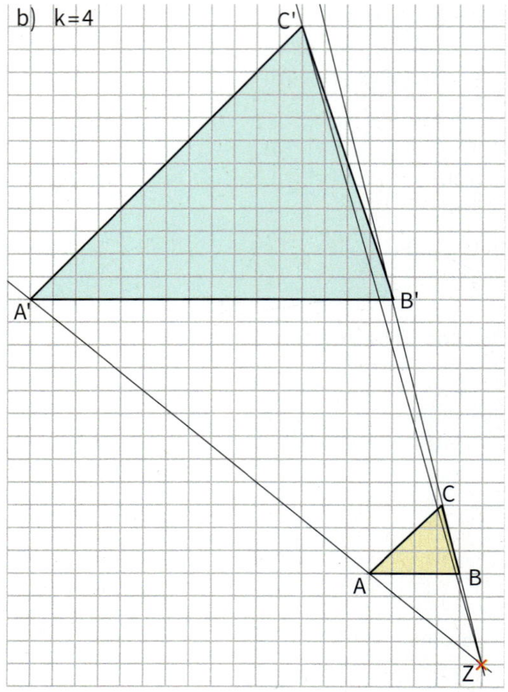

6 $\frac{42}{28} = 1{,}5$; $\frac{36}{24} = 1{,}5$
Die Dreiecke ABC und PQR sind ähnlich zueinander, da die Verhältnisse entsprechender Seiten in Original- und Bildfigur gleich sind.

7 k = 1,5; $\overline{AB}$ = 14 cm; $\overline{ZA'}$ = 24 cm

zu Seite 33

1 1 : 50 (1 : 20)

2

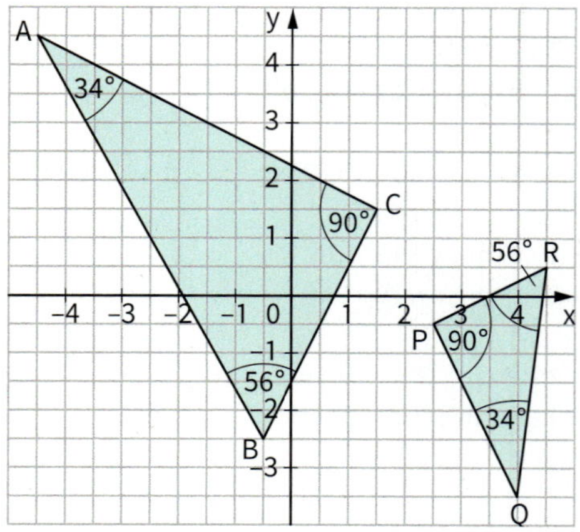

Die Dreiecke ABC und PQR sind ähnlich zueinander, da z. B. entsprechende Winkel gleich groß sind.

3 $\frac{13{,}2}{2{,}4} = \frac{h}{1{,}6}$; h = 8,8 m

4

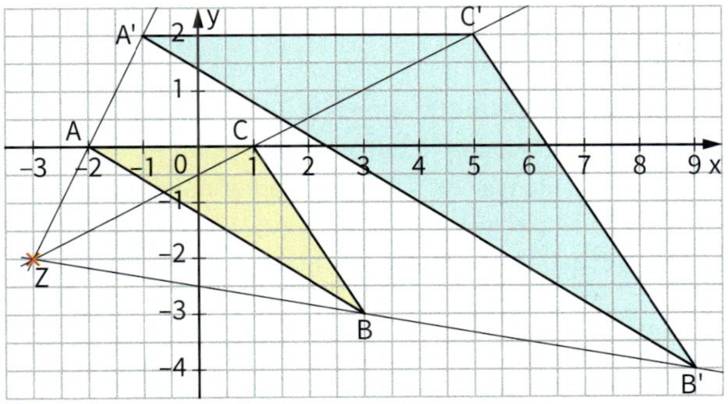

A′ (− 1 | 2), B′ (9 | − 4), C′ (5 | 2)

5

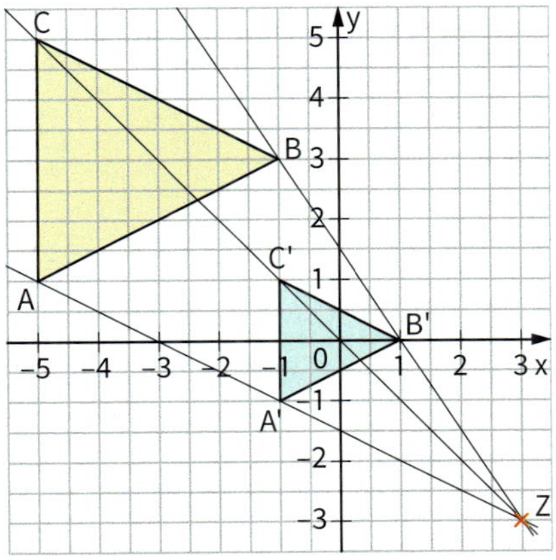

k = 0,5, A′ (− 1 | − 1), C′ (− 1 | 1)

6 A = 12 cm²

7 a) x = 2,4 cm b) x = 9,8 cm

8 a = 1,80 m; b = 7,50 m

zu Seite 54

1 a)

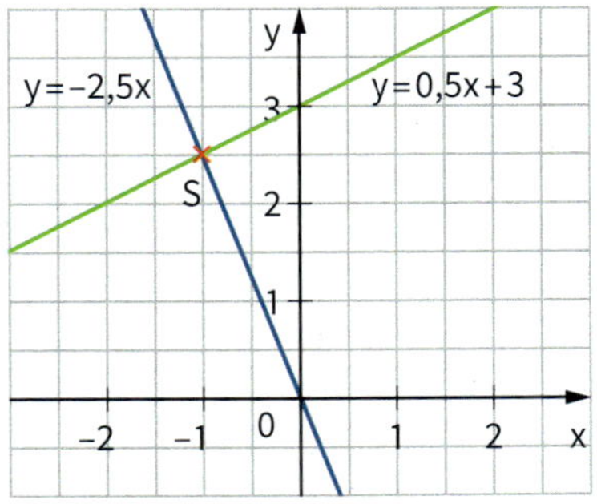

S (− 1 | 2,5)

b)

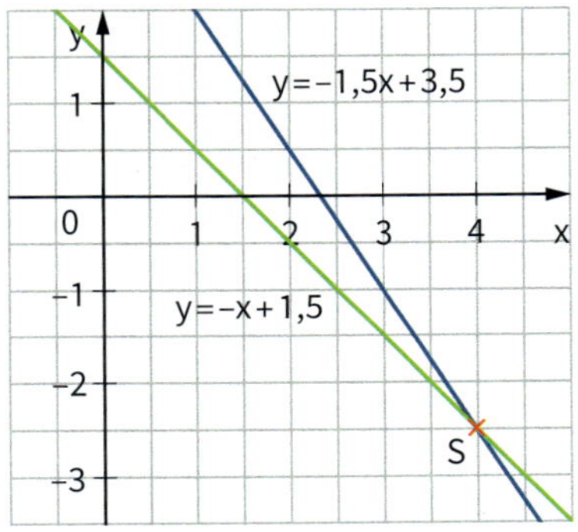

S (4 | − 2,5)

c)

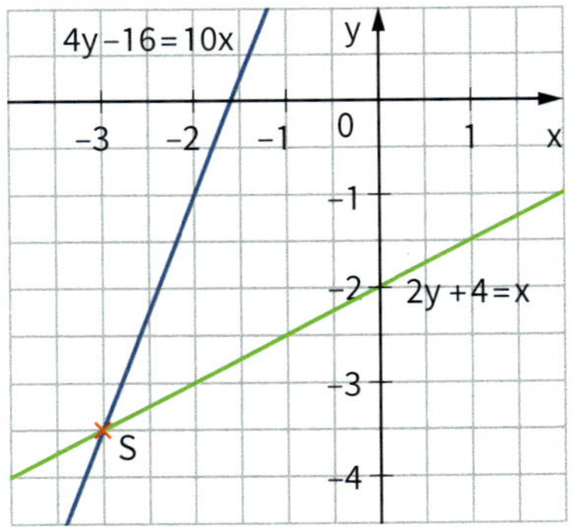

S (− 3 | − 3,5)

d)

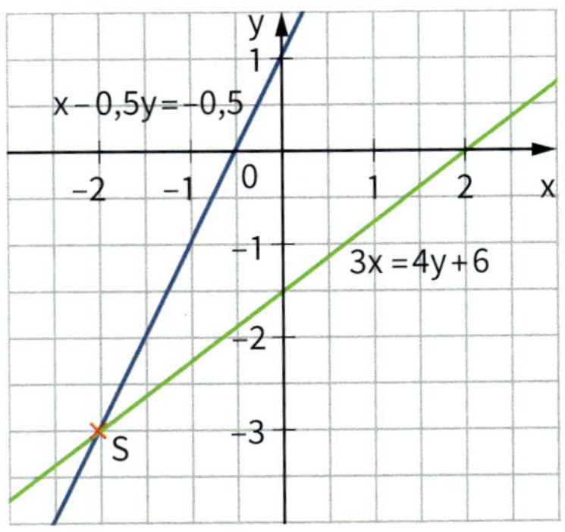

S (− 2 | − 3)

LÖSUNGEN
zu den Ausgangstests

2 a) Die Länge beträgt 52,5 cm, die Breite 37,5 cm.
b) Die Grundseite ist 25 cm lang, ein Schenkel 21 cm lang.

3 a) $L = \{(4 | 23)\}$ b) $L = \{(12{,}5 | 11)\}$
c) $L = \{(-11{,}5 | 8{,}5)\}$ d) $L = \{(-13{,}4 | 17{,}6)\}$

4 a) $L = \{(-11 | 14)\}$ b) unendlich viele Lösungen
c) $L = \{(-5{,}5 | 6{,}5)\}$ d) $L = \{ \}$

5 a) Die erste Zahl ist 15, die zweite 14.
b) Die erste Zahl ist 25, die zweite −10.
c) Die erste Zahl ist 11, die zweite 10.

6 Ein Joghurt kostet 0,40 € und ein Brötchen kostet 0,50 €.

zu Seite 55

1 a) $L = \{(-22 | 26)\}$ b) $L = \{(12{,}4 | -6{,}8)\}$
c) $L = \{(-3{,}4 | -4{,}6)\}$ d) $L = \{(-15{,}2 | 9{,}4)\}$
e) $L = \{(-3{,}5 | -2{,}5)\}$ f) $L = \{(1{,}5 | -1{,}5)\}$

2 a) $L = \{ \}$ b) $L = \{(-19 | 26)\}$
c) unendlich viele Lösungen d) $L = \left\{\left(\frac{2}{3} \middle| -\frac{1}{3}\right)\right\}$

3 Die längere Seite ist 13,5 cm lang, die kürzere 10,5 cm.

4 Die ursprüngliche Länge beträgt 36 m, die ursprüngliche Breite 20 m.

5 Für 100 BRL werden 31,50 € berechnet, für 100 ARS 9,50 €.

6 Der Preis für 1 m^3 Wasser beträgt 4,74 €, die Zählergebühr 65 €.

7 Die Zählergebühr beträgt 60 €, der Preis für 1 m^3 Erdgas 0,70 €.

zu Seite 74

1 a) 7; 5 b) 14; 15 c) 20; 90
d) 80; 300 e) 0,5; 0,02 f) 1,3; 0,12

2 a) 3; 5 b) 20; 40 c) 0,2; 0,1

3 a) $\frac{1}{2}$; $\frac{5}{2} = 2\frac{1}{2}$ b) $\frac{3}{5}$; $\frac{1}{6}$ c) $\frac{9}{11}$; $\frac{2}{3}$

4 a) a = 3 cm
b) 10 ist keine Quadratzahl.
c) Ein Quadrat mit dem Flächeninhalt 9 cm^2 hat eine Seitenlänge von 3 cm, ein Quadrat mit dem Flächeninhalt 16 cm^2 hat eine Seitenlänge von 4 cm.
Also muss die Seitenlänge von Quadrat B zwischen 3 cm und 4 cm liegen.

5 a = 30 cm

6 a = 30 cm

7 a) $6 < \sqrt{39} < 7$, denn $6^2 < 39 < 7^2$
b) $7 < \sqrt{55} < 8$, denn $7^2 < 55 < 8^2$

8 a) $\sqrt{9}$ ist eine rationale Zahl.
$\sqrt{11}$ ist eine irrationale Zahl.
b) $\sqrt{100}$ ist eine rationale Zahl.
$\sqrt{120}$ ist eine irrationale Zahl.
c) $\sqrt{2{,}25}$ ist eine rationale Zahl.
$\sqrt{3{,}75}$ ist eine irrationale Zahl.

9 a) 6; 9 b) 3; 7 c) 3; 12

10 a) $15\sqrt{2} + 14\sqrt{7}$ b) $14\sqrt{5} - 14\sqrt{3}$

11 a) 40; 2 b) 6; 16

zu Seite 75

1 a) 17; 27 b) 0,7; 2,5 c) 0,08; 0,011 d) 8; 30

2 a) [2,236; 2,237] b) $\sqrt{5} = 2{,}23606\ldots$

3 a) 42 b) 71

4 Wenn der vom Taschenrechner angegebene Wert quadriert wird, ist das Ergebnis ein Dezimalbruch mit 18 Stellen nach dem Komma. An der letzten Stelle nach dem Komma steht die Ziffer 6. Diese Zahl kann nicht 17 sein.

LÖSUNGEN
zu den Ausgangstests

5 rationale Zahlen: $\sqrt{9}$, $\sqrt[3]{8}$, $\sqrt{2{,}25}$, $\sqrt{0{,}04}$, $\sqrt[3]{512}$, $\sqrt{1{,}21}$, $\sqrt{\frac{4}{25}}$, $\sqrt[3]{\frac{1}{27}}$, $2+\sqrt{1}$

irrationale Zahlen: $\sqrt{8}$, $\sqrt{2{,}5}$, $\sqrt{0{,}4}$, $\sqrt{\frac{1}{2}}$, $7\cdot\sqrt{7}$, $1+\sqrt{2}$, $2\cdot\sqrt[3]{32}$

6 a) wahr b) falsch c) falsch
d) wahr e) wahr

7 a) 21
30
b) 15
5

8 a) $4\cdot\sqrt{5}$ b) $9\cdot\sqrt{2}$ c) $11\cdot\sqrt{3}$ d) $10\cdot\sqrt{7}$

9 a) $\frac{5\cdot\sqrt{11}}{11}$ b) $\frac{9\cdot\sqrt{13}}{13}$ c) $\frac{7\cdot\sqrt{17}}{34}$ d) $\frac{54}{15}=\frac{18}{5}$

10 a)

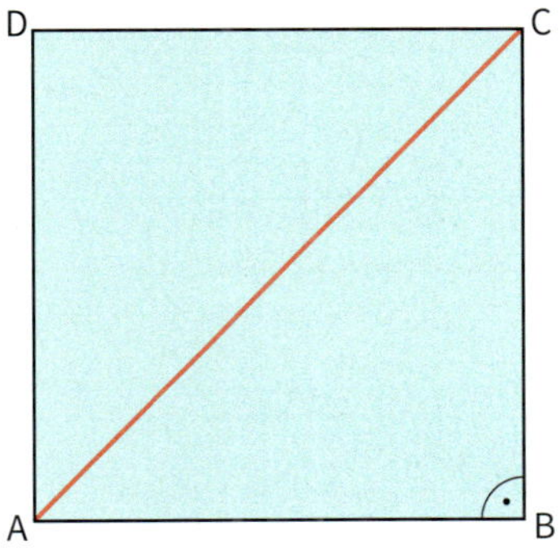

b) $\overline{AC}=\sqrt{32}$ cm c) $\sqrt{32}\approx 5{,}656854$

zu Seite 104

1

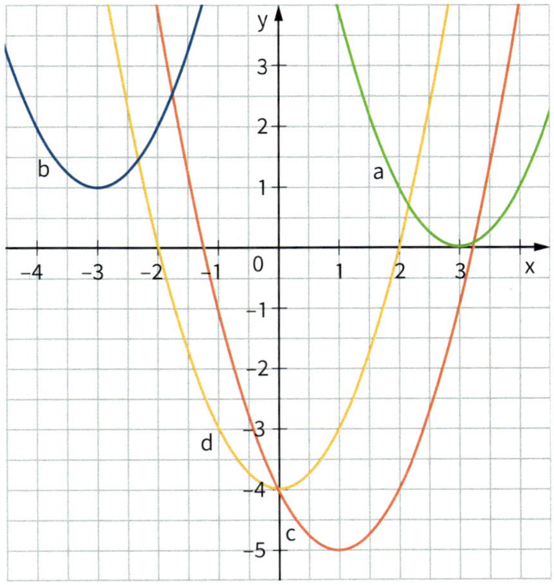

a) S(3 | 0) b) S(−3 | 1) c) S(1 | −5) d) S(0 | −4)

2 f: $y=(x-1)^2$ g: $y=(x-2)^2-1{,}5$
h: $y=(x+1)^2-2$ k: $y=(x+1{,}5)^2-0{,}5$

3 a) P liegt auf dem Graphen, Q nicht.
b) P und Q liegen nicht auf dem Graphen.
c) P liegt nicht auf dem Graphen, aber Q.

4 a) f: $y=(x-3)^2-4$; S(3 | −4)
b) g: $y=(x+1)^2+1$; S(−1 | 1)
c) h: $y=(x-2)^2-2{,}5$; S(2 | −2,5)

5 a) $y=(x-2)^2-1$; $x_1=1$, $x_2=3$
b) $y=(x+1)^2-4$; $x_1=-3$, $x_2=1$
c) $y=(x+3)^2+1$; keine Nullstellen
d) $y=(x-3)^2$; $x=3$

6 a) L = {(−8 | 8)} b) L = {(−13 | 0)}
c) L = { } d) L = {(−6 | 6)}

7 Der Bremsweg beträgt 38,4 m.

LÖSUNGEN
zu den Ausgangstests

zu Seite 105

1 f: $y = x^2 - x + 0{,}25$ g: $y = x^2 - 3x + 0{,}75$
h: $y = x^2 + 3x + 0{,}25$ k: $y = x^2 + 5x + 6{,}75$

2

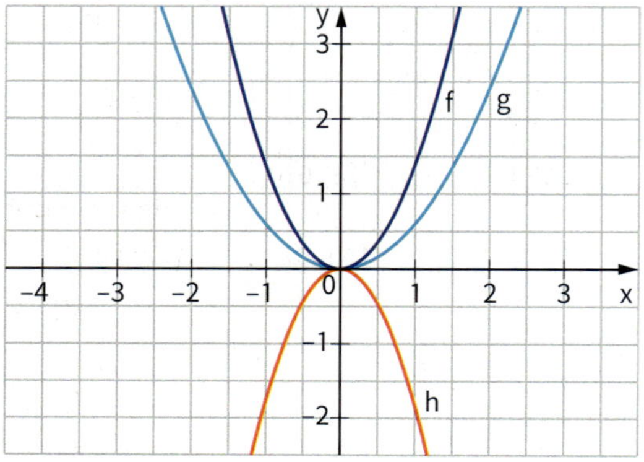

3 a) $L = \{(8 \mid 6)\}$ b) $L = \{\ \}$

4

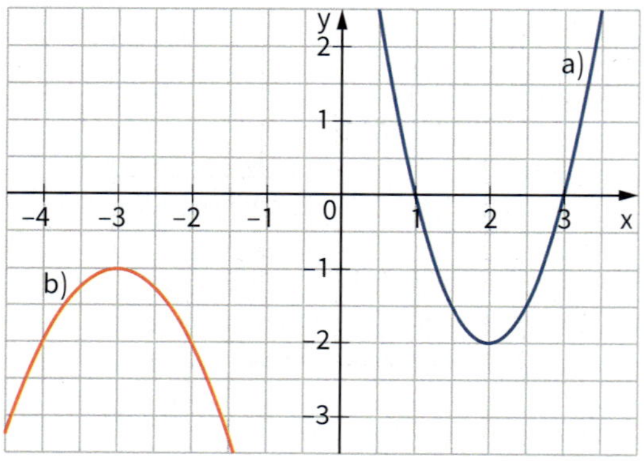

a) $S(2 \mid -2)$; $x_1 = 1$; $x_2 = 3$
b) $S(-3 \mid -1)$; keine Nullstellen

5 a) $S(2{,}5 \mid 6{,}875)$ b) $S(-1{,}5 \mid 7{,}5)$

6

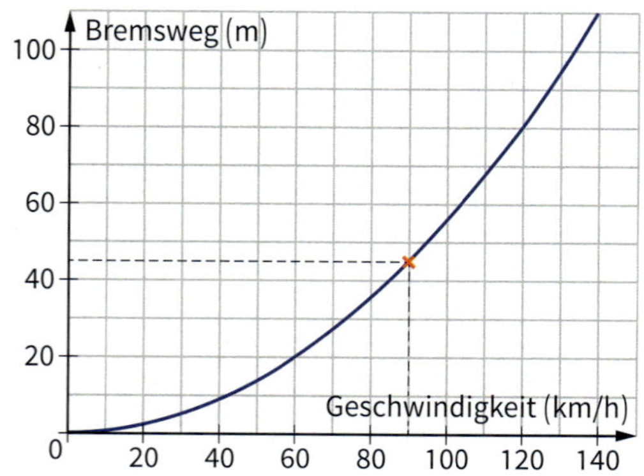

Die Ausgangsgeschwindigkeit beträgt ungefähr 90 $\frac{km}{h}$.

7 a) Der Ball überfliegt die 40-m-Markierung in einer Höhe von 19,20 m.

b)

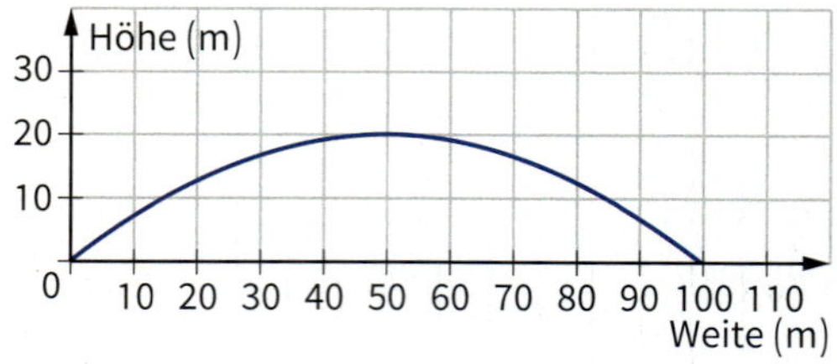

Die Weite beträgt 100 m. Der höchste Punkt der Flugbahn liegt bei 20 m.

zu Seite 126

1 a)

Fehltage	absolute Häufigkeit	relative Häufigkeit
1	1	$\frac{1}{27} \approx 0{,}04$
2	5	$\frac{5}{27} \approx 0{,}19$
3	9	$\frac{9}{27} \approx 0{,}33$
4	9	$\frac{9}{27} \approx 0{,}33$
5	2	$\frac{2}{27} \approx 0{,}07$
6	1	$\frac{1}{27} \approx 0{,}04$
Summe	27	1

b) Modalwert: 3 und 4
Median: $\tilde{x} = 3$
arithmetisches Mittel: $\bar{x} \approx 3{,}33$

2 a) $\bar{x} \approx 4{,}23$ m
b) $\tilde{x} = 4{,}27$ m
c) Der Median und das arithmetische Mittel liegen nah beieinander.

3 a) $\bar{x} \approx 7{,}75$ m; $\tilde{x} = 8{,}00$ m
b) Der Median ist sinnvoller, da die Datenreihe einen Ausreißer (5,32 m) hat.

4 Spannweite: 18 mA
$\bar{x} = 413{,}5$ mA; $\bar{s} = 4{,}625$ mA

5 a)

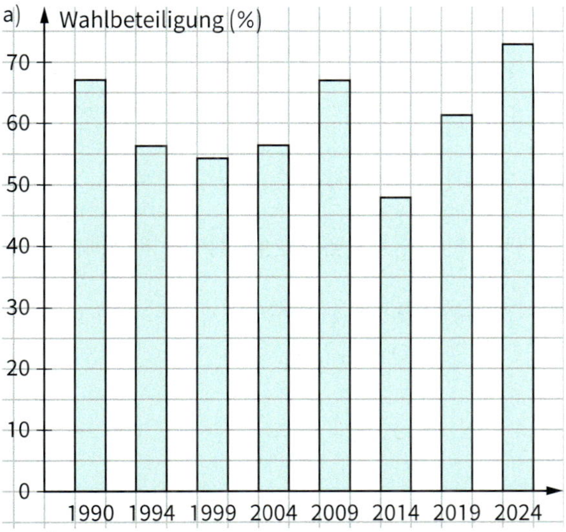

b) Die y-Achse beginnt erst bei 40 % und nicht bei 0 %.

zu Seite 127

1 a)/b)

Klasse	absolute Häufigkeit	relative Häufigkeit
von 0 h bis unter 1 h	7	0,25
von 1 h bis unter 2 h	5	≈ 0,18
von 2 h bis unter 3 h	5	≈ 0,18
von 3 h bis unter 4 h	4	≈ 0,14
von 4 h bis unter 5 h	4	≈ 0,14
von 5 h bis unter 6 h	2	≈ 0,07
von 6 h bis unter 7 h	1	≈ 0,04
Summe	28	1,00

c)

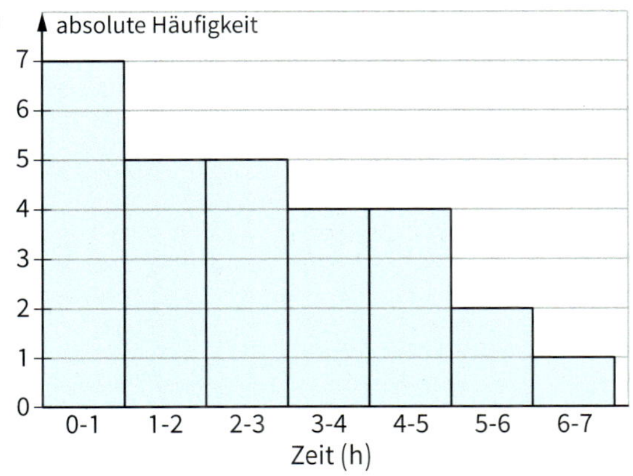

d) Median: $\tilde{x} = 2{,}0$ h
arithmetisches Mittel: $\bar{x} = 2{,}375$ h

2 a) Die Verhältnisse stimmen nicht, da die Fläche einen falschen Eindruck vermittelt.

b)

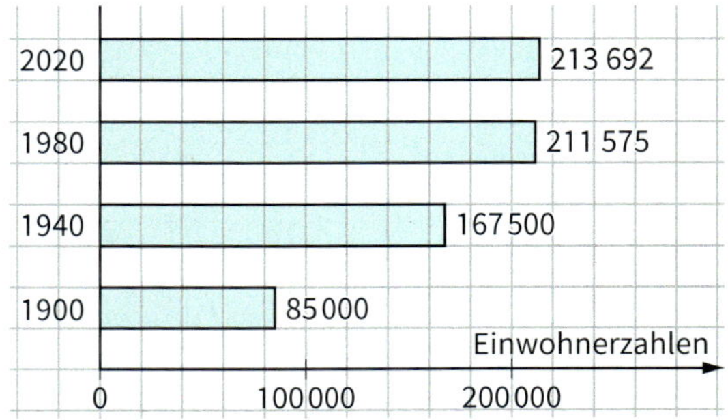

3 a)

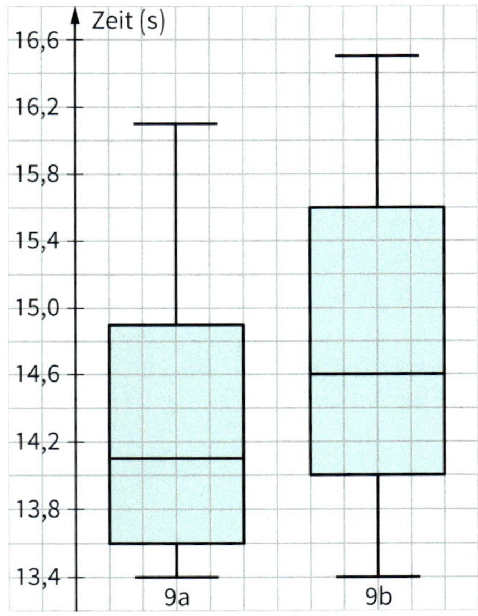

b) Maximum, Median, oberes und unteres Quartil liegen in der Klasse 9 b höher als in der Klasse 9 a. Die Klasse 9 b ist schlechter (langsamer) als die Klasse 9 a.

LÖSUNGEN
zu den Ausgangstests

4

		Johana	Gülistan
a)	Minimum	4:01 min	4:00 min
	Maximum	4:20 min	4:25 min
	Spannweite	0:19 min	0:25 min
b)	arithmetisches Mittel $\bar{x}$	4:10 min	≈ 4:09 min
	Median $\tilde{x}$	4:09,5 min	4:07 min
c)	mittlere lineare Abweichung $\bar{s}$	0:04 min	≈ 0:06 min

d) Johana sollte beim 1 000-m-Lauf antreten, da sie die kleinere Spannweite und die geringere mittlere lineare Abweichung hat. Sie hat also konstantere Laufleistungen.

zu Seite 148

1 a) $V = 89{,}6\,m^3$; $A_O = 156{,}8\,m^2$
b) $V \approx 111\,179\,cm^3 \approx 111\,000\,cm^3$;
$A_O \approx 14\,476\,cm^2 \approx 14\,500\,cm^2$

2 a) $V \approx 33\,510\,cm^3 \approx 34\,000\,cm^3$; $A_O \approx 5\,027\,cm^2 \approx 5\,000\,cm^2$
b) $V \approx 381{,}735\,m^3 \approx 382\,m^3$; $A_O \approx 254{,}47\,m^2 \approx 254\,m^2$

3 $A_O = 2\,910\,m^2$

4 $r \approx 1{,}496\,m \approx 1{,}50\,m$; $V \approx 6{,}597\,m^3 \approx 6{,}60\,m^3$

5 $V \approx 1{,}77\,m^3$; $m \approx 4{,}956\,t$

6 Die Dachfläche ist $49{,}68\,m^2$ groß. Das Eindecken des Daches kostet 8 942,40 €.

7 $r = 7{,}4\,m$
$V_{Kegel} \approx 883{,}12\,m^3$; $V_{Halbkugel} \approx 1\,697{,}40\,m^3$; $V \approx 2\,580{,}52\,m^3$
$s \approx 17{,}1\,m$
$A_{M\,Kegel} \approx 397{,}54\,m^2$; $A_{O\,Halbkugel} \approx 344{,}07\,m^2$;
$A_O \approx 741{,}61\,m^2$

zu Seite 149

1 a) $V = 17\,920\,cm^3$; $A_O = 8\,032\,cm^2$
b) $V \approx 3\,039\,m^3$; $A_O \approx 1\,407\,m^2$
c) $V \approx 0{,}03\,m^3$; $A_O \approx 0{,}50\,m^2$

2 $h_s = 19{,}50\,m$; $V = 2\,847{,}312\,m^3$; $A_O = 1\,460{,}16\,m^2$

3 a) $s = 5{,}1\,cm$; $V \approx 27{,}14\,cm^3$; $A_O \approx 56{,}55\,cm^2$
b) $r = 63\,cm$; $h_k = 60\,cm$; $V \approx 249\,380\,cm^3$; $A_O \approx 29\,688\,cm^2$

4 $r \approx 0{,}80\,m$; $V \approx 1{,}01\,m^3$; $s \approx 1{,}70\,m$; $A_O \approx 6{,}28\,m^2$

5 $r \approx 5{,}00\,m$; $V \approx 523{,}60\,m^3$

6 $A_M \approx 4{,}8\,m^2$; Es werden 0,336 *l* Farbe benötigt.

7 $V = 3\,328\,cm^3$; $m = 23\,628{,}8\,g$

LÖSUNGEN
zu den Üben-Seiten

zu Seite 26

1

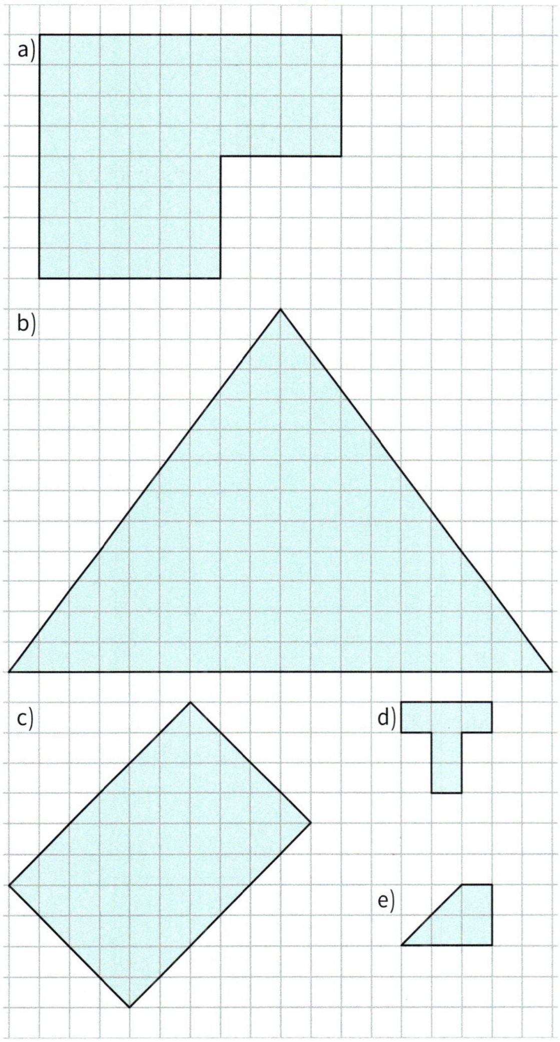

2 Die Städte sind in Wirklichkeit 30 km voneinander entfernt.

3 2,0 cm lang und 1,0 cm breit
(12,0 cm lang und 6,0 cm breit)

4 Die Zeichnung ist im Maßstab 1 : 5 angefertigt worden.

5 Es müssen mindestens 26,68 m² Teppichboden gekauft werden.

6 a) Die Figuren sind ähnlich zueinander, da die Verhältnisse entsprechender Seiten in beiden Dreiecken gleich sind.

$k = \frac{14,0}{12,0} = \frac{7,0}{6,0} = \frac{10,5}{9,0} = \frac{7}{6}$

b) Die Figuren sind nicht ähnlich zueinander, da die Verhältnisse entsprechender Seiten nicht gleich sind.

$\frac{15,0}{20,0} = 0,75$; $\frac{10,0}{16,0} = 0,625$

7

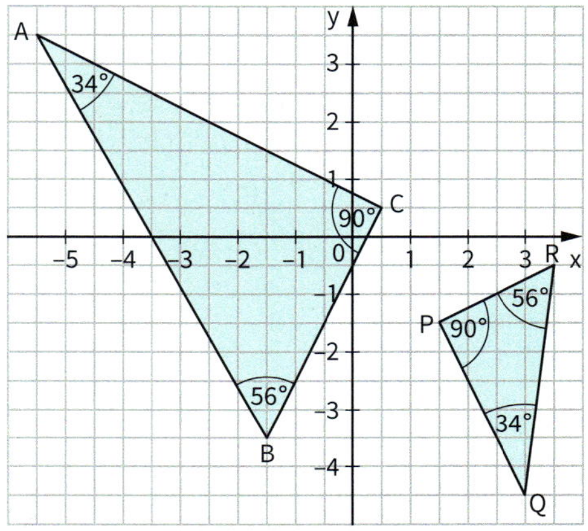

Die Dreiecke ABC und PQR sind ähnlich zueinander, da z. B. entsprechende Winkel gleich groß sind.

8 a′ = 4,5 cm; b′ = 9 cm

9

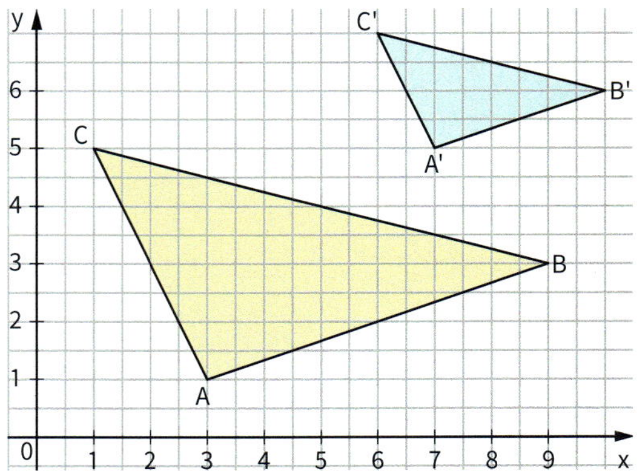

C′ (6 | 7); k = 0,5

10 a) Die Dreiecke sind ähnlich, da die Winkel in einem gleichseitigen Dreieck immer 60° betragen und die Verhältnisse der entsprechenden Seiten in beiden Dreiecken gleich sind.

b) Kreise, Quadrate

LÖSUNGEN
zu den Üben-Seiten

zu Seite 27

11

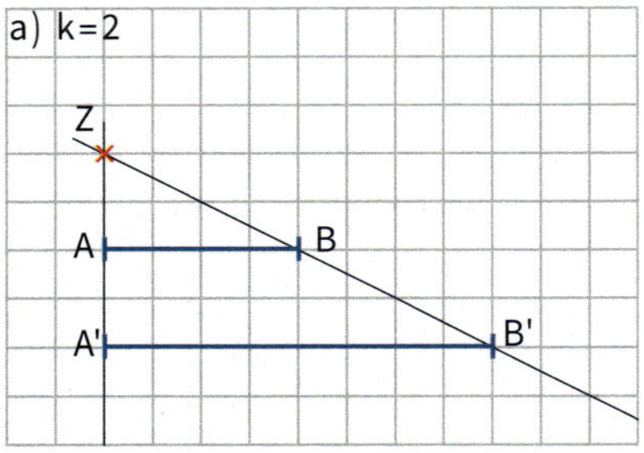

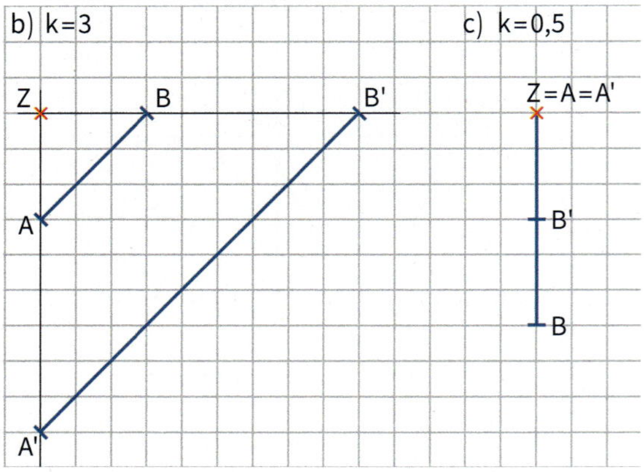

12 a) A′(−6|0); B′(8|8)
b) A′(−1|−3); B′(5|−3)

13

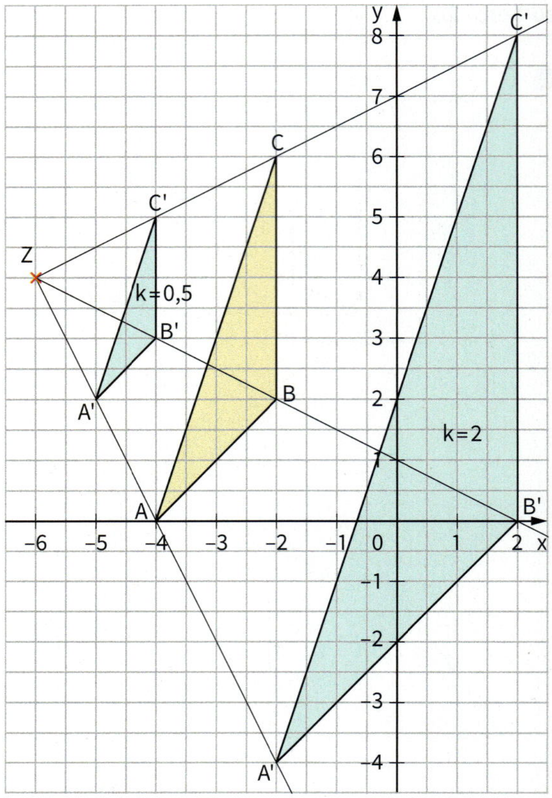

k = 2: A′(−2|−4); B′(2|0); C′(2|8)
k = 0,5: A′(−5|2); B′(−4|3); C′(−4|5)

14

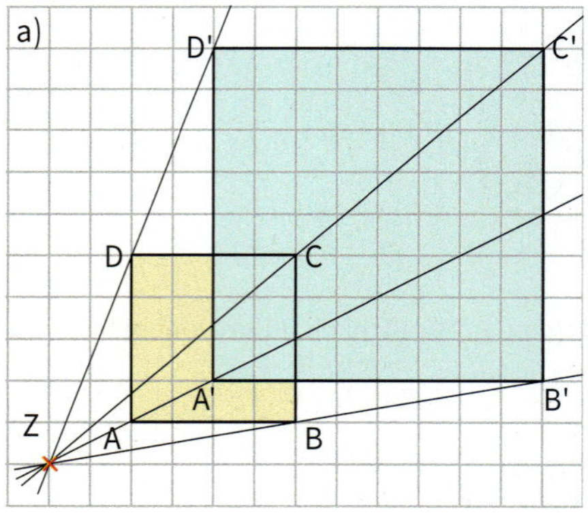

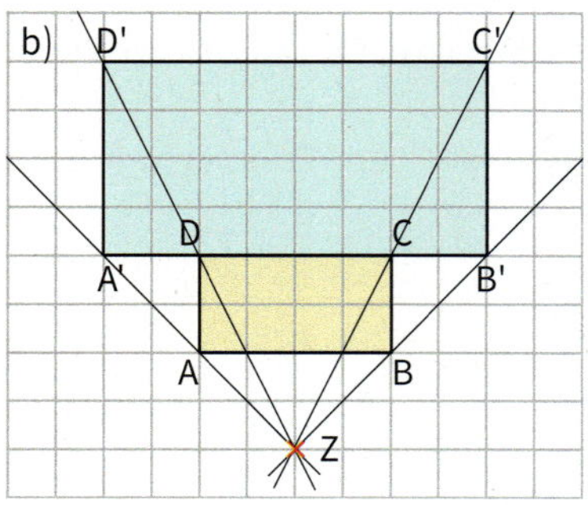

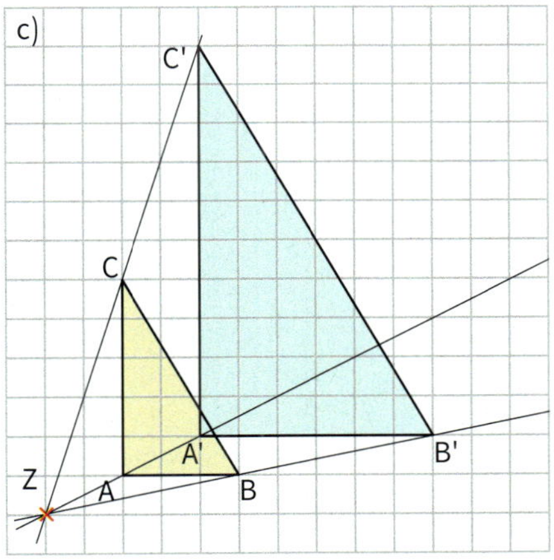

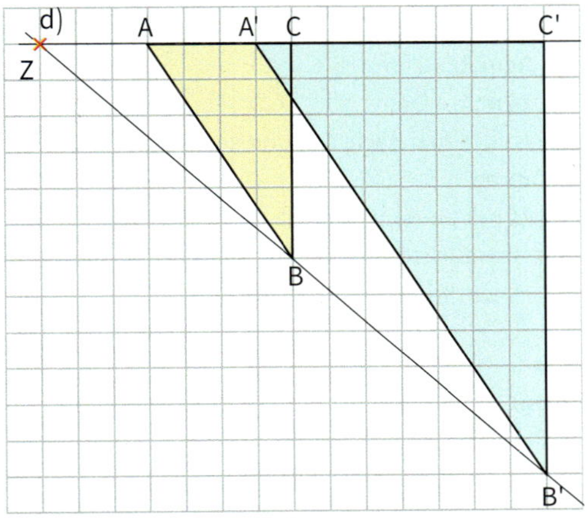

15

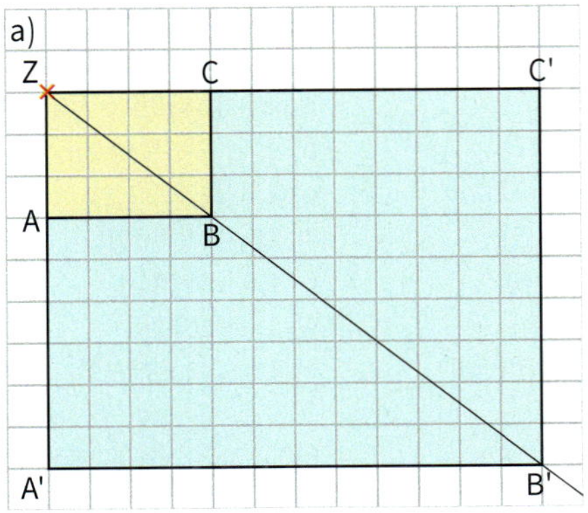

Originalfigur: $A = 3\,cm^2$, Bildfigur: $A' = 27\,cm^2$

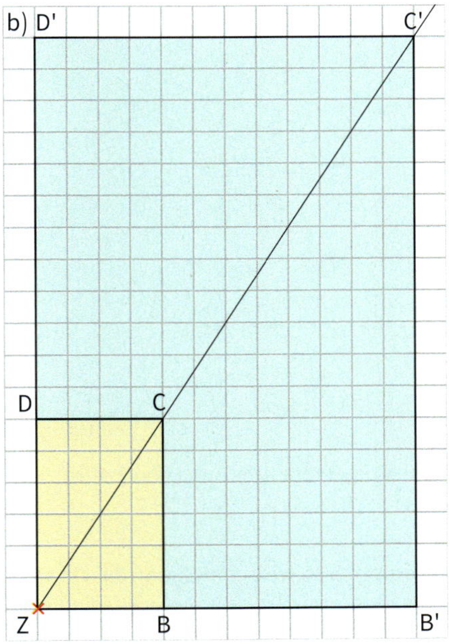

Originalfigur: $A = 6\,cm^2$, Bildfigur: $A' = 54\,cm^2$

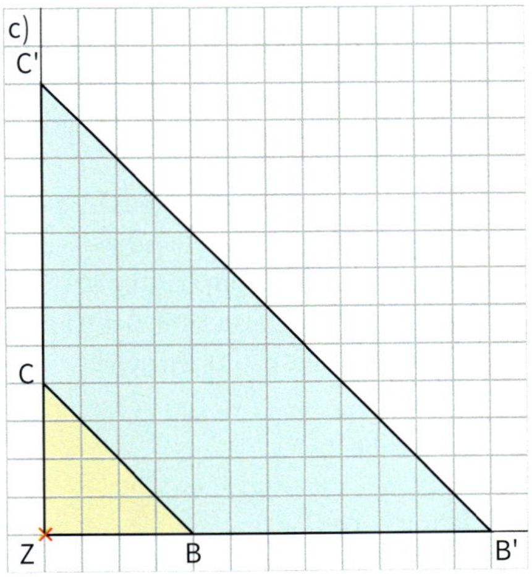

Originalfigur: $A = 2\,cm^2$, Bildfigur: $A' = 18\,cm^2$

16 Seitenlängen: $a' = 4{,}8\,cm$, $b' = 2{,}4\,cm$
Flächeninhalt $A' = 11{,}52\,cm^2$

17 $Z(6|4)$; $k = 3$

18 $Z(8|10)$; $k = 2$; $A'(0|-6)$; $B'(8|-6)$; $C'(8|2)$; $D'(0|6)$

LÖSUNGEN
zu den Üben-Seiten

zu Seite 28

19 a) x = 5,1 cm b) x = 7,2 cm

20 a) x = 16 cm b) x = 22,5 cm c) x = 22,5 cm
d) x = 10 cm e) x = 6,9 cm f) x = 9,0 cm
g) x = 5,4 cm

zu Seite 29

1 Die Öffnung ist 0,34 cm groß.

2 Die Stütze muss in einer Entfernung von 2,40 m aufgestellt werden.

3 a) Man entfernt sich so weit vom Baum, dass man über die eine Ecke der Hypotenuse genau die Baumspitze anpeilen kann. Dann misst man die Entfernung zum Baum (z. B. durch Abschreiten mit 1-m-Schritten) und die Höhe, in der man das Försterdreieck gehalten hat (näherungsweise Körpergröße minus etwa 15 Zentimeter). Die Entfernung zum Baum zusammen mit der ermittelten Höhe, in der das Försterdreieck gehalten wurde, ergibt die Höhe des Baumes.
b) Zuerst bestimmt man mit dem Strahlensatz die Länge der Kathete des großen Dreiecks: Diese muss genauso groß wie der Abstand vom Baum sein, da das Försterdreieck gleichschenklig ist, also 15 m. Der Baum ist dann insgesamt 15 m + 1,6 m = 16,6 m hoch.

4 Der Mast ist 13,60 m hoch.

5 Die Leiter reicht 6 m hoch.

6 a) Die Höhe des Giebels beträgt 6 m.
b) Die Dachkante ist 6,5 m lang.

7 Die Cheopspyramide ist 146 m hoch. (Tipp: Ermittle die Länge von der Spitze des Schattens bis zur Mitte der Pyramide.)

zu Seite 48

1 a) L = {(4 | 3)} b) L = {(2 | −3)}
c) L = {(3 | −2)} d) L = {(−3 | −4)}
e) unendl. viele Lösungen f) L = {(2 | 2,5)}
g) L = {(−0,5 | 0,5)} h) L = { }
i) L = {(2,5 | 1,5)} k) L = {(3 | −3,5)}
l) L = {(−2,5 | 4,5)} m) unendl. viele Lösungen
n) L = {(2 | −1)} o) L = {(3 | −0,5)}

2 Vadim wählt für x und y verschiedene Werte, so dass ihre Summe 20 ergibt (Gleichung I). Diese Werte werden in Gleichung II eingesetzt, bis das Ergebnis von insgesamt 100 Betten erreicht wird.

3 a) a = 6 cm; b = 9 cm
b) a = 24 m; b = 36 m
c) Sie ist dreimal Karussell und sechsmal Autoscooter gefahren.
d) Paula hat an ihrem Armband sechs Kettenglieder mit Schmucksteinen und acht Kettenglieder ohne Schmucksteine.

zu Seite 49

4 a) L = {(−8 | −20)} b) L = {(−24 | 12)}
c) L = {(13,4 | 6,8)} d) L = {(−0,6 | −0,8)}
e) L = {(−6 | 12)} f) L = {(5 | −17)}
g) L = {(−6 | −9)} h) L = {(11 | 13)}
i) L = {(20 | 14)} k) L = {(19 | −23)}
l) L = {(6 | 7)} m) L = {(24 | 6)}
n) L = {(15 | 27)} o) L = {(6,6 | −11,2)}
p) L = {(−54 | 72)} q) L = {(2,4 | −1,8)}
r) L = {(19 | −6)} s) L = {(21 | −30)}
t) L = {(14 | 16)} u) L = {(36 | 41)}
v) L = {(23 | 4)} w) L = {(20 | 2)}
x) L = {(19,2 | 16,4)} y) L = {(−11,7 | 6,3)}

5 a) L = {(14 | −18)} b) unendl. viele Lösungen
c) L = {(29 | −31)} d) L = { }
e) unendl. viele Lösungen f) L = { }
g) L = {(1,3 | 2,1)} h) L = {(−5,3 | 4,8)}
i) L = {(12,5 | −16,3)} k) unendl. viele Lösungen
l) L = {(11,6 | −7,4)} m) L = {(7,1 | −6,2)}
n) unendl. viele Lösungen o) L = {(36,4 | 13,2)}
p) L = {(2,6 | 3,8)} q) L = {(−11,2 | 12,4)}
r) L = {(8,5 | 25,5)} s) L = {(0 | −2)}

6 a) L = { } b) L = {(−30 | −13)}
c) L = {(0 | 1,25)} d) L = {(−4,5 | 8,5)}

LÖSUNGEN
zu den Üben-Seiten

zu Seite 50

1 a) $x + y = 35$
$x - y = 17$
Die größere Zahl ist 26, die kleinere 9.
b) $x + y = 92$
$2x + \frac{1}{2}y = 124$
Die erste Zahl ist 52, die zweite 40.
c) $x + 5 = 4y$
$2x - 6 = 4y$
Die erste Zahl ist 11, die zweite 4.
d) $2x = 3y + 7$
$x + y = 3y - 2$
Die erste Zahl ist 20, die zweite 11.
e) $\frac{1}{4}x = y - 4$
$x + y = 14$
Die erste Zahl ist 8, die zweite 6.

2 a) $3x + 4 = 2y - 1$
$2x = y + 1$
Die erste Zahl ist 7, die zweite 13.
b) $2{,}5x = 2y + 8$
$5y = 4x - 2$
Die erste Zahl ist 8, die zweite 6.
c) $x + y = 49$
$\frac{x}{y} = 6$
Die erste Zahl ist 42, die zweite 7.
d) $x - y = 20$
$2x = 10y$
Die erste Zahl ist 25, die zweite 5.

3 x: Anzahl der Einzelzimmer
y: Anzahl der Doppelzimmer
$x + y = 108$
$x + 2y = 156$
Das Hotel hat 60 Einzelzimmer und 48 Doppelzimmer.

4 x: Anzahl der Hühner
y: Anzahl der Kaninchen
$x + y = 37$
$2x + 4y = 106$
Jonas hat 21 Hühner und 16 Kaninchen.

5 a) Die Summe einer Zahl und das Dreifache einer zweiten Zahl beträgt 42. Die Differenz vom Dreifachen der ersten Zahl und vom Doppelten der zweiten Zahl beträgt 16.
b) Hans kauft vier Müsliriegel und drei Schokoriegel und bezahlt zusammen 8,40 €. Pia kauft jeweils einen Riegel mehr und bezahlt 10,70 €. Wie viel kostet jeder Riegel?

zu Seite 51

1 Jeder Basiswinkel ist 72° groß, der Winkel an der Spitze ist 36° groß.

2 Der eine spitze Winkel ist 41°, der andere 49° groß.

3 Zwei Winkel sind jeweils 60°, zwei Winkel jeweils 120° groß.

4 Die Basis ist 7 cm lang, jeder Schenkel hat eine Länge von 11 cm.

5 Zwei Seiten sind jeweils 9 cm, zwei Seiten jeweils 15 cm lang.

6 Die kürzere parallele Seite ist 11 cm, die längere 13 cm lang.

7 Die Länge eines Schenkels beträgt 30 cm, die Grundseite ist 15 cm lang.

8 a) Die Grundseite ist 10 cm lang, die Höhe hat eine Länge von 15 cm.
b) Die Grundseite ist 5 cm lang, die Höhe hat eine Länge von 20 cm.

9 Die ursprüngliche Breite beträgt 20 m, die ursprüngliche Länge 30 m.

10 Die kleinere Seite ist 5 cm, die größere 10 cm lang.

11 Die Höhe beträgt 12 cm, die Länge der Grundseite 15 cm.

zu Seite 52

1 Eine Tasse Kaffee kostet 1 €, ein belegtes Brötchen 1,50 €.

2 100 US-Dollar kosten 91,79 €, 100 kanadische Dollar 73,26 €.

3 Die Grundgebühr pro Tag beträgt 35 €, die Kosten pro zurückgelegtem Kilometer 0,15 €.

4 Die Grundgebühr beträgt 3,30 €, die Kosten für einen zurückgelegten Kilometer 1,80 €.

5 Der Nettopreis für den Wasserzähler beträgt pro Jahr 61,32 €, der Nettopreis für einen Kubikmeter Frischwasser 4,37 €.

LÖSUNGEN
zu den Üben-Seiten

6 Die Zählergebühr beträgt 92,15 €, der Preis für 1 m^3 Erdgas liegt bei 0,67 €.

zu Seite 68

1
a) 100, 120, 110
b) 150, 250, 130
c) 2,7, 2,2, 2,4
d) 400, 700, 1 500
e) 0,08, 0,07, 0,12
f) 0,4, 0,9, 1,5
g) 9 000, 30 000, 1 000 000
h) 300, 500, 2 000

2
a) z. B. $\sqrt{3} \cdot \sqrt{12}$ $(\sqrt{8} : \sqrt{2})$
b) z. B. $\sqrt{2} \cdot \sqrt{3} \cdot \sqrt{6}$; $\sqrt{5} \cdot \sqrt{10} \cdot \sqrt{2}$

3

rationale Zahlen	irrationale Zahlen
$\sqrt{0,36} + \sqrt{2,25}$	$7 \cdot \sqrt{3}$
$2 + \sqrt{1}$	$\sqrt{5} + \sqrt{4}$
$7 \cdot \sqrt{16}$	$5 \cdot \sqrt{5}$
$\sqrt{6,25} - \sqrt{4,84}$	$1 + \sqrt{2}$
$5 - \sqrt{4}$	$4 - \sqrt{5}$
$6 \cdot \sqrt{9}$	$8 : \sqrt{2}$
$8 : \sqrt{4}$	$9 \cdot \sqrt{6}$
$\sqrt{1,96} + \sqrt{1,69}$	$\sqrt{0,9} + \sqrt{0,4}$
$\sqrt{2} \cdot \sqrt{2}$	$7 + \sqrt{0,5}$
$3 + \sqrt{0,25}$	$\sqrt{16 : 3}$
$\sqrt{18 : 2}$	$\sqrt{15 : 3}$
$\sqrt{36 : 9}$	
$\sqrt{9 : 36}$	

4 Die Zahl liegt zwischen
a) 8 und 9, 8 und 9
b) 7 und 8, 9 und 10
c) 11 und 12, 12 und 13
d) 3 und 4, 4 und 5

5
a) $\sqrt{22} < 4,7 < \sqrt{23} < 4,8 < \sqrt{24} < 4,9$
b) $\sqrt{10} < 3,2 < \sqrt{11} < 3,6 < \sqrt{13} < 3,65$
c) $7,14 < \sqrt{51} < \sqrt{52} < 7,22 < 7,28 < \sqrt{53}$
d) $1,7 < \sqrt[3]{5} < 1,8 < \sqrt[3]{6} < 1,9 < \sqrt[3]{7}$

6
a) 22, 26, 18
b) 9, 8, 5
c) 22, 21, 18
d) 0,6, 0,7, 0,5
e) 60, 2, 39

7
a) $15\sqrt{6}$, $5\sqrt{7}$, $11\sqrt{3}$
b) $12\sqrt{5}$, $4\sqrt{2}$, $7\sqrt{11}$
c) $11\sqrt{7} + 13\sqrt{5}$, $14\sqrt{19} - \sqrt{8}$, $5\sqrt{6} + 2\sqrt{2}$
d) $-4\sqrt{x} + \sqrt{y}$, $20\sqrt{x} - 6\sqrt{y}$, $2\sqrt{x} + 20\sqrt{y}$

8
a) $2\sqrt{8}$, $2\sqrt{13}$, $2\sqrt{11}$
b) $10\sqrt{7}$, $10\sqrt{5}$, $20\sqrt{2}$
c) $7\sqrt{2}$, $6\sqrt{3}$, $8\sqrt{3}$
d) $9\sqrt{p}$, $6\sqrt{q}$, $7\sqrt{r}$

9
a) $21\sqrt{2}$, $10\sqrt{3}$, $3\sqrt{5}$
b) $5\sqrt{2}$, $14\sqrt{7}$, $16\sqrt{3}$

10 a) $\frac{\sqrt{6}}{3}$ b) $\frac{\sqrt{8}}{8}$ c) $\frac{r\sqrt{2}}{2}$ d) $\frac{s\sqrt{11}}{11}$ e) $\frac{rs\sqrt{5}}{5}$

zu Seite 69

1
a) 11,874, 11,705, 11,091
b) 16,823, 25,475, 19,925
c) 5,265, 4,352, 1,937

2 zwischen
a) 6,8555 und 6,8565; 8,8315 und 8,8325
b) 9,8485 und 9,8495; 7,275 und 7,285

3
a) Da beim ersten Weg zweimal gerundet wird, ist der zweite Weg „erst addieren, dann runden" genauer.
b) erster Weg: 14,8 bzw. 16,7
zweiter Weg: 14,9 bzw. 16,8

4
a) Die Ergebnisse unterscheiden sich um 3 Zehntel. Der zweite Weg „erst multiplizieren, dann runden" ist genauer.
b) erster Weg: 62,6 bzw. 82,5
zweiter Weg: 62,2 bzw. 83,3

5
a) 1. Art: 50,8 2. Art: 54,2
b) Differenz: 3,4
Der größere Wert ist um etwa 6,7 % größer.

6
a) 27,83, 24,98, 35,09
b) −36,67, 46,24, 25,33

LÖSUNGEN
zu den Üben-Seiten

zu Seite 70

1 a = 5 cm (200 mm; 1,5 dm; 1,1 m; 7,8 cm; 0,18 m)

2 $A_O = 96\ cm^2$ ($2\,400\ cm^2$; $864\ cm^2$; $2\,957{,}04\ cm^2$; $31{,}74\ cm^2$; $73{,}5\ cm^2$)

3 u = 41,4 cm (333 cm)

4 a) 12 cm (rational); $4\sqrt{5}$ cm (irrational); 1,8 cm (rational); $\frac{3\sqrt{10}}{5}$ cm (irrational)
b) z. B.: 10 cm und 15 cm (irrational);
4 cm und 9 cm (rational)

5 a) 10 cm (rational); $2\sqrt[3]{75}$ cm (irrational);
1,2 m (rational); $\sqrt[3]{7}$ m (irrational)
b) z. B.: 2,5 cm, 5 cm und 10 cm (rational);
3 cm, 5 cm und 10 cm (irrational)

6 hellrot: $A = 36\ cm^2$
rot: $A = 16\ cm^2$
grün und grau: $A = 25\ cm^2$
blau, orange und gelb: $A = 1\ cm^2$

7 $A = 0{,}5\ cm^2 \rightarrow a = \sqrt{0{,}5}\ cm$
$A = 1\ cm^2 \rightarrow a = 1\ cm$
$A = 2\ cm^2 \rightarrow a = \sqrt{2}\ cm$
$A = 4\ cm^2 \rightarrow a = 2\ cm$
$A = 8\ cm^2 \rightarrow a = \sqrt{8}\ cm$
Beim Verdoppeln des Flächeninhalts wird die Seitenlänge mit $\sqrt{2}$ multipliziert.

8 $V = 0{,}5\ cm^3 \rightarrow a = \sqrt[3]{0{,}5}\ cm$
$V = 1\ cm^3 \rightarrow a = 1\ cm$
$V = 2\ cm^3 \rightarrow a = \sqrt[3]{2}\ cm$
$V = 4\ cm^3 \rightarrow a = \sqrt[3]{4}\ cm$
$V = 8\ cm^3 \rightarrow a = 2\ cm$
Beim Verdoppeln des Volumens wird die Seitenlänge mit $\sqrt[3]{2}$ multipliziert.

zu Seite 96

1 a)

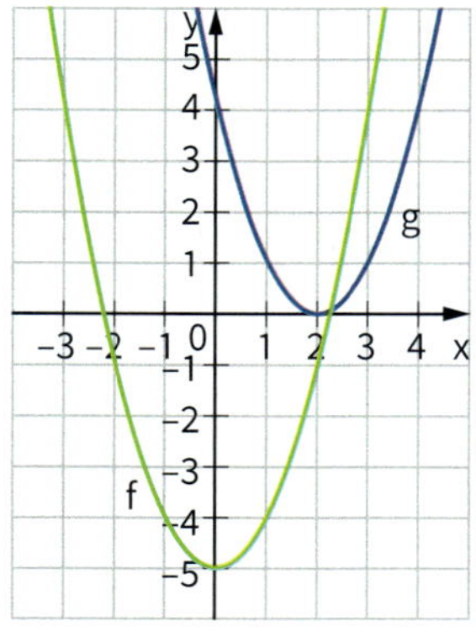

f: S(0 | −5)
g: S(2 | 0)

b)

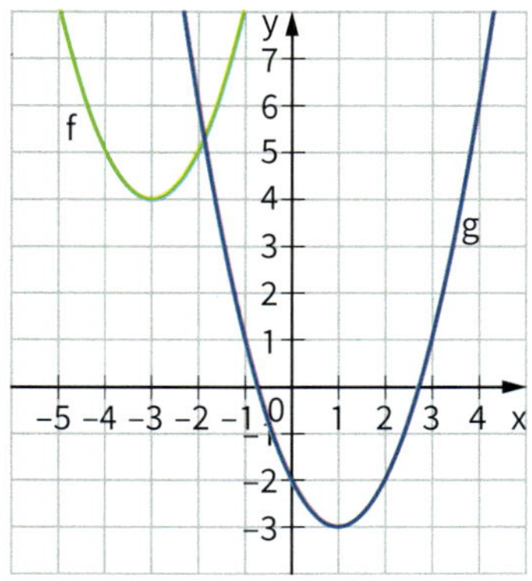

f: S(−3 | 4)
g: S(1 | −3)

c)

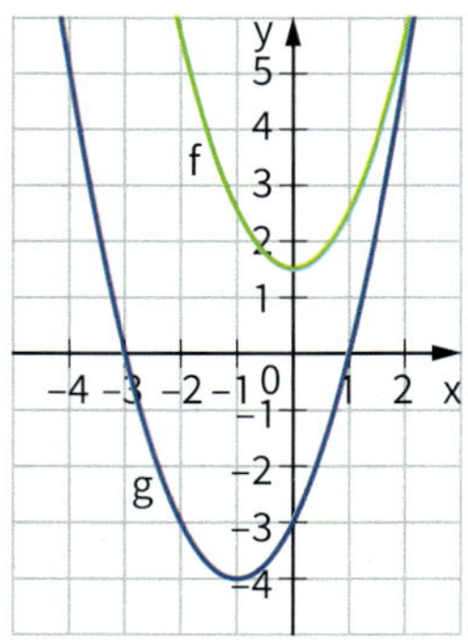

f: S(0 | 1,5)
g: S(−1 | −4)

d)

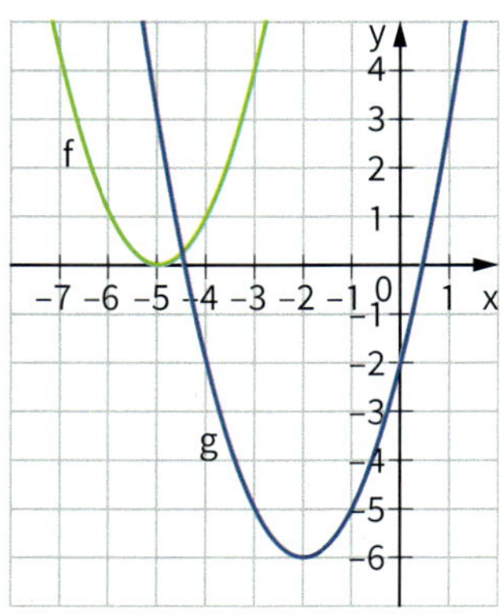

f: S(−5 | 0)
g: S(−2 | −6)

LÖSUNGEN
zu den Üben-Seiten

2 a) $y = (x - 9)^2$ b) $y = x^2 - 15$
c) $y = (x - 13)^2 + 14$ d) $y = (x + 4)^2 + 5$
e) $y = (x - 8)^2 - 9$ f) $y = x^2$
g) $y = (x + 17)^2 - 28$ h) $y = (x - 12{,}5)^2 - 6{,}5$

3 a) f: $S(2\,|\,1)$; g: $S(-1{,}5\,|\,0)$;
h: $S(0\,|\,-1)$; k: $S(1{,}5\,|\,-0{,}5)$
b) $f(x) = x^2 - 4x + 5$; $g(x) = x^2 + 3x + 2{,}25$;
$h(x) = x^2 - 1$; $k(x) = x^2 - 3x + 1{,}75$

4 a) $y = (x - 12)^2$; $y = x^2 - 24x + 144$
b) $y = (x + 12{,}5)^2$; $y = x^2 + 25x + 156{,}25$
c) $y = x^2 - 18$
d) $y = x^2 + 26$
e) $y = (x - 14)^2 + 7$; $y = x^2 - 28x + 203$
f) $y = (x + 30)^2 - 20$; $y = x^2 + 60x + 880$

5 a) $f(-5) = 25 + 18 = 43$
→ P liegt auf dem Graphen.
$f(7) = 49 + 18 = 67 \neq 66$
→ Q liegt nicht auf dem Graphen.
b) $f(24) = (24 - 27)^2 = 9 \neq 8$
→ P liegt nicht auf dem Graphen.
$f(-3) = (-3 - 27)^2 = 900$
→ Q liegt auf dem Graphen.
c) $f(1) = (1 + 25)^2 - 14 = 662 \neq 670$
→ P liegt nicht auf dem Graphen.
$f(23) = (23 + 25)^2 - 14 = 2\,290 \neq 8$
→ Q liegt nicht auf dem Graphen.
d) $f(27) = 729 - 1\,620 + 879 = -12 \neq -9$
→ P liegt nicht auf dem Graphen.
$f(30) = 900 - 1\,800 + 879 = -21$
→ Q liegt auf dem Graphen.

6

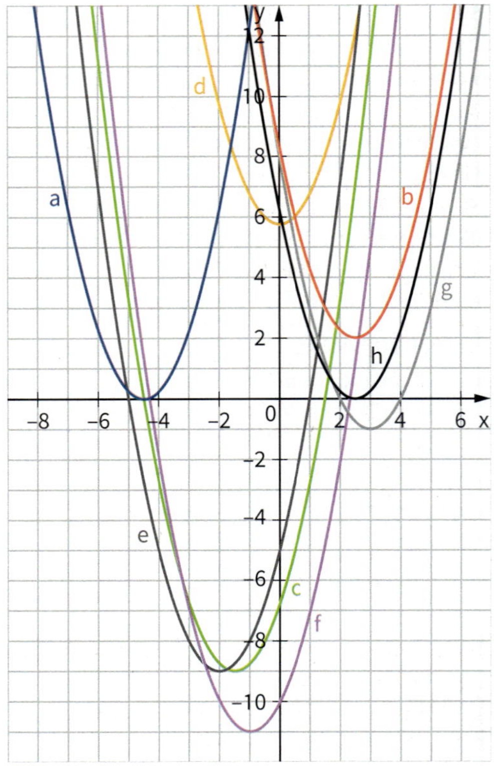

a) $x_1 = -2{,}5$; $x_2 = -6{,}5$ b) $x_1 = 4{,}5$; $x_2 = 0{,}5$
c) $x_1 = 1{,}5$; $x_2 = -4{,}5$ d) $x_1 = 2{,}5$; $x_2 = -2{,}5$
e) $x_1 = 2$; $x_2 = -6$ f) $x_1 = 1$; $x_2 = -3$
g) $x_1 = 4$; $x_2 = 2$ h) $x_1 = -0{,}5$; $x_2 = 5{,}5$

zu Seite 97

7

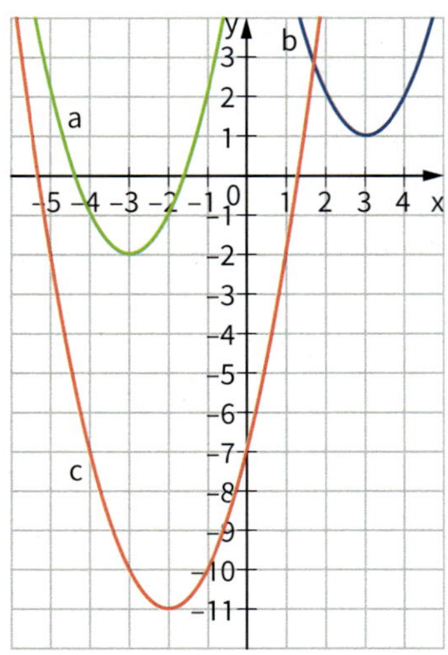

a) $S(-3\,|\,-2)$; $x_1 = -4{,}414$; $x_2 = -1{,}586$
b) $S(3\,|\,1)$; keine Nullstellen
c) $S(-2\,|\,-11)$; $x_1 = -5{,}317$; $x_2 = 1{,}317$

8
a) Symmetrieachse: $x = 0$; Nullstelle: $x = 0$
b) Die Normalparabel steigt schneller als der Graph von $y = 0{,}6\,x^2$.
c) Der Graph einer linearen Funktion ist eine Gerade, der Graph einer quadratischen Funktion eine Parabel. Eine lineare Funktion hat an jeder Stelle die gleiche Steigung. Bei einer quadratischen Funktion hängt die Steigung vom jeweiligen x-Wert ab, d. h. sie ist in jedem Punkt verschieden.

9

Funktionsgleichung	Parabel
$y = -0{,}7\,x^2$	i
$y = 1{,}7\,x^2$	h
$y = -1{,}4\,x^2$	l
$y = 0{,}1\,x^2$	g
$y = -x^2$	f
$y = -\frac{1}{3}x^2$	k

10
a) f: Die Parabel ist nach oben geöffnet und um den Faktor 2,5 in x-Richtung gestreckt.
g: Die Parabel ist nach unten geöffnet und um den Faktor 1,9 in x-Richtung gestreckt.
b) f: Die Parabel ist nach unten geöffnet und um den Faktor 1,2 in x-Richtung gestreckt.
g: Die Parabel ist nach oben geöffnet und um den Faktor 0,8 in x-Richtung gestaucht.
c) f: Die Parabel ist nach oben geöffnet und um den Faktor 0,2 in x-Richtung gestaucht.
g: Die Parabel ist nach oben geöffnet und um den Faktor 0,5 in x-Richtung gestaucht.
d) f: Die Parabel ist nach unten geöffnet und um den Faktor 0,7 in x-Richtung gestaucht.
g: Die Parabel ist nach unten geöffnet und um den Faktor 1,3 in x-Richtung gestreckt.

11

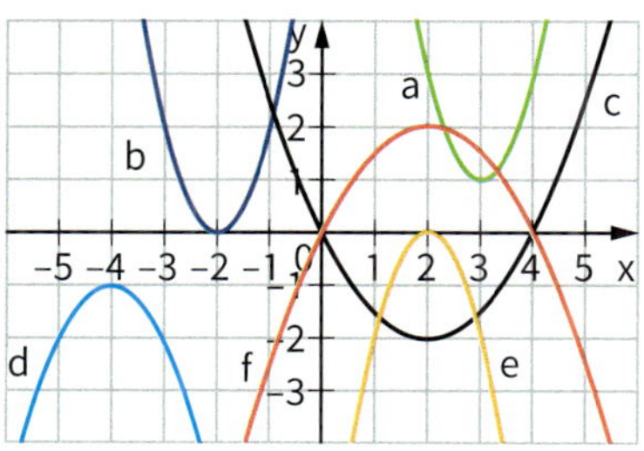

a) $S(3\,|\,1)$; keine Nullstellen
b) $S(-2\,|\,0)$; $x = -2$
c) $S(2\,|\,-2)$; $x_1 = 0$; $x_2 = 4$
d) $S(-4\,|\,-1)$; keine Nullstellen
e) $S(2\,|\,0)$; $x = 2$
f) $S(2\,|\,2)$; $x_1 = 0$; $x_2 = 4$

12

Funktionsgleichung	Parabel
$y = x^2 + 2x - 5$	k
$y = -0{,}5\,x^2 + 2x + 3$	h
$y = 1{,}8\,x^2 - 10{,}8\,x + 17{,}2$	g
$y = -x^2 - 6x - 5$	f

zu Seite 98

1
a) keine Lösung
zwei Lösungen
keine Lösung
b) zwei Lösungen
keine Lösung
zwei Lösungen
c) zwei Lösungen
keine Lösung
keine Lösung

2
a) $L = \{8, -8\}$
$L = \{7, -7\}$
$L = \{5, -5\}$
b) $L = \{9, -9\}$
$L = \{5, -5\}$
$L = \{3, -3\}$

3
a) $L = \{8, 0\}$
$L = \{9, 0\}$
$L = \{3, 0\}$
b) $L = \{-9, 0\}$
$L = \{-7, 0\}$
$L = \{-2, 0\}$
c) $L = \{-1, 0\}$
$L = \{-1, 0\}$
$L = \{1, 0\}$

4
a) $L = \{15, 0\}$
$L = \{3, 0\}$
$L = \{8, 0\}$
b) $L = \{0, -6\}$
$L = \{0, -3\}$
$L = \{4, 0\}$

5
a) $L = \{-2, -3\}$
$L = \{-4, 3\}$
$L = \{1, -4\}$
b) $L = \{8, -4\}$
$L = \{-2, -5\}$
$L = \{5, -17\}$
c) $L = \{4, -12\}$
$L = \{-5, 9\}$
$L = \{6, -13\}$
d) $L = \{15, -3\}$
$L = \{9, 2\}$
$L = \{10, 5\}$
e) $L = \{2, -4\}$
$L = \{1, -2\}$
$L = \{-1, -2\}$
f) $L = \{2, -1\}$
$L = \{\ \}$
$L = \{2, -4\}$

6
a) -1; $L = \{\ \}$
0; $L = \{6\}$
$0{,}25$; $L = \{4, 3\}$
$2{,}25$; $L = \{4, 1\}$
b) 0; $L = \{-8\}$
-1; $L = \{\ \}$
25; $L = \{14, 4\}$
81; $L = \{3, -15\}$
c) $6{,}25$; $L = \{-2, -7\}$
-1; $L = \{\ \}$
0; $L = \{7{,}5\}$
$30{,}25$; $L = \{12, 1\}$
d) 144; $L = \{16, -8\}$
0; $L = \{9\}$
$56{,}25$; $L = \{2, -13\}$
$-7{,}75$; $L = \{\ \}$

LÖSUNGEN
zu den Üben-Seiten

7 a) $3x^2 - 45x + 150 = 0$; $L = \{5, 10\}$
$4x^2 + 88x + 288 = 0$; $L = \{-4, -18\}$
$2x^2 + 38x + 68 = 0$; $L = \{-2, -17\}$

b) $7x^2 + 49x + 84 = 0$; $L = \{-3, -4\}$
$5x^2 - 40x - 165 = 0$; $L = \{11, -3\}$
$2x^2 - 28x + 80 = 0$; $L = \{10, 4\}$

zu Seite 99

1 a)

x (in $\frac{km}{h}$)	20	40	60	80	100	120	160
$y = 0{,}01\,x^2$ (in m)	4	16	36	64	100	144	256

b) Wird die Geschwindigkeit verdoppelt, so vervierfacht sich der Bremsweg.

c)

Bremsweg (in m)	9	25	64	81
Geschwindigkeit (in $\frac{km}{h}$)	30	50	80	90

2

Geschwindigkeit x (in $\frac{km}{h}$)	30	40	50	60
Bremsweg (in m)	5,8	10,2	16,0	23,0
a	0,006444	0,006375	0,0064	0,006389

a ist in etwa 0,0064 groß.

3 a)

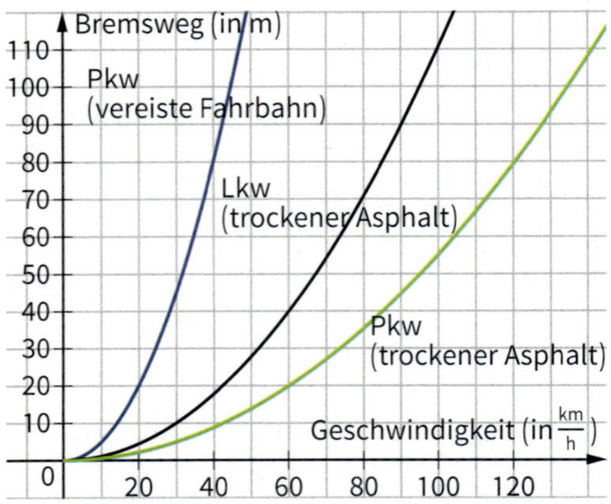

b) Je größer der Wert von a ist, desto länger ist der Bremsweg.

c) $20\,m \mathrel{\hat{=}} 60\,\frac{km}{h}$; $30\,m \mathrel{\hat{=}} 74\,\frac{km}{h}$; $40\,m \mathrel{\hat{=}} 85\,\frac{km}{h}$

zu Seite 100

1 a) (Abbildung verkleinert)

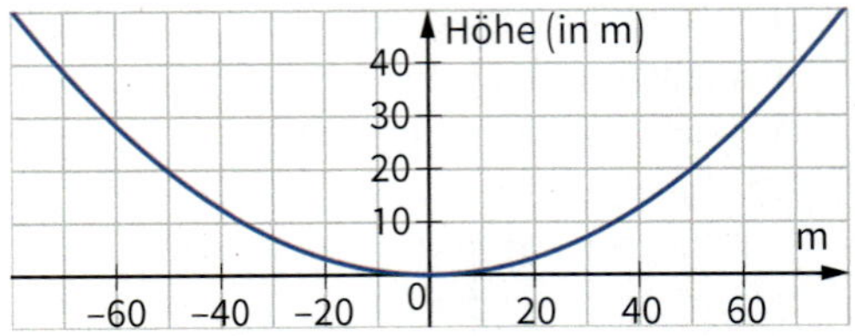

b) Die Höhe der Brückenpfeiler beträgt 39,2 m.
Länge der Halteseile:

$f(10) = 0{,}8\,m$ $\quad f(20) = 3{,}2\,m$
$f(30) = 7{,}2\,m$ $\quad f(40) = 12{,}8\,m$
$f(50) = 20\,m$ $\quad f(60) = 28{,}8\,m$

c) Die Spannweite beträgt 140 m.

2 a)

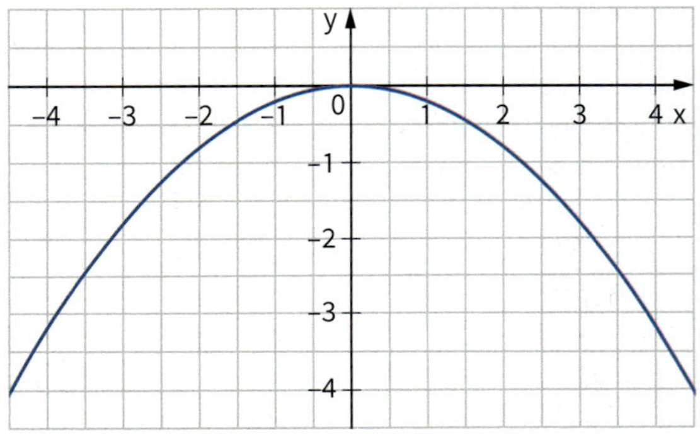

b) Die Höhe beträgt 4 m.

c) Ja, aber nur dann, wenn er genau in der Mitte fährt. Hat er Gegenverkehr und muss ganz rechts fahren, kann er nicht durchfahren.

3 a)

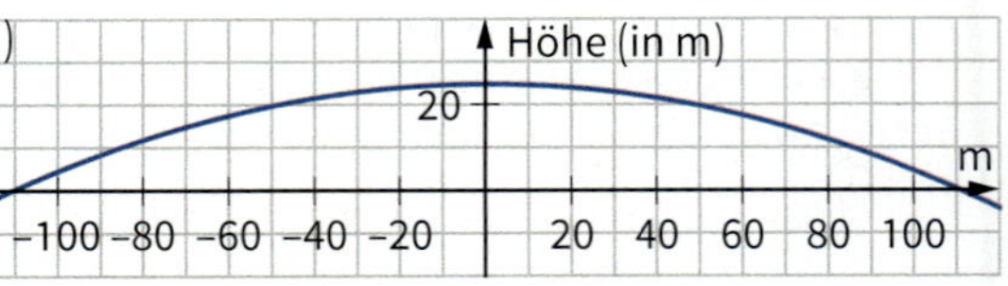

b) Spannweite: 223,60 m; Höhe: 25 m

c) Höhe: $y = -0{,}002 \cdot 0^2 + 25 = 25$
Spannweite: $0 = -0{,}002\,x^2 + 25$; $x_1 = -111{,}8$; $x_2 = 111{,}8$;
$2 \cdot 111{,}8 = 223{,}6$

4

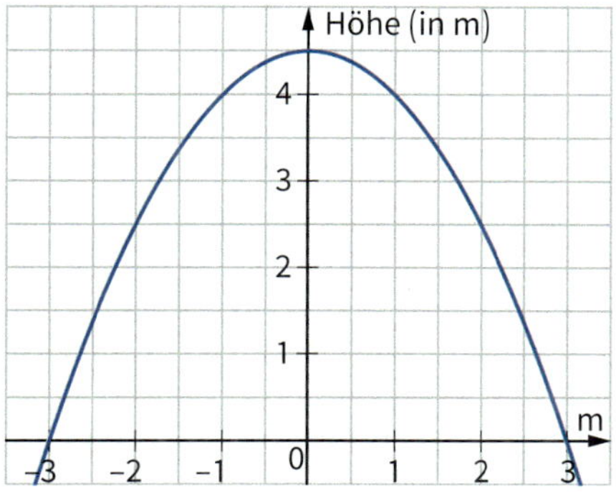

Höhe: 4,5 m; Spannweite: 6 m

zu Seite 101

5 a)

x	0	10	20	30	40	50
y	40	31	24	19	16	15

x	60	70	80	90	100
y	16	19	24	31	40

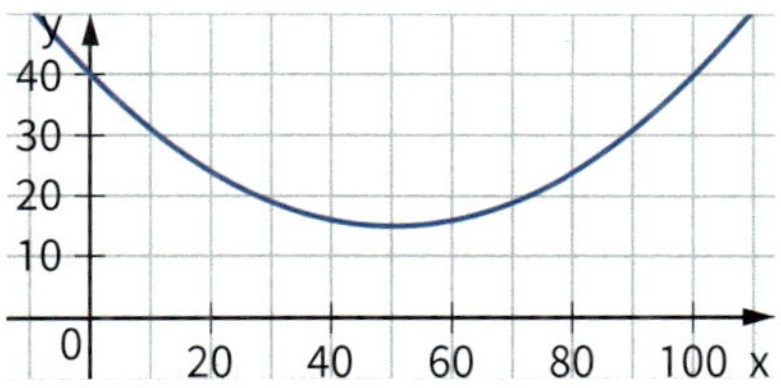

b) Die Brückenträger sind 40 m hoch, die beiden äußeren Halteseile sind 24 m lang und die beiden inneren sind 16 m lang.

c) Der Scheitelpunkt des Funktionsgraphen hat den kürzesten Abstand zur x-Achse.
Scheitelpunktform: $y = 0{,}01 \cdot (x - 50)^2 + 15$
Der Scheitelpunkt ist S (50 | 15). Daher ist der kürzeste Abstand des Hauptseils von der Fahrbahn 15 m.

6 a)

x	0	10	20	30	40	50	60	70
y	50	42,5	36	30,5	26	22,5	20	18,5

x	80	90	100	110	120	130	140
y	18	18,5	20	22,5	26	30,5	36

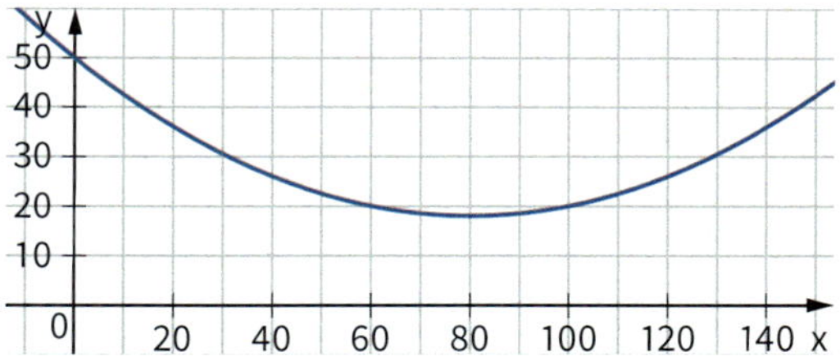

b) Der eine Träger ist 50 m hoch und der andere ist 36 m hoch.

c) Der Scheitelpunkt des Funktionsgraphen hat den kürzesten Abstand zur x-Achse.
Scheitelpunktform: $y = 0{,}005 \cdot (x - 80)^2 + 18$
Der Scheitelpunkt ist S (80 | 18). Daher ist der kürzeste Abstand des Hauptseils von der Fahrbahn 18 m.

7 a)

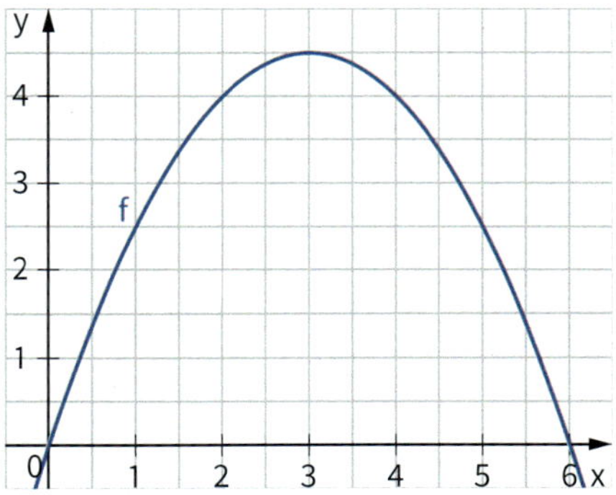

b) Der Scheitelpunkt des Funktionsgraphen ist der höchste Punkt des Graphen.
Scheitelpunktform: $y = -0{,}5 \cdot (x - 3)^2 + 4{,}5$
Der Scheitelpunkt ist S (3 | 4,5). Daher beträgt die Höhe des Brückenbogens 4,5 m.

c) Der Abstand der Nullstellen des Graphen ergibt die Breite des Brückenbogens auf dem Erdboden.
Die Nullstellen sind $x_1 = 0$ und $x_2 = 6$, somit ist der Brückenbogen auf dem Erdboden 6 m breit.
In einer Höhe von 2 m ist der Brückenbogen ca. 4,47 m breit.

8 Nein, ein 3,80 m hohes Fahrzeug darf max. 1,78 m breit sein.

LÖSUNGEN
zu den Üben-Seiten

zu Seite 102

1 Paul berührt genau nach einer Sekunde das Wasser.
Die dazugehörige Gleichung lautet: $-5 \cdot x^2 + 5 = 0$.

2 Der Ball wird 20 m weit geworfen werden.

3 Der Golfball fliegt auf ebenem Gelände 187,5 m weit.

4
a) Sie kommt 10 m entfernt auf dem Boden auf.
b) Der höchste Punkt ist bei S (5 | 80).

5
a) Nein, der Ball kommt außerhalb auf, da die Nullstellen der Funktion bei (– 13 | 0) und (7 | 0) liegen. Geht man davon aus, dass das Netz bei (0 | 4,55) liegt, dann ist die Begrenzung bei 11,885 m (Hälfte des Feldes) und 13 m liegt außerhalb.
b) Der höchste Punkt des Balles liegt bei S (– 3 | 5) und hat einen Abstand von 3 m zum Netz.

zu Seite 122

1
a)

Tageshöchst-temperaturen (°C)	absolute Häufigkeit
21	1
22	1
23	7
24	14
25	7
26	2
27	1

b)

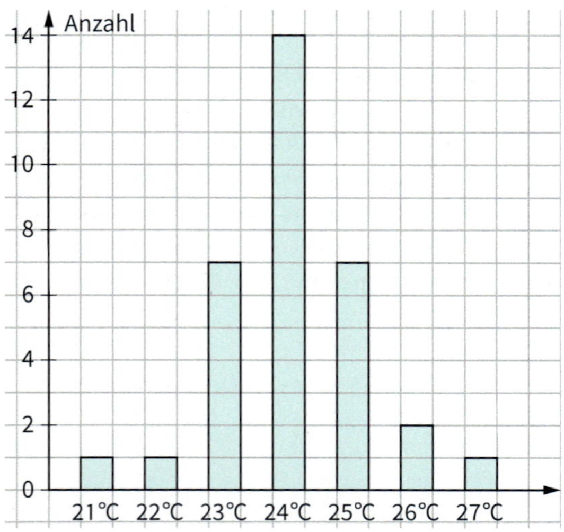

c) $\bar{x} \approx 24{,}1$ °C
d) Median: $\tilde{x} = 24$ °C; Modalwert: 24 °C
Die beiden Werte stimmen überein.

2 arithmetisches Mittel: $\bar{x} = 5{,}7$
mittlere lineare Abweichung: $\bar{s} = 2{,}64$

Das arithmetische Mittel gibt an, dass im Durchschnitt an zehn aufeinanderfolgenden Tagen täglich 5,7 Mitarbeiterinnen und Mitarbeiter fehlten.
Die mittlere lineare Abweichung gibt an, dass dieser Durchschnittswert um 2,64 Mitarbeiterinnen und Mitarbeiter pro Tag von der tatsächlichen Anzahl abweicht.

3

		Ella	Nikola
a)	arithmetisches Mittel $\bar{x}$	187,3 min	180,5 min
	Median $\tilde{x}$	194 min	190 min
b)	Spannweite	177 min	88 min
	mittlere lineare Abweichung $\bar{s}$	51,7 min	19 min

Bei Ella variieren die Bildschirmzeiten stärker als bei Nikola. Das erkennt man an der größeren Spannweite und der höheren mittleren linearen Abweichung. Diese sagt aus, dass die täglichen tatsächlichen Bildschirmzeiten stark vom Durchschnittswert abweichen.

4
a)

	9 a		9 b	
Punkte	absolute Häufigkeit	relative Häufigkeit	absolute Häufigkeit	relative Häufigkeit
3	1	$\frac{1}{25} = 0{,}04$	0	0
4	1	$\frac{1}{25} = 0{,}04$	0	0
5	2	$\frac{2}{25} = 0{,}08$	3	$\frac{3}{24} = 0{,}125$
6	2	$\frac{2}{25} = 0{,}08$	4	$\frac{4}{24} \approx 0{,}167$
7	1	$\frac{1}{25} = 0{,}04$	2	$\frac{2}{24} \approx 0{,}083$
8	5	$\frac{5}{25} = 0{,}20$	4	$\frac{4}{24} \approx 0{,}167$
9	6	$\frac{6}{25} = 0{,}24$	4	$\frac{4}{24} \approx 0{,}167$
10	3	$\frac{3}{25} = 0{,}12$	4	$\frac{4}{24} \approx 0{,}167$
11	2	$\frac{2}{25} = 0{,}08$	3	$\frac{3}{24} = 0{,}125$
12	2	$\frac{2}{25} = 0{,}08$	0	0

b)

	9 a	9 b
arithmetisches Mittel $\bar{x}$	8,24	≈ 8,08
Median $\tilde{x}$	9	8
Spannweite	9	6
mittlere lineare Abweichung $\bar{s}$	2,1504	≈ 1,67

c) Median und arithmetisches Mittel sind in der 9 b etwas niedriger als in der 9 a, aber die Leistungen liegen nicht so weit auseinander, da die Spannweite und die mittlere lineare Abweichung geringer sind.

zu Seite 123

5

		9 a	9 b
a)	Maximum	6,28 m	6,38 m
	oberes Quartil	6,10 m	6,00 m
	Median	5,76 m	5,66 m
	unteres Quartil	5,38 m	5,20 m
	Minimum	4,84 m	4,90 m
b)	Spannweite	1,44 m	1,48 m

c) Die Klasse 9 b hat beim Maximum und beim Minimum den größeren Wert, hat aber auch eine größere Spannweite. Die Leistungen sind also nicht so ausgeglichen wie bei der 9 a. Der Median und die Quartile der 9 a sind höher als bei der 9 b, also hat die 9 a die besseren Weiten.

6 a) Rangliste 9 a (Weiten in m):
6,70 6,88 7,32 7,60 7,92 8,26 8,35
8,74 8,94 9,26 9,40 9,40 10,25

Rangliste 9 b (Weiten in m):
7,06 7,56 7,84 7,94 7,96 8,44
8,50 8,56 8,64 8,96 9,85 10,15

	9 a	9 b
Maximum	10,25 m	10,15 m
oberes Quartil	9,26 m	8,80 m
Median	8,35 m	8,47 m
unteres Quartil	7,60 m	7,89 m
Minimum	6,70 m	7,06 m
Spannweite	3,55 m	3,09 m

b)
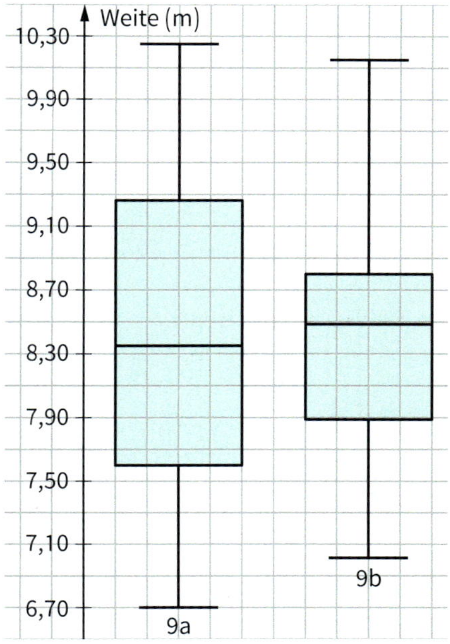

7 a)

Klasse	absolute Häufigkeit
über 15,5 s bis 15,9 s	5
über 15,9 s bis 16,3 s	8
über 16,3 s bis 16,7 s	11
über 16,7 s bis 17,1 s	7
über 17,1 s bis 17,5 s	4

b)
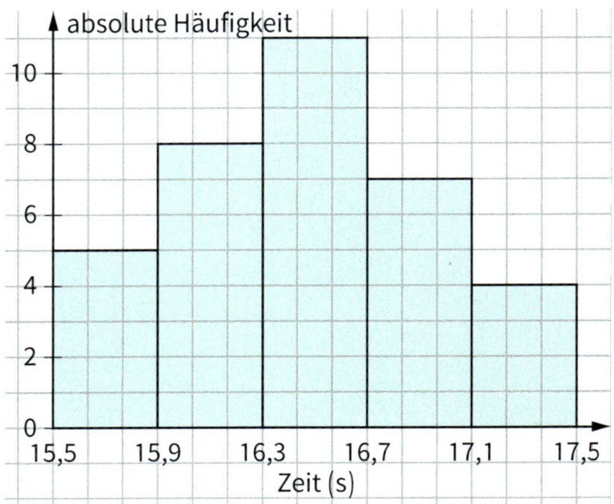

LÖSUNGEN
zu den Üben-Seiten

8 a)

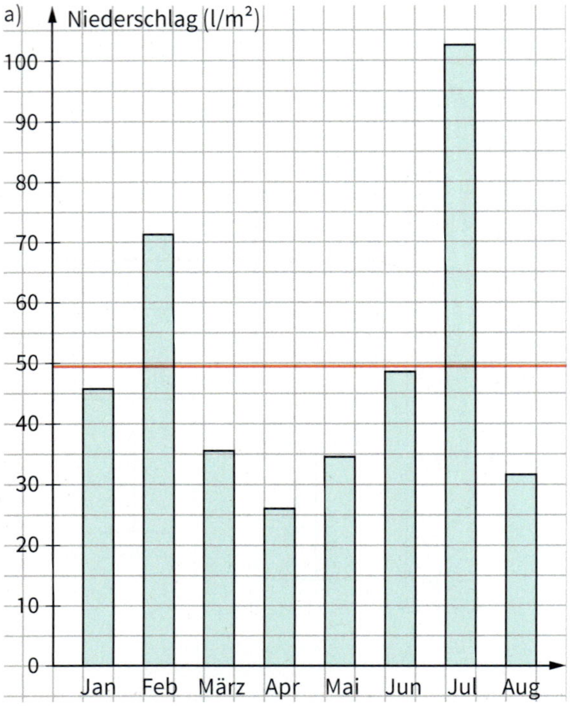

b) $\overline{x} = 49{,}4\ l/m^2$

c) siehe Zeichnung in a)
Nur in zwei Monaten liegen die Niederschläge über dem Durchschnitt.

zu Seite 124

1 individuelle Lösung

zu Seite 142

1 a) $V = 376{,}32\ m^3$; $A_O = 362{,}88\ m^2$
b) $V = 3\,392{,}92\ cm^3$; $A_O = 1\,413{,}72\ cm^2$
c) $V = 24\,429{,}02\ m^3$; $A_O = 4\,071{,}5\ m^2$

2 a)

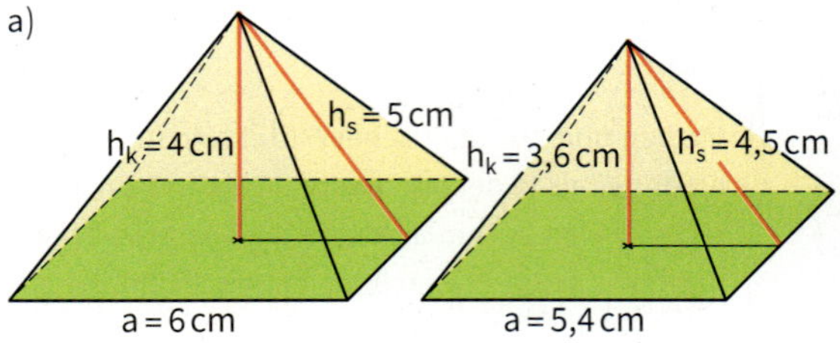

b) $V = 48\ cm^3$
$A_O = 96\ cm^2$

$V = 34{,}99\ cm^3$
$A_O = 77{,}76\ cm^2$

3 $V = 11\,200\ cm^3$

4 a)

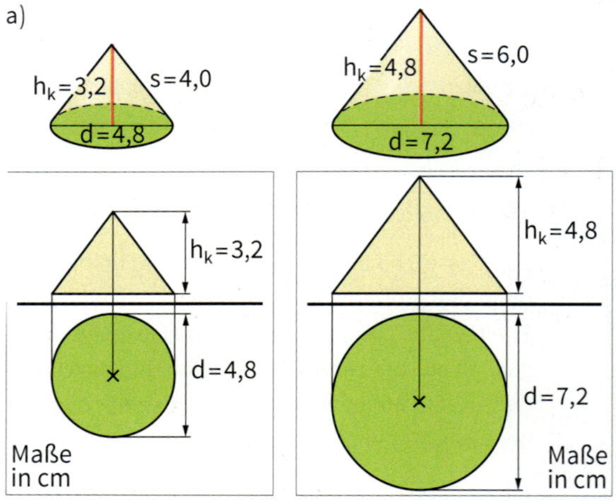

b) $V = 19{,}30\ cm^3$
$A_O = 48{,}25\ cm^2$

$V = 65{,}14\ cm^3$
$A_O = 108{,}57\ cm^2$

5 a) $V = 13{,}72\ m^3$ b) $A_O = 1\,092{,}07\ m^2$

6 a) $V = 2\,310\ cm^3$ b) $V = 11{,}76\ m^3$

7 $a = 37{,}2\ m$; $V = 11\,439{,}74\ m^3$; $A_O = 3\,690{,}24\ m^2$

8 $r = 8{,}00\ m$; $V = 402{,}12\ m^3$; $A_O = 452{,}39\ m^2$
$r = 15{,}00\ m$; $V = 1413{,}72\ m^3$; $A_O = 1\,468{,}17\ m^2$

9 a) $r = 13{,}00\ m$; $d = 26{,}00\ m$; $V = 9\,202{,}77\ m^3$
b) $r = 12{,}00\ m$; $d = 24{,}00\ m$; $V = 7\,238{,}23\ m^3$

zu Seite 143

10 a) $s = 25\,cm$; $V = 1\,231{,}50\,cm^3$; $A_O = 703{,}72\,cm^2$
b) $r = 2\,m$; $V = 20{,}11\,m^3$; $A_O = 45{,}24\,m^2$

11 a) $h_s = 58\,m$; $V = 89\,600\,m^3$; $A_O = 15\,680\,m^2$
b) $h_k = 9{,}6\,m$; $V = 663{,}55\,m^3$; $A_O = 552{,}96\,m^2$

12 $h_k = 1{,}44\,m$; $V = 15{,}48\,m^3$; $A_O = 69{,}47\,m^2$

13 a) $a = 33{,}6\,m$; $h_s = 28\,m$
$V = 8\,429{,}57\,m^3$; $A_O = 3\,010{,}56\,m^2$
b) $r = 7{,}2\,cm$; $h_k = 5{,}4\,cm$
$V = 293{,}15\,cm^3$; $A_O = 366{,}44\,cm^2$

14 a) Würfel + Pyramide; $V = 36\,864\,m^3$
b) Zylinder + Kegel; $V = 72\,829{,}03\,m^3$

15 $V = 11\,795{,}63\,cm^3$; $A_O = 3\,216{,}99\,cm^2$

zu Seite 144

1 $a = 19{,}2\,m$; $h_s = 10\,m$; $A_M = 384\,m^2$
Es ergeben sich Gesamtkosten von 107 520 €.

2 $r = 9{,}00\,m$
Der Lastwagen muss 64-mal fahren.

zu Seite 145

3 Für einen Kubikmeter wurden 120 € bezahlt.

4 Der Stoff des Sonnenschirms wiegt 1 132,62 g.

5 Es müssen 314,16 cm² Fläche gestrichen werden.

6 Die Kugeln wiegen zusammen 117,28 kg und dürfen somit transportiert werden.

7 $r_a = 8{,}27\,m$
Es müssen 859,45 m² gestrichen werden.

8 I: $V = 4\,825{,}48\,cm^3$; Masse: 34 260,90 g
II: $V = 298{,}67\,cm^3$; Masse: 2 329,6 g

9 a) z.B. Maßstab 1 : 3 000

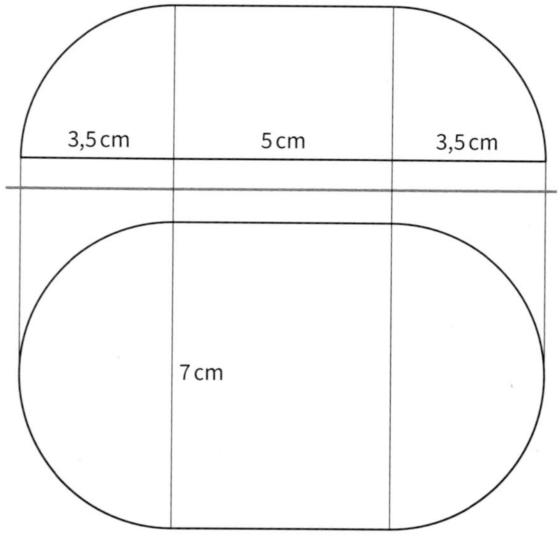

b) Die Halle enthält 5 022 288 m³ Luft.

FORMELN UND GESETZE

Mengen

$M = \{4, 5, 6, 7\}$	Menge aus den Elementen 4, 5, 6 und 7 in aufzählender Form
$\mathbb{N} = \{0, 1, 2, 3, \dots\}$	Menge der natürlichen Zahlen
$\mathbb{Z} = \{\dots, -2, -1, 0, 1, 2, \dots\}$	Menge der ganzen Zahlen
$\mathbb{Q}$	Menge der rationalen Zahlen
$\mathbb{R}$	Menge der reellen Zahlen
L	Lösungsmenge für eine Gleichung bzw. Ungleichung
{ }	leere Menge

Beziehungen zwischen Zahlen

$\approx$	ungefähr gleich		
$a = b$	a gleich b	$a > b$	a größer als b
$a \neq b$	a ungleich b	$a < b$	a kleiner als b

Verknüpfungen von Zahlen

$a + b$	a plus b	(Summe)	$a \cdot b$	a mal b	(Produkt)
$a - b$	a minus b	(Differenz)	$a : b$	a geteilt durch b	(Quotient)
a^n	a hoch n	(n-te Potenz)	$\sqrt[n]{a}$	n-te Wurzel aus a	(n-te Wurzel)

Rechengesetze

Kommutativgesetz

$3 + 7 = 7 + 3$

$3 \cdot 7 = 7 \cdot 3$

Assoziativgesetz

$3 + (7 + 5) = (3 + 7) + 5$

$3 \cdot (7 \cdot 5) = (3 \cdot 7) \cdot 5$

Distributivgesetz

$6 \cdot (8 + 5) = 6 \cdot 8 + 6 \cdot 5$

$(20 + 10) : 5 = 20 : 5 + 10 : 5$

$6 \cdot (8 - 5) = 6 \cdot 8 - 6 \cdot 5$

$(20 - 10) : 5 = 20 : 5 - 10 : 5$

Geometrie

A, B, C, …	Punkte
$\overline{AB}$	Strecke mit den Endpunkten A und B
AB	Gerade durch die Punkte A und B
g, h, k, …	Geraden
$g \parallel k$	g ist parallel zu k
$g \perp h$	g ist senkrecht zu h
P (3|4)	Punkt im Koordinatensystem mit den Koordinaten 3 (x-Wert) und 4 (y-Wert)
$\alpha, \beta, \gamma, \delta$; $\sphericalangle ASB$; $\sphericalangle (a, b)$	Winkel

STICHWORTVERZEICHNIS

STICHWORTVERZEICHNIS

BILDQUELLENNACHWEIS

|akg-images GmbH, Berlin: euroluftbild.de/Launer, Gerhard 145.1. |Alamy Stock Photo, Abingdon/Oxfordshire: GRANGER - Historical Picture Archive 30.1; Heritage Image Partnership Ltd 53.1; Zoonar GmbH 99.1. |Alamy Stock Photo (RMB), Abingdon/Oxfordshire: Art Kowalsky 4.2; Bildagentur-online/Schoening 138.2; imageBROKER 135.2; Mejia, Anamaria 146.5; Pavel, Lucian 77.3; Westend61 GmbH 162.2. |CASIO Europe GmbH, Norderstedt: 202.1. |Colourbox.com, Odense: Kytayko, Vitaliy 4.3. |Druwe & Polastri, Cremlingen/Weddel: 8.1, 8.2, 9.1, 9.3, 9.4, 9.5, 9.6, 9.7, 111.1, 112.1, 132.1, 132.2, 132.4, 132.5, 136.1, 205.1, 205.2, 207.1, 207.2, 207.3. |fotolia.com, New York: benjaminnolte 99.2; Berg, Martina 158.1; contrastwerkstatt 162.1, 166.2; Didier, Brandelet 208.1; Goss, Vitalij 150.2; Kaesler Media 209.1; kilukilu 145.2; Kybele 151.1; lester120 168.2; Lubnevskiy, Igor 187.1; Soppelsa, Moreno 151.2. |Getty Images (RF), München: Spatari, Alexander Titel. |Imago, Berlin: Camera 4 3.4; McPHOTO/Baumann 77.1; Segerer, Manfred 146.4. |iStockphoto.com, Calgary: 35007 16.4; Ale-ks 7.1; alvarez 154.1; amnat jomjun 164.2; Amri, Wolfgang 7.3; ArtHdesign 148.1; Caglar, Hakn 166.1; Eckert, Peter 4.1; FatCamera 175.1; fizkes 204.3; Fly View Productions 168.5; GlobalP 6.2; Heimsmyndir/Karlsson, Stígur Már 204.2; kunst-mp 134.1; marcouliana 7.4; munro1 101.2; Niclasbo 123.2; nortonrsx 160.1; NoSystem images 26.1; Pavone, Sean 101.1; PeopleImages 203.1; Pickens, Curt 195.1; Smederevac 154.2, 156.2; spxChrome 7.2; sturti 161.1, 165.1; Suriyan, Amorn 168.3; TommL 150.1; Wavebreakmedia 168.1; Yeulet, Catherine 167.1. |mauritius images GmbH, Mittenwald: imagebro-ker/dbn 197.1. |mauritius images GmbH (RF), Mittenwald: Westend61/Siepmann, Martin 146.2. |Miller, Carla, Dortmund: 3.3, 56.1, 57.1, 58.1, 102.2, 102.3, 102.4, 106.1, 107.1, 107.2, 107.3, 107.4, 133.1, 133.2, 143.1. |Naumann, Andrea, Aachen: 2.1, 8.3, 9.2, 11.1, 12.1, 13.1, 29.1, 34.1, 35.2, 40.1, 49.1, 50.1, 52.3, 59.2, 59.3, 60.1, 60.2, 62.1, 65.1, 66.1, 68.1, 69.1, 69.2, 71.1, 72.1, 72.2, 73.1, 73.2, 86.1, 130.1, 146.1, 150.3. |PantherMedia GmbH (panthermedia.net), München: Carl-Jürgen Bautsch 147.2. |Picture-Alliance GmbH, Frankfurt a.M.: AP 164.1; dpa 147.5; dpa/dpa-Zentralbild 129.2; dpa/Grubitzsch, Waltraud 147.4; ZB 146.3; ZB/Wüstneck, B. 151.3. |Rosier, Susanne, Braunschweig: 15.1, 15.2, 15.3, 15.4, 16.1, 16.2, 16.3, 16.5, 17.1, 17.2, 17.3, 17.4, 17.5, 17.6, 18.1, 18.2, 21.1, 21.2, 21.3, 21.4, 21.5, 21.6, 21.7, 21.8, 23.1, 31.1, 31.2, 31.3, 31.4, 31.5, 33.1, 35.1, 46.1, 46.2, 46.3, 59.1, 70.1, 70.2, 70.3, 89.1, 89.2, 89.3, 92.1, 93.1, 93.2, 95.1, 103.1, 103.2, 118.1, 118.2, 121.1, 123.1, 131.1, 140.1, 141.1, 141.2, 141.3, 148.2, 191.1, 210.1, 210.2, 210.3, 212.1, 212.2, 213.1, 213.2, 213.3, 213.4, 213.5, 213.6, 215.1, 215.2, 220.1, 220.2, 220.3, 220.4, 221.1, 221.2, 225.1, 225.2, 225.3, 225.4, 226.1, 227.1, 228.1, 228.2, 228.3, 228.4, 229.1, 233.1. |Shutterstock.com, New York: Africa Studio 108.2; Be Good 10.1; Filimonov, Iakov 206.1; gio-calde 152.2; goodluz 168.4; Guillem, Antonio 206.2; IrinaK 7.5; muratart 147.6; Photographee.eu 108.4; Protasov AN 6.1; Rawpixel.com 108.3; Sabrewolf 165.2; Sidneyphotos 147.3; sportpoint 111.2; Syda Productions 108.1, 203.2; Volchenko, Natalya 129.1; will arthet 10.3; Yakobchuk, Olena 163.1, 163.2; Yauhen_D 32.1; Zack, Frank 100.2; Zinkevych, Dmytro 3.5. |Steinke, Karsten, Sickte: 147.1. |stock.adobe.com, Dublin: 14.1; bennnn 14.2, 14.3, 14.4, 14.5; BirgitMundtOsterw. 102.1; brudertack69 156.1; Chan, Richie 128.1, 196.1; contrastwerkstatt 122.1, 172.1; Countrypixel 161.2; Doorakkers, Daniel 100.1; embeki 138.3; francescoridolfi.com 204.1; industrieblick 152.1; mila103 138.1; PANORAMO 144.1; Popov, Andrey 3.1; Robert Kneschke 5.1; SINNBILD Design 3.2; ThKatz 76.1; Voelz, Tom 77.2; volkerr 52.2; WavebreakMediaMicro 206.3; Wylezich, Bjoern 10.2; zenturio1st 52.1. |UX/UI & Illustration, Ulm: 2.2, 117.1, 117.2, 117.3, 132.3, 135.1.

Kopfrechentraining

$\frac{9}{10} \cdot \frac{1}{3} = \frac{3}{10}$

$\frac{3}{10} \cdot 5 = 1\frac{1}{2}$

$1\frac{1}{2} + 7\frac{1}{2} = 9$

$9 : \frac{1}{3} = 27$

$27 : 4 = 6\frac{3}{4}$

$6\frac{3}{4} - 6\frac{1}{2} = \frac{1}{4}$

$\frac{1}{2}$ | $-\frac{1}{4}$, $+\frac{3}{4}$, $+\frac{3}{4}$, $-\frac{1}{4}$, $-\frac{1}{4}$

$7\frac{1}{2}$ | $+\frac{1}{2}$, $-\frac{1}{4}$, $+1\frac{1}{4}$, $-7\frac{1}{2}$, $-\frac{1}{4}$

$3\frac{1}{2}$ | $+\frac{1}{4}$, $+1\frac{1}{4}$, $-\frac{1}{2}$, $-2\frac{1}{2}$, $+\frac{3}{8}$

$\frac{1}{2}$ | $+\frac{5}{16}$, $+\frac{3}{16}$, $+\frac{1}{16}$, $+\frac{1}{8}$, $+\frac{13}{16}$

$\frac{1}{8}$ | $+\frac{1}{4}$, $+\frac{1}{8}$, $+\frac{1}{2}$, $+3\frac{1}{5}$, $+2\frac{4}{5}$

$\frac{1}{2}$ | $+\frac{1}{4}$, $+3\frac{1}{4}$, $-\frac{2}{5}$, $-\frac{1}{5}$, $-1\frac{2}{5}$

3 | $+4\frac{1}{2}$, $+6\frac{1}{2}$, $+6\frac{1}{2}$, $+3\frac{1}{2}$, $-13\frac{1}{2}$

$9\frac{1}{2}$ | $+4$, $+\frac{1}{10}$, $+\frac{3}{10}$, $-2\frac{9}{10}$, $-10\frac{1}{2}$

$\frac{3}{4}$ | $-\frac{1}{8}$, $-\frac{2}{8}$, $+\frac{1}{8}$, $+\frac{1}{2}$, $+3\frac{1}{5}$, $+4\frac{4}{5}$

$1\frac{3}{8}$ | $+\frac{3}{8}$, $+\frac{1}{4}$, $+2\frac{1}{4}$, $+\frac{1}{4}$, $+\frac{1}{2}$, $+2\frac{1}{3}$

$\frac{1}{3}$ | $+\frac{1}{6}$, $+\frac{1}{2}$, $+2\frac{1}{3}$, $-\frac{1}{6}$, $-\frac{1}{6}$, $-1\frac{1}{2}$

$\frac{2}{3}$ | $+\frac{1}{6}$, $+3\frac{1}{6}$, $+\frac{1}{3}$, $+2\frac{2}{3}$, $-6\frac{1}{2}$, $-\frac{1}{3}$

$\frac{1}{3}$ | $+\frac{1}{12}$, $+\frac{2}{12}$, $+\frac{5}{12}$, $-\frac{1}{4}$, $-\frac{1}{2}$, $-\frac{2}{12}$